办公宝典

Word 2021
完全自学教程

凤凰高新教育　编著

北京大学出版社
PEKING UNIVERSITY PRESS

内 容 提 要

熟练使用Word软件，已成为职场人士必备的职业技能。本书以目前最新版本的Word 2021软件为平台，从办公人员的工作需求出发，配合大量典型实例，全面而系统地讲解了Word 2021在文秘、人事、统计、财务、市场营销等多个领域中的办公应用，帮助读者轻松高效地完成各项办公事务！

本书以"完全精通Word"为出发点，以"用好Word"为目标来安排内容，全书共7篇，分为23章。第1篇为排版入门篇（第1章~第2章），主要针对初学读者，从零开始，系统而全面地讲解了Word 2021基本操作、新功能的应用、文档视图的管理及页面设置；第2篇为文档格式设置篇（第3章~第6章），介绍Word 2021文档内容的输入与编辑方法、字符格式与段落格式的设置方法、文档特殊格式及页眉页脚的设置方法；第3篇为图表美化篇（第7章~第9章），介绍Word 2021文档中图片、图标、3D模型、图形、艺术字的插入与编辑排版方法，以及表格、图表的创建与编辑方法；第4篇为高效排版篇（第10章~第12章），介绍Word 2021高效排版功能应用，包括样式的创建、修改与应用，模板的创建、修改与应用，内容的快速查找与替换技巧；第5篇为长文档处理篇（第13章~第15章），介绍Word 2021长文档处理技巧，包括运用大纲视图、主控文档快速编辑长文档，题注、脚注、尾注的使用，目录与索引功能的使用；第6篇为高级应用篇（第16章~第19章），介绍Word 2021文档处理中相关高级功能的应用，包括文档的审阅与保护，邮件合并功能的应用，宏、域与控件的使用，Word与其他组件的协同办公应用；第7篇为实战应用篇（第20章~第23章），通过16个综合应用案例，系统而全面地讲解了Word 2021在行政文秘、人力资源管理、市场营销、财务会计等相关工作领域中的实战应用技能。

本书可作为使用Word软件处理日常办公事务的文秘、人事、财务、销售、市场营销、统计等专业人员的案头参考书，也可作为大中专职业院校相关专业、计算机培训班的教材。

图书在版编目(CIP)数据

Word 2021完全自学教程 / 凤凰高新教育编著. — 北京：北京大学出版社，2022.5
ISBN 978-7-301-29383-6

Ⅰ.①W… Ⅱ.①凤… Ⅲ.①办公自动化 – 应用软件 – 教材 Ⅳ.①TP317.1

中国版本图书馆CIP数据核字（2022）第066067号

书　　　名	Word 2021完全自学教程	
	WORD 2021 WANQUAN ZIXUE JIAOCHENG	
著作责任者	凤凰高新教育　编著	
责 任 编 辑	王继伟　孙金鑫	
标 准 书 号	ISBN 978-7-301-29383-6	
出 版 发 行	北京大学出版社	
地　　　址	北京市海淀区成府路205 号　100871	
网　　　址	http://www.pup.cn　　新浪微博:@ 北京大学出版社	
电 子 信 箱	pup7@ pup.cn	
电　　　话	邮购部 010–62752015　发行部 010–62750672　编辑部 010–62570390	
印 刷 者	北京宏伟双华印刷有限公司	
经 销 者	新华书店	
	889毫米×1194毫米　16开本　27印张　插页1　842千字	
	2022年5月第1版　2022年5月第1次印刷	
印　　　数	1–4000册	
定　　　价	129.00元	

前　言

如果你是一个Word小白，把Word当成记事本、写字板使用；

如果你是一个Word"菜鸟"，只会简单的文字输入与编辑；

如果你经常用Word做报告、写文档资料，但总是因为效率低、编排不好而被上司批评；

如果你觉得自己的Word操作水平还可以，但缺乏足够的编辑和设计技巧，希望全面提升操作技能；

如果你想成为职场达人，轻松搞定日常工作；

那么《Word 2021完全自学教程》一书是你非常好的选择！

让我们来告诉你如何成为自己所期望的职场达人！

进入职场后你才发现，原来Word并不是打字速度快就可以了，当下纸质文件越来越少，电子文档越来越多，对电子文档的处理能力要求越来越高。无论是领导还是基层人员，几乎人人都在使用Word办公。没错，我们正处在计算机办公时代，熟练掌握Word文字处理软件的相关知识技能已经是现代入职的必备条件之一。然而，数据调查显示，大部分的职场人员对于Word办公软件的了解还远远不够，所以在实际工作中，很多人使用Word都是事倍功半。针对这种情况，我们策划并编写了本书，旨在帮助那些有追求、有梦想，但又苦于技能欠缺的刚入职或在职人员。

本书适合Word初学者，但即使你是一个Word老手，这本书也一样能让你大呼开卷有益。这本书将帮助你获得以下提升。

（1）快速掌握Word 2021新版本的基本功能操作。

（2）快速拓展Word 2021文档内容输入与编排的方法与技巧。

（3）快速学会Word 2021图文混排、表格及图表的制作、样式与模板的应用方法。

（4）快速掌握Word 2021长文档编辑、目录与索引、文档审阅与修订、邮件合并等技能。

（5）快速学会用Word全面、熟练地处理日常办公文档，提升办公效率。

我们不但告诉你怎样做，还要告诉你怎样操作更快、更好、更规范！
要想入门并精通Word办公软件，有这本书就够了！

本书特色

1. 讲解版本新，内容常用而实用

本书遵循"常用、实用"的原则，以Word 2021版本为平台，书中还标识出了Word 2021的相关"新功能"

及"重点"知识。此外，结合日常办公应用的实际需求，全书安排了298个"实战"案例、90个"妙招技法"、16个大型办公实战应用案例，系统而全面地讲解了Word 2021文字处理、排版等技能和实战应用。

2. 图解写作，一看即懂，一学就会

为了让读者更易学习和理解，本书采用"步骤引导＋图解操作"的写作方式进行讲解。将步骤进行分解，并在图上进行对应标识，非常方便读者学习及掌握。只要按照书中讲述的步骤方法去操作练习，就可以做出与书中同样的效果。真正做到简单明了、一看即会、易学易懂的效果。为了解决读者在自学过程中可能遇到的问题，我们在书中设置了"技术看板"板块，解释在讲解中出现的或者在操作过程中可能会遇到的一些疑难问题；另外，我们还设置了"技能拓展"板块，其目的是教会读者通过其他方法来解决同样的问题，通过技能的讲解，达到举一反三的作用。

3. 技能操作＋实用技巧＋办公实战＝应用大全

本书秉承"学以致用"的原则，在全书内容安排上，精心策划了7篇内容，共23章。

第1篇 排版入门篇（第1章～第2章），主要针对初学读者，从零开始，系统而全面地讲解了Word 2021基本操作、新功能的应用、文档视图的管理及页面设置。

第2篇 文档格式设置篇（第3章～第6章），介绍Word 2021文档内容的输入与编辑方法、字符格式与段落格式的设置方法、文档特殊格式及页眉页脚的设置方法。

第3篇 图表美化篇（第7章～第9章），介绍Word 2021文档中图片、图标、3D模型、图形、艺术字的插入与编辑排版方法，以及表格、图表的创建与编辑方法。

第4篇 高效排版篇（第10章～第12章），介绍Word 2021高效排版功能应用，包括样式的创建、修改与应用，模板的创建、修改与应用，内容的快速查找与替换技巧。

第5篇 长文档处理篇（第13章～第15章），介绍Word 2021长文档处理技巧，包括运用大纲视图、主控文档快速编辑长文档，题注、脚注、尾注的使用，目录与索引功能的使用。

第6篇 高级应用篇（第16章～第19章），介绍Word 2021文档处理中相关高级功能的应用，包括文档的审阅与保护，邮件合并功能的应用，宏、域与控件的使用，Word与其他组件的协同办公应用。

第7篇 实战应用篇（第20章～第23章），通过16个综合应用案例，系统而全面地讲解了Word 2021在行政文秘、人力资源管理、市场营销、财务会计等相关工作领域中的实战应用技能。

丰富的学习套餐，让读者感到物超所值，学习更轻松

本书还附带配套学习资源，内容丰富、实用，干货满满。其中包括同步练习文件、办公模板、教学视频、电子书等，让读者花一本书的钱，得到更多超值的学习内容。配套学习资源具体包括以下内容。

（1）同步"素材文件"：本书中所有章节实例的素材文件，全部收录在同步学习文件夹的"素材文件\第*章\"文件夹中。读者在学习时，可以参考图书讲解内容，打开对应的素材文件进行同步操作练习。

（2）同步"结果文件"：本书中所有章节实例的最终效果文件，全部收录在同步学习文件夹中的"结果文件\第*章"文件夹中。读者在学习时，可以打开结果文件，查看其实例效果，为自己在学习中的练习操作提供参考。

（3）同步"视频教学文件"：本书为读者提供了与书同步的视频教程。

（4）赠送"Windows 10系统操作与应用"视频教程：让读者完全掌握Windows 10系统的应用。

（5）赠送500个高效办公实用模板：200个Word办公模板、200个Excel办公模板、100个PPT办公模板，实战中的典型案例，让读者不必再花时间和精力去搜集，拿来即用。

（6）赠送高效办公电子书：其中包括《手机办公10招就够》《高效人士效率倍增手册》，让读者办公更高效。

（7）赠送"如何学好用好Word"讲解视频：分享给读者Word专家的学习与应用经验，内容包括Word最佳学习方法、新手学Word的十大误区、全面提升Word应用技能的十大技法。

（8）赠送"5分钟学会番茄工作法"视频教程：教读者在职场中高效地工作、轻松应对职场那些事儿，真正做到"不加班，只加薪"！

（9）赠送"10招精通超级时间整理术"讲解视频：专家传授10招时间整理术，教读者整理时间、有效利用时间。无论是职场还是生活，都要学会时间整理。因为时间是人类非常宝贵的财富，只有合理整理时间，充分利用时间，才能让人生价值最大化。

（10）赠送PPT课件：方便教师课堂教学。

温馨提示：以上资源，可用微信扫描下方二维码，关注微信公众号，然后输入77页资源提取码获取下载地址及密码。另外，在微信公众号中，我们还提供了丰富的图文教程和视频教程，为读者的职场工作排忧解难！

资源下载

"新精英充电站"
微信公众号

本书不是一本单纯的 IT 技能Word办公书，而是一本专教职场综合技能的实用书籍！

本书可作为使用 Word 软件处理日常办公事务的文秘、人事、财务、销售、市场营销、统计等专业人员的案头参考书，也可作为大中专职业院校相关专业、计算机培训班的教材。

创作者说

本书由凤凰高新教育策划并组织编写。全书由一线办公专家和多位微软MVP教师合作编写，他们具有丰富的Word软件应用技巧和办公实战经验，对于他们的辛苦付出在此表示衷心的感谢！同时，由于计算机技术发展非常迅速，书中疏漏和不足之处在所难免，敬请广大读者及专家指正。若您在学习过程中产生疑问或有任何建议，可以通过以下方式与我们联系。

读者信箱：2751801073@qq.com

编　者

目　录

第1篇　排版入门篇

Word 是当前非常流行的文字处理软件，对于办公人员来说，是必须掌握的一款办公软件。而 Word 2021 则是微软公司新推出的 Office 2021 套件中的一个组件，也是 Word 的新版本，所以，对于使用 Word 办公的人员来说，学会使用 Word 2021 非常重要。要想全面系统地学习 Word，首先需要对 Word 的一些基础知识进行学习。本篇将带领大家进入 Word 的排版入门篇，让读者可以学习和掌握一些 Word 的基础操作技能。

第1章▶
Word 2021快速入门 ······················ 1

1.1　Word 有什么用途 ·············· 1
1.1.1　编写文字类的简单文档 ············ 1
1.1.2　制作表格类文档 ··············· 2
1.1.3　制作图、文、表混排的复杂
　　　文档 ····················· 2
1.1.4　制作各类特色文档 ············· 2
1.2　Word 文档排版原则 ··········· 2
1.2.1　紧凑对比原则 ··············· 3
1.2.2　统一原则 ················· 3
1.2.3　对齐原则 ················· 3
1.2.4　自动化原则 ················ 3
1.2.5　重复使用原则 ··············· 4
1.3　Word 排版中的常见问题 ······· 4
1.3.1　文档格式太花哨 ············· 4
1.3.2　使用空格键定位 ············· 4
1.3.3　手动输入标题编号 ············ 4
1.3.4　手动设置复杂格式 ············ 5
1.4　Word 2021 新增功能 ·········· 5
★新功能 1.4.1　共同撰写 ·········· 5
★新功能 1.4.2　新版视觉效果 ······· 5
★新功能 1.4.3　使用深色模式减少眼睛

疲劳 ···················· 5
★新功能 1.4.4　查看库存媒体的【图像集】
功能 ····················· 5
★新功能 1.4.5　使用 Microsoft 搜寻来寻找
需要的内容 ················· 6
★新功能 1.4.6　已更新绘图索引标签 ··· 6
★新功能 1.4.7　提高内容的易用性 ···· 6
★新功能 1.4.8　支持 OpenDocument（ *.odt ）
文本格式 ··················· 6
1.5　打造舒适的 Word 工作环境 ···· 6
★重点 1.5.1　熟悉 Word 2021 的操作
界面 ······················ 7
★重点 1.5.2　实战：设置 Microsoft
账户 ······················ 8
1.5.3　实战：自定义快速访问工具栏 ····· 9
1.5.4　实战：设置功能区的显示方式 ····· 10
1.5.5　实战：自定义功能区 ··········· 11
★重点 1.5.6　实战：设置文档的自动保存
时间间隔 ··················· 12
1.5.7　设置最近使用的文档的数目 ······· 12
1.5.8　显示或隐藏编辑标记 ··········· 13
1.5.9　实战：在状态栏显示【插入 / 改写】
状态 ····················· 13
1.6　Word 文档的基本操作 ········ 13
1.6.1　实战：创建空白文档 ··········· 14

1.6.2　实战：使用模板创建文档 ········· 14
★重点 1.6.3　实战：保存文档 ········ 15
★重点 1.6.4　实战：将 Word 文档转换为
PDF 文件 ················· 15
★新功能 1.6.5　实战：将 Word 文档转换为
OpenDocument 文件 ·········· 16
1.6.6　实战：打开与关闭文档 ········· 17
1.6.7　实战：以只读方式打开文档 ······ 17
1.6.8　实战：以副本方式打开文档 ······ 18
★重点 1.6.9　实战：在受保护视图中打开
文档 ···················· 18
★重点 1.6.10　实战：恢复自动保存的
文档 ···················· 18
1.7　打印文档 ················· 19
1.7.1　直接打印 ················· 19
★重点 1.7.2　打印指定的页面内容 ····· 19
★重点 1.7.3　实战：只打印选中的
内容 ···················· 20
★重点 1.7.4　在一页纸上打印多页
内容 ···················· 20
1.8　Word 版本兼容性问题 ········ 21
1.8.1　关于版本的兼容性 ··········· 21
1.8.2　实战：不同 Word 版本之间的文件格
式转换 ··················· 21

1.9 使用Word 2021的帮助
功能 ················22
★重点 1.9.1 实战：通过【帮助】选项卡获
取帮助 ·············22
1.9.2 实战：通过Office帮助网页获取
帮助 ·············23
★新功能 1.9.3 实战：使用Microsoft搜寻
来寻找需要的内容 ······24

妙招技法 ···············24
技巧 01 取消显示【浮动工具栏】·····24
技巧 02 将常用文档固定在最近使用的文档
列表中 ·············24
技巧 03 防止网络路径自动替换为
超链接 ·············25
技巧 04 设置保存新文档时的默认文件
格式 ·············25
技巧 05 为何无法打印文档背景和图形
对象 ·············25

本章小结 ···············26

第2章 ▶
视图操作与页面设置 ·······27

2.1 熟悉Word的文档视图 ·····27

2.1.1 选择合适的视图模式 ·······27
2.1.2 实战：切换视图模式 ·······28
2.1.3 实战：设置文档显示比例 ···29
★新功能 2.1.4 选择合适的Office
主题 ·············29

2.2 Word排版与阅读辅助
工具 ················30
2.2.1 标尺 ·············30
2.2.2 网格线 ·············31
2.2.3 【导航】窗格 ·········31

2.3 窗口操作 ···············31
2.3.1 实战：新建窗口 ·········31
2.3.2 实战：全部重排 ·········32
★重点 2.3.3 实战：拆分窗口 ·····32
★重点 2.3.4 实战：并排查看窗口 ···33
2.3.5 切换窗口 ·············34

2.4 页面设置 ···············34
2.4.1 页面结构与文档组成部件 ····34
2.4.2 实战：设置纸张样式 ·······35
★重点 2.4.3 实战：设置员工薪酬方案开
本大小 ·············35
2.4.4 实战：设置员工薪酬方案纸张
方向 ·············36
2.4.5 实战：设置员工薪酬方案版心

大小 ·············36
★重点 2.4.6 实战：设置员工薪酬方案页
眉和页脚的大小 ·······37
2.4.7 实战：设置《出师表》的文字方向和
字数 ·············37
★重点 2.4.8 实战：为公司财产管理制度
插入封面 ·············38

2.5 设置页面背景 ···········39
★重点 2.5.1 实战：设置公司财产管理制
度的水印效果 ·········39
2.5.2 实战：设置公司财产管理制度的填
充效果 ·············39
2.5.3 实战：设置公司财产管理制度的页
面边框 ·············40

妙招技法 ···············41
技巧 01 设置书籍折页效果 ·······41
技巧 02 让文档内容自动在页面中居中
对齐 ·············41
技巧 03 设置对称页边距 ·········42
技巧 04 在文档中显示行号 ·······42
技巧 05 设置页面边框与页面的距离 ···43
技巧 06 将所选内容保存到封面库中 ···43

本章小结 ···············44

第2篇　文档格式设置篇

对于公司内部的办公文档，如各种制度、通知等，并不需要设置得多美观，只需要对文档中文本的字符格式、段落格式，以及一些特殊的格式和页面格式进行设置，让文档的整体结构更清晰即可，这样制作出来的文档才显得正式、规范。

第3章 ▶
输入与编辑文档内容 ······45

3.1 输入文档内容 ·········45
3.1.1 定位光标插入点 ·········45
3.1.2 实战：输入放假通知文本
内容 ·············46
★重点 3.1.3 实战：在放假通知中插入
符号 ·············46
★重点 3.1.4 实战：在放假通知中插入日
期和时间 ·············47

3.1.5 实战：在付款通知单中输入大写中
文数字 ·············47
3.1.6 实战：输入繁体字 ·······48
3.1.7 实战：输入生僻字 ·······48
★重点 3.1.8 实战：从文件中导入
文本 ·············49

3.2 输入公式 ···············49
3.2.1 实战：输入内置公式 ·······49
★重点 3.2.2 实战：输入自定义
公式 ·············50
★重点 3.2.3 实战：手写输入公式 ····51

3.3 文本的选择操作 ·········52
3.3.1 通过鼠标选择文本 ·······52
3.3.2 通过键盘选择文本 ·······53
3.3.3 鼠标与键盘的结合使用 ····53

3.4 编辑文本 ···············54
★重点 3.4.1 实战：复制面试通知
文本 ·············54
★重点 3.4.2 实战：移动面试通知
文本 ·············55
3.4.3 实战：删除和修改面试通知
文本 ·············55

★重点 3.4.4 实战：选择性粘贴网页 内容···········56
3.4.5 实战：设置默认粘贴方式···········57
3.4.6 实战：剪贴板的使用与设置···········57
3.4.7 插入与改写文本···········58

3.5 撤销、恢复与重复操作·······58
3.5.1 撤销操作···········58
3.5.2 恢复操作···········59
3.5.3 重复操作···········59

妙招技法···········59
技巧01 防止输入英文时句首字母自动变大写···········59
技巧02 通过即点即输在任意位置输入文本···········59
技巧03 输入常用箭头和线条···········60
技巧04 快速输入常用货币和商标符号···········60
技巧05 输入虚拟内容···········60
技巧06 禁止【Insert】键控制改写模式···········61

本章小结···········61

第4章▶
设置字符格式···········62

4.1 设置字体格式·······62
4.1.1 实战：设置会议纪要的字体···········62
4.1.2 实战：设置会议纪要的字号···········63
4.1.3 实战：设置会议纪要的字体颜色···········63
4.1.4 实战：设置会议纪要的文本效果···········64

4.2 设置字体效果·······64
★重点 4.2.1 实战：设置会议纪要的加粗效果···········64
4.2.2 实战：设置会议纪要的倾斜效果···········64
4.2.3 实战：设置会议纪要的下划线···········65
★重点 4.2.4 实战：为数学试题设置下标和上标···········65
4.2.5 实战：在会议纪要中使用删除线标识无用内容···········66
★重点 4.2.6 实战：在英文文档中切换英文的大小写···········66

4.3 设置字符缩放、间距与位置·······66
4.3.1 实战：设置会议纪要的缩放大小···········67
4.3.2 实战：设置会议纪要的字符间距···········67
4.3.3 实战：设置会议纪要的字符位置···········68

4.4 设置文本突出显示·······68
★重点 4.4.1 实战：设置会议纪要的突出显示···········68
4.4.2 取消突出显示···········69

4.5 其他字符格式·······69
4.5.1 实战：设置邀请函的字符边框···········69
4.5.2 实战：设置邀请函的字符底纹···········70
★重点 4.5.3 实战：设置邀请函的带圈字符···········70
★重点 4.5.4 实战：为文本标注拼音···········70

妙招技法···········71
技巧01 设置特大号的文字···········71
技巧02 单独设置中文字体和西文字体···········71
技巧03 改变Word的默认字体格式···········72
技巧04 输入小数点循环···········72
技巧05 调整文本与下划线之间的距离···········73
技巧06 如何一次性清除所有格式···········73

本章小结···········74

第5章▶
设置段落格式···········75

5.1 设置段落基本格式·······75
5.1.1 什么是段落···········75
5.1.2 硬回车与软回车的区别···········75
5.1.3 实战：设置员工薪酬方案的段落对齐方式···········76
★重点 5.1.4 实战：设置员工薪酬方案的段落缩进···········77
★重点 5.1.5 实战：使用标尺在员工薪酬方案中设置段落缩进···········78
5.1.6 实战：设置员工薪酬方案的段落间距···········79
★重点 5.1.7 实战：设置员工薪酬方案的段落行距···········79

5.2 设置边框与底纹·······80
5.2.1 实战：设置员工薪酬方案的段落边框···········80

5.2.2 实战：设置员工薪酬方案的段落底纹···········80

5.3 项目符号的使用···········81
★重点 5.3.1 为员工薪酬方案添加项目符号···········81
5.3.2 实战：为员工薪酬方案设置个性化项目符号···········81
★重点 5.3.3 实战：为办公室文书岗位职责调整项目列表级别···········82
5.3.4 实战：为办公室文书岗位职责设置项目符号格式···········83

5.4 编号列表的使用···········84
★重点 5.4.1 实战：为员工薪酬方案添加编号···········84
★重点 5.4.2 实战：为办公室日常行为规范添加自定义编号列表···········84
★重点 5.4.3 实战：为员工出差管理制度使用多级列表···········85
5.4.4 实战：为行政管理规范目录自定义多级列表···········86
★重点 5.4.5 实战：为招聘启事设置起始编号···········87
5.4.6 实战：为招聘启事设置编号字体格式···········88

5.5 巧用制表位···········89
5.5.1 认识制表位与制表符···········89
★重点 5.5.2 实战：使用标尺设置员工通信录中的制表位···········89
★重点 5.5.3 实战：通过对话框在销售表中精确设置制表位···········90
★重点 5.5.4 实战：在公司财产管理制度目录中制作前导符···········91
5.5.5 实战：在公司财产管理制度目录中删除制表位···········91

妙招技法···········92
技巧01 利用格式刷复制格式···········92
技巧02 在同一页面显示完整段落···········93
技巧03 防止输入的数字自动转换为编号···········94
技巧04 防止将插入的图标自动转换为项目符号···········94
技巧05 结合制表位设置悬挂缩进···········94

本章小结···········95

第6章 ▶

设置文档特殊格式及页面格式⋯⋯96

6.1 设置特殊的段落格式⋯⋯⋯96

★重点 6.1.1 实战：设置企业宣言首字
下沉⋯⋯⋯⋯⋯⋯⋯⋯96

6.1.2 实战：设置集团简介首字悬挂⋯⋯97

★重点 6.1.3 实战：在聘任通知中实现双
行合一⋯⋯⋯⋯⋯⋯97

6.1.4 实战：在通知文档中合并符号⋯⋯98

6.1.5 实战：在公司简介中使用纵横
混排⋯⋯⋯⋯⋯⋯⋯⋯98

6.2 设置分页与分节⋯⋯⋯⋯⋯99

6.2.1 实战：为企业审计计划书设置
分页⋯⋯⋯⋯⋯⋯⋯⋯99

6.2.2 实战：为企业审计计划书设置

分节⋯⋯⋯⋯⋯⋯⋯⋯100

6.3 对文档进行分栏排版⋯⋯⋯101

6.3.1 实战：为空调销售计划书创建分栏
排版⋯⋯⋯⋯⋯⋯⋯101

6.3.2 实战：在空调销售计划书中显示分
栏的分隔线⋯⋯⋯⋯101

★重点 6.3.3 实战：为刊首寄语调整栏数
和栏宽⋯⋯⋯⋯⋯⋯102

6.3.4 实战：为刊首寄语设置分栏的
位置⋯⋯⋯⋯⋯⋯⋯102

★重点 6.3.5 实战：为企业文化规范均衡
分配左右栏的内容⋯⋯103

6.4 设置页眉页脚⋯⋯⋯⋯⋯⋯103

6.4.1 实战：为公司财产管理制度设置页
眉和页脚内容⋯⋯⋯103

6.4.2 实战：在员工薪酬方案中插入和设

置页码⋯⋯⋯⋯⋯⋯104

★重点 6.4.3 实战：为工作计划的首页创
建不同的页眉和页脚⋯⋯105

★重点 6.4.4 实战：为员工培训计划方
案的奇、偶页创建不同的页眉和
页脚⋯⋯⋯⋯⋯⋯⋯106

妙招技法⋯⋯⋯⋯⋯⋯⋯⋯107

技巧① 利用分节在同一文档设置两种纸张
方向⋯⋯⋯⋯⋯⋯⋯107

技巧② 文档分节后，为各节设置不同的页
眉和页脚⋯⋯⋯⋯⋯108

技巧③ 删除页眉中多余的分隔线⋯⋯109

技巧④ 解决编辑页眉、页脚时文档正文自
动消失的问题⋯⋯⋯⋯110

本章小结⋯⋯⋯⋯⋯⋯⋯⋯110

第3篇 图表美化篇

制作版式比较灵活的 Word 文档，特别是在制作宣传、报告等类型的文档时，经常会用到除文字对象外的其他对象，如图片、图形、表格及图表等，因为这些对象不仅可以起到丰富文档版面的作用，还可以对文字内容进行补充说明。

第7章 ▶

图片、图形与艺术字的应用⋯⋯111

**7.1 通过图片增强文档
表现力⋯⋯⋯⋯⋯⋯111**

7.1.1 实战：在刊首寄语中插入计算机中
的图片⋯⋯⋯⋯⋯⋯111

★新功能 7.1.2 实战：在办公室日常行为
规范中插入图像集图片⋯⋯112

7.1.3 实战：在感谢信中插入联机
图片⋯⋯⋯⋯⋯⋯⋯112

7.1.4 实战：插入屏幕截图⋯⋯⋯113

7.2 编辑图片⋯⋯⋯⋯⋯⋯⋯114

7.2.1 实战：调整图片大小和角度⋯⋯114

7.2.2 实战：裁剪图片⋯⋯⋯⋯115

★重点 7.2.3 实战：在楼盘简介中删除图
片背景⋯⋯⋯⋯⋯⋯116

★重点 7.2.4 实战：在楼盘简介中调整图
片色彩⋯⋯⋯⋯⋯⋯117

7.2.5 实战：在楼盘简介中设置图片
效果⋯⋯⋯⋯⋯⋯⋯117

★重点 7.2.6 实战：在旅游景点中设置图
片边框⋯⋯⋯⋯⋯⋯118

7.2.7 实战：在旅游景点中设置图片的艺
术效果⋯⋯⋯⋯⋯⋯119

7.2.8 实战：在旅游景点中应用图片
样式⋯⋯⋯⋯⋯⋯⋯119

7.2.9 实战：在旅游景点中设置图片环绕
方式⋯⋯⋯⋯⋯⋯⋯120

7.3 图标和 3D 模型的使用⋯⋯121

★重点 7.3.1 实战：在产品宣传文档中插
入图标⋯⋯⋯⋯⋯⋯121

7.3.2 实战：在产品宣传文档中更改
图标⋯⋯⋯⋯⋯⋯⋯121

★重点 7.3.3 实战：对产品宣传中的图标
进行编辑⋯⋯⋯⋯⋯122

★重点 7.3.4 实战：插入 3D 模型⋯⋯123

★重点 7.3.5 实战：应用 3D 模型

视图⋯⋯⋯⋯⋯⋯⋯123

★重点 7.3.6 实战：平移或缩放 3D
模型⋯⋯⋯⋯⋯⋯⋯123

**7.4 形状、文本框与艺术字的
使用⋯⋯⋯⋯⋯⋯⋯124**

7.4.1 实战：在感恩母亲节中插入
形状⋯⋯⋯⋯⋯⋯⋯124

7.4.2 调整形状大小和角度⋯⋯⋯124

★重点 7.4.3 实战：在感恩母亲节中更改
形状⋯⋯⋯⋯⋯⋯⋯125

7.4.4 实战：为感恩母亲节中的形状添加
文字⋯⋯⋯⋯⋯⋯⋯125

★重点 7.4.5 实战：在感恩母亲节中插入
文本框⋯⋯⋯⋯⋯⋯126

★重点 7.4.6 实战：在感恩母亲节中插入
艺术字⋯⋯⋯⋯⋯⋯126

7.4.7 实战：在感恩母亲节中设置艺术字
样式⋯⋯⋯⋯⋯⋯⋯127

7.4.8 实战：在感恩母亲节中设置图形的

边框和填充效果 ·············· 128
★重点 7.4.9 实战：链接文本框，让文
本框中的内容随文本框的大小
流动 ·············· 128
★重点 7.4.10 实战：在早教机产品中将多
个对象组合为一个整体 ··· 129
7.4.11 实战：使用绘图画布将多个零散图
形组织到一起 ··············· 130

7.5 插入与编辑SmartArt图形··· 131
7.5.1 实战：在公司概况中插入 SmartArt
图形 ·············· 131
★重点 7.5.2 实战：调整公司概况中的
SmartArt 图形结构 ··········· 132
7.5.3 实战：美化公司概况中的 SmartArt
图形 ·············· 133
★重点 7.5.4 实战：将图片转换为
SmartArt 图形 ··············· 134

妙招技法 ················ 134
技巧01 将图片裁剪为形状 ··········· 134
技巧02 设置在文档中插入图片的默认
版式 ·············· 135
技巧03 保留格式的情况下更换图片 ··· 135
技巧04 导出文档中的图片 ··········· 136
技巧05 连续使用同一绘图工具 ······· 136
技巧06 巧妙使用【Shift】键画图形 ··· 137

本章小结 ················ 137

第8章▶
Word 中表格的创建与编辑 ······· 138

8.1 创建表格 ··············· 138
8.1.1 实战：虚拟表格的使用 ······· 138
★重点 8.1.2 实战：使用【插入表格】对
话框 ·············· 139
8.1.3 调用 Excel 电子表格 ········· 139
8.1.4 实战：使用【快速表格】功能···· 140
★重点 8.1.5 实战：手动绘制表格 ···· 140

8.2 表格的基本操作 ········ 141
8.2.1 选择操作区域 ··············· 141
8.2.2 实战：在员工入职登记表中插入行
或列 ·············· 143
8.2.3 实战：在员工入职登记表中删除行

或列 ·············· 143
★重点 8.2.4 实战：合并员工入职登记表
中的单元格 ··············· 144
8.2.5 实战：拆分员工入职登记表中的单
元格 ·············· 145
8.2.6 实战：在员工入职登记表中同时拆
分多个单元格 ··············· 145
★重点 8.2.7 实战：在员工入职登记表中
设置表格行高与列宽 ········· 146
★重点 8.2.8 实战：在成绩表中绘制斜线
表头 ·············· 148

8.3 设置表格格式 ·········· 148
8.3.1 实战：在付款通知单中设置表格对
齐方式 ·············· 148
8.3.2 实战：在付款通知单中设置表格文
字对齐方式 ··············· 149
★重点 8.3.3 实战：为办公用品采购单设
置边框与底纹 ··············· 149
8.3.4 实战：使用表样式美化新进员工考
核表 ·············· 151
★重点 8.3.5 实战：为产品销售清单设置
标题行跨页 ··············· 151
★重点 8.3.6 实战：防止利润表中的内容
跨页断行 ··············· 152

8.4 表格与文本相互转换 ········ 153
★重点 8.4.1 实战：将销售订单中的文字
转换成表格 ··············· 153
8.4.2 实战：将员工基本信息表转换成
文本 ·············· 154

8.5 处理表格数据 ·········· 154
★重点 8.5.1 实战：计算销售业绩表中的
数据 ·············· 154
★重点 8.5.2 实战：对员工培训成绩表中
的数据进行排序 ··············· 156
8.5.3 实战：筛选符合条件的数据
记录 ·············· 157

妙招技法 ················ 158
技巧01 灵活调整表格大小 ··········· 158
技巧02 在表格上方的空行输入内容 ···· 158
技巧03 如何将一个表格拆分为多个
表格 ·············· 159
技巧04 利用文本文件中的数据创建
表格 ·············· 159

技巧05 创建错行表格 ··············· 160

本章小结 ················ 161

第9章▶
图表的创建与使用 ················ 162

9.1 认识与创建图表 ············ 162
9.1.1 认识图表分类 ··············· 162
9.1.2 图表的组成结构 ··············· 165
★重点 9.1.3 实战：创建销售图表 ···· 166
★重点 9.1.4 实战：在一个图表中使用多
个图表类型 ··············· 166

9.2 编辑图表 ··············· 168
9.2.1 调整图表大小 ··············· 168
★重点 9.2.2 实战：编辑员工培训成绩的
图表数据 ··············· 168
★重点 9.2.3 实战：显示/隐藏员工培训
成绩中的图表元素 ··········· 170
★重点 9.2.4 实战：在员工培训成绩中设
置图表元素的显示位置 ······· 171
9.2.5 实战：快速布局葡萄酒销量中的
图表 ·············· 171
★重点 9.2.6 实战：为葡萄酒销量中的图
表添加趋势线 ··············· 172

9.3 修饰图表 ··············· 172
9.3.1 实战：精确选择图表元素 ········ 172
★重点 9.3.2 实战：设置葡萄酒销量的图
表元素格式 ··············· 173
9.3.3 实战：设置招聘渠道分析图表中的
文本格式 ··············· 174
9.3.4 实战：使用图表样式美化招聘费用
分析图表 ··············· 174
9.3.5 实战：更改招聘费用分析图表中的
配色 ·············· 175

妙招技法 ················ 175
技巧01 分离饼图的扇区 ··············· 175
技巧02 设置饼图的标签值类型 ········ 175
技巧03 将图表转换为图片 ··········· 176
技巧04 筛选图表数据 ··············· 176
技巧05 切换图表的行列显示方式 ······· 177

本章小结 ················ 177

第4篇 高效排版篇

在 Word 中对长文档进行排版时，经常需要重复做很多相同的工作，但其实这些重复性的工作很多是没有必要的，用 Word 的样式、模板等排版功能就能快速解决问题，并提高工作效率。

第10章▶

使用样式规范化排版…………178

10.1 样式的创建与使用………**178**
10.1.1 了解样式……………178
10.1.2 实战：在工作总结中应用样式………………180
★重点 10.1.3 实战：为工作总结新建样式………………180
★重点 10.1.4 实战：创建表格样式……183
10.1.5 实战：通过样式来选择相同格式的文本………………184
★重点 10.1.6 实战：在行政管理规范中将多级列表与样式关联………185

10.2 管理样式………………**186**
10.2.1 实战：修改工作总结中的样式………………186
★重点 10.2.2 实战：为工作总结中的样式指定快捷键………188
★重点 10.2.3 实战：复制工作总结中的样式………………189
10.2.4 实战：删除文档中多余样式……190
★重点 10.2.5 实战：显示或隐藏工作总结中的样式………………190
10.2.6 实战：样式检查器的使用………191

10.3 样式集与主题的使用………**192**
10.3.1 实战：使用样式集设置公司简介格式………………192
10.3.2 实战：使用主题改变公司简介外观………………192
★重点 10.3.3 实战：自定义主题字体………………193
★重点 10.3.4 实战：自定义主题颜色………………194
10.3.5 实战：保存自定义主题……194

妙招技法………………**195**
技巧01 如何保护样式不被修改………195

技巧02 将字体嵌入文件…………196
技巧03 让内置样式名显示不再混乱……196
技巧04 设置默认的样式集和主题……197

本章小结………………**197**

第11章▶

使用模板统筹布局…………**198**

11.1 了解模板………………**198**
11.1.1 创建模板的原因…………198
11.1.2 模板与普通文档的区别………198
11.1.3 实战：查看文档使用的模板……199
11.1.4 模板的存放位置…………199
11.1.5 实战：认识Normal模板与全局模板………………200

11.2 创建与使用模板………**201**
★重点 11.2.1 实战：创建报告模板……201
11.2.2 实战：使用报告模板创建新文档………………202
★重点 11.2.3 实战：将样式的修改结果保存到模板中………………202

11.3 管理模板………………**203**
11.3.1 修改模板中的内容…………203
★重点 11.3.2 实战：将模板分类存放………………203
★重点 11.3.3 实战：加密报告模板文件………………204
★重点 11.3.4 实战：直接使用模板中的样式………………205

妙招技法………………**206**
技巧01 如何在新建文档时预览模板内容………………206
技巧02 通过修改文档来改变Normal.dotm模板的设置………206
技巧03 让文档中的样式随模板而更新………………207
技巧04 如何删除自定义模板…………207

本章小结………………**207**

第12章▶

查找与替换………………**208**

12.1 查找和替换文本内容………**208**
★重点 12.1.1 实战：查找公司概况文本………………208
★重点 12.1.2 实战：全部替换公司概况文本………………210
12.1.3 实战：逐个替换文本………210
12.1.4 实战：批量更改英文大小写……211
12.1.5 实战：批量更改文本的全角、半角状态………………212
★重点 12.1.6 实战：局部范围内的替换………………213

12.2 查找和替换格式………**214**
★重点 12.2.1 实战：为指定内容设置字体格式………………214
★重点 12.2.2 实战：替换字体格式……215
12.2.3 实战：替换工作报告样式……216

12.3 图片的查找和替换操作……**217**
★重点 12.3.1 实战：将文本替换为图片………………217
★重点 12.3.2 实战：将所有嵌入式图片设置为居中对齐………………218
12.3.3 实战：批量删除所有嵌入式图片………………219

12.4 使用通配符进行查找和替换………………**220**
12.4.1 通配符的使用规则与注意事项………………220
12.4.2 实战：批量删除空白段落……222
12.4.3 实战：批量删除重复段落……223
★重点 12.4.4 实战：批量删除中文字符之间的空格………………224
★重点 12.4.5 实战：一次性将英文直引号

替换为中文引号 …………… 225
12.4.6 实战：将中文的括号替换成英文的括号 …………… 226
★重点 12.4.7 实战：批量在单元格中添加指定的符号 …………… 226
★重点 12.4.8 实战：在表格中两个字的姓名中间批量添加全角空格 ……… 227

12.4.9 实战：批量删除所有以英文字母开头的段落 …………… 227
12.4.10 实战：将中英文字符分行显示 …………… 228
妙招技法 …………… 229
技巧① 批量提取文档中的所有电子邮箱地址 …………… 229

技巧② 将"第几章"或"第几条"重起一段 …………… 230
技巧③ 批量删除数字的小数部分 …… 230
技巧④ 将每个段落冒号之前的文字批量设置加粗效果及字体颜色 ……… 231
技巧⑤ 快速对齐所有选择题的选项 …… 232
本章小结 …………… 233

第5篇 长文档处理篇

日常办公中，经常需要使用 Word 制作包含几页甚至十几页的长文档，在处理时并不像通知、宣传单等短篇文档那么简单，这类文档需要增加一些内容，如目录、索引、脚注、尾注，并且编辑方法也有所不同。本篇将对 Word 长文档的处理方法进行介绍。

第13章▶
轻松处理长文档 …………… 234

13.1 大纲视图的应用 ………… 234
★重点 13.1.1 实战：为广告策划方案标题指定大纲级别 …………… 234
13.1.2 实战：广告策划方案的大纲显示 …………… 235
13.1.3 实战：广告策划方案标题的折叠与展开 …………… 236
13.1.4 实战：移动与删除广告策划方案标题 …………… 237

13.2 主控文档的应用 ………… 238
★重点 13.2.1 实战：创建主控文档 … 238
13.2.2 实战：编辑子文档 …………… 240
13.2.3 重命名与移动子文档 ………… 241
13.2.4 实战：锁定公司规章制度的子文档 …………… 242
13.2.5 实战：将公司规章制度中的子文档还原为正文 …………… 242
13.2.6 删除不需要的子文档 ………… 243

13.3 在长文档中快速定位 …… 243
13.3.1 实战：在论文中定位指定位置 …………… 243
★重点 13.3.2 实战：在论文中插入超链接快速定位 …………… 244
★重点 13.3.3 实战：使用书签在论文中定位 …………… 245

★重点 13.3.4 实战：使用交叉引用快速定位 …………… 246
妙招技法 …………… 247
技巧① 合并子文档 …………… 247
技巧② 在书签中插入超链接 ……… 247
技巧③ 利用书签进行文本计算 …… 248
技巧④ 显示书签标记 …………… 249
本章小结 …………… 250

第14章▶
自动化排版 …………… 251

14.1 题注的使用 …………… 251
14.1.1 题注的组成 …………… 251
14.1.2 实战：为团购套餐的图片添加题注 …………… 251
14.1.3 实战：为公司简介的表格添加题注 …………… 252
★重点 14.1.4 实战：为书稿中的图片添加包含章节编号的题注 ………… 253
★重点 14.1.5 实战：自动添加题注 … 254

14.2 设置脚注和尾注 ………… 255
14.2.1 实战：为诗词鉴赏添加脚注 … 255
14.2.2 实战：为诗词鉴赏添加尾注 … 256
★重点 14.2.3 实战：改变脚注和尾注的位置 …………… 256
14.2.4 实战：设置脚注和尾注的编号格式 …………… 257

★重点 14.2.5 实战：脚注与尾注互相转换 …………… 257
妙招技法 …………… 258
技巧① 如何让题注由"图—1"变成"图1-1" …………… 258
技巧② 让题注与它的图或表不"分家" …………… 259
技巧③ 自定义脚注符号 …………… 259
本章小结 …………… 260

第15章▶
目录与索引 …………… 261

15.1 创建正文标题目录 ……… 261
15.1.1 了解 Word 创建目录的本质 …… 261
★重点 15.1.2 实战：在工资管理制度中使用 Word 预置样式创建目录 … 261
★重点 15.1.3 实战：为人事档案管理制度创建自定义目录 …………… 262
★重点 15.1.4 实战：为指定范围内的内容创建目录 …………… 263
15.1.5 实战：汇总多个文档中的目录 …………… 263

15.2 创建图表目录 …………… 265
★重点 15.2.1 实战：使用题注样式为旅游景点图片创建图表目录 …… 265
★重点 15.2.2 实战：利用样式为公司简介创建图表目录 …………… 265

15.2.3 实战：使用目录项域为团购套餐创建图表目录 ……………… 266

15.3 目录的管理 ………………… 268

★重点 15.3.1 实战：设置策划书目录格式 …………………………… 268

★重点 15.3.2 更新目录 ………… 269

15.3.3 实战：将策划书的目录转换为普通文本 ……………………… 270

15.3.4 删除目录 ………………… 270

15.4 创建索引 …………………… 271

★重点 15.4.1 实战：手动标记索引项为分析报告创建索引 ………… 271

★重点 15.4.2 实战：创建多级索引 …… 273

★重点 15.4.3 实战：使用自动标记索引文件为建设方案创建索引 … 274

★重点 15.4.4 实战：为建设方案创建表示页面范围的索引 ……… 275

★重点 15.4.5 实战：创建交叉引用的索引 …………………………… 276

15.5 管理索引 …………………… 277

15.5.1 实战：设置索引的格式 … 278

15.5.2 更新索引 ………………… 279

15.5.3 删除不需要的索引项 …… 279

妙招技法 ………………………… 279

技巧01 目录无法对齐怎么办 …… 279

技巧02 分别为各个章节单独创建目录 ……………………………… 280

技巧03 目录中出现"未找到目录项"时怎么办 …………………… 280

技巧04 已标记的索引项没有出现在索引中怎么办 ……………… 281

本章小结 ………………………… 281

第6篇　高级应用篇

灵活应用前面章节介绍的 Word 知识，可以快速制作出各类办公文档。但在制作某些特殊的办公文档时，可能还需要用到 Word 的一些高级技能。本篇将介绍一些 Word 的高级应用，让读者的技能得到进一步提升。

第 16 章 ▶

文档审阅与保护 …………………282

16.1 文档的检查 ………………… 282

16.1.1 实战：检查公司简介的拼写和语法 …………………………… 282

16.1.2 实战：统计公司简介的页数与字数 …………………………… 283

16.2 文档的修订 ………………… 284

★重点 16.2.1 实战：修订市场调查报告 …………………………… 284

★重点 16.2.2 实战：设置市场调查报告的修订显示状态 ………… 284

16.2.3 实战：设置修订格式 …… 285

★重点 16.2.4 实战：对策划书接受与拒绝修订 …………………… 285

16.3 批注的应用 ………………… 286

★重点 16.3.1 实战：在市场调查报告中新建批注 ………………… 287

16.3.2 设置批注和修订的显示方式 ……………………………… 287

★重点 16.3.3 实战：答复批注 … 287

16.3.4 删除批注 ………………… 288

16.4 合并与比较文档 …………… 288

★重点 16.4.1 实战：合并公司简介的多个修订文档 ……………… 288

★重点 16.4.2 实战：比较文档 … 289

16.5 保护文档 …………………… 291

16.5.1 实战：设置人事档案管理制度的格式修改权限 …………… 291

★重点 16.5.2 实战：设置分析报告的编辑权限 …………………… 291

16.5.3 实战：设置建设方案的修订权限 …………………………… 292

★重点 16.5.4 实战：设置修改公司规章制度的密码 ……………… 292

★重点 16.5.5 实战：设置打开工资管理制度的密码 ……………… 293

妙招技法 ………………………… 294

技巧01 如何防止他人随意关闭修订 …294

技巧02 更改审阅者姓名 ………… 294

技巧03 批量删除指定审阅者插入的批注 ……………………………… 295

技巧04 删除 Word 文档的文档属性和个人信息 ………………… 295

本章小结 ………………………… 296

第 17 章 ▶

信封与邮件合并 …………………297

17.1 制作信封 …………………… 297

17.1.1 实战：使用向导创建单个信封 …………………………… 297

★重点 17.1.2 实战：使用信封制作向导批量制作信封 …………… 298

★重点 17.1.3 实战：制作自定义信封 …………………………… 300

★重点 17.1.4 实战：制作标签 … 301

17.2 邮件合并 …………………… 302

17.2.1 邮件合并的原理与通用流程 ……………………………… 302

17.2.2 邮件合并中的文档类型和数据源类型 …………………… 302

★重点 17.2.3 实战：批量制作通知书 …………………………… 303

★重点 17.2.4 实战：批量制作工资条 …………………………… 305

17.2.5 实战：批量制作名片 …… 306

17.2.6 实战：批量制作准考证 … 307

妙招技法 ………………………… 308

技巧01 设置默认的寄信人 ……………308

技巧②　在邮件合并中预览结果 ………309
技巧③　以电子邮件形式批量发送
　　　　文档 ………………………309
技巧④　通过邮件合并分步向导批量制作
　　　　文档 ………………………310
技巧⑤　解决合并记录跨页断行的
　　　　问题 ………………………311

本章小结 …………………………312

第18章 ▶
宏、域与控件 ……………………313

18.1　宏的使用 …………………313
★重点 18.1.1　实战：为公司规章制度录
　　　　　　制宏 ………………313
★重点 18.1.2　实战：保存公司规章制度
　　　　　　中录制的宏 ………316
18.1.3　实战：运行公司规章制度中
　　　　的宏 ……………………316
18.1.4　实战：修改宏的代码 ……317
18.1.5　实战：删除宏 ……………318
★重点 18.1.6　实战：设置宏的
　　　　　　安全性 ……………318
18.2　域的使用 …………………319
★重点 18.2.1　域的基础知识 ……319
★重点 18.2.2　实战：为成绩单创
　　　　　　建域 ………………320
18.2.3　在域结果与域代码之间切换…321

18.2.4　实战：修改域代码 ………322
18.2.5　域的更新 ………………322
18.2.6　禁止域的更新功能 ………322
18.3　控件的使用 ………………323
18.3.1　实战：利用文本框控件制作填空
　　　　式合同 …………………323
18.3.2　实战：利用组合框窗体控件制作
　　　　下拉列表 ………………325
★重点 18.3.3　实战：利用选项按钮控件
　　　　　　制作单项选择 ……326
★重点 18.3.4　实战：利用复选框控件制
　　　　　　作不定项选择 ……327
★重点 18.3.5　实战：利用其他控件插入
　　　　　　多媒体文件 ………328

妙招技法 …………………………330
技巧①　让文档中的域清晰可见 …330
技巧②　通过域在同一页插入两个不同的
　　　　页码 ……………………330
技巧③　自动编号变普通文本 ……331
技巧④　将所有表格批量设置成居中
　　　　对齐 ……………………332
技巧⑤　批量取消表格边框线 ……333

本章小结 …………………………333

第19章 ▶
Word与其他软件协作 …………334

19.1　Word与Excel协作 ………334

★重点 19.1.1　在Word文档中插入Excel
　　　　　　工作表 ……………334
19.1.2　实战：编辑Excel数据 ……335
19.1.3　实战：将Excel工作表转换为Word
　　　　表格 ……………………335
19.1.4　实战：轻松转换员工基本信息表
　　　　的行与列 ………………336
19.2　Word与PowerPoint
　　　协作 ………………………337
★重点 19.2.1　实战：在Word文档中插入
　　　　　　PowerPoint演示文稿 …337
19.2.2　实战：在Word中使用单张幻
　　　　灯片 ……………………338
★重点 19.2.3　实战：将Word文档转换为
　　　　　　PowerPoint演示文稿 …338
19.2.4　实战：将PowerPoint演示文稿转
　　　　换为Word文档 …………339

妙招技法 …………………………340
技巧①　将Word文档嵌入Excel中 …340
技巧②　在Word文档中巧用超链接调用
　　　　Excel数据 ………………341
技巧③　将Excel数据链接到
　　　　Word文档 ………………341
技巧④　让Word中插入的幻灯片显示为
　　　　PowerPoint图标 …………342

本章小结 …………………………342

第7篇　实战应用篇

　　如果空有理论知识而无实战经验，就很难将前面学到的理论知识灵活应用到办公文档中，也就很难制作出让人满意的办公文档。为了让读者更好地理解和掌握学到的知识和技巧，本篇通过实战案例，将理论与实战经验相结合，不仅能帮助读者巩固学习过的理论知识，还能提升读者的办公实战技能。

第20章 ▶
实战应用：Word在行政文秘中的
应用 ……………………………343

20.1　制作会议通知 ……………343
20.1.1　输入会议通知内容 ………344
20.1.2　设置内容格式 ……………344

20.2　制作员工手册 ……………346
20.2.1　样式的应用与修改 ………346
20.2.2　为文档添加封面 …………347
20.2.3　为文档添加目录 …………348
20.2.4　为文档添加页眉页脚 ……348
20.2.5　更新文档目录 ……………350
20.3　制作企业内部刊物 ………350

20.3.1　设计刊头 …………………350
20.3.2　设计刊物内容 ……………352
20.4　制作商务邀请函 …………353
20.4.1　邀请函的素材准备 ………353
20.4.2　制作并打印邀请函 ………355

本章小结 …………………………357

第21章 ▶

实战应用：Word在人力资源管理中的应用 ……………………358

21.1 制作招聘简章 …………**358**
21.1.1 设置页面格式 …………………358
21.1.2 为文档添加图形对象 …………358

21.2 制作求职信息登记表……**361**
21.2.1 设置页边距 …………………361
21.2.2 创建与编辑表格 ……………361
21.2.3 打印表格 …………………363

21.3 制作劳动合同 …………**363**
21.3.1 编辑封面内容 ………………364
21.3.2 编辑劳动合同内容 …………365

21.4 制作员工培训计划方案…**367**
21.4.1 设计封面 …………………367
21.4.2 使用样式排版文档 …………368
21.4.3 自定义页眉和页脚 …………371
21.4.4 制作目录 …………………372

本章小结 …………………**373**

第22章 ▶

实战应用：Word在市场营销中的应用 …………………374

22.1 制作促销宣传海报 ………**374**

22.1.1 设置页面格式 …………………374
22.1.2 编辑海报版面 …………………375

22.2 制作投标书 …………**377**
22.2.1 制作投标书封面 ……………377
22.2.2 使用样式设置文本格式 ………379
22.2.3 设置页眉和页脚 ……………380
22.2.4 设置目录 …………………380
22.2.5 转换为PDF文档 ……………381

22.3 制作问卷调查表 …………**381**
22.3.1 将文件另存为启用宏的Word文档 …………………382
22.3.2 在调查表中应用ActiveX控件 …………………382
22.3.3 添加宏代码 …………………384
22.3.4 完成制作并测试调查表程序…385

22.4 制作商业计划书 …………**386**
22.4.1 制作商业计划书封面 ………386
22.4.2 添加页眉页脚和目录 ………387
22.4.3 对商业计划书进行加密设置…388

本章小结 …………………**389**

第23章 ▶

实战应用：Word在财务会计中的应用 …………………390

23.1 制作借款单 …………**390**
23.1.1 输入文档内容 ………………390

23.1.2 调整表格结构 …………………390
23.1.3 编辑表格内容 …………………391

23.2 制作盘点工作流程图……**392**
23.2.1 插入与编辑SmartArt图形 …393
23.2.2 插入形状与文本框完善流程图 …………………394
23.2.3 美化流程图 …………………394

23.3 制作财务报表分析报告…**395**
23.3.1 将文件另存为启用宏的Word文档 …………………396
23.3.2 为表格设置题注 ……………396
23.3.3 调整表格 …………………397
23.3.4 设置文档目录 ………………398

23.4 制作企业年收入比较分析图表 …………………**399**
23.4.1 插入与编辑柱形图 …………399
23.4.2 插入与编辑圆环图 …………400

本章小结 …………………**401**

附录1 Word快捷键速查表……**402**

附录2 Word查找和替换中的特殊字符 …………………**405**

附录3 Word实战案例索引表…**407**

附录4 Word功能及命令应用索引表 …………………**411**

第 1 篇 排版入门篇

Word 是当前非常流行的文字处理软件，对于办公人员来说，是必须掌握的一款办公软件。而 Word 2021 则是微软公司新推出的 Office 2021 套件中的一个组件，也是 Word 的新版本，所以，对于使用 Word 办公的人员来说，学会使用 Word 2021 非常重要。要想全面系统地学习 Word，首先需要对 Word 的一些基础知识进行学习。本篇将带领大家进入 Word 的排版入门篇，让读者可以学习和掌握一些 Word 的基础操作技能。

第 1 章 Word 2021 快速入门

➥ Word 能做什么？ Word 2021 新增了哪些功能？

➥ 保存时，不想让保存的文档替换原文档怎么办？

➥ 怎样将 Word 文档转换成 PDF 文档？

➥ 计算机死机了，Word 文档没及时保存怎么办？

➥ 打印时，怎样才能只打印指定的页面内容？

➥ 在使用 Word 的过程中遇到问题如何快速解决？

本章将通过对 Word 的用途、排版原则、Word 2021 新功能及 Word 的基本操作等基础知识进行讲解，带领大家快速学习 Word 软件，为后面学习更多技能奠定基础。

1.1 Word 有什么用途

提起 Word，许多用户都会认为使用 Word 只能制作一些会议通知类的简单文档，或者类似访客登记表的简单表格。但实际上，Word 针对不同类型的排版任务提供了多种操作方法，既可以制作编写文字类的简单文档，也可以制作图、文、表混排的复杂文档，甚至可以批量制作名片、邀请函、奖状等特色文档。

1.1.1 编写文字类的简单文档

Word 最简单、最常见的用途就是编写文字类的文档，如公司规章制度、会议通知等。这类文档结构比较简单，通常只包含文字，不包含图片、表格等其他内容。因此在排版上也是最基础、最简单的操作。例如，用 Word 制作的员工绩效考核管理制度，如图 1-1 所示。

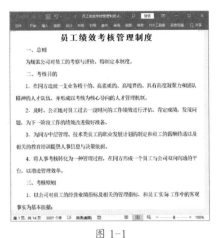

图 1-1

1.1.2　制作表格类文档

经常使用 Word 的用户都知道，表格类文档也是常见的文档形式，比如来访人员登记表，效果如图 1-2 所示。这类表格制作非常简单，创建指定行数和列数，然后依次在单元格中输入相应的内容即可。

图 1-2

Word 并不局限于制作简单的表格，还能制作一些结构复杂的表格。图 1-3 中的表格就是稍微复杂的表格，表格中不仅对单元格进行了合并操作，还包含了文字对齐、单元格底纹及表格边框等格式的设置。

图 1-3

使用 Word 的表格功能时，还可以对表格中的数据进行排序、计算等操作，具体方法请参考本书第 8 章的内容。

1.1.3　制作图、文、表混排的复杂文档

使用 Word 制作文档时，还可以制作宣传海报、招聘简章等图文并茂的文档，这类文档一般包含了文字、表格、图片等多种类型的内容，如图 1-4 所示。

图 1-4

1.1.4　制作各类特色文档

在实际应用中，Word 还能制作各类特色文档，如信函和标签、数学试卷、小型折页手册、名片、奖状等。使用 Word 制作的名片，如图 1-5 所示。

图 1-5

1.2　Word 文档排版原则

常言道，无规矩不成方圆，排版亦是如此。要想高效地排出精致的文档，必须遵循五大原则，分别是：紧凑对比原则、统一原则、对齐原则、自动化原则、重复使用原则。

1.2.1 紧凑对比原则

在Word排版中，要想页面内容错落有致，具有视觉上的协调性，就需要遵循紧凑对比原则。

紧凑是指将相关元素有组织地放在一起，从而使页面中的内容看起来更加清晰，整个页面更具结构化；对比是指让页面中的不同元素有鲜明的差别效果，以便突出重点内容，有效地吸引读者的注意力。

例如，图1-6中所有内容的格式几乎是千篇一律的，看上去十分紧密，很难看出各段内容之间是否存在联系，大大降低了阅读性。

汽车保养 APP 功能介绍
多种服务
系统涵盖汽修、保养、零配件、保险服务等等，用户可以根据自己的需求选择服务。
会员机制
设置会员服务，每年只需交一笔会员金，这一年中就可以享受各种会员服务，例如免费洗车，保养折扣优惠活动等。
服务方案
多位服务人员提供在线服务，根据客户爱车情况，提供合适的养护方案，让客户无需烦恼维修养护问题。
线上支付
支持第三方支付例如微信支付，支付宝等。
促销活动
定期举行促销活动，作为吸引新客户，增加老客户黏性，宣传自己品牌的机会。
保养资讯
每周推送有关汽车保养，修理等一系列的信息，让客户对汽车养护知识有更多的认识，更好地呵护爱车。
用户评价
车主在体验完养车服务之后，可以对商家的服务进行评价，供其他车主参考。
保养提醒
用户可以在养车 APP 后台设置年检时间，那么 APP 会在设置时间的前 10 天或者 30 天进行短信提醒。

图 1-6

为了使文档内容结构清晰，页面内容引人注目，可以根据紧凑对比原则，适当调整段落之间的间距（段落间距的设置方法请参考本书第5章的内容），并对不同元素设置不同的字体、字号或加粗等格式（字体、字号等格式的设置方法请参考本书第4章的内容）。为了突出显示大标题内容，还为其设置了段落底纹效果（关于底纹的设置方法请参考本书第5章的内容），设置后的效果如图1-7所示。

汽车保养 APP 功能介绍

多种服务

系统涵盖汽修、保养、零配件、保险服务等等，用户可以根据自己的需求选择服务。

会员机制

设置会员服务，每年只需交一笔会员金，这一年中就可以享受各种会员服务，例如免费洗车，保养折扣优惠活动等。

服务方案

多位服务人员提供在线服务，根据客户爱车情况，提供合适的养护方案，让客户无需烦恼维修养护问题。

线上支付

支持第三方支付例如微信支付，支付宝等。

促销活动

定期举行促销活动，作为吸引新客户，增加老客户黏性，宣传自己品牌的机会。

保养资讯

每周推送有关汽车保养，修理等一系列的信息，让客户对汽车养护知识有更多的认识，更好地呵护爱车。

用户评价

车主在体验完养车服务之后，可以对商家的服务进行评价，供其他车主参考。

保养提醒

用户可以在养车 APP 后台设置年检时间，那么 APP 会在设置时间的前 10 天或者 30 天进行短信提醒。

图 1-7

1.2.2 统一原则

当页面中某个元素多次重复出现时，为了强调页面的统一性，以及增强页面的趣味性和专业性，可以根据统一原则对该元素设置字体、颜色、大小、形状或图片等。

例如，在图1-7的内容的基础上，遵循统一原则，在各标题的前端插入一个相同的符号（插入符号的方法请参考本书第5章的内容），完成设置后，增强了各标题之间的统一性及视觉效果，如图1-8所示。

汽车保养 APP 功能介绍

◆ **多种服务**

系统涵盖汽修、保养、零配件、保险服务等等，用户可以根据自己的需求选择服务。

◆ **会员机制**

设置会员服务，每年只需交一笔会员金，这一年中就可以享受各种会员服务，例如免费洗车，保养折扣优惠活动等。

◆ **服务方案**

多位服务人员提供在线服务，根据客户爱车情况，提供合适的养护方案，让客户无需烦恼维修养护问题。

◆ **线上支付**

支持第三方支付例如微信支付，支付宝等。

◆ **促销活动**

定期举行促销活动，作为吸引新客户，增加老客户黏性，宣传自己品牌的机会。

◆ **保养资讯**

每周推送有关汽车保养，修理等一系列的信息，让客户对汽车养护知识有更多的认识，更好地呵护爱车。

◆ **用户评价**

车主在体验完养车服务之后，可以对商家的服务进行评价，供其他车主参考。

◆ **保养提醒**

用户可以在养车 APP 后台设置年检时间，那么 APP 会在设置时间的前 10 天或者 30 天进行短信提醒。

图 1-8

1.2.3 对齐原则

页面上的任何元素都不是随意摆放的，而是要错落有致的。根据对齐原则，页面上的每个元素都应该与其他元素建立某种视觉上的联系，从而形成一个清爽的外观。

例如，图1-9中为不同元素设置了合理的段落对齐方式（段落对齐方式的设置请参考本书第5章的内容），从而形成了一种视觉上的联系。

面试通知

李林先生/女士：

您好！

首先感谢您对四川千禧商贸有限公司的信任和支持，您应聘的市场部市场推广主管一职已通过初次面试，所以特别通知您以下时间、地点到本公司进行正式面试：

一、面试时间：2021年3月1日上午9：30。

二、公司地址：成都市青羊区青羊大道[illegible]。

三、乘车路线：乘坐77路、114路、26路、78路、84路、82路公交车到青羊大道站下车，或乘坐地铁4号线到新文化宫站下车，从D出口出来，向前直行100米。

四、备注：携带个人身份证及复印件、学历证书及复印件、职称证书及复印件，个人一寸免冠彩色照片一张。

若您时间上不方便，请事先与赵先生联系，联系电话：028-2868****！

四川千禧商贸有限公司人力资源部

2021年2月27日

图 1-9

要建立视觉上的联系，不仅可以设置段落对齐方式，还可以通过设置段落缩进来实现。例如，图1-10中通过制表位设置了悬挂缩进，整体内容显得更加清晰、有条理。

第1条→按时上班，不迟到、不早退、不缺勤、不旷工，自觉遵守公司考勤制度，有事及时请假。
第2条→公司内着装整齐，不允许穿戴奇装异服，男性不允许穿背心、短裤，女性不允许穿紧身、暴露、过于性感的服装。
第3条→男性不允许留长发，女性不允许浓装艳抹。
第4条→在办公室坐姿要端正，不允许将腿脚搭在桌椅上；站立时不要身倚墙壁、柱子等；不允许在办公室躺卧。
第5条→上班期间必须佩戴工作牌。工作牌严禁转借、复制、伪造和涂改，丢失要及时补办及赔偿。
第6条→公司内与同事相遇要相互问候或点头行礼表示致意，与公司领导相遇应停止行走，进行问候或点头行礼。
第7条→上班期间严禁擅离职守，外出办事必须提前向上级汇报申请。
第8条→进入领导办公室前应先敲门示意，严禁在未经同意的情况下进入领导办公室或存放有重要物品、公司产品等特殊部门。
第9条→自觉遵守各项保密规定，严守保密纪律。
第10条→严禁在未经上级批准的情况下将公司财物私自带离。

图 1-10

1.2.4 自动化原则

在对大型文档进行排版时，自动化原则尤为重要。对于一些可能发生变化的内容，最好合理运用

Word的自动化功能进行处理，以便当这些内容发生变化时，Word可以自动更新，避免用户逐个手动修改。

在使用自动化原则的过程中，比较常见的情况主要包括页码、自动编号、目录、题注、交叉引用等功能。

例如，Word的页码功能可以自动为文档页面编号，当文档页面发生增减时，不必忧心编号会混乱，Word会自动进行更新调整；Word提供的自动编号功能可以使标题编号自动化，这样就不必担心由于标题数量的增减或标题位置的调整而手动修改与之对应的编号了；Word提供的目录功能可以自动生成目录，当文档标题内容或标题所在页码发生变化时，可以通过Word进行同步更新，而不需要手动修改。

1.2.5　重复使用原则

在处理大型文档时，遵循重复使用原则，可以使排版工作省时又省力。

重复使用原则主要体现在样式和模板等功能上。例如，当需要对各元素内容分别使用不同的格式时，使用样式功能可以轻松实现；当有大量文档需要使用相同的版面设置、样式时，可以事先建立一个模板，此后基于该模板创建的新文档就会拥有完全相同的版面设置，以及相同的样式，这时只需在此基础上稍加修改，即可快速编辑出不一样的文档。

1.3　Word 排版中的常见问题

无论是初学者，还是能够熟练操作Word的用户，在Word排版过程中，通常都会遇到以下这些问题，如文档格式太花哨、使用空格键定位、手动输入标题编号等。

1.3.1　文档格式太花哨

无论是使用Word排版，还是做其他设计，都有一个通用原则，就是版面不能太花哨。如果一个版面使用太多格式，不仅会让版面显得凌乱，还会影响阅读。例如，在图1-11中，因为分别为每段文字设置了不同的格式，所以呈现出的排版效果给人杂乱无章的感觉，大大降低了文档的阅读性。

可 *重用原则通常出现在程序设计中，指编写好的一段代码可以被重复使用到其他过程中，从而尽量减少重复编写同或相似代码的时间，该原则同样适用于修改，主要体现在样式与模板的使用上。*

比如，为了对不同内容设置不同的格式，需要在文档中分别创建相应的样式；为了让文档中的某一个样式应用于其他文档，则可以对样式进行复制操作。

模板是一种特殊的文档，可以包含页面格式、样式等元素。以模板为基础，可以创建与其包含完全相同的页面格式，并包含相同的样式，此时只需在此基础之上稍加修改，即可快速编辑出不一样的文档。

图 1-11

1.3.2　使用空格键定位

在排版过程中，许多用户会使用空格键对文字进行定位，这是非常常见的问题。在对中文内容进行排版时，通常每个段落的第一行都会空两个字符，许多用户就会通过按空格键的方式来实现。这样的操作方法虽然很方便，但是在重新调整格式时会非常麻烦，因为空格的数量可能各不相同，所以在修改格式时需要手动处理这些空格。为了避免日后修改格式的烦琐操作，以及由此引发的一系列排版问题，为文字进行定位时需要用户使用Word的一些功能，如为段落设置缩进、为段落设置对齐方式等。

1.3.3　手动输入标题编号

绝大多数Word文档中都会包含大量的编号，有简单的编号，如"1、2、3……"这样的顺序编号，也有复杂的编号，如多级编号。这类编号包含了多个层次，每层编号格式相同，不同层有不同格式的编号。

要想快速了解多级编号的一般结构，可查阅书籍的目录。例如，图1-12中就是一个多级编号的典型示例，它包含了两个级别的标题，第1个级别是节的名称，使用"1.1、1.2、1.3……"这样的格式进行编号，第2个级别是节下面小节的名称，以"1.1.1、1.1.2、1.1.3……"这样的格式进行编号。

行政管理规范目录

1.1　前言
1.2　办公制度
　1.2.1　办公时间
　1.2.2　考勤方式
　1.2.3　请假
　1.2.4　休假及工资规定
　1.2.5　工龄工资管理规定
　1.2.6　工作纪律
1.3　员工公务外出管理
　1.3.1　目的
　1.3.2　适用范围
　1.3.3　公务外出请示
　1.3.4　细则
　1.3.5　注意事项
1.4　会议制度
　1.4.1　会议注意事项
　1.4.2　会议禁忌事项
　1.4.3　会议纪录
　1.4.4　议定事项的催办和反馈
　1.4.5　会议文件的管理

图 1-12

像这类多级编号，如果以手动的方式输入，那么当需要重新调整标题的次序或要增减标题时，就需要手动修改相应的编号，这不仅增加了工作量，而且还容易出错。正确的做法是使用Word提供的多级编号功能进行统一编号（具体内容见本书第5章），这不仅大大提高了工作效率，还有利于文档的后期维护。

1.3.4 手动设置复杂格式

在排版过程中，如果要为段落手动设置复杂格式，也是非常烦琐的操作。

例如，要为多个段落设置以下格式：字体"仿宋"，字号"四号"，字体颜色"紫色"，段落首行缩进两个字符，段前段后设置为0.5行。手动设置格式的方法大致分为两种情况：一种是连续的段落，可以一次性选择这些段落，再进行设置；另一种是不连续的段落，就会单独设置，或者先按照要求设置好一个段落的格式，然后通过【格式刷】复制该格式。

如果是简单的小文档，那么手动设置不会太影响排版速度；如果是大型文档，那么问题将接踵而来，一是严重影响排版速度，二是当后期需要修改段落格式时，工作量会非常大，而且还易出错。正确的做法是为不同的内容所要使用的格式单独创建一个样式，然后通过样式来快速为段落设置格式，具体的操作方法将在本书第10章进行介绍。

1.4 Word 2021 新增功能

随着新版本Office 2021的推出，迎来了办公时代的新潮流。同样，作为组件之一的Word 2021，不仅配合Windows 10做出了一些改变，而且本身也新增了一些特色功能，下面对这些新增功能进行简单介绍。

★新功能 1.4.1 共同撰写

在Word 2021中，我们和同事可以开启同一份文件并进行处理，即共同撰写，如图1-13所示。在共同撰写时，参与共同撰写的用户可以在几秒钟内快速看到彼此的变更内容。

图 1-13

★新功能 1.4.2 新版视觉效果

Office 2021利用流畅设计原则，在应用程序中提供了一个直观、连贯和熟悉的用户界面。这一更新使Word 2021应用程序为用户提供了简单而连贯的视觉体验。

★新功能 1.4.3 使用深色模式减少眼睛疲劳

之前，我们可以使用Word深色功能区及工具栏，但文件色彩仍是亮白色的。现在，Word 2021中的深色模式也提供了深色画布。

在【文件】菜单中选择【账户】命令，单击【账户】窗口中的【Office 主题】下拉按钮，在弹出的下拉列表中选择【黑色】选项，如图1-14所示。

图 1-14

当设置【Office 主题】为【黑色】时，Word在深色模式下画布显示为深色，如图1-15所示。

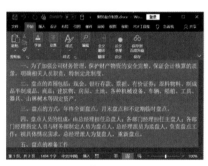

图 1-15

★新功能 1.4.4 查看库存媒体的【图像集】功能

Word 2021会持续新增更多的媒体内容至【图像集】中，用于协助用户展现自己的想象力。

在Word 2021中，单击【插入】选项卡【插图】组中的【图片】按钮，在弹出的下拉列表中选择【图像集】选项，打开图像集对话框。这就是Word 2021中新增的影像、图示等的收藏媒体库，用户可以在对话框中选择需要的图像进行使用，也可以在搜索框中输入要查找图像的关键字，搜索合适的图像使用，如图1-16所示。

图 1-16

★新功能 1.4.5　使用 Microsoft 搜寻来寻找需要的内容

在 Windows 版的 Microsoft Office 应用程序中，将找到新的 Microsoft 搜寻方式。这个功能强大的工具可协助用户快速找到想要寻找的内容，如文字、命令、说明等。

在 Word 2021 标题栏中单击【Microsoft 搜索】按钮，在搜索框中输入想寻找的内容即可，如图1-17所示。

图 1-17

★新功能 1.4.6　已更新绘图索引标签

Word 2021 中新增了【绘图】索引标签项目，简化使用笔迹的方式，如点橡皮擦、标尺和套索。

之前版本的【橡皮擦】是笔画橡皮擦，当在笔画上滑动橡皮擦时，会一次清除整个笔画。这是快速清理笔墨的方法，但并非非常精确。如果用户只想清除笔画的一部分，可以使用 Word 2021 更新的【点橡皮擦】，在【绘图】选项卡下单击【绘图工具】组中【橡皮擦】的下拉按钮，在下拉列表中选择【点橡皮擦】选项，如图1-18所示。只有通过橡皮擦的笔墨会被清除，而且非常精确。

图 1-18

★新功能 1.4.7　提高内容的易用性

在 Word 2021 中，新增了协助工具，检查程序会留意用户的文件，并在找到用户查看的信息时通过状态列告知用户，提高用户的检查效率。

在【审阅】选项卡中单击【检查文档】选项，状态栏会显示出当前文档的状态，如图1-19所示。

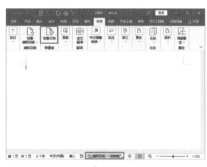

图 1-19

★新功能 1.4.8　支持 OpenDocument（*.odt）文本格式

Word 2021 之前的版本中，可以在保存时选择多种保存格式。在 Word 2021 软件中，不仅支持之前的保存格式，还新增了【OpenDocument 文本(*.odt)】格式，在保存文档时，单击【保存类型】右侧的下拉按钮，在下拉列表中选择【OpenDocument 文本(*.odt)】选项即可保存后缀为".odt"的文档，如图1-20所示。

图 1-20

1.5　打造舒适的 Word 工作环境

"工欲善其事，必先利其器。"在正式使用 Word 2021 之前，可以根据自己的使用习惯，打造一个合适的工作环境。通过相应的设置，可以帮助用户更好地使用 Word 2021 进行学习和工作，避免一些不必要的麻烦。

★重点 1.5.1 熟悉 Word 2021 的操作界面

在使用 Word 2021 之前，首先需要熟悉其操作界面。启动 Word 2021 后，在打开的窗口中显示了最近使用的文档和程序自带的模板缩略图预览，此时按【Enter】键或【Esc】键可跳转到空白文档界面，这就是要进行文档编辑的工作界面，如图 1-21 所示。该界面主要由标题栏、【文件】菜单、功能区、【导航】窗格、文档编辑区、状态栏和视图栏 7 个部分组成。

①标题栏，②【文件】菜单，③功能区，④【导航】窗格，⑤文档编辑区，⑥状态栏，⑦视图栏

图 1-21

1. 标题栏

标题栏位于窗口的最上方，从左到右依次为【自动保存】设置项、快速访问工具栏、正在操作的文档的名称、程序的名称、登录按钮、【功能区显示选项】按钮和窗口控制按钮。

➡【自动保存】设置项：用于启用或关闭当前文档的【自动保存】功能。

➡ 快速访问工具栏：用于显示常用的工具按钮，默认显示的按钮有【保存】、【撤销】和【重复】3 个按钮，单击这些按钮

可执行相应的操作，用户还可根据需要手动将其他常用工具按钮添加到快速访问工具栏中。

➡ 登录按钮：单击该按钮，可登录 Microsoft 账户。

➡【功能区显示选项】按钮：单击该按钮，会弹出一个下拉菜单，通过该菜单，可对功能区的显示方式进行设置。

➡ 窗口控制按钮：从左到右依次为【最小化】按钮、【最大化】按钮/【向下还原】按钮和【关闭】按钮，可用于对文档窗口大小和关闭进行相应的控制。

2.【文件】菜单

打开【文件】菜单，其中包括【新建】【打开】【保存】等常用命令。

3. 功能区

功能区中集合了各种重要功能，清晰可见，是 Word 的控制中心。默认情况下，功能区包含【开始】【插入】【设计】【布局】【引用】【邮件】【审阅】【视图】和【帮助】9 个选项卡，选择某个选项卡可将其展开。此外，在文档中选中图片、艺术字、文本框或表格等对象时，功能区中会显示与所选对象相关的设置选项卡。例如，在文档中选中表格后，功能区中会再显示【表设计】和【布局】两个选项卡。

每个选项卡由多个组组成。例如，【开始】选项卡由【剪贴板】【字体】【段落】【样式】和【编辑】5 个组组成。有些组的右下角有一个 按钮，即【功能扩展】按钮，将鼠标指针指向该按钮时，可预览对应的对话框或窗格，单击该按钮，可弹出对应的对话框或窗格。

各组又将执行指定类型任务时可能用到的所有命令放在一起，并在执行任务期间一直处于显示状态，以保证随时使用。例如，【开始】选项卡【字体】组中显示了【字体】【字号】【加粗】等命令，这些命令用于对文本内容设置相应的字符格式。

4.【导航】窗格

默认情况下，Word 2021 的操作界面显示了【导航】窗格，在【导航】窗格的搜索框中输入内容，程序会自动在当前文档中进行搜索。

在【导航】窗格中有【标题】【页面】和【结果】3 个标签，单击其中一个标签，可切换到对应的界面。【标题】界面显示的是当前文档的标题，【页面】界面以缩略图的形式显示当前文档的每页内容，【结果】界面非常直观地显示了搜索结果。

5. 文档编辑区

文档编辑区在默认情况下以白色显示，是输入文字、编辑文本和处理图片的工作区域，向用户显示了文档内容。

当文档内容超出窗口的显示范围时，文档编辑区右侧和底端会分别显示垂直与水平滚动条，拖动滚动条中的滚动块，或者单击滚动条两端的小三角按钮，文档编辑区中显示的区域会随之滚动，从而可以查看到其他内容。

6. 状态栏

状态栏用于显示文档编辑的状态信息，默认显示了文档当前页数、总页数、字数、输入法状态等信息，根据需要，用户可自定义状态栏中要显示的信息。

7. 视图栏

视图栏包含视图切换按钮 和显示比例调节工具 —————+ 100%。视图切换按钮用于切换当前文档的视图显示方式，显示比例调节工具用于调节和显示当前文档的显示比例。

★重点 1.5.2 实战：设置 Microsoft 账户

实例门类	软件功能

Word 2021 中提供的用户账户功能将 Microsoft 账户作为默认的个人账户。当登录 Microsoft 账户后，系统会自动将 Office 与此 Microsoft 账户相关联，可将打开和保存的 Word 文档都保存到 Microsoft 账户中，当使用其他设备登录 Microsoft 账户后，也能看到账户中存放的内容，对于跨设备使用非常方便。

另外，Office 的 OneDrive、共享等功能需要登录 Microsoft 账户后才能使用。创建 Microsoft 账户的具体操作步骤如下。

Step01 单击【登录】按钮。在 Word 2021 工作界面的标题栏中单击【登录】按钮，如图 1-22 所示。

图 1-22

Step02 执行创建账户操作。打开【登录】对话框，如果有 Microsoft 账户，在【电子邮件、电话号码或 Skype】处直接输入 Microsoft 账户，单击【下一步】按钮可执行【登录】操作；如果没有 Microsoft 账户，需要单击【创建一个】超级链接，如图 1-23 所示。

图 1-23

Step03 创建账户。打开【创建账户】对话框，单击【获取新的电子邮件地址】超级链接，显示创建的邮件地址后缀名，❶ 在后缀名前面输入邮件地址；❷ 单击【下一步】按钮，如图 1-24 所示。

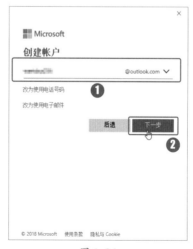

图 1-24

Step04 创建密码。打开【创建密码】对话框，❶ 输入账户密码；❷ 单击【下一步】按钮，如图 1-25 所示。

图 1-25

技能拓展——通过网站注册账户

启动 IE 浏览器，打开 Microsoft 账户注册网址，单击【立即注册】超级链接，进入【创建账户】界面，填写注册信息进行注册即可。

Step05 输入账户姓名。❶ 在【姓】文本框中输入姓名的姓氏，如输入【a】；❷ 在"名"文本框中输入名称，如输入【duo】；❸ 单击【下一步】按钮，如图 1-26 所示。

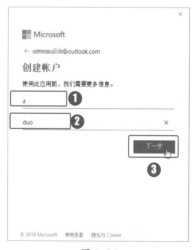

图 1-26

Step06 添加出生日期。打开【添加详细信息】对话框，❶在【出生日期】下方的下拉列表框中选择出生年、月、日；❷单击【下一步】按钮，如图1-27所示。

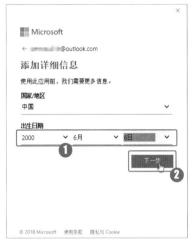

图 1-27

Step07 输入验证码。❶在打开的【创建账户】对话框中输入显示的验证码；❷单击【下一步】按钮进行验证，如图1-28所示。

图 1-28

Step08 登录账户。验证通过后即可登录Microsoft账户，标题栏中会显示个人账户信息，效果如图1-29所示。

图 1-29

技能拓展——退出 Microsoft 账户

登录成功后，若要退出当前账户，可打开【文件】菜单，选择【账户】命令切换到【账户】界面，在账户信息栏中单击【注销】超级链接即可。

1.5.3 实战：自定义快速访问工具栏

| 实例门类 | 软件功能 |

快速访问工具栏用于显示常用的工具按钮，为了方便在编辑文档时能快速实现常用的操作，用户可以根据需要将经常使用的按钮添加到快速访问工具栏中。

1. 添加下拉菜单中的命令

快速访问工具栏的右侧有一个下拉按钮▼，单击该按钮，会弹出一个下拉菜单，当中提供了一些常用的操作按钮，用户可快速将其添加到快速访问工具栏。例如，将【快速打印】按钮添加到快速访问工具栏中，具体操作步骤如下。

Step01 选择要添加的命令。❶在快速访问工具栏中，单击右侧的下拉按钮▼；❷在弹出的下拉菜单中

选择【快速打印】选项，如图1-30所示。

图 1-30

Step02 查看添加的按钮。执行上述操作后，在快速访问工具栏中可看到添加的【快速打印】按钮，效果如图1-31所示。

图 1-31

技能拓展——删除快速访问工具栏中的按钮

若要将快速访问工具栏中的某个按钮删除，可以右击该按钮，在弹出的快捷菜单中选择【从快速访问工具栏删除】命令即可。

2. 添加功能区中的命令

快速访问工具栏的下拉菜单中提供的按钮数量毕竟有限，如果希望添加更多的按钮，可以将功能区中的按钮添加到快速访问工具栏中。例如，将功能区中的【图片】按钮添加到快速访问工具栏中，具体操作步骤如下。

Step01 添加功能区中的按钮。❶在

功能区【插入】选项卡【插图】组中的【图片】按钮上右击；❷在弹出的快捷菜单中选择【添加到快速访问工具栏】命令，如图1-32所示。

图 1-32

Step02 查看添加的【图片】按钮。此时，【图片】按钮被添加到快速访问工具栏中，效果如图1-33所示。

图 1-33

技能拓展——将组以按钮形式添加到快速访问工具栏中

如果希望将某个组以按钮的形式添加到快速访问工具栏中，只需右击该组的空白处，在弹出的快捷菜单中选择【添加到快速访问工具栏】命令即可。

3. 添加不在功能区中的命令

如果需要添加的按钮不在功能区中，则可通过【Word选项】对话框进行设置，具体操作方法如下。

Step01 选择菜单命令。打开【文件】菜单，选择【选项】命令，如图1-34所示。

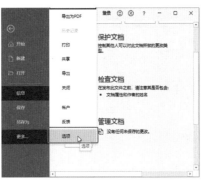

图 1-34

Step02 添加命令到快速访问工具栏。打开【Word选项】对话框，❶切换到【快速访问工具栏】选项卡；❷在【从下列位置选择命令】下拉列表中选择命令的来源位置，本操作中选择【不在功能区中的命令】选项；❸在左侧列表框中选择需要添加的命令，如【插入横排图文框】；❹单击【添加】按钮，将所选命令添加到右侧列表框中；❺单击【确定】按钮即可，如图1-35所示。

图 1-35

1.5.4 实战：设置功能区的显示方式

实例门类	软件功能

在编辑文档的过程中，还可以根据操作习惯设置功能区的显示方式。默认情况下，功能区将选项卡和命令都显示出来，为了扩大文档

编辑区的显示范围，可以设置只显示选项卡，具体操作步骤如下。

Step01 选择显示方式。❶在标题栏中单击【功能区显示选项】按钮；❷在弹出的下拉菜单中选择【显示选项卡】选项，如图1-36所示。

图 1-36

Step02 查看显示效果。此时，Word窗口将只显示功能区选项卡，效果如图1-37所示。

图 1-37

技能拓展——隐藏整个功能区

单击【功能区显示选项】按钮，在弹出的下拉菜单中若选择【自动隐藏功能区】选项，则整个功能区都将被隐藏起来，单击窗口顶端，可临时显示功能区。

经过上述设置后，若选择某个选项卡，便可临时显示相关的命令。此外，还可通过以下几种方式来实现仅显示功能区选项卡。

➡ 在功能区右下角单击【折叠功能

区】按钮 ∧ 。

➜ 双击除【文件】菜单以外的任意
选项卡。

➜ 右击功能区的任意位置，在弹出
的快捷菜单中选择【折叠功能区】
命令。

➜ 按快捷键【Ctrl+F1】。

技能拓展——始终显示功能区的选项卡和命令

将功能区的显示方式设置为
【显示选项卡】后，若还是希望始终
显示选项卡和命令，可以按以下3
种方法实现。①单击【功能区显示
选项】按钮⊟，在弹出的下拉菜单
中选择【显示选项卡和命令】选项；
②双击除【文件】菜单以外的任意选
项卡；③按快捷键【Ctrl+F1】。

1.5.5 实战：自定义功能区

实例门类	软件功能

根据操作习惯，不仅可以自定
义快速访问工具栏，还可以自定义
功能区。对功能区进行自定义时，
大致分为两种情况：一种是在现有
的选项卡中添加命令，另一种是在
新建的选项卡中添加命令。无论是
哪种情况，都需要新建一个组，才
能添加命令，而不能将命令直接添
加到Word默认的组中。

例如，新建一个名为【常用工
具】的选项卡，在该选项卡中新建
一个名为【文本操作】的组，用于
存放经常使用的相关命令按钮，具
体操作步骤如下。

Step01 选择菜单命令。打开【文
件】菜单，选择【选项】命令，如
图1-38所示。

图 1-38

Step02 新建选项卡。打开【Word选
项】对话框，❶切换到【自定义功
能区】选项卡；❷单击【新建选项
卡】按钮，如图1-39所示，即可
新建一个选项卡，并自动新建一
个组。

图 1-39

Step03 执行重命名选项卡操作。❶选
中【新建选项卡（自定义）】复选框；
❷单击【重命名】按钮，如图1-40
所示。

图 1-40

技术看板

因为在第2步操作中，左侧列
表框中默认选择【开始】选项卡，所
以执行新建选项卡操作后，将在【开
始】选项卡的下方新建一个选项卡。
在Word窗口中，新建的选项卡将显
示在【开始】选项卡的右侧。

Step04 重命名选项卡。打开【重命
名】对话框，❶在【显示名称】文本
框中输入选项卡名称【常用工具】；
❷单击【确定】按钮，如图1-41
所示。

图 1-41

Step05 执行重命名组操作。返回
【Word选项】对话框，❶选择【新建
组（自定义）】选项；❷单击【重命
名】按钮，如图1-42所示。

图 1-42

技能拓展——在新建的选项卡中创建组

每次新建选项卡后，会自动包
含一个默认的组。如果希望在该选
项卡中创建更多的组，则在右侧列
表框中先选中该选项卡，然后单击
【新建组】按钮进行创建即可。

Step06 重命名组。打开【重命名】对

话框，❶在【显示名称】文本框中输入组的名称【文本操作】；❷单击【确定】按钮，如图1-43所示。

图1-43

Step⓪7 添加功能命令。返回【Word选项】对话框，❶在【从下列位置选择命令】下拉列表中选择命令的来源位置，如【常用命令】命令；❷在左侧列表框中选择需要添加的命令，通过单击【添加】按钮，将所选命令添加到右侧列表框中；❸完成添加后单击【确定】按钮，如图1-44所示。

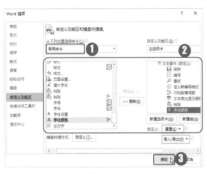

图1-44

Step⓪8 查看添加的效果。经过上述操作后，返回Word窗口，可看见【开始】选项卡的右边新建了一个名为【常用工具】的选项卡，在该选项卡中有一个名为【文本操作】的组，并包含了添加的按钮，效果如图1-45所示。

图1-45

★**重点1.5.6 实战：设置文档的自动保存时间间隔**

实例门类	软件功能

Word提供了自动保存功能，每隔一段时间会自动保存一次文档，从而最大限度地避免因停电、死机等意外情况导致当前编辑的内容丢失。

默认情况下，Word会每隔10分钟自动保存一次文档，根据操作需要，可以改变这个时间间隔，具体操作步骤如下。

Step⓪1 选择菜单命令。打开【文件】菜单，选择【选项】命令，如图1-46所示。

图1-46

Step⓪2 设置自动保存时间。打开【Word选项】对话框，❶切换到【保存】选项卡；❷在【保存文档】栏中，【保存自动恢复信息时间间隔】复选框默认为选中状态，此时在右侧的微调框中设置自动保存的间隔时间；❸单击【确定】按钮即可，如图1-47所示。

图1-47

1.5.7 设置最近使用的文档的数目

使用Word 2021时，无论是在启动过程中，还是在【文件】菜单的【打开】界面中，都会显示最近使用的文档，通过选择文档选项，可快速打开这些文档。

默认情况下，Word只能记录最近打开过的50个文档，可以通过设置来改变Word记录的文档数量，具体操作方法如下。

打开【Word选项】对话框，❶切换到【高级】选项卡；❷在【显示】栏中，通过【显示此数目的"最近使用的文档"】微调框设置文档显示数目；❸单击【确定】按钮即可，如图1-48所示。

图 1-48

1.5.8　显示或隐藏编辑标记

默认情况下，Word文档中只显示段落标记，但在排版过程中，建议用户将编辑标记显示出来，这样能够清晰地查看文档中的格式符号，如文档中是否有多余的空格、制表符、分页符及分节符等。

显示编辑标记的具体操作方法为：在【开始】选项卡的【段落】组中，单击【显示/隐藏编辑标记】按钮，该按钮即呈选中状态显示，如图1-49所示。若要取消显示编辑标记，则再次单击【显示/隐藏编辑标记】按钮，取消选中即可。

图 1-49

技能拓展——显示指定的标记

单击【显示/隐藏编辑标记】按钮，可将所有编辑标记显示在文档中。如果只需要显示指定的编辑标记，可打开【Word选项】对话框，切换到【显示】选项卡，在【始终在屏幕上显示这些格式标记】栏中进行设置即可。

1.5.9　实战：在状态栏显示【插入/改写】状态

实例门类	软件功能

在以往的Word版本中，状态栏中会显示【插入/改写】状态，而从Word 2013版本开始不再有【插入/改写】状态，根据操作习惯，可以将其显示出来，具体操作步骤如下。

Step01 选择菜单命令。在状态栏的空白处右击，在弹出的快捷菜单中选择【改写】命令，如图1-50所示。

图 1-50

Step02 查看效果。返回Word窗口，此时状态栏中显示了【改写】状态，如图1-51所示。

图 1-51

技术看板

按照上述操作方法，还可以将其他状态（如权限、修订等）显示在状态栏中。在快捷菜单中，其名称左侧带有选中标记的命令，表示已经被添加到状态栏中，如果不再需要某个状态显示在状态栏中，只需取消选中即可。

1.6　Word 文档的基本操作

Word作为专业的文字处理软件，其操作对象称为文档。在使用Word进行工作之前，需要先掌握Word文档的一些基本操作，如创建空白文档、使用模板创建文档、保存文档等，下面将分别进行具体的介绍。

1.6.1 实战：创建空白文档

实例门类	软件功能

创建空白文档是最频繁的一项操作之一，因为很多时候，用户会新建一篇空白文档来开始制作文档。

启动 Word 2021 后，不会直接创建空白文档，而是需要在【开始】界面中选择启动类型后才能创建文档。在 Word 2021 中创建空白文档的具体操作步骤如下。

Step01 创建空白文档。启动 Word 2021，进入 Word 程序的【开始】界面，选择【新建空白文档】选项（或按【Esc】键），如图 1-52 所示，即可创建空白文档。

图 1-52

Step02 查看创建的文档。在 Word 窗口显示新建的文档，如图 1-53 所示。

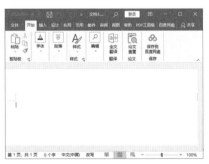

图 1-53

在 Word 环境下，可以通过以下两种方式创建空白文档。

➡ 按快捷键【Ctrl+N】。

➡ 打开【文件】菜单，选择【新建】命令，然后在右侧窗格中选择【新建空白文档】选项。

> **技能拓展——取消启动时的开始屏幕**
>
> 启动 Word 2021 程序时，会出现【开始】界面，用惯了老版本的 Word 用户可能不太适应，根据操作习惯，可以取消启动时显示【开始】界面。具体操作方法为：打开【Word 选项】对话框，在【常规】选项卡的【启动选项】栏中，取消选中【此应用程序启动时显示开始屏幕】复选框，然后单击【确定】按钮即可。

1.6.2 实战：使用模板创建文档

实例门类	软件功能

除了使用【新建空白文档】创建新文档外，还可以根据系统自带的模板创建新文档，这些模板中既包含已下载到计算机上的模板，也包含未下载的 Word 模板。

根据模板创建新文档时，可以在启动 Word 后出现的【开始】界面中选择模板，也可以在 Word 窗口的【文件】菜单的【新建】界面中选择。例如，要在【文件】菜单的【新建】界面中选择模板来创建文档，具体操作步骤如下。

Step01 选择模板。启动 Word 2021，打开【文件】菜单，选择【新建】命令，在右侧选择需要的模板，如【季节性活动传单】，如图 1-54 所示。

图 1-54

Step02 创建模板。选择好模板后，在打开的对话框中可以预览该模板的效果，单击【创建】按钮，如图 1-55 所示。

图 1-55

Step03 下载模板。因为选择的是未下载的模板，所以经过第 2 步操作后，Word 便开始下载模板，如图 1-56 所示。

图 1-56

Step04 查看创建的模板。待模板下载完成后，将基于该模板新建一个文档，如图 1-57 所示。

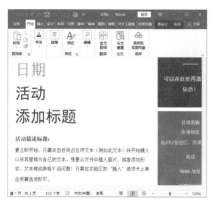

图 1-57

★重点 1.6.3 实战：保存文档

实例门类	软件功能

在编辑文档的过程中，保存文档是非常重要的一个操作，尤其是新建的文档，只有执行保存操作后才能存储到计算机硬盘或云端的固定位置中，从而方便以后进行阅读和再次编辑。如果不保存，编辑的文档内容就会丢失。在保存新建文档时，需要选择保存的文件类型和保存位置，具体操作步骤如下。

Step(01) 执行保存操作。在要保存的新建文档中，按快捷键【Ctrl+S】，或者单击快速访问工具栏中的【保存】按钮，如图 1-58 所示。

图 1-58

Step(02) 选择另存为位置。进入【文件】菜单的【另存为】界面，在中间栏中选择【浏览】选项，如图 1-59 所示。

图 1-59

Step(03) 设置保存参数。打开【另存为】对话框，❶在地址栏中设置文档的存放位置；❷在【文件名】下拉列表框中输入文件名称；❸单击【保存】按钮，即可保存当前文档，如图 1-60 所示。

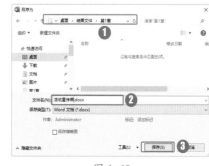

图 1-60

★重点 1.6.4 实战：将 Word 文档转换为 PDF 文件

实例门类	软件功能

完成文档的编辑后，还可将其转换成 PDF 格式的文档。保存 PDF 文件后，不仅方便查看，还能防止其他用户随意修改内容。

将 Word 文档转换为 PDF 文件有两种常见的方法：一种是通过另存文档的方法打开【另存为】对话框，在【保存类型】下拉列表中选择【PDF（*.pdf）】选项，然后设置存放位置、保存名称等参数；另一种是通过【导出】功能进行转换。

例如，要通过【导出】功能将 Word 文档转换为 PDF 文件，具体操作步骤如下。

Step(01) 选择【导出】命令。打开"素材文件\第1章\优惠礼券.docx"文件，❶在【文件】菜单中选择【导出】命令；❷在中间窗格选择【创建 PDF/XPS 文档】选项；❸在右侧窗格中单击【创建 PDF/XPS】按钮，如图 1-61 所示。

图 1-61

Step02 设置发布位置。打开【发布为PDF或XPS】对话框，❶在地址栏中设置文件的保存路径；❷其他则保持默认设置，单击【发布】按钮，如图 1-62 所示。

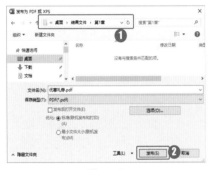

图 1-62

Step03 查看导出的 PDF 文件。发布后，将当前 Word 文档转换为 PDF 文件，并自动在 PDF 阅读器中打开，效果如图 1-63 所示。

图 1-63

技能拓展——在 Word 中打开 PDF 文件

Word 2016 及以上版本支持 PDF 文件，在 Word 软件中就能直接打开 PDF 文件。在需要打开的 PDF 文件上右击，在弹出的快捷菜单中选择【打开方式】命令，在弹出的级联菜单中显示了能打开 PDF 文件的程序，选择【Word】命令，就可启动 Word 程序，在打开的提示对话框中单击【确定】按钮即可。

★新功能 1.6.5 实战：将 Word 文档转换为 OpenDocument 文件

完成文档的编辑后，还可将其转换成 OpenDocument 格式的文档。保存 OpenDocument 文件后，不仅方便查看，还能使用其他 Office 软件任意修改内容。不像 PDF 文件成型后基本只能阅读、加备注等，而且版式固定不可修改。

将 Word 文档转换为 OpenDocument 文件的方法最常见的是通过另存文档的方法打开【另存为】对话框，在【保存类型】下拉列表中选择【OpenDocument 文本（*.odt）】选项，然后设置存放位置、保存名称等参数。例如，要将 Word 文档转换为 OpenDocument 文件，具体操作步骤如下。

Step01 选择【另存为】命令。打开"素材文件\第 1 章\优惠礼券.docx"文件，❶在【文件】菜单中选择【另存为】命令；❷在中间窗格选择【浏览】选项，如图 1-64 所示。

图 1-64

Step02 设置保存位置。打开【另存为】对话框，❶在地址栏中设置文件的保存路径；❷单击【保存类型】右侧的下拉按钮，在下拉列表中选择【OpenDocument 文本（*.odt）】选项，其他则保持默认设置；❸单击【保存】按钮，如图 1-65 所示。

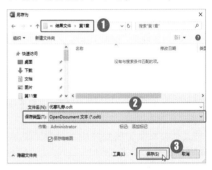

图 1-65

Step03 查看导出的 ODT 文件。保存后将当前 Word 文档转换为 ODT 文件，并自动在 Word 中打开，效果如图 1-66 所示。

图 1-66

1.6.6 实战：打开与关闭文档

实例门类	软件功能

若要对计算机中已有的文档进行编辑，首先需要将其打开。一般来说，先进入该文档的存放路径，再双击文档图标即可将其打开。此外，还可通过【打开】命令打开文档，具体操作步骤如下。

Step01 执行打开文档操作。在 Word 窗口中打开【文件】菜单，❶选择【打开】命令；❷在中间窗格选择【浏览】选项，如图 1-67 所示。

图 1-67

Step02 选择需要打开的文档。打开【打开】对话框，❶在地址栏中选择文档存放的位置；❷在列表框中选择需要打开的文档"优惠礼券.docx"；❸单击【打开】按钮即可打开文档，如图 1-68 所示。

图 1-68

技能拓展——一次性打开多个文档

在【打开】对话框中，按住【Shift】键或【Ctrl】键的同时选择多个文件，然后单击【打开】按钮，可同时打开选择的多个文档。

对文档进行各种编辑操作并保存后，如果确认不再对文档进行任何操作，可将其关闭，以减少所占用的系统内存。关闭文档的方法有以下几种。

➡ 在要关闭的文档中，单击右上角的【关闭】按钮☒。

➡ 在要关闭的文档中，打开【文件】菜单，然后单击【关闭】命令。

➡ 在要关闭的文档中，按快捷键【Alt+F4】。

关闭 Word 文档时，若没有对各种编辑操作进行保存，则执行关闭操作后，系统会弹出图 1-69 所示的提示框，询问用户是否对文档所做的修改进行保存，此时可进行如下操作。

图 1-69

➡ 单击【保存】按钮，可保存当前文档，同时关闭该文档。

➡ 单击【不保存】按钮，将直接关闭文档，且不会对当前文档进行保存，即文档中所做的更改都会被放弃。

➡ 单击【取消】按钮，将关闭该提示框并返回文档，此时用户可根据实际需要进行相应的编辑。

1.6.7 实战：以只读方式打开文档

实例门类	软件功能

在要查阅某个文档时，为了防止无意中对文档进行的修改，可以以只读方式将其打开。以只读方式打开文档后，虽然还能对文档内容进行编辑，但是执行保存操作时，会弹出【另存为】对话框来另存修改后的文档。以只读方式打开文档的具体操作步骤如下。

Step01 选择只读打开方式。在 Word 窗口中打开【打开】对话框，❶选择需要以只读方式打开的文档；❷单击【打开】按钮右侧的下拉按钮▼；❸在弹出的下拉菜单中选择【以只读方式打开】选项，如图 1-70 所示。

图 1-70

Step02 查看文档打开效果。以只读方式打开该文档后，标题栏中会显示【只读】字样，如图 1-71 所示。

图 1-71

1.6.8 实战：以副本方式打开文档

实例门类	软件功能

为了避免因错误操作而造成重要文档数据丢失，可以以副本的方式打开文档。通过副本方式打开文档后，系统会自动生成一个一模一样的副本文件，且这个副本文件和原文档存放在同一位置，对该副本文件进行编辑后，可直接进行保存操作。以副本方式打开文档的具体操作步骤如下。

Step01 选择副本打开方式。在 Word 窗口中打开【打开】对话框，❶选择需要以副本方式打开的文档；❷单击【打开】按钮右侧的下拉按钮▼；❸在弹出的下拉菜单中选择【以副本方式打开】选项，如图 1-72 所示。

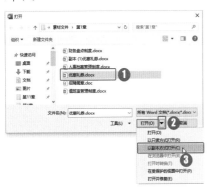

图 1-72

Step02 查看文档打开效果。以副本

方式打开所选文档后，标题栏中会显示"副本（1）"字样，如图 1-73 所示。

图 1-73

Step03 查看自动生成的副本文件。与此同时，在原文档所在的目录下，自动生成一个副本文件，如图 1-74 所示。

图 1-74

★重点 1.6.9 实战：在受保护视图中打开文档

实例门类	软件功能

为了确保计算机安全，存在安全隐患的文档可以在受保护的视图中打开。在受保护视图模式下打开文档后，大多数编辑功能都将被禁用，此时用户可以检查文档中的内容，以避免可能发生的危险情况。在受保护视图中打开文档的具体操作步骤如下。

Step01 选择受保护的视图打开方式。在 Word 窗口中打开【打开】对话框，❶选择需要打开的文档；❷单击【打开】按钮右侧的下拉按钮▼；

❸在弹出的下拉菜单中选择【在受保护的视图中打开】命令，如图 1-75 所示。

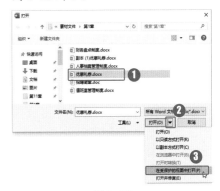

图 1-75

Step02 查看文档打开效果。所选文档在受保护视图模式下打开后，功能区下方将显示警告信息，提示文件已在受保护的视图中打开，效果如图 1-76 所示。如果用户信任该文档并需要编辑，可单击【启用编辑】按钮获取编辑权限。

图 1-76

技术看板

默认情况下，在直接打开来自 Internet 源的文档时，系统会自动在受保护的视图中打开。

★重点 1.6.10 实战：恢复自动保存的文档

实例门类	软件功能

恢复自动保存文件的具体操作步骤如下。

Step01 编辑文档。打开"素材文件\第1章\人事档案管理制度.docx"文件，将文档字体颜色更改为【深蓝色】，效果如图1-77所示。

图 1-77

Step02 打开恢复的文档。因为意外情况，Word文档自动关闭了。再次启动Word程序时，在文档标题栏文件名后会显示"（已自动恢复）"，并弹出【已恢复未保存的文件】提示框，如图1-78所示。

图 1-78

Step03 查看恢复的文档。单击提示框的【保存】按钮，如图1-79所示，然后对当前内容进行保存操作即可。

图 1-79

1.7　打印文档

虽然无纸化办公已成为一种潮流，但在日常工作中，还是有很多文档需要打印到纸张上，以供他人查看或传阅。所以，掌握文档的打印方法，是每个办公人员必须掌握的技能。

1.7.1　直接打印

对于制作好的文档，如果需要打印，且对打印没有什么限制，那么可以直接进行打印，具体操作步骤如下。

❶在【文件】菜单中选择【打印】命令；❷在中间窗格【打印机】下拉列表中选择可以执行打印任务的打印机，根据需要，还可以在【份数】微调框中设置需要打印的份数；❸然后单击【打印】按钮即可开始打印，如图1-80所示。

图 1-80

技能拓展——不打开文档也能打印

在资源管理器中，选中需要打印的一个或多个文档并右击，在弹出的快捷菜单中选择【打印】命令，可快速将选中的这些文档作为打印任务添加到默认的打印机上。

★重点 1.7.2　打印指定的页面内容

在打印文档时，有时只需要打印部分页码的内容，具体操作步骤如下。

在需要打印的文档中，❶在【文件】菜单中选择【打印】命令；❷在中间窗格的【设置】栏下的第1个下拉列表中选择【自定义打印范围】选项；❸在【页数】文本框中输入要打印的页码范围；❹单击【打印】按钮即可打印，如图1-81所示。

图 1-81

技能拓展——打印当前页

在需要打印的文档中，进入【文件】菜单的【打印】界面，在右侧窗格的预览界面中，通过单击◀或▶按钮来切换需要打印的页面，然后在中间窗格的【设置】栏下的第1个下拉列表中选择【打印当前页面】选项，然后单击【打印】按钮即可。

在输入要打印的页码范围时，其输入方式有以下几种情况。

➡ 打印连续的多个页面：使用"-"符号指定连续的页码范围。例如，要打印第1~6页，则输入【1-6】。

➡ 打印不连续的多个页面：使用逗号","指定不连续的页码范围。例如，要打印第4、7、9页，则输入【4,7,9】。

➡ 打印连续和不连续的页面：综合使用"-"和","符号，指定连续和不连续的页码范围。例如，要打印第2、4、8~12页，则输入【2,4,8-12】。

➡ 打印包含节的页面：如果为文档设置了分节，就使用字母p表示页，字母s表示节，页在前，节在后。在输入过程中，字母不区分大小写，也可以结合使用"-"和","符号。例如，要打印第3节第6页，则输入【p6s3】；要打印第1节第3页至第3节第8页的内容，则输入【p3s1-p8s3】；要打印第2节第4页、第3节第9页至第4节第2页的内容，则输入【p4s2,p9s3-p2s4】。

★重点 1.7.3　实战：只打印选中的内容

实例门类	软件功能

打印文档时，除了以"页"为单位打印整页内容外，还可以打印选中的内容，可以是文本、图片、表格、图表等不同类型的内容。例如，只打印选中的文本内容，具体操作步骤如下。

Step 01 选择打印的指定内容。打开"素材文件\第1章\值班室管理制度.docx"文件，选择要打印的内容，如图1-82所示。

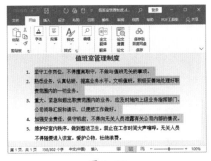

图 1-82

Step 02 打印所选内容。打开【文件】菜单，❶选择【打印】命令；❷在中间窗格的【设置】栏下第1个下拉列表中选择【打印选定区域】选项；❸单击【打印】按钮将只打印文档中选中的内容，如图1-83所示。

图 1-83

★重点 1.7.4　在一页纸上打印多页内容

默认情况下，Word文档中的每一个页面打印一张，也就是说，文档有多少页，打印出的纸张就会有多少张。有时为了满足特殊要求或节省纸张，可以通过设置，在一张纸上打印多个页面的内容，具体操作方法如下。

在要打印的文档中，打开【文件】菜单，选择【打印】命令；在中间窗格的【设置】栏下方的最后一个下拉列表中选择在每张纸上要打印的页面数量，如【每版打印2页】；单击【打印】按钮，将在每张纸上打印两页内容，如图1-84所示。

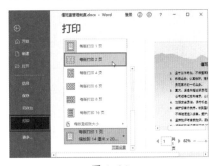

图 1-84

技能拓展——取消打印任务

在打印过程中，如果发现打印选项设置错误，或者打印时间太长而无法完成打印，可停止打印。具体操作方法为，在系统任务栏的通知区域双击打印机图标，在打开的【打印任务】窗口中，右击要停止的打印任务，在弹出的快捷菜单中选择【取消】命令即可。

1.8 Word 版本兼容性问题

随着 Word 版本的不断更新、升级，功能也就越来越多，这时就涉及一个兼容性问题，下面对 Word 版本的兼容性问题进行简单的说明。

1.8.1 关于版本的兼容性

当使用 Word 2007/2010/2013/2016/2019/2021 打开由 Word 2003 或更低版本创建的文档时，便会在 Word 窗口的标题栏中显示"兼容模式"字样，这是因为使用 Word 2003 或更低版本创建文档时，它们的文件格式为".doc"。

使用 Word 2007 及以上的版本创建文档时，它们的文件格式均为".docx"。因此大多数情况下，使用这些版本的 Word 基本上都能打开".docx"格式的文档。

虽然在大多数情况下，Word 2007 及以上的版本均能打开".docx"格式的文档，但是不同版本之间依然存在兼容性问题。要想检查高版本与低版本 Word 之间的兼容性，以了解不受支持的功能，可通过检查问题功能实现。

例如，素材文件中的"优惠礼券.docx"文档是通过 Word 2021 创建的，此时可通过检查问题来查看该文件与低版本之间的兼容性，具体操作步骤如下。

Step01 执行检查兼容性操作。打开"素材文件\第 1 章\优惠礼券.docx"文件，打开【文件】菜单，❶在【信息】界面的中间窗格单击【检查问题】按钮；❷在弹出的下拉列表中选择【检查兼容性】选项，如图 1-85 所示。

图 1-85

Step02 选择要比较的版本。弹出【Microsoft Word 兼容性检查器】对话框，在【选择要显示的版本】下拉列表中设置要比较的版本，如【Word 97-2003(3)】，如图 1-86 所示。

图 1-86

技术看板

在【Microsoft Word 兼容性检查器】对话框中，【保存文档时检查兼容性】复选框默认为选中状态。将文档保存为早期版本时，Word 会自动检查兼容性问题，当发生兼容性问题时，会打开提示框进行提示。

Step03 查看检查出的兼容性问题。此时，【摘要】列表框中将显示 Word 2021 和 Word 2007 版本之间的兼容性问题，如图 1-87 所示。单击

【确定】按钮关闭【Microsoft Word 兼容性检查器】对话框即可。

图 1-87

1.8.2 实战：不同 Word 版本之间的文件格式转换

实例门类	软件功能

当使用 Word 2007/2010/2013/2016/2019/2021 打开由 Word 2003 或更低版本创建的文档时，便会在 Word 窗口的标题栏中显示【兼容模式】字样，同时 Word 高版本中的所有新增功能将被禁用。如果希望使用 Word 高版本提供的新功能，就需要升级文档格式，具体操作步骤如下。

Step01 启动 Word 2021，打开【打开】对话框，❶选择由 Word 2003 或更低版本创建的文档；❷单击【打开】按钮，如图 1-88 所示。

图 1-88

Step02 查看低版本中的图片功能。选择图片，切换到【图片格式】选项卡中，可发现图片功能很少，而且有些功能还不能使用，如图 1-89 所示。

图 1-89

Step03 执行转换操作。打开【文件】菜单，在【信息】界面的中间窗格单击【转换】按钮，如图 1-90 所示。

图 1-90

Step04 查看升级后的文档。将文档格式升级到 Word 2021 版本后，Word 窗口标题栏中的"兼容模式"字样会自动消失，而且图片的功能也会增多，如图 1-91 所示。

图 1-91

⚙️ **技能拓展——将 Word 2021 文档保存为低版本的兼容模式**

　　如果要将 Word 2021 文档保存为低版本格式的文档，以保证 Word 2003 或更低版本能打开该文档，可在 Word 2021 文档中打开【另存为】对话框，在【保存类型】下拉列表中选择【Word 97-2003 文档（*.doc）】选项即可。

1.9　使用 Word 2021 的帮助功能

　　学习是一个不断摸索进步的过程，在学习使用 Word 的过程中，或多或少会遇到一些自己不常用的命令，或者不会的问题，此时可以使用 Word 提供的联机帮助来寻找解决相应问题的方法。

★重点 1.9.1　实战：通过【帮助】选项卡获取帮助

实例门类	软件功能

　　在 Word 2019 中虽然有帮助功能，但是该功能没有集成到选项卡中，而 Word 2021 中默认提供【帮助】选项卡，通过该功能可快速获取需要的帮助，但前提是必须保证计算机正常连接网络，具体操作步骤如下。

Step01 单击【帮助】按钮。单击【帮助】选项卡【帮助】组中的【帮助】按钮，如图 1-92 所示。

图 1-92

Step02 单击分类超级链接。打开【帮助】任务窗格，其中提供了 Word 有关分类的一些帮助，如单击【邮件合并】选项，如图 1-93 所示。

图 1-93

Step03 单击超级链接。展开分类，单击与需要查看的问题对应的超级链接，如图 1-94 所示。

图 1-94

Step04 查看问题解决方案。展开有关问题的解决方案后，效果如图 1-95 所示。

图 1-95

技能拓展——输入问题搜索获取帮助

如果需要获取的帮助在【帮助】任务窗格中没有得到解决，那么可在【帮助】任务窗格中的【搜索帮助】文本框中输入需要搜索的问题，如输入"Word批注"，单击🔍按钮，即可根据输入的问题搜索出与帮助相关的超级链接，单击相应的超级链接，在任务窗格中将展开该问题的相关解决方案。

1.9.2 实战：通过 Office 帮助网页获取帮助

在连接网络的情况下，也可通过Office帮助网页获取联机帮助，具体操作步骤如下。

Step01 单击【帮助】按钮。打开【文件】菜单，单击？按钮，如图 1-96 所示。

图 1-96

Step02 单击【搜索】按钮。打开网页浏览器，并自动链接到Microsoft的官方网站，单击🔍按钮，如图 1-97 所示。

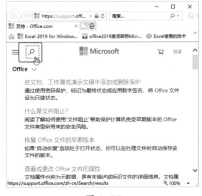

图 1-97

技术看板

按【F1】键也可打开网页浏览器，并自动链接到Microsoft的官方网站。

Step03 输入关键字搜索。展开搜索框，❶在搜索框中输入关键字，如输入【水印】；❷单击🔍按钮，如

图 1-98 所示。

图 1-98

Step04 单击相关问题超级链接。在打开的页面中将显示搜索到的结果，单击对应的超级链接，如图 1-99 所示。

图 1-99

Step05 查看帮助信息。在打开的网页中将显示该问题的帮助信息，如图 1-100 所示。

图 1-100

★新功能 1.9.3 实战：使用 Microsoft 搜寻来寻找需要的内容

在使用 Word 2021 时，如果不知道所需的功能在什么选项卡下，可以通过【Microsoft搜索】按钮🔍来进行查找。具体操作步骤如下。

Step01 进行功能关键字搜索。将光标定位到搜索框中，输入需要查找的功能命令关键字，如输入【联机图片】。输入功能命令后，下方会出现相应的功能选项，选择这个功能，如图 1-101 所示。

图 1-101

Step02 打开需要的功能。选择搜索出来的功能后，便会打开这个功能，如图 1-102 所示。

图 1-102

妙招技法

通过对前面知识的学习，相信读者已经了解了 Word 2021 的相关基础知识。下面结合本章内容，给大家介绍一些实用技巧。

技巧 01：取消显示【浮动工具栏】

默认情况下，在文档中选择文本后将自动显示浮动工具栏，通过该工具栏可以快速对选择的文本对象设置格式。如果不需要显示浮动工具栏，可以通过设置将其隐藏，具体操作方法如下。

在 Word 窗口中打开【Word选项】对话框，在【常规】选项卡的【用户界面选项】栏中，❶取消选中【选择时显示浮动工具栏】复选框；❷单击【确定】按钮即可，如图 1-103 所示。

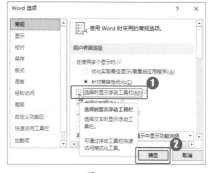

图 1-103

技巧 02：将常用文档固定在最近使用的文档列表中

Word 2021 提供了最近使用文档列表，以便快速打开最近使用的文档。但当打开许多文档后，最近使用列表中可能已经没有需要的文档了。因此，可以把需要频繁操作的文档固定在列表中，以便随时使用。将常用文档固定在最近使用的文档列表中的具体操作步骤如下。

Step01 添加文档到固定列表。先打开要经常使用的文档，然后打开【文件】菜单，❶选择【打开】命令；❷在右侧窗格的最近使用文档列表中，将鼠标指针指向刚才打开的文档时，文档右侧会出现📌图标，单击该图标，如图 1-104 所示。

图 1-104

Step02 查看固定的文档。单击📌图标后，即可将刚才打开的文档固定到最近使用文档列表中，此时📌图标会变成📍图标，如图 1-105 所示。单击📍图标，可取消对该文档的固定。

图 1-105

技巧 03：防止网络路径自动替换为超链接

在编辑文档时，输入的网址均会自动变成超链接形式。如果不希望这些网址自动转换为超链接，可通过【Word 选项】对话框进行设置，具体操作步骤如下。

Step01 执行自动更正选项。打开【Word 选项】对话框，①切换到【校对】选项卡；②在【自动更正选项】栏中单击【自动更正选项】按钮，如图 1-106 所示。

图 1-106

Step02 设置自动套用格式。打开【自动更正】对话框，①切换到【自动套用格式】选项卡；②在【替换】栏中取消选中【Internet 及网络路径替换为超链接】复选框，如图 1-107 所示。

图 1-107

Step03 设置键入时自动套用格式。①切换到【键入时自动套用格式】选项卡；②在【键入时自动替换】栏中取消选中【Internet 及网络路径替换为超链接】复选框；③单击【确定】按钮，如图 1-108 所示。

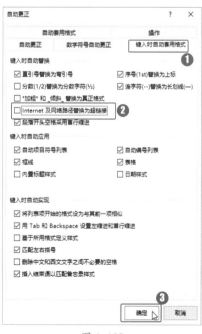

图 1-108

Step04 保存设置。返回【Word 选项】

对话框，单击【确定】按钮保存设置即可。

技巧 04：设置保存新文档时的默认文件格式

虽然 Word 已经发展到 2021 版本了，但是有些用户还在使用 Word 2003 或更低版本。为了让制作的文档通用于不同版本的 Word，通常会在保存时将保存类型设置为【Word 97-2003 文档（*.doc）】。

但是这样的方法太烦琐了，为了提高工作效率，可以通过设置，让 Word 每次都以【Word 97-2003 文档(*.doc)】保存类型为默认格式保存新文档。具体操作方法为：打开【Word 选项】对话框，切换到【保存】选项卡，在【保存文档】栏的【将文件保存为此格式】下拉列表中选择【Word 97-2003 文档(*.doc)】选项，然后单击【确定】按钮保存设置即可，如图 1-109 所示。

图 1-109

技巧 05：为何无法打印文档背景和图形对象

在打印文档时，如果没有将文档中包含的图形对象和文档背景打印出来，则需要通过【Word 选项】对话框进行设置。具体操作方法为打开【Word 选项】对话框，切换到

【显示】选项卡，在【打印选项】栏中，选中【打印在 Word 中创建的图形】和【打印背景色和图像】两个复选框，单击【确定】按钮保存设置即可，如图 1-110 所示。

图 1-110

本章小结

本章介绍了 Word 2021 的一些入门知识，主要包括 Word 文档排版原则、Word 2021 新增功能、设置 Word 2021 的工作环境、Word 文档的基本操作、打印文档等内容。通过对本章内容的学习，希望读者能对 Word 2021 有进一步的了解，并且熟练掌握 Word 文档的新建、打开及打印等基本操作。

视图操作与页面设置

➡ 文档视图那么多，如何选择适合的文档视图？

➡ Word排版中那些常用的辅助工具，你知道吗？

➡ 在Word中能为文档添加水平标尺吗？

➡ 页面背景颜色如何改变？

➡ 文档页面不合适怎么办？

不同文档对页面的要求会有所不同，所以，在制作文档之前，需要对文档的页面进行设置，而且在排版过程中，还可以通过一些辅助工具来快速排版。本章将对文档的视图模式、排版辅助工具、窗口的操作、页面与页面背景设置进行介绍，希望读者能根据不同的文档要求设计出需要的页面效果。

2.1 熟悉 Word 的文档视图

文档视图是指文档在屏幕中的显示方式，不同的视图模式下配备的操作工具会有所不同。在排版过程中，可能会根据排版需求的不同而切换到不同的视图模式，从而更好地完成排版任务。Word 2021中提供了多种视图处理方式，用户可以根据编排情况选择对应的文档视图。

2.1.1 选择合适的视图模式

Word 2021中提供了页面视图、阅读视图、Web版式视图、大纲视图和草稿视图 5 种视图模式，其中页面视图和大纲视图尤为常用。不同的视图有各自的作用和优点，下面将分别对它们的特点进行简单的介绍。

1. 页面视图

页面视图是 Word 文档的默认视图，也是使用最多的视图模式。在页面视图中，可以看到文档整个页面的分布情况，同时，它完美呈现了文档打印输出在纸张上的真实效果，可以说是"所见即所得"，如图 2-1 所示。

图 2-1

在页面视图中，可以非常方便地查看、调整排版格式，如进行页眉/页脚设计、页面设计，以及处理图片、文本框等。所以，页面视图是可以集浏览、编辑、排版于一体的视图模式，也是最方便的视图模式。

技能拓展——隐藏上下页间的空白部分

在Word文档中，页与页之间有部分空白，以便在编辑文档时区分上下页。如果希望扩大文档内容的显示范围，可以将页与页之间的空白部分隐藏起来，以便阅读。具体操作方法为：在任意一个上下页面之间，将鼠标指针指向上下页面之间的空白处，当鼠标指针变为形状时双击，即可隐藏上下页面间的空白部分，并以一条横线作为分割线来区分上下页。

此外，双击分隔线，可将隐藏的空白区域显示出来。

2. 阅读视图

如果只是查看文档内容，则可

以使用阅读视图，该视图模式最大的优点是利用最大的空间来阅读或批注文档。在阅读视图模式下，Word 隐藏了功能区，直接以全屏方式显示文档内容，效果如图 2-2 所示。

图 2-2

在阅读视图模式下查看文档时，不能对文档内容进行编辑操作，从而防止因为操作失误而改变文档内容。当需要翻页时，可通过单击页面左侧的箭头按钮向上翻页，单击页面右侧的箭头按钮向下翻页。在阅读视图模式下，可以通过阅读工具栏中的【工具】按钮选择需要的阅读定位工具，通过【视图】按钮设置视图的相关选项，如显示导航窗格、显示批注、调整页面颜色及页面布局等。

3. Web 版式视图

Web 版式视图是以网页的形式显示文档内容在 Web 浏览器中的外观。通常情况下，如果要编排用于互联网中展示的网页文档或邮件，便可以使用 Web 版式视图。当选择 Web 版式视图时，编辑窗口将显示得更大，并自动换行以适应窗口大小，如图 2-3 所示。

图 2-3

在 Web 版式视图下，不显示页眉、页码等信息，而显示为一个不带分页符的长页。如果文档中含有超链接，超链接会显示为带下划线的文本。

4. 大纲视图

大纲视图是显示文档结构和大纲工具的视图，它将文档中的所有标题分级显示出来，层次分明，非常适合层次较多的文档。文档切换到大纲视图后的效果如图 2-4 所示。

图 2-4

技术看板

在大纲视图模式下，可以非常方便地对文档标题进行升级、降级处理，以及移动和重组长文档，相关操作方法将在本书的第 13 章中进行介绍。

5. 草稿视图

草稿视图就是以草稿形式来显示文档内容，便于快速编辑文本。在草稿视图下，不会显示图片、页眉、页脚、分栏等元素，如图 2-5 所示。

图 2-5

技术看板

在草稿视图模式下，图片、自选图形及艺术字等对象将以空白区域显示。此外，在该视图模式下，上下页面的空白处会以虚线的形式显示。

2.1.2 实战：切换视图模式

实例门类	软件功能

默认情况下，Word 的视图模式为页面视图，根据操作需要，可以通过【视图】选项卡或状态栏中的视图按钮切换文档视图。

Step01 单击视图模式。打开"素材文件\第 2 章\办公室日常行为规范.docx"文件，❶切换到【视图】选项卡；❷在【视图】组中单击【阅读视图】按钮，如图 2-6 所示。

图 2-6

Step02 阅读视图。文档切换到阅读视图模式后，要从该模式切换到 Web 版式视图，可在状态栏中单击【Web 版式视图】按钮，如图 2-7 所示。

图 2-7

Step03 Web 版式视图。文档由阅读视图模式切换到 Web 版式视图后，效果如图 2-8 所示。

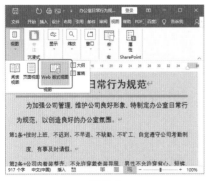

图 2-8

技术看板

默认情况下，状态栏中只提供

了页面视图、阅读视图和 Web 版式视图 3 种视图模式，如果需要切换到其他视图模式，需要通过【视图】选项卡实现。除了阅读视图模式外，在页面视图、Web 版式视图、大纲视图和草稿视图中，均可通过【视图】选项卡切换到需要的视图模式。

2.1.3 实战：设置文档显示比例

实例门类	软件功能

文档内容默认的显示比例为100%，有时为了浏览整个页面的版式布局，或者为了更清楚地查看某一部分内容的细节，便需要设置合适的显示比例。设置文档显示比例的具体操作步骤如下。

Step01 单击【缩放】按钮。打开"素材文件\第 2 章\办公室日常行为规范.docx"文件，❶切换到【视图】选项卡；❷单击【缩放】组中的【缩放】按钮，如图 2-9 所示。

图 2-9

Step02 设置显示比例。打开【缩放】对话框，可以在【显示比例】栏中选择提供的比例，也可以通过【百分比】微调框设置需要的显示比例，❶本操作中通过微调框将显示比例设置为【120%】；❷单击【确定】按钮，如图 2-10 所示。

图 2-10

Step03 查看文档显示效果。返回文档，即可以 120% 的显示比例显示文档内容，如图 2-11 所示。

图 2-11

技能拓展——通过状态栏调整文档显示比例

除了上述介绍的方法外，还可以通过状态栏来调整文档内容的显示比例。在状态栏中，通过单击【放大】按钮＋，将以 10% 逐渐增大显示比例；通过单击【缩小】按钮 －，将以 10% 逐渐减小显示比例；通过拖动【缩放】滑块，可任意调整显示比例。此外，【放大】按钮＋右侧的数字表示文档内容当前的显示比例，且该数字是一个可以单击的按钮，对其单击，可以打开【缩放】对话框。

★新功能 2.1.4 选择合适的 Office 主题

Word 2021 除了保留 Word 2019 中的白色（默认）、彩色、深灰色的 Office 主题外，新增了一个黑色的

Office主题。在【文件】菜单的【账户】组或在【Word 选项】对话框的【常规】选项卡中可以进行设置。设置文档Office主题的具体操作步骤如下。

Step01 设置Office主题。新建空白文档，❶单击【文件】菜单，选择【账户】选项；❷在中间窗格单击【Office 主题】下拉按钮，在下拉菜单中选择【黑色】选项，如图 2-12所示。

图 2-12

Step02 查看文档显示效果。返回文档，即可以黑色主题显示文档内容，如图 2-13所示。

图 2-13

2.2 Word 排版与阅读辅助工具

为了帮助用户更好地将文档中的内容进行排版和阅读，Word还提供了许多排版与阅读辅助工具，如标尺、网络线和【导航】窗格，下面将介绍这些辅助工具的使用方法。

2.2.1 标尺

在排版过程中，标尺是不可忽视的排版辅助工具之一，通过它可以设置或查看段落缩进、制表位、页边距、表格大小和分栏栏宽等信息。默认情况下，Word窗口中并未显示标尺工具，若要将其显示出来，可切换到【视图】选项卡，在【显示】组中选中【标尺】复选框，即可在功能区的下方显示水平标尺，在文档窗口左侧显示垂直标尺，如图 2-14所示。

图 2-14

标尺虽然分为水平标尺和垂直标尺，但使用频率最高的是水平标尺。

在水平标尺中，其左右两端的明暗分界线（分别是【左边距】【右边距】）可用来调节页边距，标尺上的几个滑块可以用来调整段落缩进。水平标尺的结构示意图如图 2-15所示。

❶左边距，❷右边距，❸首行缩进，❹悬挂缩进，❺左缩进，❻右缩进

图 2-15

水平标尺中的几个元素的使用方法如下。

➡ 将鼠标指针指向【左边距】，当鼠标指针变为双向箭头 ⟷ 时，左右拖动标尺，可改变左侧页边距的大小。

➡ 将鼠标指针指向【右边距】，当鼠标指针变为双向箭头 ⟷ 时，左右拖动标尺，可改变右侧页边距的大小。

➡ 选中段落，拖动【首行缩进】滑块▽，可调整所选段落的首行缩进。

➡ 选中段落，拖动【悬挂缩进】滑块△，可调整所选段落的悬挂缩进。

➡ 选中段落，拖动【左缩进】滑块▢，可调整所选段落的左缩进。

➡ 选中段落，拖动【右缩进】滑块△，可调整所选段落的右缩进。

> **技能拓展——妙用标尺栏中的分界线**
>
> 若要通过标尺栏来调整表格大小、分栏栏宽等信息，就需要使用标尺上的分界线。例如，要调整表格大小，将光标定位在表格中，标尺上面就会显示分界线，拖动分界线，便可对当前表格的大小进行调整，在拖动的同时，若按住【Alt】键还可实现微调。

2.2.2 网格线

使用 Word 提供的网格线工具，可以方便地将文档中的对象沿网格线对齐，如移动对齐图形、文本框或艺术字等。网格线默认并未显示出来，需要切换到【视图】选项卡，在【显示】组中选中【网格线】复选框，文档中即可显示出网格线，如图 2-16 所示。

图 2-16

2.2.3 【导航】窗格

【导航】窗格是一个独立的窗格，主要用于显示文档标题，使文档结构一目了然。在【导航】窗格中，还可以按标题或页面的显示方式，通过搜索文本、图形或公式等对象来进行导航。

在 Word 窗口中，切换到【视图】选项卡，在【显示】组中选中【导航窗格】复选框，即可在窗口左侧显示【导航】窗格，如图 2-17 所示。

图 2-17

在【导航】窗格中，有【标题】【页面】【结果】3 个标签，单击某个标签可切换到对应的显示界面。

➡ 【标题】界面为默认界面，在该界面中清楚显示了文档的标题结构，单击某个标题可快速定位到该标题。单击某标题右侧的◢按钮，可折叠该标题，隐藏其标题下所有的从属标题。折叠某标题内容后，◢按钮会变成▷按钮，单击▷按钮，可展开标题内容，将该标题下的从属标题显示出来。

➡ 【页面】界面显示的是分页缩略图，单击某个缩略图，可快速定位到相关页面，提高了查阅速度。

➡ 【结果】页面通常用于显示搜索结果，单击某个结果，可快速定位到需要搜索的位置。

2.3 窗口操作

当打开多个文档进行查看编辑时，会涉及窗口的操作问题，如拆分窗口、并排查看窗口、切换窗口等，下面将分别进行介绍。

2.3.1 实战：新建窗口

实例门类	软件功能

在编辑文档时，有时需要在文档的不同部分进行操作，如果通过滚动文档或定位文档的方式来不断切换需要操作的位置，显得非常烦琐。为了提高编辑效率，可以通过新建窗口的方法，将同一个文档的内容分别显示在两个或多个窗口中，具体操作步骤如下。

Step 01 执行新建窗口操作。打开"素材文件\第 2 章\办公室日常行为规范.docx"文件，单击【视图】选项卡【窗口】组中的【新建窗口】按钮，如图 2-18 所示。

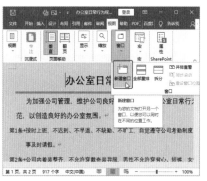

图 2-18

Step 02 查看新建的窗口。基于原文档内容新建一个内容完全相同、部分格式不同的窗口后，在新建窗口的标题栏中会用【-1、-2、-3……】这样的编号来区别新建的窗口。在本例中新建窗口后，原文档的标题名将自动显示为【办公室日常行为规范.docx-1】，新建窗口的标题名显示为【办公室日常行为规范.docx-2】，且【办公室日常行为规范.docx-2】为当前活动窗口，如图 2-19 所示。

图 2-19

Step03 窗口同步变化。此时，在任意一个窗口中进行操作、修改都会反映到其他的文档窗口中。例如，在【办公室日常行为规范.docx-2】中，将标题的字体颜色设置为【红色】，【办公室日常行为规范.docx-1】文档窗口中也会同步发生变化，如图 2-20 所示。

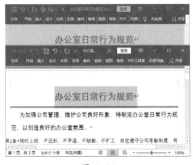

图 2-20

Step04 关闭新建的文档窗口【办公室日常行为规范.docx-2】，【办公室日常行为规范.docx-1】的标题名会自动恢复为【办公室日常行为规范.docx】，同时保存【办公室日常行为规范.docx-2】的修改，如图 2-21 所示。

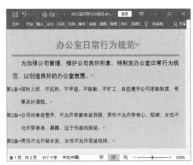

图 2-21

2.3.2 实战：全部重排

实例门类 软件功能

当用户打开多个文档并进行编辑时，为了避免窗口之间的重复转换，可以通过窗口重排功能使 Windows 窗口中同时显示多个文档窗口，此时用户可以一次性查看多个窗口，从而提高工作效率。重排窗口的具体操作步骤如下。

Step01 执行全部重排操作。打开"素材文件\第 2 章\办公室日常行为规范.docx、公司财产管理制度.docx"文件，在任意文档窗口中单击【视图】选项卡【窗口】组中的【全部重排】按钮，如图 2-22 所示。

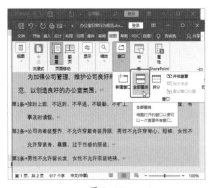

图 2-22

Step02 查看重排后的效果。执行上述操作后，即可对 Windows 窗口中显示的文档窗口进行重排，两个文档窗口都将显示在可视范围内，此时用户可以随心所欲地在两个窗口中进行编辑，如图 2-23 所示。

图 2-23

 技术看板

同时显示的文档窗口太多时，

每个文档所占的空间就会变小，从而影响操作。因此最好一次显示 2~3 个文档。

★重点 2.3.3 实战：拆分窗口

实例门类 软件功能

拆分窗口就是将文档窗口进行拆分操作。在 Word 中可以通过拆分窗口操作，将文档窗口拆分成两个子窗口，两个子窗口中显示的是同一个文档的内容，只是显示的内容部分不同而已。拆分窗口后，用户可以非常方便地对同一文档中的前后内容进行编辑操作，如复制、粘贴等。

拆分窗口与新建窗口的编辑效果类似，只要在其中的一个窗口中进行编辑操作，其他窗口会自动同步更新。拆分显示窗口的具体操作步骤如下。

Step01 执行拆分操作。打开"素材文件\第 2 章\办公室日常行为规范.docx"文件，单击【视图】选项卡【窗口】组中的【拆分】按钮，如图 2-24 所示。

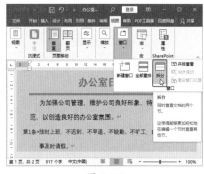

图 2-24

Step02 在拆分的窗口中进行编辑。窗口拆分成上、下两个子窗口，并独立显示文档内容，此时可分别对上面或下面的窗口进行编辑操作。例如，❶在上面的子窗口中，将

【创造】文本更改为【营造】；❷在下面的子窗口中将【人员】文本更改为【员工】，如图2-25所示。

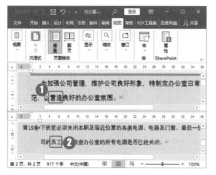

图 2-25

Step03 执行取消拆分操作。当不再需要拆分显示窗口时，在【视图】选项卡【窗口】组中单击【取消拆分】按钮取消拆分，如图2-26所示。

图 2-26

Step04 查看效果。取消拆分窗口后，文档窗口将还原为独立的整体窗口，同时可发现所有的更改都得到了同步更新，如图2-27所示。

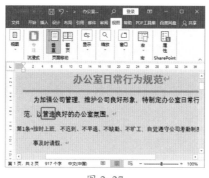

图 2-27

★重点 2.3.4 实战：并排查看窗口

实例门类	软件功能

Step01 执行并排查看操作。打开"素材文件\第2章\办公室日常行为规范.docx"文件和"结果文件\第2章\办公室日常行为规范.docx"文件，单击【视图】选项卡【窗口】组中的【并排查看】按钮，如图2-28所示。

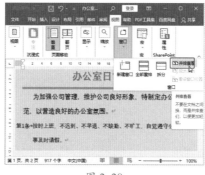

图 2-28

Step02 选择并排比较的文档。打开【并排比较】对话框，❶选择要并排查看比较的文档【办公室日常行为规范.docx】；❷单击【确定】按钮，如图2-29所示。

图 2-29

Step03 查看并排比较效果。此时，两个文档将以并排的形式显示在屏幕中，如图2-30所示。

图 2-30

Step04 滚动查看文档内容。并排查看文档后，默认情况下可同时滚动查看文档，即拖动任意一个文档窗口中的滚动条，两个文档中的内容会一起滚动，如图2-31所示。如果不需要同时滚动查看文档，可单击【视图】选项卡【窗口】组中的【同步滚动】按钮图，取消该按钮的选中状态。

图 2-31

技能拓展——重设窗口位置

并排查看文档后，如果因为拖动窗口位置或改变窗口大小，而使

并排查看的两个文档窗口位置不一致，可单击【视图】选项卡【窗口】组中的【重设窗口位置】按钮图，使两个文档窗口再次以并排的形式显示在屏幕中。

2.3.5 切换窗口

当打开多个文档时，人们习惯通过任务栏中的窗口按钮来切换文档窗口。若任务栏中窗口按钮太多，则会影响切换速度，此时可以通过 Word 自带的窗口切换功能快速切换。具体操作方法为：在当前

文档窗口中单击【视图】选项卡【窗口】组中的【切换窗口】按钮，在弹出的下拉列表中显示了当前打开的Word 文档对应的选项，选择需要切换的文档即可，如图 2-32 所示。

图 2-32

2.4 页面设置

无论对文档进行何种样式的排版，所有操作都是在页面中完成的，页面直接决定了版面中内容的多少及摆放位置。在排版过程中，可以使用默认的页面设置，也可以根据需要对页面进行设置，页面设置主要包括纸张大小、纸张方向、页边距等。为了保证版式的整洁，一般建议在排版文档之前先设置好页面。

2.4.1 页面结构与文档组成部件

在进行页面设置前，首先来了解一下页面的基本结构和文档组成部分。

1. 页面结构

页面的基本结构主要由版心、页边距、页眉、页脚、天头和地脚几部分构成，如图 2-33 所示。

图 2-33

➥ 版心：由文档 4 个角上的灰色标记围住的区域，即图 2-33 中的灰色矩形区域。
➥ 页边距：版心的 4 个边缘与页面

的 4 个边缘之间的区域。
➥ 页眉：版心以上的区域。
➥ 页脚：版心以下的区域。
➥ 天头：在页眉中输入内容后，页眉以上剩余的空白部分为天头。
➥ 地脚：在页脚中输入内容后，页脚以下剩余的空白部分为地脚。

2. 文档组成部件

根据文档的复杂程度不同，文档的组成部分也会不同。最简单的文档可能只有一页，如放假通知，这样的文档只有一个页面，没有特别之处；复杂一些的文档可能由多个页面组成，而且按内容类型可能会分为几个部分，如产品使用手册；体系最为庞大的文档莫过于书籍了，它由多个部分组成，其结构和组成部分非常复杂。

一本书中，像第 1 章、第 2 章

这样的内容，是书籍的正文，也是书籍中的核心部分，在整本书中占有很大的篇幅。正文之前的内容称为文前，文前一般包含扉页、序言、前言、目录等内容。正文之后的内容称为文后，文后一般包含附录、索引等内容。总而言之，书籍的大致结构为扉页→序言→前言→目录→正文→附录→索引。

2.4.2 实战：设置纸张样式

实例门类	软件功能

在制作一些特殊版式的文档时，如小学生作业本、信纸等，可以通过稿纸功能设置纸张样式。Word 提供了 3 种纸张样式，分别是方格式稿纸、行线式稿纸和外框式稿纸。设置纸张样式的具体操作步骤如下。

Step01 执行稿纸设置操作。新建空白文档，单击【布局】选项卡【稿纸】组中的【稿纸设置】按钮，如图 2-34 所示。

图 2-34

Step02 稿纸设置。打开【稿纸设置】对话框，❶在【格式】下拉列表中选择纸张样式，如【行线式稿纸】；❷在【行数×列数】下拉列表中选择行列数参数，如【20×20】；❸在【网格颜色】下拉列表中选择网格线的颜色，如选择【橙色】选项；❹设

置完成后单击【确认】按钮，如图 2-35 所示。

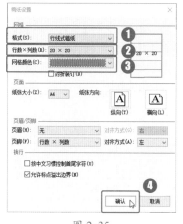

图 2-35

Step03 查看效果。返回文档，即可按照所设参数生成行线式稿纸，效果如图 2-36 所示。

图 2-36

技能拓展——取消纸张样式

如果要取消设置的纸张样式，则打开【稿纸设置】对话框，在【格式】下拉列表中选择【非稿纸文档】选项，然后单击【确认】按钮即可。

★重点 2.4.3 实战：设置员工薪酬方案开本大小

实例门类	软件功能

进行页面设置时，通常先确定页面的大小，即开本大小（纸张大小）。在设置开本大小前，先了解

"开本"和"印张"两个基本概念。

开本是指以整张纸为计算单位，将一整张纸裁切和折叠成多少个均等的小张，就称其为多少开本。例如，整张纸经过 1 次对折后为对开，经过 2 次对折后为 4 开，经过 3 次对折后为 8 开，经过 4 次对折后为 16 开，以此类推。为了便于计算，可以使用 2^n 来计算开本大小，其中 n 表示对折的次数。

印张是指整张纸的一个印刷面，每个印刷面包含指定数量的书页，书页的数量由开本决定。例如，一本书以 32 开来印刷，一共使用了 15 个印张，那么这本书的页数就是 32×15=480（页）。反之，根据一本书的总页数和开本大小可以计算出需要使用的印张数。例如，一本 16 开 360 页的书，印张数为 360÷16=22.5。

技术看板

国内生产的纸张常见尺寸主要有 787mm×1092mm、850mm×1168mm 和 880mm×1230mm 这 3 种。787mm×1092mm 这种尺寸是当前文化用纸的主要尺寸，国内现有的造纸、印刷机绝大部分都是生产和使用这种尺寸的纸张；850mm×1168mm 这种尺寸主要用于较大的开本，如大 32 开的书籍用的就是这种纸张；880mm×1230mm 这种尺寸比其他同样开本的尺寸要大，是一种国际上通用的规格。

此外，还有一些特殊规格的纸张尺寸，如 787mm×980mm、890mm×1240mm、900mm×1280mm 等，这些特殊规格的纸张需要由纸厂特殊生产。

Word 提供了内置纸张大小供用户快速选择，用户也可以根据需要自定义设置，具体操作步骤如下。

Step01 单击【功能扩展】按钮。打开"素材文件\第2章\员工薪酬方案.docx"文件，单击【布局】选项卡【页面设置】组中的【功能扩展】按钮，如图2-37所示。

图 2-37

Step02 设置纸张大小。打开【页面设置】对话框，❶选择【纸张】选项卡；❷在【纸张大小】下拉列表中选择需要的纸张大小，如【16开】；❸单击【确定】按钮即可，如图2-38所示。

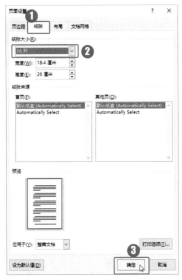

图 2-38

技能拓展——通过功能区设置纸张大小

在【布局】选项卡【页面设置】组中，单击【纸张大小】按钮，在弹出的下拉列表中可快速选择需要的纸张大小。

技能拓展——自定义纸张大小

在【页面设置】对话框的【纸张】选项卡中，若【纸张大小】下拉列表中没有需要的纸张大小，可以通过【宽度】和【高度】微调框自定义纸张的大小。

2.4.4 实战：设置员工薪酬方案纸张方向

实例门类	软件功能

纸张的方向主要包括"纵向"与"横向"两种，纵向为Word文档的默认方向，根据需要，用户可以设置纸张方向。具体操作方法为：在"员工薪酬方案.docx"文档中，❶切换到【布局】选项卡，在【页面设置】组中单击【纸张方向】按钮，❷在弹出的下拉列表中选择需要的纸张方向即可，本例中选择【横向】选项，如图2-39所示。

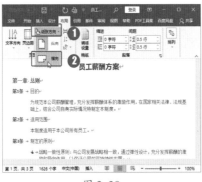

图 2-39

技能拓展——通过对话框设置纸张方向

除了通过功能区设置纸张方向外，还可通过【页面设置】对话框设置纸张方向。具体方法为：在【页面设置】对话框的【页边距】选项卡的【纸张方向】栏中，选择需要的纸张方向，单击【确定】按钮即可。

2.4.5 实战：设置员工薪酬方案版心大小

实例门类	软件功能

确定了纸张大小和纸张方向后，便可设置版心大小了。版心的大小决定了可以在一页中输入的内容量，而版心大小由页面大小和页边距大小决定。简单地讲，版心的尺寸可以用下面的公式计算得到。

版心的宽度＝纸张宽度－左边距－右边距

版心的高度＝纸张高度－上边距－下边距

所以，在确定了页面的纸张大小后，只需要指定好页边距大小，即可完成对版心大小的设置。设置页边距大小的具体操作步骤如下。

Step01 单击【功能扩展】按钮。在"员工薪酬方案.docx"文档中单击【布局】选项卡【页面设置】组中的【功能扩展】按钮，如图2-40所示。

图 2-40

Step02 设置页边距。打开【页面设置】对话框，❶切换到【页边距】选项卡；❷在【页边距】栏中通过【上】【下】【左】【右】微调框设置相应的值；❸完成设置后单击【确定】按钮即可，如图2-41所示。

图 2-41

若对一篇已经排版好的文档重新设置纸张大小、版心大小等参数，那么排版好的内容会因为这些参数的变化而发生改变，甚至变得杂乱无章，所以在开始排版前，先设置好纸张大小、版心大小等参数，以免在排版过程中做无用功。

技能拓展——设置装订线

如果需要将文档打印成纸质文档并进行装订，可以设置装订线的位置和大小。装订线有左侧和顶端两个位置，大多数文件选择左侧装订，尤其是要进行双面打印的文档，都选择在左侧装订。

设置装订线的方法为：打开【页面设置】对话框，在【页边距】选项卡的【页边距】栏的【装订线位置】下拉列表中选择装订位置，在【装订线】微调框中设置装订线的宽度，然后单击【确定】按钮即可。

★重点 2.4.6 实战：设置员工薪酬方案页眉和页脚的大小

实例门类	软件功能

确定了版心大小后，就可以设置页眉、页脚的大小了。页眉的大小取决于上边距和天头的大小，即页眉＝上边距-天头；页脚的大小取决于下边距和地脚的大小，即页脚＝下边距-地脚。

所以，在确定了页边距大小后，只需要设置好天头、地脚的大小，便可完成对页眉、页脚大小的设置。设置天头和地脚的具体操作步骤如下。

Step01 单击【功能扩展】按钮。在"员工薪酬方案.docx"文档中单击【布局】选项卡【页面设置】组中的【功能扩展】按钮⏷，如图 2-42 所示。

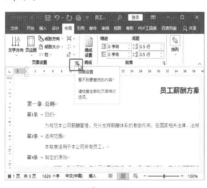

图 2-42

Step02 设置页眉、页脚边距。打开【页面设置】对话框，❶选择【布局】选项卡；❷在【页眉】微调框中设置页眉距离上边距的距离，即天头大小，在【页脚】微调框中设置页脚距离下边距的距离，即地脚大小；❸完成设置后单击【确定】按钮即可，如图 2-43 所示。

图 2-43

一般来说，天头的尺寸大于地脚的尺寸，视觉效果会更好，反之则会有头重脚轻的感觉。

2.4.7 实战：设置《出师表》的文字方向和字数

实例门类	软件功能

在编辑文档时，默认的文字方向为横向。在编辑一些特殊文档时，如诗词之类的文档，可以将文字方向设置为纵向。此外，在排版文档时，还可以指定每页的行数及每行的字符数。设置文字方向和字数的具体操作步骤如下。

Step01 单击【功能扩展】按钮。打开"素材文件\第2章\出师表.docx"文件，单击【布局】选项卡【页面设置】组中的【功能扩展】按钮⏷，如图 2-44 所示。

图 2-44

Step02 设置文档方向和网格。打开【页面设置】对话框，❶选择【文档网格】选项卡；❷在【方向】栏中设置文字方向，如选中【垂直】单选按钮；❸在【网格】栏中选择字符数指定方式，如选中【指定行和字符网格】单选按钮；❹在【字符数】栏中通过【每行】微调框设置每行需要显示的字符数，通过【间距】微调框设置字符之间的距离；❺在【行】栏中通过【每页】微调框设置每页需要显示的行数，通过【间距】微调框设置每行之间的距离；❻设置完成后单击【确定】按钮，如图 2-45 所示。

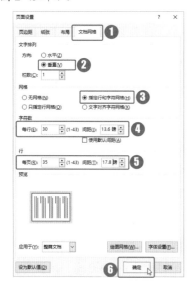

图 2-45

Step03 查看文档效果。返回文档，即可查看设置后的效果，如图 2-46 所示。

图 2-46

★重点 2.4.8 实战：为公司财产管理制度插入封面

实例门类	软件功能

Word 提供了"封面"功能，通过该功能，可快速选择一种封面样式插入文档中，然后在相应位置输入需要的文字即可，从而为用户省去制作封面的麻烦。插入封面的具体操作步骤如下。

Step01 选择封面样式。打开"素材文件\第2章\公司财产管理制度.docx"文件，❶单击【插入】选项卡【页面】组中的【封面】按钮；❷在弹出的下拉列表中选择需要的封面样式，如图 2-47 所示。

图 2-47

Step02 输入封面内容。所选样式的封面将自动插入文档首页，此时用户只需在占位符（根据实际操作，对不需要的占位符可以自行删除）中输入相关内容即可，最终效果如图 2-48 所示。

图 2-48

2.5 设置页面背景

所谓设置页面背景，就是对文档背景进行相关设置，如添加水印、设置页面颜色及页面边框等，通过一系列设置，可以起到渲染文档的作用。

★重点 2.5.1 实战：设置公司财产管理制度的水印效果

实例门类	软件功能

水印是指将文本或图片以水印的方式设置为页面背景，其中文字水印多用于说明文件的属性，具有提醒功能，而图片水印则大多用于修饰文档。

对于文字水印而言，Word 提供了几种文字水印样式，用户只需单击【设计】选项卡【页面背景】组中的【水印】按钮，在弹出的下拉列表中选择需要的水印样式即可，如图 2-49 所示。

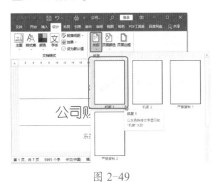

图 2-49

但在编排商务办公文档时，Word 提供的文字水印样式并不能满足用户的需求，此时就需要自定义文字水印，具体操作步骤如下。

Step01 执行自定义水印操作。❶在"公司财产管理制度.docx"文档中单击【设计】选项卡【页面背景】组中的【水印】按钮；❷在弹出的下拉列表中选择【自定义水印】选项，如图 2-50 所示。

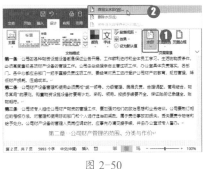

图 2-50

技能拓展——删除水印

在设置了水印的文档中，如果要删除水印，在【设计】选项卡【页面背景】组中单击【水印】按钮，在弹出的下拉列表中选择【删除水印】选项即可。

Step02 自定义文本水印。打开【水印】对话框，❶选中【文字水印】单选按钮；❷在【文字】文本框中输入水印内容；❸根据操作需要设置文字水印的字体、字号等参数；❹完成设置后，单击【确定】按钮，如图 2-51 所示。

图 2-51

Step03 查看文档效果。返回文档，即可查看设置后的效果，如图 2-52 所示。

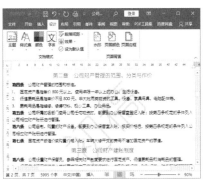

图 2-52

技能拓展——设置图片水印

为了让文档页面看起来更加美观，还可以设置图片样式的水印。具体操作方法为：打开【水印】对话框后选中【图片水印】单选按钮；单击【选择图片】按钮，在弹出的【插入图片】页面中单击【浏览】按钮，弹出【选择图片】对话框，选择需要作为水印的图片，单击【插入】按钮，返回【水印】对话框；设置图片的缩放比例等参数，完成设置后单击【确定】按钮即可。

2.5.2 实战：设置公司财产管理制度的填充效果

实例门类	软件功能

Word 默认的页面背景颜色为白色，为了让文档页面看起来更加赏心悦目，可以对其设置填充效果，如纯色填充、渐变填充、纹理填充、图案填充、图片填充等。例如，要为文档设置图片填充效果，具体操作步骤如下。

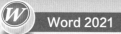
Step01 选择页面颜色命令。❶在"公司财产管理制度.docx"文档中单击【设计】选项卡【页面背景】组中的【页面颜色】按钮；❷在弹出的下拉列表中选择【填充效果】选项，如图2-53所示。

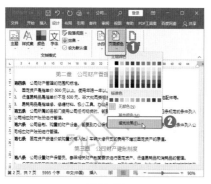

图 2-53

技术看板

在【填充效果】对话框中，切换到某个选项卡，便可设置对应的填充效果。例如，切换到【纹理】选项卡，便可对文档进行纹理效果填充。

Step03 选择图片插入途径。打开【插入图片】页面，单击【浏览】按钮，如图2-55所示。

图 2-55

Step04 选择插入的图片。打开【选择图片】对话框，❶选择需要作为填充背景的图片；❷单击【插入】按钮，如图2-56所示。

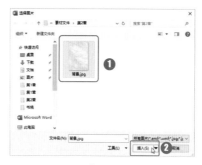

图 2-56

Step05 确认填充效果。返回【填充效果】对话框，单击【确定】按钮，如图2-57所示。

Step06 查看文档填充效果。返回文档，即可查看设置的图片填充效果，如图2-58所示。

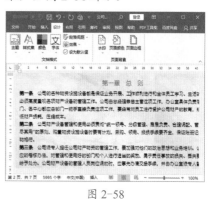

图 2-58

2.5.3 实战：设置公司财产管理制度的页面边框

实例门类	软件功能

在编排文档时，还可以添加页面边框，让文档更加赏心悦目。添加页面边框的具体操作步骤如下。

Step01 执行页面边框操作。在"公司财产管理制度.docx"文档中单击【设计】选项卡【页面背景】组中的【页面边框】按钮，如图2-59所示。

图 2-59

Step02 设置页面边框。打开【边框和底纹】对话框，❶在【页面边框】选项卡左侧选择边框形式，如选择【阴影】选项；❷在【颜色】下拉列表框中选择需要的颜色，如【浅青绿】；❸在【宽度】下拉列表框中选择边框粗细，如选择【4.5磅】选

技能拓展——设置纯色填充效果

单击【设计】选项卡【页面背景】组中的【页面颜色】按钮后，在弹出的下拉列表中直接选择某个颜色选项，便可为文档设置纯色填充效果。

Step02 选择填充方式。打开【填充效果】对话框，❶选择【图片】选项卡；❷单击【选择图片】按钮，如图2-54所示。

图 2-54

图 2-57

项；❹单击【确定】按钮，如图2-60所示。

图 2-60

技能拓展——设置艺术型边框样式

打开【边框和底纹】对话框，在【页面边框】选项卡的【艺术型】下拉列表框中提供了多种艺术型的边框样式，用户可以根据需要选择边框样式，还可在【颜色】和【宽度】下拉列表框中对艺术型边框的颜色和边框粗细进行设置。

Step**03** 查看边框效果。返回文档，即可查看设置后的效果，如图2-61所示。

图 2-61

技能拓展——删除页面边框

设置页面边框后，再次打开【边框和底纹】对话框，在【页面边框】选项卡的【设置】栏中选择【无】选项，可清除边框效果。

妙招技法

通过对前面知识的学习，相信读者已经掌握了视图操作及页面设置的相关方法。下面结合本章内容，给大家介绍一些实用的技巧。

技巧 01：设置书籍折页效果

如果希望将制作好的文档以书籍折页效果打印出来，即在纸页中间进行装订，就要使一张纸上打印的两页内容分别是文档的第1页和最后1页。例如，文档共有28页，那么在打印时需要在第1张纸页上同时打印文档的第1页和第28页，在第2张纸页上同时打印文档的第2页和第27页，以此类推。只有这样打印出来的纸页，才能实现在纸页中间进行装订后，文档的页码仍然是按顺序排列的。

要想实现书籍折页打印效果，就需要进行页面设置，具体操作方法为：打开【页面设置】对话框，在【页边距】选项卡的【多页】下拉列表中选择【书籍折页】选项，此时，

Word会自动将页面方向调整为【横向】，并将【页边距】栏中的【左】改为【内侧】，【右】改为【外侧】，根据需要调整页边距的大小，然后单击【确定】按钮即可，如图2-62所示。

图 2-62

技巧 02：让文档内容自动在页面中居中对齐

默认情况下，文档内容总是以页面顶端为基准对齐，如果希望文档内容自动置于页面中央，可通过页面设置实现，具体操作步骤如下。

Step**01** 单击【功能扩展】按钮。打开"素材文件\第2章\面试通知.docx"文件，单击【布局】选项卡【页面设置】组中的【功能扩展】按钮，如图 2-63所示。

图 2-63

Step**02** 设置页面对齐方式。打开【页面设置】对话框，❶选择【布局】选项卡；❷在【垂直对齐方式】下拉列表中选择【居中】选项；❸单击【确定】按钮，如图 2-64 所示。

图 2-64

技术看板

在【垂直对齐方式】下拉列表中，有顶端对齐、居中、两端对齐和底端对齐 4 个选项。顶端对齐为默认的对齐方式，在该对齐方式下，未布满页面的文本页中，上下端与其他各页的上下端保持一致；在居中对齐方式下，未布满页面的文本页中，上下两端与其他各页的上下两端保持一致，且未布满页面的文

本行距与其他页的行距不一致，并平均分布在页面上；在两端对齐方式下，可自动调整文字的水平间距，使其均匀分布在左右页边距之间，使两侧文字具有整齐的边缘；在底端对齐方式下，未布满页面的文本页中，下端与其他各页的下端保持一致。

Step**03** 查看文档效果。返回文档，即可看到文档内容自动在页面中居中显示，如图 2-65 所示。

图 2-65

技巧 03：设置对称页边距

在设置文档的页边距时，有时为了便于装订，通常会把左侧页边距设置得大一些。但是当进行双面打印时，左右页边距在纸张的两面的设置正好相反，反而难以装订。因此，对于需要双面打印的文档，最好设置对称页边距。

对称页边距是指设置双面文档的对称页面的页边距。例如，书籍或杂志，左侧页面的页边距是右侧页面页边距的镜像（内侧页边距等宽，外侧页边距等宽）。

对文档进行双面打印时，通过【对称页边距】功能，可以使纸张正反两面的内、外侧具有相同大小，这样装订后会显得更整齐美观。设置对称页边距的具体操作方法为：打开【页面设置】对话框，选

择【页边距】选项卡，在【多页】下拉列表中选择【对称页边距】选项，此时，【页边距】栏中的【左】改为【内侧】，【右】改为【外侧】，然后设置相应的页边距大小，最后单击【确定】按钮即可，如图 2-66 所示。

图 2-66

技巧 04：在文档中显示行号

某些特殊类型的文档（如源程序清单等），需要对行设置行号，以便用户可以快速查找需要的内容。行号一般显示在版心左侧与页边之间，即左侧页边距内的空白区域。若是分栏的文档，则行号将分别显示在各栏的左侧。设置行号的具体操作步骤如下。

Step**01** 添加行编号。打开"素材文件\第 2 章\出师表.docx"文件，打开【页面设置】对话框，❶选择【布局】选项卡；❷单击【行号】按钮；❸选中【添加行编号】复选框；❹在【起始编号】微调框内设置行号的起始值，在【距正文】微调框内设置行号与正文之间的距离，在【行号间隔】微调框内设置几行需要一个行号；❺在【编号】栏中设置编号方

式；❻设置完成后单击【确定】按钮，如图2-67所示。

图 2-67

📖 技术看板

在【行号】对话框的【编号】栏中有3个单选按钮，作用分别为：【每页重新编号】表示以页为单位进行编号；【每节重新编号】表示以节为单位进行编号；【连续编号】表示以整篇文档为单位进行连续编号。

Step02 查看添加的行号效果。返回【页面设置】对话框，单击【确定】按钮，返回文档，即可查看设置行号后的效果，如图2-68所示。

图 2-68

技巧05：设置页面边框与页面的距离

为文档设置页面边框时，为了使页面边框达到更好的视觉效果，还可以设置页面边框与页面的距离，具体操作步骤如下。

Step01 单击【选项】按钮。打开"结果文件\第2章\公司财产管理制度.docx"文件，打开【边框和底纹】对话框，在【页面边框】选项卡中设置好页面边框样式后单击【选项】按钮，如图2-69所示。

图 2-69

📖 技术看板

在【应用于】下拉列表中有4个选项，作用分别为：【整篇文档】表示无论文档是否分节，页面边框都应用于当前文档的所有页面；【本节】表示对于分节的文档，页面边框只应用于当前节；【本节—仅首页】表示对于分节的文档，页面边框只应用于本节的首页；【本节—除首页外的所有页】表示对于分节的文档，页面边框应用于本节除首页外的所有页。

Step02 设置页面边框边距。打开【边框和底纹选项】对话框，❶在【边距】栏中通过【上】【下】【左】【右】微调框设置页面边框与页面的距离；❷设置完成后单击【确定】按钮，如图2-70所示。

Step03 查看页面边框效果。返回【边框和底纹】对话框，单击【确定】按钮，返回文档，即可查看页面边框与页面的距离，如图2-71所示。

图 2-71

技巧06：将所选内容保存到封面库中

对于制作好的文档封面，也可将其保存到Word封面库中，下次制作其他文档时，可直接在封面库中调用，以提高工作效率。例如，将"员工行为规范.docx"文档的封面保存到封面库中，具体操作步骤如下。

Step① 选择保存文档封面命令。打开"素材文件\第2章\员工行为规范.docx"文件，❶选择封面中的所有对象；❷单击【插入】选项卡【页面】组中的【封面】按钮；❸在弹出的下拉菜单中选择【将所选内容保存到封面库】选项，如图2-72所示。

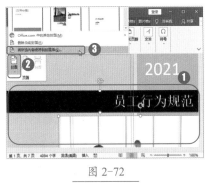

图 2-72

Step② 设置保存名称。❶打开【新建构建基块】对话框，在【名称】文本框中输入封面名称【企业封面】；❷其他保持默认设置，单击【确定】按钮，如图2-73所示。

图 2-73

Step③ 查看保存的封面。此时即可将封面保存到封面库中，如图2-74所示。

图 2-74

技术看板

在查看保存的封面效果时，如果封面内容未完全保存，那么在封面上右击，在弹出的快捷菜单中选择【整理和删除】命令，即可删除当前选择的自定义封面。

本章小结

本章主要介绍了视图操作与页面设置的相关知识，包括选择视图模式、Word排版的辅助工具、窗口的操作、页面设置及设置页面背景等内容。通过对本章内容的学习，相信读者已经学会了Word排版前的准备工作，接下来将要开始新的篇章，正式启航Word的排版之旅。

第2篇 文档格式设置篇

对于公司内部的办公文档，如各种制度、通知等，并不需要设置得多美观，只需要对文档中文本的字符格式、段落格式，以及一些特殊的格式和页面格式进行设置，让文档的整体结构更清晰即可，这样制作出来的文档才显得正式、规范。

第3章 输入与编辑文档内容

➡ 需要输入的符号在键盘中没有怎么办？

➡ 还在为输入复杂公式而发愁吗？

➡ 粘贴时，如何让复制的文本内容应用当前的文本格式？

➡ 操作失误，想撤销操作该怎么办？

文档页面设置好后，就可在文档中输入各种类型的文档内容，还可根据需要对文档内容进行编辑。

3.1 输入文档内容

使用 Word 编辑文档时，需要先输入文档内容，如普通的文本内容、特殊符号、大写中文数字等。掌握 Word 文档内容的输入方法，是编辑各种格式文档的前提。

3.1.1 定位光标插入点

启动 Word 后，在文档编辑区中不停闪动的"|"为光标插入点，光标插入点所在位置便是输入文本的位置。在文档中输入文本前，需要先定位好光标插入点，方法有以下几种。

1. 通过鼠标定位

➡ 在空白文档中定位光标插入点：在空白文档中，光标插入点就在文档的开始处，此时可直接输入文本。

➡ 在已有文本的文档中定位光标插入点：若文档已有部分文本，当需要在某一具体位置输入文本时，可将鼠标指针指向该处，当鼠标指针呈"I"形状时，单击即可。

2. 通过键盘定位

➡ 按方向键（【↑】【↓】【→】或【←】），光标插入点将向相应的方向进行移动。

➡ 按【End】键，光标插入点向右移动至当前行行末；按【Home】键，光标插入点向左移动至当前行行首。

➡ 按快捷键【Ctrl+Home】，光标插入点可移至文档开头；按快捷键【Ctrl+End】，光标插入点可移至文档末尾。

➡ 按【PageUp】键，光标插入点向上移动一页；按【PageDown】键，光标插入点向下移动一页。

3.1.2 实战：输入放假通知文本内容

实例门类	软件功能

在 Word 文档中定位好光标插入点，就可以输入文本内容了，具体操作步骤如下。

Step01 输入文档标题。新建一个名称为"放假通知.docx"的文档，切换到合适的输入法，输入需要的内容，如图3-1所示。

图 3-1

Step02 输入正文内容。完成输入后按【Enter】键换行，输入第2行的内容，用同样的方法，继续输入文档其他内容，完成后的效果如图3-2所示。

图 3-2

技能拓展——输入标点符号

在一个文档中，标点符号起着举足轻重的作用。在输入标点符号时，需要注意以下几个问题。

（1）标点符号分为中文和英文两种，分别在中文输入法和英文输入法状态下输入即可。

（2）常用的标点符号，如逗号（，）、句号（。）、顿号（、）等，都可直接通过键盘输入，只是用于输入标点符号的按键基本上都是双字符键，由上、下两种不同的符号组成。如果直接按按键，可以输入下面一排的符号；如果按住【Shift】键的同时按按键，可输入上面一排的符号。例如，【M】键右侧的 键，若直接按该键，则输入下档符号"，"；若按住【Shift】键的同时再按该键，则输入上档符号"<"。

（3）在中文输入法状态下，按快捷键【Shift+6】，可以输入省略号（……）。

★重点 3.1.3 实战：在放假通知中插入符号

实例门类	软件功能

在输入文档内容的过程中，除了输入普通的文本外，还可输入一些特殊文本，如"*""&""♋"等符号。有些符号能够通过键盘直接输入，如"*""&"等，但有的符号不能直接输入，如"♋"等，这时可通过插入符号的方法进行输入，具体操作步骤如下。

Step01 选择"其他符号"选项。在"放假通知.docx"文档中，❶将光标插入点定位在需要插入符号的位置；❷单击【插入】选项卡【符号】组中的【符号】按钮；❸在弹出的下拉列表中选择【其他符号】选项，如图3-3所示。

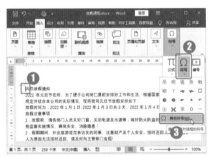

图 3-3

Step02 插入需要的符号。打开【符号】对话框，❶在【字体】下拉列表中选择字体集，如【Wingdings】；❷在列表框中选中要插入的符号，如【♋】；❸单击【插入】按钮；❹此时对话框中原来的【取消】按钮变为【关闭】按钮，如图3-4所示，单击该按钮关闭对话框。

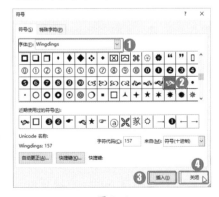

图 3-4

在【符号】对话框中，【符号】选项卡用于插入字体中所带有的特殊符号，如小节符号（§）、版权所有符号（©）、商标符号（™）和段落符号（☆）等；【特殊字符】选项卡用于插入文档中常用的特殊符号，其中的符号与字体无关。

Step03 查看插入的符号效果。返回文档，即可看到光标所在位置插入了符号【✍】，如图3-5所示。

图3-5

Step04 插入其他符号。用同样的方法，在"通知"文本后面插入符号【✍】，效果如图3-6所示。

图3-6

★重点 3.1.4 实战：在放假通知中插入日期和时间

实例门类 软件功能

在制作报告、通知、邀请函等办公文档时，一般需要输入制作的日期和时间。这时可以使用Word 2021提供的【日期和时间】功能来快速插入所需格式的日期和时间。例如，在"放假通知.docx"文档末尾插入日期和时间，具体操作步骤如下。

Step01 单击【日期和时间】按钮。在"放假通知.docx"文档中，❶将光标插入点定位在需要插入日期和时间的位置；❷单击【插入】选项卡【文本】组中的【日期和时间】按钮，如图3-7所示。

图3-7

Step02 选择日期格式。打开【日期和时间】对话框，❶在【可用格式】列表框中选择需要的日期格式，如【2021年12月30日星期四】；❷单击【确定】按钮，如图3-8所示。

图3-8

在【日期和时间】对话框中选中

【自动更新】复选框，则在每次打开该文档时插入的日期和时间都会按当前的系统日期和时间进行更新。

Step03 查看插入的日期。返回文档，即可看见光标所在位置插入了系统当前的日期，如图3-9所示。

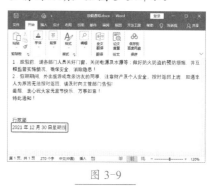

图3-9

用户还可以按快捷键【Alt+Shift+D】输入当前的系统日期；按快捷键【Alt+Shift+T】输入当前的系统时间。

3.1.5 实战：在付款通知单中输入大写中文数字

实例门类 软件功能

在制作与金额相关的文档时，经常需要输入大写的中文数字。除了使用汉字输入法输入外，还可以使用Word提供的插入编号功能快速输入。例如，在"付款通知单.docx"文档中输入大写中文数字，具体操作步骤如下。

Step01 执行编号操作。打开"素材文件\第3章\付款通知单.docx"文件，❶将光标插入点定位到需要输入大写中文数字的位置；❷单击【插入】选项卡【符号】组中的【编号】按钮，如图3-10所示。

图 3-10

Step 02 设置编号。打开【编号】对话框，❶在【编号】文本框中输入阿拉伯数字形式的数字，如【237840】；❷在【编号类型】列表框中选择需要的编号类型，如选择【壹，贰，叁...】选项；❸单击【确定】按钮，如图 3-11 所示。

图 3-11

Step 03 查看编号效果。返回文档，即可在当前位置输入大写的中文数字，如图 3-12 所示。

图 3-12

3.1.6 实战：输入繁体字

实例门类	软件功能

在编辑一些诗词类的文档时，一般需要输入繁体字。在编辑文档时，输入简体中文后，通过【中文简繁转换】功能可以将简体中文转换成繁体中文，从而实现繁体字的输入，具体操作步骤如下。

Step 01 执行简繁转换操作。新建一个名为"秋风词.docx"的空白文档，❶输入文档内容并将其选中；❷单击【审阅】选项卡【中文简繁转换】组中的【简转繁】按钮，如图 3-13 所示。

图 3-13

Step 02 查看转换后的效果。文档内容转换为繁体字，效果如图 3-14 所示。

图 3-14

3.1.7 实战：输入生僻字

实例门类	软件功能

对于使用拼音输入法的用户来

说，在文档中输入一些不常见的汉字时，如"郲""峡""吶"等，由于不知道读音，便无法进行输入。此时，可以利用插入符号的功能进行输入，具体操作步骤如下。

Step 01 选择"其他符号"选项。❶在新建的空白文档中单击【插入】选项卡【符号】组中的【符号】按钮；❷在弹出的下拉列表中选择【其他符号】选项，如图 3-15 所示。

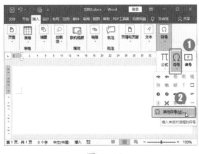

图 3-15

Step 02 插入生僻字。打开【符号】对话框，❶在【字体】下拉列表中选择【（普通文本）】选项；❷在列表框中找到并选中需要输入的生僻字；❸单击【插入】按钮；❹此时对话框中原来的【取消】按钮变为【关闭】按钮，如图 3-16 所示，单击该按钮关闭对话框。

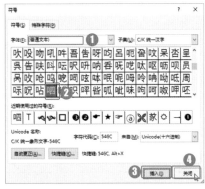

图 3-16

Step 03 查看效果。返回文档，即可在光标插入点所在位置输入选择的生僻字。用同样的方法，插入其他需要输入的生僻字，效果如图 3-17 所示。

图 3-17

★重点 3.1.8　实战：从文件中导入文本

实例门类	软件功能

若要输入的内容已经存在于某个文档中，那么可以将该文档中的内容直接导入当前文档，从而提高文档输入效率。将现有文件内容导入当前文档的具体操作步骤如下。

Step01 选择【文件中的文字】选项。打开"素材文件\第 3 章\公司培训

资料.docx"文件，❶将光标插入点定位到需要输入内容的位置；❷单击【插入】选项卡【文本】组中的【对象】按钮右侧的下拉按钮；❸在弹出的下拉列表中选择【文件中的文字】选项，如图 3-18 所示。

图 3-18

Step02 选择插入的文件。打开【插入文件】对话框，❶选择包含要导入内容的文件【培训计划书.docx】；❷单击【插入】按钮，如图 3-19 所示。

图 3-19

Step03 查看文档效果。返回文档，即可将"培训计划书.docx"文档中的内容导入"公司培训资料.docx"文档中，效果如图 3-20 所示。

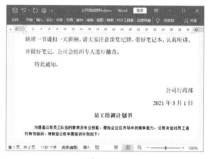

图 3-20

3.2　输入公式

在编辑数学或物理试卷等类型的文档时，通常需要输入公式。通过 Word 2021 提供的公式功能，可以轻松输入各种公式。

3.2.1　实战：输入内置公式

实例门类	软件功能

Word 中内置了一些常用公式，用户直接选择需要的公式样式，即可快速地在文档中插入相应的公式。插入公式后，还可以对其进行相应的修改，以输入自己需要的公式。插入内置公式的具体操作步骤如下。

Step01 选择内置公式。新建一个名为"公式.docx"的空白文档，❶将光标插入点定位到需要输入公式的

位置；❷单击【插入】选项卡【符号】组中的【公式】按钮；❸在弹出的下拉列表中即可看到提供的内置公式，选择需要的公式，如图 3-21 所示。

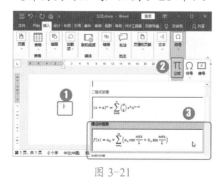

图 3-21

Step02 查看公式效果。在文档中插入所选公式，并默认以【整体居中】对齐方式进行显示，如图 3-22 所示。

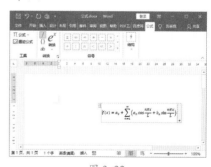

图 3-22

插入的公式默认以【整体居中】对齐方式进行显示，若要更改对齐方式，可单击公式编辑窗口右侧的下拉按钮 ∨，在弹出的下拉菜单中选择【对齐方式】命令，在弹出的级联菜单中选择需要的对齐方式即可。

Step03 修改公式。如果要修改公式内容，则在公式编辑器中选中某个内容，按【Delete】键将其删除，再输入新的内容即可，完成后的效果如图 3-23 所示。

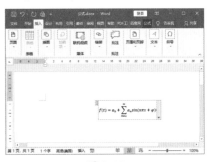

图 3-23

若要编辑已经创建好的公式，只需要双击该公式，即可再次进入【公式编辑器】进行修改。

★重点 3.2.2 实战：输入自定义公式

实例门类	软件功能

如果内置公式中没有提供需要的公式样式，用户可以通过公式编辑器自行创建公式。例如，要输入两个向量的夹角公式，具体操作步骤如下。

Step01 选择【插入新公式】选项。在"公式.docx"文档中，❶定位光标插入点；❷单击【插入】选项卡【符号】组中的【公式】按钮；❸在弹出的下拉列表中选择【插入新公式】选项，如图 3-24 所示。

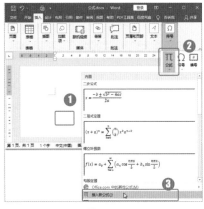

图 3-24

Step02 选择公式函数。文档中会插入一个公式编辑器，且功能区中显示【公式】选项卡，❶在【结构】组中选择需要的公式结构，如单击【函数】按钮；❷在弹出的下拉列表中选择需要的函数样式，如选择【余弦函数】选项，如图 3-25 所示。

图 3-25

Step03 选择公式符号。此时，公式编辑器中原来的占位符消失，被刚才插入的函数结构代替，❶选择【cos】右侧的占位符；❷在【符号】组的列表框中选择需要的符号，这里选择【θ】，如图 3-26 所示。

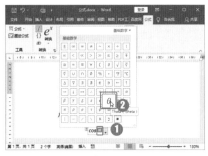

图 3-26

Step04 选择公式分式。❶在【θ】后面手动输入【=】，此时，光标自动定位在【=】的后面；❷在【公式】选项卡【结构】组中单击【分式】按钮；❸在弹出的下拉列表中选择需要的分式样式，如选择【分式（竖式）】选项，如图 3-27 所示。

图 3-27

Step05 设置公式下标。❶选择分子中的占位符；❷在【公式】选项卡【结构】组中单击【上下标】按钮；❸在弹出的下拉列表中选择需要的上下标样式，如选择【下标】选项，如图 3-28 所示。

图 3-28

Step06 输入分子内容。分子中将显示所选上下标样式的占位符，分别在占位符中输入相应的内容，如图3-29所示。继续输入后面的分子内容。

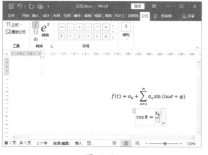

图 3-29

Step07 选择分数根式。继续输入公式分母部分，❶选择分母中的占位符∷∷∷；❷在【公式】选项卡【结构】组中单击【根式】按钮；❸在弹出的下拉列表中选择需要的根式，如选择【平方根】选项，如图3-30所示。

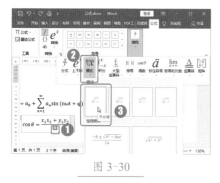

图 3-30

Step08 设置公式上下标。❶选择平方根中的占位符∷∷∷；❷在【公式】选项卡【结构】组中单击【上下标】按钮；❸在弹出的下拉列表中选择【下标-上标】选项，如图3-31所示。

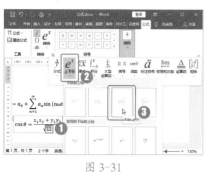

图 3-31

输入公式时，一般需要先选中公式结构，插入公式结构后，再选择占位符，然后输入相应的内容。

Step09 完成公式的输入。在插入的根式中输入需要的内容，继续使用前面的方法输入公式，完成后的效果如图3-32所示。

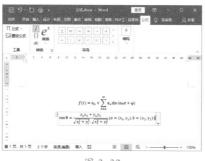

图 3-32

对于制作的公式，用户可对其进行保存。保存方法为：选择编辑好的公式，单击公式编辑器右侧的下拉按钮，在弹出的快捷菜单中选择【另存为新公式】命令，在打开的对话框中对公式名称、保存位置等进行设置，设置完成后，单击【确定】按钮进行保存即可。保存后的公式将在【公式】下拉菜单中显示。

★重点 3.2.3 实战：手写输入公式

Word 2021 提供了手写输入公式功能，即墨迹公式，该功能可以自动识别手写的数学公式，并将其转换成标准形式的公式插入文档。使用【墨迹公式】功能输入公式的具体操作步骤如下。

Step01 选择【墨迹公式】选项。在"公式.docx"文档中，❶定位光标插入点；❷单击【插入】选项卡【符号】组中的【公式】按钮；❸在弹出的下拉列表中选择【墨迹公式】选项，如图3-33所示。

图 3-33

Step02 手动输入公式。打开【数学输入控件】对话框，在【在此处输入数学表达式】区域中拖动鼠标手动输入公式，Word 将自动根据输入的公式进行识别，如果公式识别错误，可以单击下方的【选择和更正】按钮，如图3-34所示。

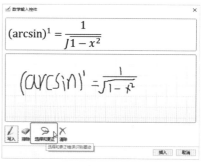

图 3-34

Step03 更正公式。单击公式中需要更正的字迹，Word 将在弹出的下拉列表中提供与字迹接近的其他候选符号供选择修正，用户只需选择合适的修正方案即可进行修改，这里选择【'（上标符）】选项，如图3-35所示。

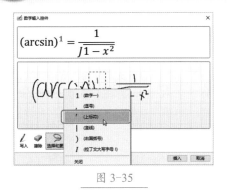

图 3-35

Step04 单击【擦除】按钮。更正公式后，单击下方的【擦除】按钮，如图 3-36 所示。

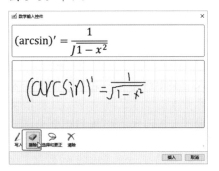

图 3-36

Step05 擦除根号。此时，鼠标指针将变为橡皮擦形状，拖动鼠标擦除公式中的根号，单击【写入】按钮，如图 3-37 所示。

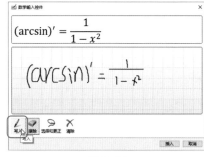

图 3-37

Step06 确认输入的公式。重新输入根号，识别无误后，单击右下角的【插入】按钮，如图 3-38 所示。

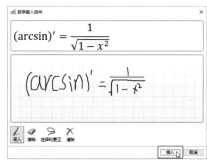

图 3-38

Step07 查看输入的公式。经过上步操作后，即可将制作的公式插入文档中。拖动鼠标指针将其移动到合适位置，效果如图 3-39 所示。

图 3-39

3.3 文本的选择操作

若要对文档中的文本进行复制、移动或设置格式等操作，就要先选择需要操作的文本对象。在进行选择操作时，不仅可以通过鼠标或键盘选择文本，还可以将两者结合使用。

3.3.1 通过鼠标选择文本

通过鼠标选择文本时，根据选中文本内容的多少，可将选择文本分为以下几种情况。

➥ 选择任意文本：将光标插入点定位到需要选择的文本起始处，然后按住鼠标左键不放并拖动，直至需要选择的文本结尾处释放鼠标即可选中文本，选中的文本将以灰色背景显示，如图 3-40所示。

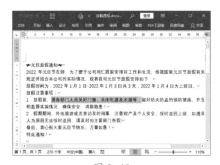

图 3-40

➥ 选择词组：双击要选择的词组，即可将其选中，如图 3-41 所示。

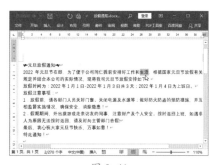

图 3-41

➥ 选择一行：将鼠标指针指向某行左边的空白处，即"选定栏"，当指针呈 形状时单击，即可选中该行全部文本，如图 3-42所示。

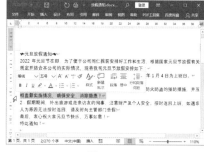

图 3-42

➥ 选择多行：将鼠标指针指向左边的空白处，当指针呈 ⁄ 形状时，按住鼠标左键不放，并向下或向上拖动鼠标，到文本目标处释放鼠标，即可选择多行，如图 3-43 所示。

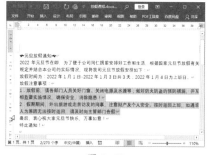

图 3-43

➥ 选择段落：将鼠标指针指向某段落左边的空白处，当指针呈 ⁄ 形状时双击，即可选中当前段落，如图 3-44 所示。

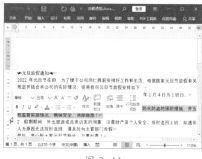

图 3-44

技能拓展——选择段落的其他方法

选择段落时，将光标插入点定

位到某段落的任意位置，然后连续单击 3 次，也可选中该段落。

➥ 选择整篇文档：将鼠标指针指向编辑区左边的空白处，当指针呈 ⁄ 形状时，连续单击 3 次可选中整篇文档，如图 3-45 所示。

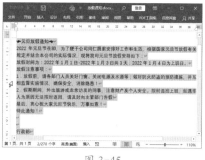

图 3-45

3.3.2 通过键盘选择文本

键盘是计算机的主要输入设备，用户可以通过相应的按键快速选择目标文本。

1. 快捷键的使用

在选择文本对象时，若熟知许多快捷键的作用，可以提高工作效率。

➥ 【Shift+ → 】：选中光标插入点所在位置右侧的一个或多个字符。

➥ 【Shift+ ← 】：选中光标插入点所在位置左侧的一个或多个字符。

➥ 【Shift+ ↑ 】：选中光标插入点所在位置至上一行对应位置处的文本。

➥ 【Shift+ ↓ 】：选中光标插入点所在位置至下一行对应位置处的文本。

➥ 【Shift+Home】：选中光标插入点所在位置至行首的文本。

➥ 【Shift+End】：选中光标插入点所在位置至行尾的文本。

➥ 【Ctrl+A】：选中整篇文档。

➥ 【Ctrl+小键盘数字键 5 】：选中整篇文档。

➥ 【Ctrl+Shift+ → 】：选中光标插入点所在位置右侧的单字或词组。

➥ 【Ctrl+Shift+ ← 】：选中光标插入点所在位置左侧的单字或词组。

➥ 【Ctrl+Shift+ ↑ 】：与快捷键【Shift+Home】的作用相同。

➥ 【Ctrl+Shift+ ↓ 】：与快捷键【Shift+End】的作用相同。

➥ 【Ctrl+Shift+Home】：选中光标插入点所在位置至文档开头的文本。

➥ 【Ctrl+Shift+End】：选中光标插入点所在位置至文档结尾的文本。

2.【F8】键的妙用

【F8】键是一个比较特殊的按键，通过该键，也可以实现文本的选择操作。

➥ 首次按【F8】键，将打开文本选择模式。

➥ 再次按【F8】键，可以选中光标插入点所在位置右侧的短语。

➥ 第 3 次按【F8】键，可以选中光标插入点所在位置的整句话。

➥ 第 4 次按【F8】键，可以选中光标插入点所在位置的整个段落。

➥ 第 5 次按【F8】键，可以选中整篇文档。

技能拓展——退出文本选择模式

在 Word 中按【F8】键后，便会打开文本选择模式，若要退出该模式，按【Esc】键即可。

3.3.3 鼠标与键盘的结合使用

若将鼠标与键盘结合使用，还可以进行特殊选择，如选择分散文本、垂直文本等。

➠ 选择一句话：按【Ctrl】键的同时，单击需要选择的句中任意位置，即可选中该句，如图 3-46 所示。

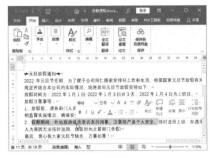

图 3-46

➠ 选择连续区域的文本：将光标插入点定位到需要选择的文本起始处，按住【Shift】键不放，单击要选择文本的结束位置，可实现连续区域文本的选择，如图 3-47 所示。

图 3-47

➠ 选择分散文本：先拖动鼠标选中第一个文本区域，再按住【Ctrl】键不放，然后拖动鼠标选择其他不相邻的文本，选择完成后释放【Ctrl】键，即可完成分散文本的选择操作，如图 3-48 所示。

图 3-48

➠ 选中垂直文本：按住【Alt】键不放，然后按住鼠标左键拖动出一

块矩形区域，选择完成后释放【Alt】键和鼠标，即可完成垂直文本的选择，如图 3-49 所示。

图 3-49

技术看板

结合鼠标与键盘进行文本选择时，操作是灵活多变的。鼠标与【Shift】键结合使用时，可以选择连续的多行、多段等；鼠标与【Ctrl】键结合使用时，可以选择不连续的多行、多段等。例如，要选择不连续的多个段落，先选择一段文本，按住【Ctrl】键不放，再依次选择其他需要选择的段落即可。所以，希望用户在学习过程中，能够举一反三，融会贯通，使工作达到事半功倍的效果。

3.4 编辑文本

在文档中输入文本后，会根据需要对文本进行一些编辑操作，主要包括通过复制文本快速输入相同内容，移动文本的位置，删除多余的文本等，下面将详细介绍文本的编辑操作。

★重点 3.4.1 实战：复制面试通知文本

实例门类	软件功能

在编辑文档的过程中，当需要在文档不同位置输入相同的内容时，可通过复制文本来实现，从而提高输入速度。例如，通过复制功能编

辑"面试通知 .docx"文档，具体操作步骤如下。

Step 01 复制文本。打开"素材文件\第 3 章\面试通知 .docx"文件，❶选择需要复制的【四川千禧商贸有限公司】文本；❷在【开始】选项卡【剪贴板】组中单击【复制】按钮，如图 3-50 所示。

图 3-50

Step 02 执行粘贴操作。❶将光标插入点定位到需要粘贴的目标位置；❷单击【开始】选项卡【剪贴板】组中的【粘贴】按钮，如图3-51所示。

图 3-51

Step 03 查看粘贴的效果。通过上述操作后，所选内容复制到了目标位置，效果如图3-52所示。

图 3-52

技能拓展——通过快捷键执行复制/粘贴操作

　　选中文本后，按快捷键【Ctrl+C】可快速对所选文本进行复制操作；将光标插入点定位在要输入相同内容的位置后，按快捷键【Ctrl+V】可快速实现粘贴操作。

★重点 3.4.2 **实战：移动面试通知文本**

| 实例门类 | 软件功能 |

　　在编辑文档的过程中，如果发现文档中某个词或段落的位置不正确，那么可通过移动功能将其移动到正确的位置，具体操作步骤如下。

Step 01 剪切文本。在"面试通知.docx"文档中，❶选中需要移动的文本内容；❷在【开始】选项卡的【剪贴板】组中单击【剪切】按钮，如图3-53所示。

图 3-53

技能拓展——通过快捷键执行剪切操作

　　选中文本后按快捷键【Ctrl+X】可快速执行剪切操作。

Step 02 粘贴剪切的文本。❶将光标插入点定位到要移动的目标位置；❷单击【开始】选项卡【剪贴板】组中的【粘贴】按钮，如图3-54所示。

图 3-54

Step 03 查看文本效果。执行以上操作后，选中的文本就被移动到新的位置了，效果如图3-55所示。

技能拓展——通过拖动鼠标复制或移动文本

　　对文本进行复制或移动操作时，当目标位置与文本所在的原位置在同一屏幕显示范围内时，通过拖动鼠标的方式可快速实现文本的复制、

移动操作。

　　选中文本后按住鼠标左键不放并拖动，当拖动至目标位置后释放鼠标，可实现文本的移动操作。在拖动过程中，若同时按住【Ctrl】键，可实现文本的复制操作。

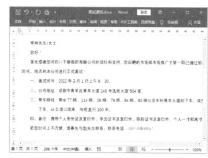

图 3-55

3.4.3 实战：删除和修改面试通知文本

| 实例门类 | 软件功能 |

　　在编辑Word文档内容的过程中，若发现输入了多余的文本或输入的文本错误，可将多余的文本删除，并将错误的文本修改为正确的文本。例如，对"面试通知.docx"文档中的内容进行删除和修改操作，具体操作步骤如下。

Step 01 选择需要修改的文本。在"面试通知.docx"文档中，选中需要修改的【市场推广主管】文本内容，如图3-56所示。

图 3-56

Step 02 修改文本。❶输入【市场专

员】，就可将选择的【市场推广主管】更改为【市场专员】；②选择需要删除的【和两寸】文本，效果如图 3-57 所示。

图 3-57

Step03 删除多余的文本。按【Delete】键或【Backspace】键，即可将所选文本删除，效果如图 3-58 所示。

图 3-58

除了上述方法外，还可通过以下几种方法删除文本内容。

➡ 按【Backspace】键，可以删除光标插入点的前一个字符。

➡ 按【Delete】键，可以删除光标插入点的后一个字符。

➡ 按快捷键【Ctrl+Backspace】，可以删除光标插入点的前一个单词或短语。

➡ 按快捷键【Ctrl+Delete】，可以删除光标插入点的后一个单词或短语。

★重点 3.4.4 实战：选择性粘贴网页内容

实例门类	软件功能

在编辑文档的过程中，复制/粘贴是使用频率较高的操作。在执行粘贴操作时，可以使用 Word 提供的【选择性粘贴】功能实现更灵活的粘贴操作，如实现无格式粘贴（只保留原文本内容），甚至还可以将文本或表格转换为图片格式等。

例如，在复制网页内容时，如果直接执行粘贴操作，不仅文本格式很多，而且还有图片，甚至会出现一些隐藏的内容。如果只需要复制网页上的文本内容，则可通过选择性粘贴实现，具体操作步骤如下。

Step01 复制网页内容。在网页中选择需要复制的内容并右击，在弹出的快捷菜单中选择【复制】命令，如图 3-59 所示。

图 3-59

Step02 选择粘贴方式。新建一个名为"公司简介.docx"的空白文档，①在【公式】选项卡【剪贴板】组中单击【粘贴】按钮下方的下拉按钮 ˇ；②在弹出的下拉列表中选择粘贴方式，如选择【只保留文本】选项，如图 3-60 所示。

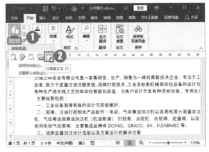

图 3-60

Step03 查看粘贴效果。执行上述操作后，文档中将只粘贴文本内容，效果如图 3-61 所示。

图 3-61

单击【粘贴】按钮下方的下拉按钮 ˇ 后，在弹出的下拉列表中若选择【选择性粘贴】选项，则可以在弹出的【选择性粘贴】对话框中选择粘贴方式，如图 3-62 所示。

图 3-62

在【选择性粘贴】对话框的【形式】列表框中有 6 个粘贴选项，其作用分别如下。

➡ Microsoft Word 文档对象：以 Word 对象的方式粘贴嵌入目标

文档中，此后在目标文件中双击该嵌入对象时，该对象将在新的Word窗口中打开，对其进行编辑的结果同样会反映在目标文件中。

→ 带格式文本（RTF）：粘贴时带RTF格式，即与复制对象的格式一样。

→ 无格式文本：粘贴不带任何格式（如字体、字号等）的纯文本。

→ 图片（增强型图元文件）：将复制的内容作为增强型图元文件（EMF）粘贴到Word中。

→ HTML格式：以HTML格式粘贴文本。

→ 无格式的Unicode文本：粘贴不带任何格式的纯文本。

技术看板

默认情况下，在Word文档中完成粘贴后，当前位置的右下角会出现一个【粘贴选项】按钮 (Ctrl)▼，单击可在弹出的下拉菜单中选择粘贴方式。当执行其他操作时，该按钮会自动消失。

3.4.5 实战：设置默认粘贴方式

实例门类	软件功能

在默认情况下，复制内容是以保留源格式的方式进行粘贴的，根据操作需要，可以对默认粘贴方式进行设置。具体操作方法为打开【Word选项】对话框，切换到【高级】选项卡，在【剪切、复制和粘贴】栏中针对粘贴选项进行设置，设置完成后单击【确定】按钮即可，如图3-63所示。

图 3-63

3.4.6 实战：剪贴板的使用与设置

实例门类	软件功能

在Word程序中，剪贴板可以保留最近24次的复制或剪切操作数据。在剪贴板中，不仅可以对这些数据进行粘贴、清除等操作，还可以对剪贴板进行设置。

1. 使用剪贴板

在Word 2021中使用剪贴板数据的具体操作方法如下。

Step01 执行复制操作。在"公司简介.docx"文档中依次选择不同的内容进行复制操作。

Step02 选择要粘贴的内容。❶单击【开始】选项卡【剪贴板】组中的【功能扩展】按钮；❷Word窗口的左侧将打开【剪贴板】窗格，并显示最近复制或剪切的操作数据，将光标插入点定位到某个目标位置；❸在【剪贴板】窗格中单击某条要粘贴的数据，如图3-64所示。

图 3-64

Step03 查看粘贴的内容。被单击的数据会粘贴到光标插入点所在位置，如图3-65所示。

图 3-65

技术看板

上述操作是通过【剪贴板】窗格粘贴的单个数据，除此之外，还可以进行粘贴所有数据、删除所有数据等操作。将光标插入点定位到目标位置后，单击【剪贴板】窗格中的【全部粘贴】按钮，可粘贴所有数据；将鼠标指针指向某条数据，该数据的右侧将出现下拉按钮 ▼，对其单击，在弹出的下拉列表中选择【删除】选项，可删除该数据；在【剪贴板】窗格中单击【全部清空】按钮，可将【剪贴板】窗格的数据全部删除。

2. 设置剪贴板

在【剪贴板】窗格中，单击左下角的【选项】按钮，将弹出一个下拉菜单，如图3-66所示。

图 3-66

在下拉菜单中，用户可以对剪贴板进行如下设置。

➭ 若选择【自动显示Office剪贴板】选项，系统将自动选择【按Ctrl+C两次后显示Office剪贴板】选项，此后，执行两次复制操作后，就会自动打开【剪贴板】窗格。

➭ 若选择【收集而不显示Office剪贴板】选项，则每次执行复制或剪切操作时，会自动将数据存放在剪贴板中，但不会显示【剪贴板】窗格。

➭ 若选择【在任务栏上显示Office剪贴板的图标】选项，则当Office剪贴板处于活动状态时，将在任务栏的通知区域中显示【剪贴板】图标，对其双击可以打开【剪贴板】窗格。

➭ 若选择【复制时在任务栏附近显示状态】选项，则每次执行复制或剪切操作时，不仅会将项目存放在剪贴板中，还会在状态栏附近显示收集的项目信息。

3.4.7　插入与改写文本

"插入"与"改写"是Word的两个工作状态，通过状态栏可以查看当前状态。默认情况下，Word 2021的状态栏中并未显示"插入/改写"状态，需要手动设置将其显示出来，具体操作方法请参考本书1.5.9小节的内容。

将光标插入点定位到文档中，输入文档内容时，状态栏中会显示【插入】字样，如图3-67所示。

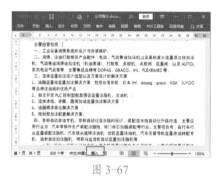

图 3-67

当需要对文档的内容进行修改时，在状态栏中单击【插入】字样，

就可切换到"改写"状态，并且状态栏中会显示【改写】字样，如图3-68所示。

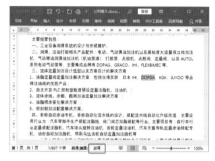

图 3-68

当Word处于"插入"状态时，可以在文档中直接插入文本，即输入的文字会插入光标所在位置，且光标后面的文本按顺序后移；处于"改写"状态时，可以在文档中改写文本，即输入的文字会替换掉光标所在位置后面的文字，且其余文字的位置不变。需要注意的是，在改写文本时，输入的文本字数要与错误的文本字数保持一致。

3.5　撤销、恢复与重复操作

在编辑文档的过程中，Word会自动记录执行过的操作，当执行了错误操作时，可通过【撤销】功能来撤销前一步操作，从而恢复到操作失误之前的状态。当错误地撤销了某些操作时，可以通过【恢复】功能取消之前撤销的操作，使文档恢复到撤销操作前的状态。此外，用户还可以使用【重复】功能来重复执行上一步操作，从而提高编辑效率。

3.5.1　撤销操作

在编辑文档的过程中，当出现一些错误操作时，可利用Word提供的【撤销】功能来执行撤销操作，其方法有以下几种。

➭ 单击快速访问工具栏上的【撤销】按钮，可以撤销上一步操作，继续单击该按钮，可撤销多步操作，直到"无路可退"。

➭ 按快捷键【Ctrl+Z】，可以撤销上一步操作，继续按该快捷键可撤销多步操作。

➭ 单击【撤销】按钮右侧的下拉按钮，在弹出的下拉列表中可选择撤销到某一指定的操作，如图3-69所示。

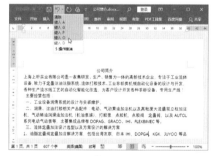

图 3-69

3.5.2 恢复操作

当撤销某一操作后，可以通过以下几种方法取消之前的撤销操作。

➡ 单击快速访问工具栏中的【恢复】按钮，可以恢复被撤销的上一步操作，继续单击该按钮，可恢复被撤销的多步操作。

➡ 按快捷键【Ctrl+Y】，可以恢复被撤销的上一步操作，继续按该快捷键可恢复被撤销的多步操作。

技术看板

恢复操作与撤销操作是相辅相成的，只有在执行了撤销操作的时候，才能激活【恢复】按钮，进而恢复被撤销的操作。

3.5.3 重复操作

在没有进行任何撤销操作的情况下，【恢复】按钮会显示为【重复】按钮，单击【重复】按钮或按【F4】键，可重复上一步操作。

例如，在文档中选择某一文本对象，按快捷键【Ctrl+B】将其设置为加粗效果后，此时选中其他文本对象，直接单击【重复】按钮，可将选中的文本直接设置为加粗效果。

妙招技法

通过对前面知识的学习，相信读者已经掌握了输入与编辑文档内容的方法。下面结合本章内容，给大家介绍一些实用的技巧。

技巧 01：防止输入英文时句首字母自动变大写

默认情况下，在文档中输入英文后按【Enter】键进行换行时，英文第一个单词的首字母会自动变为大写。如果希望在文档中输入的英文总是小写形式的，则需要通过设置防止句首字母自动变大写，具体操作步骤如下。

Step 01 单击【自动更正选项】按钮。打开【Word选项】对话框，❶选择【校对】选项卡；❷在右侧的【自动更正选项】栏中单击【自动更正选项】按钮，如图 3-70 所示。

图 3-70

Step 02 取消句首字母大写。打开【自动更正】对话框，❶选择【自动更正】选项卡；❷取消选中【句首字母大写】复选框；❸单击【确定】按钮，如图 3-71 所示。

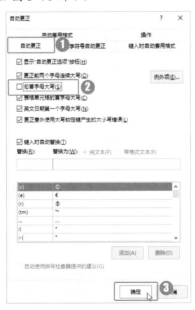

图 3-71

Step 03 保存设置。返回【Word选项】对话框，单击【确定】按钮保存设置。

技巧 02：通过即点即输在任意位置输入文本

用户在编辑文档时，有时需要在某个空白区域输入内容，最常见的做法是通过按【Enter】键或【Space】键的方法将光标插入点定位到指定位置，再输入内容。这种操作方法是有一定局限性的，特别是当排版出现变化时，需要反复修改文档，非常烦琐且不方便。

为了能够准确又快捷地定位光标插入点，实现在文档空白区域的指定位置输入内容，可以使用Word提供的【即点即输】功能，具体操作步骤如下。

Step 01 双击定位鼠标光标。打开"结果文件\第3章\公司简介.docx"文件，在文档最前面按【Enter】键分段，将鼠标指针指向要输入文本的任意空白位置并双击，如图 3-72 所示。

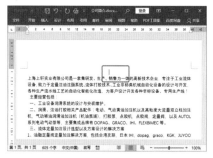

图 3-72

Step 02 输入标题文本。光标插入点将定位在双击的位置，直接输入文档标题即可，效果如图 3-73 所示。

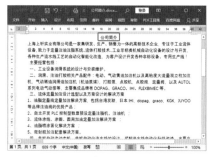

图 3-73

技巧 03：输入常用箭头和线条

在编辑文档时，可能经常需要输入一些箭头和线条符号，下面介绍一些箭头和线条的快速输入方法。

- ←：在英文状态下输入【<】和两个【-】。
- →：在英文状态下输入两个【-】和一个【>】。
- ⬅：在英文状态下输入【<】和两个【=】。
- ➡：在英文状态下输入两个【=】和一个【>】。
- ⬌：在英文状态下输入【<】【=】和【>】。
- 省略线：输入 3 个【*】后，按【Enter】键。
- 波浪线：输入 3 个【~】后，按【Enter】键。
- 实心线：输入 3 个【-】后，按【Enter】键。
- 实心加粗线：输入 3 个【_】后，按【Enter】键。
- 实心等号线：输入 3 个【=】后，按【Enter】键。

技巧 04：快速输入常用货币和商标符号

在输入文本内容时，很多符号都可通过【符号】对话框输入，为了提高输入速度，有些货币和商标符号是可以通过快捷键输入的。

- 人民币符号¥：在中文输入法状态下，按快捷键【Shift+4】输入。
- 美元符号 $：在英文输入状态下，按快捷键【Shift+4】输入。
- 欧元符号€：不受输入法限制，按快捷键【Ctrl+Alt+E】输入。
- 商标符号™：不受输入法限制，按快捷键【Ctrl+Alt+T】输入。
- 注册商标符号®：不受输入法限制，按快捷键【Ctrl+Alt+R】输入。
- 版权符号©：不受输入法限制，按快捷键【Ctrl+Alt+C】输入。

技巧 05：输入虚拟内容

Step 01 输入公式。在空白文档的段落起始位置输入公式【=rand(2,4)】，如图 3-74 所示。

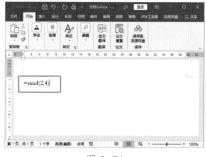

图 3-74

Step 02 查看输入的虚拟内容。按【Enter】键，即可在文档中自动插入两个段落，且每个段落包含 4 句话，如图 3-75 所示。

图 3-75

技巧06：禁止【Insert】键控制改写模式

在Word中输入文本时，默认为"插入"输入状态，输入的文本会插入插入点所在位置，光标后面的文本会按顺序后移。如果不小心按了【Insert】键，就会切换到"改写"输入状态，此时输入的文本会替换掉光标所在位置后面的文本。

为了防止因为误按【Insert】键而切换到"改写"状态，使输入的文字替换掉光标后面的文字，可以设置禁止【Insert】键控制改写模式。具体操作方法为：打开【Word选项】对话框，选择【高级】选项卡，在【编辑选项】栏中取消选中【用Insert键控制改写模式】复选框，然后单击【确定】按钮即可，如图3-76所示。

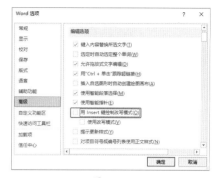

图 3-76

本章小结

本章介绍了在Word文档中输入与编辑内容的方法，主要包括输入文档内容、输入公式、文本的选择操作及编辑文本等知识。通过对本章内容的学习，希望读者能够融会贯通，高效地输入各种内容，灵活地对文本进行复制、移动等操作。

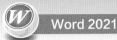

第4章 设置字符格式

➡ 如何对文档标题字体与正文内容字体进行区分？

➡ 文字下面的下划线是怎么来的？

➡ 对于重要的内容，可以通过什么方式突出显示？

➡ 上标和下标文本是通过公式中的上、下标输入的吗？

➡ 不会输入 10 以上的带圈数字，怎么办？

文档字符格式的设置是编辑文档的基础，要想让自己制作的文档与众不同、有吸引力，那么字符格式设置必不可少。本章将对字符格式设置进行介绍，让读者通过一些简单的编辑操作，就能制作出具有专业水准的文档。

4.1 设置字体格式

要想使自己的文档从众多的文档中脱颖而出，就必须对其精雕细琢，通过对文本设置各种格式，如字体、字号、字体颜色、下划线及字符间距等，让文档变得更加生动。本节将介绍如何设置字体格式，主要包括设置字体、字号、字体颜色等。

4.1.1 实战：设置会议纪要的字体

实例门类	软件功能

字体是指文字的外观形状，如宋体、楷体、华文行楷、黑体、微软雅黑等。对文本设置不同的字体，其效果也不同，图 4-1 所示是为文字设置了不同字体后的效果。

宋体	黑体	楷体	隶书
方正粗圆简体	方正仿宋简体	**方正大黑简体**	**方正综艺简体**
汉仪粗宋简	汉仪大黑简	汉仪中等线简	汉仪中圆简
华文行楷	华文书宋	华文细黑	华文新魏

图 4-1

设置字体的具体操作步骤如下。

Step 01 单击下拉按钮。打开"素材文件\第 4 章\会议纪要.docx"文件，❶选择要设置字体的标题文本；❷在【开始】选项卡的【字体】组中，单击【字体】文本框右侧的下拉按钮，

如图 4-2 所示。

图 4-2

Step 02 应用选择的字体。在弹出的下拉列表中，当指向某字体选项时，可以预览效果，对其单击可将该字体应用到所选文本，这里将【黑体】应用到标题文本，如图 4-3 所示。

技能拓展——关闭实时预览

Word 提供了实时预览功能，通过该功能，对文字、段落或图片等对象设置格式时，只要在功能区中指向需要设置的格式，文档中的对象就会显示为所指格式，从而可以非常直观地预览到设置后的效果。如果不需要启用实时预览功能，可以将其关闭，操作方法为：打开【Word 选项】对话框，在【常规】选项卡的【用户界面选项】栏中，取消选中【启用实时预览】复选框即可。

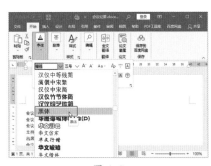

图 4-3

Step 03 设置文档正文内容字体。选择除标题外的所有正文内容，在【字体】下拉列表中选择【宋体】选项，即可为选择的文本应用宋体字体，如图 4-4 所示。

图 4-4

技能拓展——设置字体格式的其他方法

为选中的文本设置字体、字号、字体颜色、加粗、倾斜、下划线等格式时，不仅可以通过功能区设置，还可以通过浮动工具栏和【字体】对话框设置。

通过浮动工具栏设置：默认情况下，选中文本后会自动显示浮动工具栏，此时通过单击相应的按钮，便可设置相应的格式。

通过【字体】对话框设置：选中文本后，在【开始】选项卡【字体】组中单击【功能扩展】按钮，打开【字体】对话框，在相应的选项中进行设置即可。

4.1.2 实战：设置会议纪要的字号

实例门类	软件功能

字号是指文本的大小，分中文字号和数字磅值两种形式。中文字号用汉字表示，称为"几"号字，如五号字、四号字等；数字磅值用阿拉伯数字表示，称为"磅"，如10磅、12磅等。

设置字号的具体操作步骤如下。

Step01 为标题设置字号。在"会议纪要.docx"文档中，❶选择要设置字号的标题文本；❷在【开始】选项卡【字体】组中单击【字号】文本框

右侧的下拉按钮；❸在弹出的下拉列表中选择需要的字号，如选择【小二】选项，如图4-5所示。

图 4-5

Step02 为正文内容设置字号。用同样的方法，将文档中其他文本内容的字号设置为【四号】，如图4-6所示。

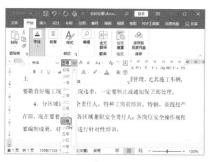

图 4-6

技能拓展——快速改变字号大小

选择文本内容后，按快捷键【Ctrl+Shift+ >】，或者单击【开始】选项卡【字体】组中的【增大字号】按钮，可以快速放大字号；按快捷键【Ctrl+Shift+ <】，或者单击【开始】选项卡【字体】组中的【减小字号】按钮，可以快速缩小字号。

4.1.3 实战：设置会议纪要的字体颜色

实例门类	软件功能

字体颜色是指文字的显示色彩，如红色、蓝色、绿色等。编辑文档

时，为文本内容设置不同的颜色，不仅能起到强调区分的作用，还能达到美化文档的目的。设置字体颜色的具体操作步骤如下。

Step01 设置字体颜色为紫色。在"会议纪要.docx"文档中，❶选择要设置字体颜色的文本；❷在【开始】选项卡的【字体】组中，单击【字体颜色】按钮右侧的下拉按钮；❸在弹出的下拉列表中选择需要的颜色，如选择【标准色】栏中的【紫色】选项，如图4-7所示。

图 4-7

Step02 设置字体颜色为红色。用同样的方法，将【会议内容：】文本设置为红色，效果如图4-8所示。

图 4-8

技术看板

在【字体颜色】下拉列表中，若选择【其他颜色】选项，可在弹出的【颜色】对话框中自定义字体颜色；若选择【渐变】选项，在弹出的级联菜单中，将以所选文本的颜色为基准对该文本设置渐变色。

4.1.4 实战：设置会议纪要的文本效果

实例门类	软件功能

Word 提供了许多华丽的文字特效，用户只需要通过简单的操作就可以让普通的文本变得生动活泼，具体操作方法如下。

在"会议纪要.docx"文档中，❶选择需要设置文本效果的标题文本内容；❷在【开始】选项卡的【字体】组中单击【文本效果和版式】按钮A；❸在弹出的下拉列表中提供了多种文本效果样式，直接选择需要的文本效果样式即可，如图4-9所示。

图 4-9

4.2 设置字体效果

对字体格式进行设置时，还可通过设置加粗、倾斜和下划线等格式来改变文本的字体效果。下面对这些格式的具体设置方法进行介绍。

★重点 4.2.1 实战：设置会议纪要的加粗效果

实例门类	软件功能

为了强调重要内容，可以对其设置加粗效果，因为它可以让文本的笔画线条看起来更粗一些。设置加粗效果的具体操作步骤如下。

Step01 执行加粗操作。在"会议纪要.docx"文档中，❶选择需要设置加粗效果的文本；❷在【开始】选项卡的【字体】组中单击【加粗】按钮B，如图4-10所示。

图 4-10

Step02 查看加粗效果。单击【加粗】按钮后，所选文本内容会呈加粗显示，效果如图4-11所示。

图 4-11

4.2.2 实战：设置会议纪要的倾斜效果

实例门类	软件功能

设置文本格式时，对重要内容设置倾斜效果，也可起到强调的作用。设置倾斜效果的具体操作步骤如下。

Step01 执行倾斜操作。在"会议纪要.docx"文档中，❶选择需要设置倾斜效果的文本；❷在【开始】选项卡的【字体】组中单击【倾斜】按钮I，如图4-12所示。

图 4-12

技能拓展——快速设置倾斜效果

选择文本内容后，按快捷键【Ctrl+I】可快速对其设置倾斜效果。

Step02 查看倾斜效果。单击【倾斜】按钮后，所选文本内容呈倾斜显示，效果如图4-13所示。

图4-13

技能拓展——取消加粗、倾斜效果

对文本内容设置加粗或倾斜效果后，【加粗】或【倾斜】按钮会呈选中状态，此时，单击【加粗】或【倾斜】按钮，取消其选中状态，便可取消加粗或倾斜效果。

4.2.3 实战：设置会议纪要的下划线

实例门类	软件功能

人们在查阅书籍、报纸或文件等纸质文档时，通常会在重点词句的下方添加一条下划线以示强调。其实，在Word文档中同样可以为重点词句添加下划线，并且还可以为添加的下划线设置颜色，具体操作步骤如下。

Step01 选择下划线样式。在"会议纪要.docx"文档中，❶选择需要添加下划线的文本；❷在【开始】选项卡的【字体】组中单击【下划线】右

侧的下拉按钮 ；❸在弹出的下拉列表中选择需要的下划线样式，如选择【双下划线】选项，如图4-14所示。

图4-14

Step02 设置下划线颜色。保持文本的选择状态，❶单击【下划线】右侧的下拉按钮 ；❷在弹出的下拉列表中选择【下划线颜色】选项；❸在弹出的下拉列表中选择需要的下划线颜色即可，如图4-15所示。

图4-15

技能拓展——快速添加下划线

选择文本内容后，按快捷键【Ctrl+U】，可快速对该文本添加单横线样式的下划线，下划线颜色为文本当前正在使用的字体颜色。

★重点 4.2.4 实战：为数学试题设置下标和上标

实例门类	软件功能

在编辑诸如数学试题这样的文

档时，经常需要输入【x_1y_1】【ab^2】这样的数据，这就涉及设置下标和上标的方法，具体操作步骤如下。

Step01 设置上标。打开"素材文件\第4章\数学试题.docx"文件，❶选择要设置为上标的文本；❷在【开始】选项卡的【字体】组中单击【上标】按钮 x^2，如图4-16所示。

图4-16

Step02 设置下标。❶选择要设置为下标的文本对象；❷在【开始】选项卡【字体】组中单击【下标】按钮 x_2，如图4-17所示。

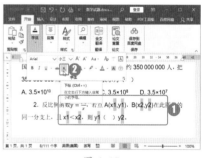

图4-17

Step03 查看效果。完成上标和下标的设置，效果如图4-18所示。

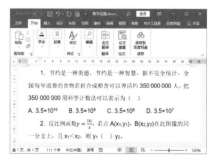

图4-18

4.2.5 实战：在会议纪要中使用删除线标识无用内容

实例门类	软件功能

对于文档中一些无用的内容，若暂时不想删除，但又想明确提醒浏览文档的相关人员该内容无意义，便可为这些文字设置删除线标记，具体操作步骤如下。

Step01 执行删除线操作。在"会议纪要.docx"文档中，❶选择要设置删除线的文本；❷在【开始】选项卡的【字体】组中单击【删除线】按钮，如图4-19所示。

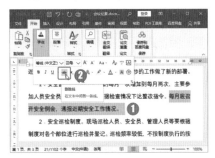

图 4-19

Step02 查看添加删除线后的效果。通过上述设置后，即可对文本设置删除线，效果如图4-20所示。

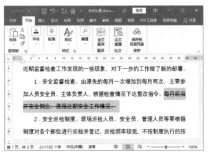

图 4-20

★重点 4.2.6 实战：在英文文档中切换英文的大小写

实例门类	软件功能

Word 提供了英文大小写切换功能，通过该功能，在编辑英文文档时，可以根据英文大小写的不同需要选择切换方式，具体操作步骤如下。

Step01 选择切换形式。打开"素材文件\第4章\公司简介.docx"文件，❶选择要转换的文本；❷在【开始】选项卡的【字体】组中单击【更改大小写】按钮Aa；❸在弹出的下拉列表中选择切换形式，如选择【大写】选项，如图4-21所示。

图 4-21

Step02 查看转换后的效果。此时，所选文本将全部转换为大写形式，如图4-22所示。

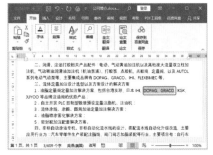

图 4-22

Word 提供了多种大小写切换形式，除了上述操作中介绍的"大写"形式之外，其他形式分别介绍如下。

➥ 句首字母大写：以句为单位，将每句句首第一个字母转换为大写形式。

➥ 小写：将所选内容中的英文字母全部转换为小写形式。

➥ 每个单词首字母大写：以单词为单位，将每个单词的第一个字母转换为大写形式。

➥ 切换大小写：将所选内容中的大写字母全部转换为小写字母，小写字母全部转换为大写字母。

4.3 设置字符缩放、间距与位置

排版文档时，为了让版面更加美观，有时还需要设置字符的缩放和间距效果，以及字符的摆放位置，下面将进行详细介绍。

4.3.1 实战：设置会议纪要的缩放大小

实例门类	软件功能

字符的缩放是指缩放字符的横向大小，默认为100%，根据操作需要，可以进行调整，具体操作步骤如下。

Step01 单击【功能扩展】按钮。在"会议纪要.docx"文档中，❶选择需要设置缩放大小的文字；❷在【开始】选项卡的【字体】组中单击【功能扩展】按钮❑，如图4-23所示。

图 4-23

技能拓展——快速打开【字体】对话框

在Word文档中选择文本内容后，按快捷键【Ctrl+D】，可快速打开【字体】对话框。

Step02 设置字符缩放大小。打开【字体】对话框，❶选择【高级】选项卡；❷在【字符间距】栏中的【缩放】下拉列表中选择需要的缩放比例，或者直接在文本框中输入需要的比例大小，如输入【150%】；❸单击【确定】按钮，如图4-24所示。

图 4-24

Step03 查看设置后的效果。返回文档中，即可查看设置字符缩放后的效果，如图4-25所示。

图 4-25

技能拓展——通过功能区设置字符缩放大小

选择文本内容后，在【开始】选项卡的【段落】组中单击【中文版式】按钮❌▾，在弹出的下拉列表中选择【字符缩放】选项，在弹出的级联菜单中选择缩放比例即可。

4.3.2 实战：设置会议纪要的字符间距

实例门类	软件功能

字符间距是指字符间的距离，

通过调整字符间距可以使文字排列得更紧凑或更疏散。Word提供了【标准】【加宽】和【紧缩】3种字符间距方式，其中默认以【标准】间距显示，若要调整字符间距，可按下面的具体操作步骤实现。

Step01 单击【功能扩展】按钮。在"会议纪要.docx"文档中，❶选择需要设置字符间距的文字；❷在【开始】选项卡的【字体】组中单击【功能扩展】按钮❑，如图4-26所示。

图 4-26

Step02 设置字符间距。打开【字体】对话框，❶选择【高级】选项卡；❷在【间距】下拉列表中选择间距类型，如选择【加宽】，在右侧的【磅值】微调框中设置间距大小，如输入【1.2磅】；❸单击【确定】按钮，如图4-27所示。

图 4-27

Step 03 查看设置后的效果。返回文档，即可查看设置后的效果，如图 4-28 所示。

图 4-28

4.3.3 实战：设置会议纪要的字符位置

实例门类	软件功能

通过调整字符位置，可以设置字符在垂直方向的位置。Word 提供了【标准】【上升】和【降低】3 种选择，默认为【标准】位置，若要调整位置，可按下面的具体操作步骤来实现。

Step 01 单击【功能扩展】按钮。在"会议纪要.docx"文档中，①选择需要设置字符位置的文字；②在【开始】选项卡的【字体】组中单击【功

能扩展】按钮 □，如图 4-29 所示。

图 4-29

Step 02 设置字符位置。打开【字体】对话框，①选择【高级】选项卡；②在【位置】下拉列表中选择位置类型，如选择【上升】，在右侧的【磅值】微调框中设置移动距离，如输入【3 磅】；③单击【确定】按钮，如图 4-30 所示。

图 4-30

Step 03 查看调整字符位置后的效果。返回文档，即可查看设置后的效果，如图 4-31 所示。

图 4-31

4.4 设置文本突出显示

编辑文档时，对于一些特别重要的内容，或者是存在问题的内容，可以通过【突出显示】功能对它们进行颜色标记，使其在文档中显得特别醒目。

★重点 4.4.1 实战：设置会议纪要的突出显示

实例门类	软件功能

在 Word 文档中，使用【突出显

示】功能对重要文本进行标记后，文字看上去就像用荧光笔做了标记一样，从而使文本更加醒目。设置文本突出显示的具体操作步骤如下。

Step 01 选择突出显示颜色。在"会议

纪要.docx"文档中，①选择需要突出显示的文本；②在【开始】选项卡的【字体】组中单击【文本突出显示颜色】右侧的下拉按钮 ∨；③在弹出的下拉列表中选择需要的颜色，如选择【黄色】，如图 4-32 所示。

图 4-32

Step02 突出显示其他文本内容。用同样的方法，对其他内容设置颜色标记，效果如图 4-33 所示。

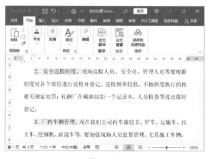

图 4-33

⚙ 技能拓展——选中文本前设置突出显示

设置突出显示时，还可以先选择颜色，再选择需要设置突出显示的文本。具体操作方法为：单击【文本突出显示颜色】按钮 ✎ 右侧的下拉按钮 ∨，在弹出的下拉列表中选择需要的颜色，此时鼠标指针呈 ✎ 形状，表示处于突出显示设置状态，按住鼠标左键并拖动，依次选择需要设置突出显示的文本即可。当不再需要设置突出显示时，按【Esc】键，即可退出突出显示设置状态。

4.4.2 取消突出显示

设置突出显示后，如果不再需要颜色标记，可进行清除操作。具体操作方法为：选择已经设置突出显示的文本，单击【文本突出显示颜色】按钮 ✎ 右侧的下拉按钮 ∨，

在弹出的下拉列表中选择【无颜色】选项即可，如图 4-34 所示。

图 4-34

⚙ 技能拓展——快速取消突出显示

选择已经设置了突出显示的文本，直接单击【文本突出显示颜色】按钮 ✎，可以快速取消突出显示。

4.5 其他字符格式

除了前面介绍的一些格式设置外，还可以为文本设置边框、底纹、拼音等，以便用户可以采用更多的方式来美化文档。

4.5.1 实战：设置邀请函的字符边框

实例门类	软件功能

对文档进行排版时，还可以为文本设置边框效果，从而让文档更加美观漂亮，而且还能突出重点内容。为文本设置边框的具体操作步骤如下。

Step01 添加字符边框。打开"素材文件\第4章\邀请函.docx"文件，

❶选择要设置边框效果的文本；❷在【开始】选项卡的【字体】组中单击【字符边框】按钮 Ａ，如图 4-35 所示。

图 4-35

Step02 查看边框效果。返回文档，即可查看添加字符边框后的效果，如图 4-36 所示。

图 4-36

4.5.2 实战：设置邀请函的字符底纹

实例门类	软件功能

除了设置边框效果外，还可以为文本设置底纹效果，以达到美化、强调的作用。为文本设置底纹效果的具体操作步骤如下。

Step01 添加字符底纹。在"邀请函.docx"文档中，❶选择要设置底纹效果的文本；❷在【开始】选项卡的【字体】组中单击【字符底纹】按钮A，如图4-37所示。

图 4-37

Step02 查看设置的底纹效果。返回文档，即可查看设置的底纹效果，如图4-38所示。

图 4-38

★重点 4.5.3 实战：设置邀请函的带圈字符

实例门类	软件功能

Word提供了带圈功能，利用该功能，可以通过圆圈或三角形等符号，将单个汉字、一位数或两位数，以及一个或两个字母圈起来。例如，要使用圆圈符号将汉字圈起来，具体操作步骤如下。

Step01 执行带圈字符操作。在"邀请函.docx"文档中，❶选择要设置带圈效果的汉字；❷在【开始】选项卡【字体】中单击【带圈字符】按钮字，如图4-39所示。

图 4-39

Step02 设置带圈字符。打开【带圈字符】对话框，❶在【样式】栏中选择带圈样式，如选择【增大圈号】选项；❷在【圈号】列表框中选择需要的形状，如选择【菱形】选项；❸单击【确定】按钮，如图4-40所示。

图 4-40

应圈的大小；若选择【增大圈号】选项，则会增大圈号，让其适应字符的大小。

Step03 查看效果。返回文档，即可查看设置带圈后的效果，如图4-41所示。

图 4-41

★重点 4.5.4 实战：为文本标注拼音

实例门类	软件功能

在编辑一些诸如小学课文这样的特殊文档时，往往需要对汉字标注拼音，以便阅读。为汉字标注拼音的具体操作步骤如下。

Step01 执行拼音指南操作。打开"素材文件\第4章\春雨的色彩.docx"文件，❶选择需要添加拼音的汉字；❷在【开始】选项卡【字体】组中单击【拼音指南】按钮，如图4-42所示。

图 4-42

Step 02 添加拼音。打开【拼音指南】对话框，❶设置拼音的对齐方式、偏移量及字体等参数，其中【偏移量】是指拼音与汉字的距离；❷设置完成后单击【确定】按钮，如图 4-43 所示。

图 4-43

Step 03 查看添加拼音后的效果。用同样的方法，对其他汉字添加拼音，效果如图 4-44 所示。

图 4-44

💡 技术看板

为汉字标注拼音时，一次最多可以设置 30 个字词。默认情况下，【基准文字】栏中显示了需要添加拼音的汉字，【拼音文字】栏中显示了对应的汉字拼音，对于多音字，可手动修改。

妙招技法

通过对前面知识的学习，相信读者已经学会了如何设置文本格式。下面结合本章内容，给大家介绍一些实用的技巧。

技巧 01：设置特大号的文字

在设置文本字号时，【字号】下拉列表中的字号为八号至初号，磅数为 5 磅至 72 磅，这对一般办公人员来说已经足够了。但是在一些特殊情况下，如打印海报、标语或大横幅时，则需要使用更大的字号，【字号】下拉列表中提供的字号选项就无法满足需求了，此时可以手动输入字号大小，具体操作步骤如下。

Step 01 输入字符大小。❶在空白文档中输入需要的文本，并选中；❷在【开始】选项卡【字体】组中的【字号】文本框中输入需要的字号磅值（1~1638），如输入【110】，如图 4-45 所示。

图 4-45

Step 02 查看效果。完成输入后，按【Enter】键确认，即可应用设置的字号大小，效果如图 4-46 所示。

图 4-46

技巧 02：单独设置中文字体和西文字体

若所选文本中既有中文，又有西文，为了实现更好的视觉效果，则可以分别对其设置字体，设置方法有以下两种。

➡ 选中文本后，在【开始】选项卡【字体】组中的【字体】下拉列表中先选择中文字体，此时所选字体将应用到所选文本中，然后在【字体】下拉列表中选择西文字体，此时所选字体将仅仅应用到西文中。

➡ 选中文本后，按快捷键【Ctrl+D】打开【字体】对话框，在【中文字体】下拉列表中选择中文字体，在【西文字体】下拉列表中选择西文字体，然后单击【确定】按钮即可，如图 4-47 所示。

图 4-47

技巧 03：改变 Word 的默认字体格式

当用户经常需要使用某种字体时，如某些公司会规定将某种字体格式作为文档内容特定的格式，则可以将该字体设置为默认的字体格式，从而避免反复设置字体格式的烦琐过程。设置默认字体格式的具体操作步骤如下。

Step01 设置字体格式。在任意一个 Word 文档中，按快捷键【Ctrl+D】打开【字体】对话框，❶设置好相应的字符格式，本操作中只设置了中文字体和西文字体；❷设置好后单击【设为默认值】按钮，如图 4-48 所示。

图 4-48

Step02 确认要应用的文档。❶打开提示框，其中询问将默认字体应用到哪种类型的文档，选中【所有基于 Normal.dotm 模板的文档（A）？】单选按钮；❷单击【确定】按钮即可，如图 4-49 所示。

图 4-49

技巧 04：输入小数点循环

在日常计算中，用户经常会遇到循环小数，在用笔进行书写时，只需要把循环小数的循环节的首末位上面用圆点"·"标示出来就可以了，那么在电子文档中又该如何输入呢？此时，可以通过【拼音指南】功能轻松解决该问题，具体操作步骤如下。

Step01 插入黑色圆点。在空白文档中输入一个小数（0.256389），然后通过【符号】对话框在文档中插入黑色圆点【·】，如图 4-50 所示。

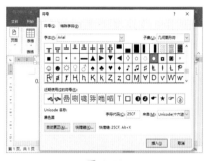

图 4-50

Step02 执行添加拼音指南操作。❶选择【·】，按快捷键【Ctrl+C】进行复制；❷选择数字【6】；❸在【开始】选项卡的【字体】组中单击【拼音指南】按钮，如图 4-51 所示。

图 4-51

Step03 添加圆点。打开【拼音指南】对话框，❶在【拼音文字】栏将光标定位到对应的文本框中，按快捷键【Ctrl+V】进行粘贴操作；❷单击【确定】按钮，如图 4-52 所示。

图 4-52

Step 04 查看添加的小数点效果。返回文档,即可看到数字【6】上面添加了圆点【·】。用同样的方法,在数字【8】上面添加圆点【·】,完成后的效果如图 4-53 所示。

图 4-53

技巧 05:调整文本与下划线之间的距离

默认情况下,为文字添加下划线后,下划线与文本之间的距离非常近,为了美观,可以调整它们之间的距离,具体操作步骤如下。

Step 01 单击【功能扩展】按钮。打开"素材文件\第4章\表彰通报.docx"文件,❶选择已经添加下划线的文本;❷单击【开始】选项卡【字体】组中的【功能扩展】按钮 ,如图 4-54 所示。

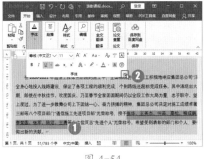

图 4-54

Step 02 设置字符位置。打开【字体】对话框,❶选择【高级】选项卡;❷在【位置】下拉列表中选择【上升】选项,在右侧的【磅值】微调框中设置移动距离;❸设置完成后单击【确定】按钮,如图 4-55 所示。

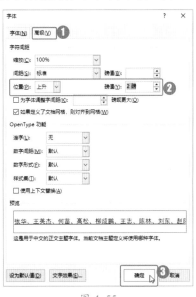

图 4-55

Step 03 查看调整位置后的效果。返回文档,即可看到下划线与文字之间有了明显的距离,效果如图 4-56 所示。

技术看板

设置文本与下划线之间的距离时,一定要保证所添加下划线文本的前和后都有一个空格分隔,并且空格也要添加下划线,这样才能通过这种方式调整文本与下划线之间的距离。

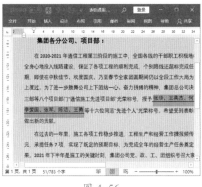

图 4-56

技巧 06:如何一次性清除所有格式

对文本设置各种格式后,如果需要还原为默认格式,就需要清除已经设置的格式。若逐个清除,会是一项非常烦琐的工作,此时就需要使用 Word 提供的【清除格式】功能,通过该功能,用户可以快速清除文本的所有格式,具体操作步骤如下。

Step 01 清除内容所有格式。在"表彰通报.docx"文档中,❶选择需要清除所有格式的文本;❷单击【开始】选项卡【字体】组中的【清除所有格式】按钮 ,如图 4-57 所示。

图 4-57

Step 02 查看清除格式后的效果。此时,所选文本设置的字号、加粗等格式被清除,并还原为默认格式,效果如图 4-58 所示。

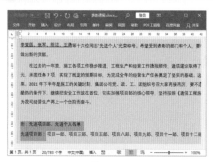

图 4-58

技术看板

用【清除格式】功能清除格式时，一些比较特殊的格式是不能被清除的，如突出显示、拼音指南、带圈字符等。

本章小结

本章介绍了如何对文本内容进行美化操作，主要包括设置字体格式、设置字体效果、设置文本突出显示等内容。通过对本章内容的学习，希望读者能够熟练运用相应的功能对文本进行美化操作，从而让自己的文档从众多的文档中脱颖而出。

第5章　设置段落格式

➡ 如何让段落开端自动空两个字符？

➡ 内容太紧凑，如何将段与段之间的距离调大一些？

➡ 手动编号太累，有更好的办法吗？

➡ 制表位有什么用？

一个好的文档必定有一个好的段落格式，本章将通过介绍不同类型的段落格式的设置，帮助读者设计出令人满意的文档格式。

5.1　设置段落基本格式

段落格式是以段落为单位进行格式设置，是文档排版中主要的操作对象之一。与字符格式类似，段落格式也属于排版中的基本格式。为段落设置对齐方式、缩进、间距等基本格式时，不需要选择段落，只需要将光标插入点定位到该段落内即可。当然，如果需要为多个段落设置相同格式，就需要先选中这些段落，再进行设置。

5.1.1　什么是段落

在 Word 文档中输入内容时，按【Enter】键将结束对当前段落的编辑，同时开始下一个段落。在 Word 文档中按【Enter】键后，会自动产生段落标记↵，该标记表示上一个段落的结束，其之后的内容则位于下一个段落中，图 5-1 中包含了 3 个段落。

图 5-1

技术看板

段落标记属于非打印字符，即可以在文档中看到该标记，但在打印文档时不会将该标记打印到纸张上。

段落中包含的格式存储于该段落结尾的段落标记中，当按【Enter】键后，下一个段落会延续上一个段落的格式设置。如果在上一段中设置了段前 0.5 行，那么在按【Enter】键后产生的新段落也会自动设置段前 0.5 行。

在移动或复制段落内容时，如果希望保留段落中的格式，那么在选择段落时就必须同时选中段落结尾的段落标记；反之，如果只需复制段落内容，而不需要复制段落格式，则在选择段落内容时，不要选中段落结尾的段落标记。

5.1.2　硬回车与软回车的区别

在介绍段落的概念时，提到过↵段落标记是通过按【Enter】键产生的，该标记俗称硬回车。如果按快捷键【Shift+Enter】，将会得到↓标记，俗称软回车（也称手动换行符），该标记并不是段落标记。

在↵和↓两种标记之后，看似都产生了一个新的段落，但本质上并不相同。图 5-2 和图 5-3 便说明了这两种标记在段落格式上的不同之处。

图 5-2

图 5-3

在图 5-2 中，通过按【Enter】键将内容分成了两个部分，然后对第 1 部分的内容设置 1.5 倍行距，悬挂缩进 2 字符，此时可发现第 2 部分的内容并未受格式设置的影响，这是因为按【Enter】键产生的段落标记将两部分内容分成了格式

独立的两个段落；在图 5-3 中，通过按快捷键【Shift+Enter】将内容分成两个部分，然后对第 1 部分的内容设置 1.5 倍行距，悬挂缩进 2 字符，此时可发现第 2 部分的内容也应用了该格式，这是因为按快捷键【Shift+Enter】后产生的不是段落标记，虽然看似分出了两段，但实质上这两部分内容仍属于同一个段落，并共享相同的段落格式。

5.1.3 实战：设置员工薪酬方案的段落对齐方式

实例门类	软件功能

对齐方式是指段落在页面上的分布规则，主要有水平对齐和垂直对齐两种。

1. 水平对齐方式

水平对齐方式是最常设置的段落格式之一。当用户要对段落设置对齐方式时，通常是指设置水平对齐方式。水平对齐方式主要包括左对齐、居中、右对齐、两端对齐和分散对齐 5 种，其含义如下。

➥ 左对齐：段落以页面左侧为基准对齐排列。

➥ 居中：段落以页面中间为基准对齐排列。

➥ 右对齐：段落以页面右侧为基准对齐排列。

➥ 两端对齐：段落的每行在页面中首尾对齐。当各行之间的字体大小不同时，Word 会自动调整字符间距。

➥ 分散对齐：与两端对齐相似，将段落在页面中分散对齐排列，并根据需要自动调整字符间距。与

两端对齐相比较，最大的区别在于对段落最后一行的处理方式，当段落最后一行包含大量空白时，分散对齐会在最后一行文本之间调整字符间距，从而自动填满页面。

这 5 种对齐方式的效果如图 5-4 所示，从上到下依次为左对齐、居中对齐、右对齐、两端对齐、分散对齐。

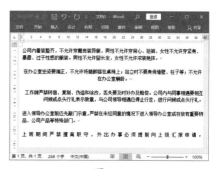

图 5-4

设置段落水平对齐方式的具体操作步骤如下。

Step 01 选择对齐方式。打开"素材文件\第 5 章\企业员工薪酬方案.docx"文件，❶选中需要设置对齐方式的段落；❷在【开始】选项卡的【段落】组中单击【居中】按钮≡，如图 5-5 所示。

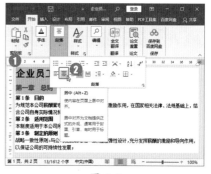

图 5-5

Step 02 查看对齐效果。此时，所选段落将以【居中】对齐方式进行显示，效果如图 5-6 所示。

图 5-6

Step03 设置其他段落的对齐方式。用同样的方法，对其他段落设置相应的对齐方式即可。

> **技能拓展——快速设置段落对齐方式**
>
> 选中段落后，按快捷键【Ctrl+L】可设置【左对齐】对齐方式，按快捷键【Ctrl+E】可设置【居中】对齐方式，按快捷键【Ctrl+R】可设置【右对齐】对齐方式，按快捷键【Ctrl+J】可设置【两端对齐】方式，按快捷键【Ctrl+Shift+J】可设置【分散对齐】方式。

2. 垂直对齐方式

当段落中存在不同字号的文字，或者存在嵌入式图片时，对其设置垂直对齐方式，可以控制这些对象的相对位置。段落的垂直对齐方式主要包括顶端对齐、居中、基线对齐、底端对齐和自动设置 5 种。设置垂直对齐方式的具体操作步骤如下。

Step01 单击【功能扩展】按钮。在"公司年度报告.docx"文档中，❶将光标插入点定位在需要设置垂直对齐方式的段落中；❷在【开始】选项

卡【段落】组中单击【功能扩展】按钮，如图 5-7 所示。

图 5-7

Step02 设置垂直对齐方式。打开【段落】对话框，❶选择【中文版式】选项卡；❷在【文本对齐方式】下拉列表中选择需要的垂直对齐方式，如【居中】；❸单击【确定】按钮，如图 5-8 所示。

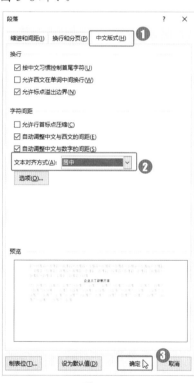

图 5-8

Step03 查看效果。返回文档，即可查看设置后的效果，如图 5-9 所示。

图 5-9

★重点 5.1.4 实战：设置员工薪酬方案的段落缩进

实例门类	软件功能

为了增强文档的层次感，提高可阅读性，可以为段落设置合适的缩进。段落的缩进方式有左缩进、右缩进、首行缩进和悬挂缩进 4 种，其含义如下。

➥ 左缩进：指整个段落中所有行的左边界向右缩进。

➥ 右缩进：指整个段落中所有行的右边界向左缩进。

➥ 首行缩进：指从一个段落首行的第 1 个字符开始向右缩进。

➥ 悬挂缩进：指段落中除首行以外的其他行距离页面左边距的缩进量。

这 4 种缩进方式的效果如图 5-10 所示，从上到下依次为左缩进、右缩进、首行缩进、悬挂缩进。

图 5-10

例如，要对段落设置首行缩进 2 字符，具体操作步骤如下。

Step01 单击【功能扩展】按钮。在"企业员工薪酬方案.docx"文档中，❶选中需要设置缩进的段落；❷在【开始】选项卡的【段落】组中单击【功能扩展】按钮▢，如图 5-11 所示。

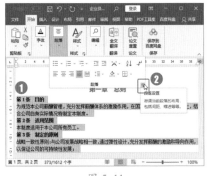

图 5-11

Step02 设置段落首行缩进。打开【段落】对话框，❶在【缩进和间距】选项卡【缩进】栏的【特殊】下拉列表中选择【首行】选项；❷在右侧的【缩进值】微调框中设置【2字符】；❸单击【确定】按钮，如图 5-12 所示。

图 5-12

Step03 查看设置缩进后的效果。返回文档，即可查看设置后的段落效果，如图 5-13 所示。

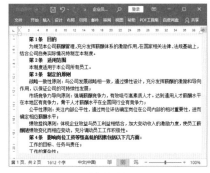

图 5-13

★重点 5.1.5 实战：使用标尺在员工薪酬方案中设置段落缩进

| 实例门类 | 软件功能 |

除了可以通过【段落】对话框设置段落缩进外，还可以通过第 2 章讲解的标尺中的滑块来设置。例如，要通过标尺为段落设置首行缩进，具体操作步骤如下。

Step01 移动鼠标指针。在"企业员工薪酬方案.docx"文档中，先将标尺显示出来，❶选中需要设置缩进的段落；❷将鼠标指针移动到标尺的【首行缩进】滑块▽上，如图 5-14 所示。

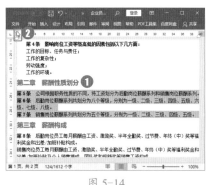

图 5-14

Step02 拖动滑块设置缩进。按住鼠标左键不放，拖动【首行缩进】滑块▽到合适的缩进位置后释放鼠标即可，设置后的效果如图 5-15 所示。

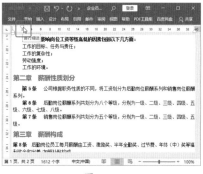

图 5-15

Step03 设置其他段落的首行缩进。采用同样的方法，对其他需要设置缩进的段落进行设置即可。

技术看板

通过标尺设置缩进虽然很快捷、方便，但是精度不高，如果排版要求非常精确，那么建议用户使用【段落】对话框来设置。

5.1.6 实战：设置员工薪酬方案的段落间距

实例门类 软件功能

正所谓"距离产生美"，文档也是同样的道理。对文档设置适当的段落间距或行距，不仅能使文档看起来疏密有致，还能提高阅读的舒适性。

段落间距是指相邻两个段落之间的距离，本节先介绍段落间距的设置方法，具体操作步骤如下。

Step01 单击【功能扩展】按钮。在"企业员工薪酬方案.docx"文档中，❶按快捷键【Ctrl+A】选择所有的段落；❷在【开始】选项卡的【段落】组中单击【功能扩展】按钮，如图5-16所示。

图5-16

Step02 设置段落间距。打开【段落】对话框，❶在【间距】栏中通过【段前】微调框可以设置段前距离，如设置为【0.5行】，通过【段后】微调框可以设置段后距离，如设置为【0.5行】；❷单击【确定】按钮，如图5-17所示。

网格对齐。为了使文档排版更精确美观，为段落设置格式时，建议在【段落】对话框中取消选中【如果定义了文档网格，则对齐到网格】复选框。

图5-17

Step03 查看设置段落间距后的效果。返回文档，即可查看设置后的效果，如图5-18所示。

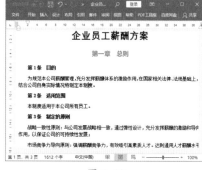

图5-18

★重点 5.1.7 实战：设置员工薪酬方案的段落行距

实例门类 软件功能

行距是指段落中行与行之间的距离。设置行距的方法有两种，一种是通过功能区的【行和段落间距】按钮设置，另一种是通过【段落】对话框中的【行距】下拉列表设置，用户可自行选择。

例如，要通过功能区设置行距，具体操作方法为：在"企业员工薪酬方案.docx"文档中，选中需要设置行距的段落，在【开始】选项卡的【段落】组中单击【行和段落间距】按钮，在弹出的下拉列表中选择需要的行距选项（在下拉列表中，这些数值表示的是每行字体高度的倍数）即可，如选择【1.15】选项，如图5-19所示。

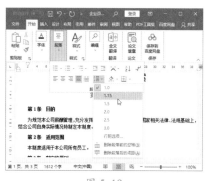

图5-19

5.2 设置边框与底纹

编辑文档时，可以对某个段落设置边框或底纹，以便突出文档中的重要内容，达到美化文档的目的。下面将分别介绍边框与底纹的设置方法。

5.2.1 实战：设置员工薪酬方案的段落边框

实例门类	软件功能

段落边框的设置方法与字符边框类似，区别在于边框的应用范围不同，字符边框作用于所选文本，段落边框作用于整个段落。图5-20所示为字符边框与段落边框的区别。

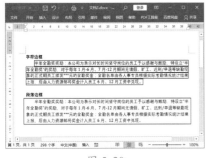

图 5-20

设置段落边框的具体操作步骤如下。

Step01 选择【边框和底纹】选项。在"企业员工薪酬方案.docx"文档中，❶选中要设置边框的段落；❷在【开始】选项卡【段落】组中单击【边框】按钮 ⊞ 右侧的下拉按钮 ˅；❸在弹出的下拉列表中选择【边框和底纹】选项，如图5-21所示。

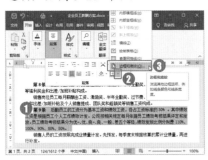

图 5-21

Step02 设置段落边框。打开【边框和底纹】对话框，❶在【边框】选项卡的【设置】栏中选择边框类型，如选择【方框】选项；❷在【样式】列表框中选择边框的样式，如选择第3种样式；❸在【颜色】下拉列表中选择边框颜色，如选择【蓝色】选项；❹在【宽度】下拉列表中选择边框粗细，如选择【0.75磅】选项；❺在【应用于】下拉列表中选择边框应用范围，如选择【段落】选项；❻单击【确定】按钮，如图5-22所示。

图 5-22

技术看板

若在【边框和底纹】对话框【边框】选项卡的【应用于】下拉列表中选择【文字】选项，可将设置的边框应用于所选文本。

Step03 查看边框效果。返回文档，即可查看设置了边框后的效果，如图5-23所示。

图 5-23

技术看板

通过单击【边框和底纹】对话框中的【选项】按钮，可以调整边框线与文本或段落之间的距离。

5.2.2 实战：设置员工薪酬方案的段落底纹

实例门类	软件功能

段落底纹的设置方法与字符底纹的设置方法类似，区别是应用范围不同。图5-24所示为字符底纹与段落底纹的区别。

图 5-24

设置段落底纹的具体操作步骤如下。

Step01 选择【边框和底纹】选项。在

"企业员工薪酬方案.docx"文档中，❶选中要设置底纹的段落；❷在【开始】选项卡的【段落】组中单击【边框】按钮⊞右侧的下拉按钮∨；❸在弹出的下拉列表中选择【边框和底纹】选项，如图5-25所示。

图 5-25

Step**02** 设置段落底纹。打开【边框和

底纹】对话框，❶选择【底纹】选项卡；❷在【填充】下拉列表中选择底纹颜色，如选择【蓝色，个性色5，淡色80%】选项；❸单击【确定】按钮，如图5-26所示。

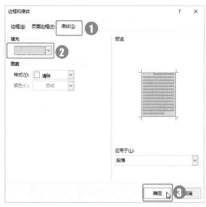

图 5-26

Step**03** 查看添加的底纹效果。返回文档，即可查看设置的底纹效果，如图5-27所示。

图 5-27

5.3　项目符号的使用

项目符号是指添加在段落前的符号，一般用于并列关系的段落。为段落添加项目符号，可以更加直观、清晰地查看文本。

★重点 5.3.1　为员工薪酬方案添加项目符号

实例门类	软件功能

文档中具有并列关系的内容通常包含了多条信息，可以为它们添加项目符号，让这些内容的结构更清晰，也更具可读性。添加项目符号的具体操作步骤如下。

Step**01** 选择项目符号样式。在"企业员工薪酬方案.docx"文档中，❶选中需要添加项目符号的段落；❷在【开始】选项卡的【段落】组中单击【项目符号】按钮≣右侧的下拉按钮∨；❸在弹出的下拉列表中选择需要的项目符号样式，如图5-28所示。

图 5-28

Step**02** 查看项目符号效果。为段落应用选择的项目符号后，效果如图5-29所示。

> **技能拓展——取消自动添加的项目符号**
>
> 在含有项目符号的段落中，按【Enter】键换到下一段时，会在下一段自动添加相同样式的项目符号，此时若按【Backspace】键或再次按【Enter】键，可取消自动添加的项目符号。

图 5-29

5.3.2　实战：为员工薪酬方案设置个性化项目符号

实例门类	软件功能

除了使用Word内置的项目符号外，还可以将自己喜欢的符号设置为项目符号，具体操作步骤如下。

Step**01** 执行自定义项目符号操作。在"企业员工薪酬方案.docx"文档中，❶选中需要添加项目符号的段落；❷在【开始】选项卡的【段落】组中单击【项目符号】按钮 ☰ 右侧的下拉按钮 ✓；❸在弹出的下拉列表中选择【定义新项目符号】选项，如图 5-30 所示。

图 5-30

Step❷ 执行符号操作。打开【定义新项目符号】对话框，单击【符号】按钮，如图 5-31 所示。

图 5-31

窗口中，选择计算机中的图片或网络图片，将其设置为项目符号即可。

Step❸ 选择需要的符号。❶在弹出的【符号】对话框中选择需要的符号；❷单击【确定】按钮，如图 5-32 所示。

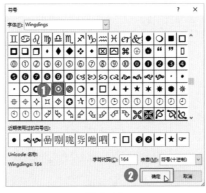

图 5-32

Step❹ 预览项目符号效果。返回【定义新项目符号】对话框，在【预览】栏中可以预览设置的效果，单击【确定】按钮，如图 5-33 所示。

图 5-33

Step❺ 应用项目符号样式。返回文档，保持段落的选中状态，❶单击【项目符号】按钮 ☰ 右侧的下拉按钮 ✓；❷在弹出的下拉列表中选

择之前设置的项目符号样式，此时，所选段落即可应用该样式，如图 5-34 所示。

图 5-34

★**重点 5.3.3 实战：为办公室文书岗位职责调整项目列表级别**

实例门类	软件功能

默认情况下，添加的项目符号级别为"1 级"，用户可以根据需要更改级别，具体操作步骤如下。

Step❶ 更改项目符号级别。打开"素材文件\第 5 章\办公室文书岗位职责.docx"文件，❶选中需要修改项目符号级别的段落；❷在【开始】选项卡的【段落】组中单击【项目符号】按钮 ☰ 右侧的下拉按钮 ✓；❸在弹出的下拉列表中选择【更改列表级别】选项；❹在弹出的级联菜单中为项目符号选择所需要的级别，如选择【2 级】选项，如图 5-35 所示。

图 5-35

Step02 查看调整项目级别后的效果。此时，所选段落的项目符号更改为 2 级，且项目符号会自动更改为该级别所对应的符号样式，如图 5-36 所示。

图 5-36

Step03 更改项目符号。若不需要更改后的符号样式，❶可单击【项目符号】按钮 ≔ 右侧的下拉按钮 ⌄；❷在弹出的下拉列表中选择其他项目符号样式，如图 5-37 所示。

图 5-37

Step04 更改其他项目符号级别。用同样的方法，对其他段落调整相应的项目符号级别，完成后的效果如图 5-38 所示。

图 5-38

技能拓展——使用快捷键调整项目符号级别

将光标插入点定位在项目符号与文本之间，按【Tab】键，可以降低一个级别；按快捷键【Shift+Tab】，可以提高一个级别。

5.3.4 实战：为办公室文书岗位职责设置项目符号格式

实例门类	软件功能

如果为段落设置的是符号类型的项目符号，还可以通过设置格式的方法来美化项目符号，具体操作步骤如下。

Step01 执行定义新项目符号操作。在"办公室文书岗位职责.docx"文档中，❶选中需要设置项目符号格式的段落；❷在【开始】选项卡的【段落】组中单击【项目符号】按钮 ≔ 右侧的下拉按钮 ⌄；❸在弹出的下拉列表中选择【定义新项目符号】选项，如图 5-39 所示。

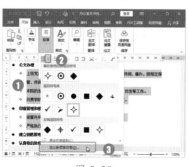

图 5-39

Step02 单击【字体】按钮。打开【定义新项目符号】对话框，单击【字体】按钮，如图 5-40 所示。

图 5-40

Step03 设置项目符号字体格式。打开【字体】对话框，❶将【字形】设置为【加粗】，【字号】设置为【四号】，【字体颜色】设置为【深蓝】；❷完成设置后单击【确定】按钮，如图 5-41 所示。

图 5-41

Step04 确认设置。返回【定义新项目符号】对话框，单击【确定】按钮，如图 5-42 所示。

图 5-42

Step **05** 查看项目符号效果。返回文档，即可查看设置后的效果，如图 5-43 所示。

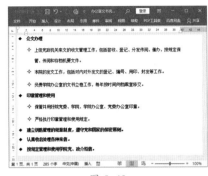

图 5-43

技能拓展——删除项目符号

为段落添加了项目符号之后，若要删除项目符号，可先选中段落，然后在【开始】选项卡的【段落】组中，单击【项目符号】按钮 ☰ 右侧的下拉按钮 ˇ，在弹出的下拉列表中选择【无】选项即可。

5.4 编号列表的使用

在制作规章制度、管理条例等方面的文档时，除了使用项目符号外，还可以使用编号来组织内容，从而使文档层次分明、条理清晰。

★重点 5.4.1 实战：为员工薪酬方案添加编号

实例门类	软件功能

对于具有一定顺序或层次结构的段落，可以为其添加编号。默认情况下，在以"一、""1.""（1）""①"或"a."等编号开始的段落中，按【Enter】键换到下一段时，下一段会自动产生连续的编号，如图 5-44 所示。

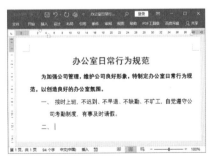

图 5-44

若要对已经输入的段落添加编号，可通过【开始】选项卡【段落】

组中的【编号】按钮实现，具体操作步骤如下。

Step **01** 选择编号样式。在"企业员工薪酬方案.docx"文档中，❶选中需要添加编号的段落；❷在【开始】选项卡的【段落】组中单击【编号】按钮 ☰ 右侧的下拉按钮 ˇ；❸在弹出的下拉列表中选择需要的编号样式，如图 5-45 所示。

图 5-45

Step **02** 查看编号效果。应用了编号后的效果如图 5-46 所示。

图 5-46

★重点 5.4.2 实战：为办公室日常行为规范添加自定义编号列表

实例门类	软件功能

除了使用 Word 内置的编号样式外，还可以自定义编号样式。例如，要自定义一个"第 1 条、第 2 条……"的编号列表，具体操作步骤如下。

Step **01** 执行自定义编号格式操作。打开"素材文件\第 5 章\办公室日常行为规范.docx"文件，❶选中需要添加编号的段落；②在【开始】选项卡的【段落】组中单击【编号】按钮☰右侧的下拉按钮∨；③在弹出的下拉列表中选择【定义新编号格式】选项，如图5-47所示。

图 5-47

Step02 选择编号样式。打开【定义新编号格式】对话框，在【编号样式】下拉列表中选择编号样式，如选择【1,2,3,...】选项，此时，【编号格式】文本框中将出现【1】字样，且【1】以灰色显示，表示不可修改或删除，如图5-48所示。

图 5-48

Step03 设置编号格式。①在【1】前面和后面分别输入【第】和【条】；②在【对齐方式】下拉列表中选择【右对齐】选项；③单击【确定】按钮，如图5-49所示。

图 5-49

Step04 应用自定义的编号。返回文档，保持段落的选中状态，①单击【编号】按钮☰右侧的下拉按钮∨；②在弹出的下拉列表中选择设置的编号样式即可，如图5-50所示。

图 5-50

技术看板

与自定义项目符号一样，若没有对段落设置缩进格式，则无须进行第4步操作。

★重点 5.4.3　实战：为员工出差管理制度使用多级列表

实例门类	软件功能

对于含有多个层次的段落，为了能清晰地体现层次结构，可对其添加多级列表。添加多级列表的操作步骤如下。

Step01 选择多级列表样式。打开"素材文件\第5章\员工出差管理制度.docx"文件，①选中需要添加列表的段落；②在【开始】选项卡的【段落】组中单击【多级列表】按钮☰；③在弹出的下拉列表中选择需要的列表样式，如图5-51所示。

图 5-51

Step02 查看文档效果。此时所有段落的编号级别为1级，效果如图5-52所示。

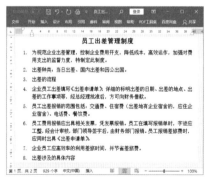

图 5-52

Step03 更改段落级别为2级。①选中需要调整级别的段落；②单击【多级列表】按钮☰；③在弹出的下拉列表中依次选择【更改列表级别】→【2级】选项，如图5-53所示。

图 5-53

Step04 查看更改级别后的效果。此时，所选段落的级别调整为 2 级，其他段落的编号依次发生变化，如图 5-54 所示。

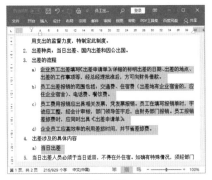

图 5-54

Step05 更改段落级别为 3 级。❶选中需要调整级别的段落；❷单击【多级列表】按钮 ；❸在弹出的下拉列表中依次选择【更改列表级别】→【3 级】选项，如图 5-55 所示。

图 5-55

Step06 查看更改级别后的效果。此

时，所选段落的级别调整为 3 级，其他段落的编号依次发生变化，效果如图 5-56 所示。

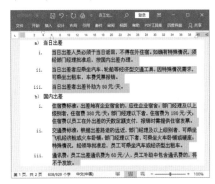

图 5-56

⚙ **技能拓展——使用快捷键调整列表级别**

将光标插入点定位在编号与文本之间，按【Tab】键可以降低一个列表级别；按快捷键【Shift+Tab】可以提高一个列表级别。

5.4.4 实战：为行政管理规范目录自定义多级列表

实例门类	软件功能

Word 中内置的多级列表样式有限，在制作一些特殊的多级列表时，用户可以根据实际需要自定义多级列表的样式。

例如，为"行政管理规范目录.docx"文档添加自定义的多级列表，具体操作步骤如下。

Step01 执行自定义多级列表操作。打开"素材文件\第 5 章\行政管理规范目录.docx"文件，❶选中需要添加多级列表的段落；❷在【开始】选项卡的【段落】组中单击【多级列表】按钮 ；❸在弹出的下拉列表中选择【定义新的多级列表】选项，如图 5-57 所示。

图 5-57

Step02 选择编号样式。打开【定义新多级列表】对话框，❶在【单击要修改的级别】列表框中选择要设置的级别，如选择【2】选项；❷在【此级别的编号样式】下拉列表中选择该级别的编号样式，如选择【一，二，三(简)...】选项，如图 5-58 所示。

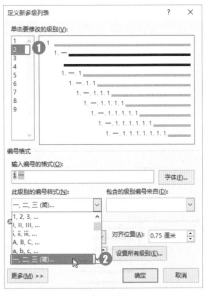

图 5-58

📋 **技术看板**

【编号格式】文本框中的编号，必须是选择的编号样式，不能手动输入，手动输入的编号不能连续，默认的编号都是相同的。

Step03 输入编号格式。❶在【输入编号的格式】文本框中删除【一】前面的内容,在【一】前后分别输入【第】和【章】;❷单击【确定】按钮,如图 5-59 所示。

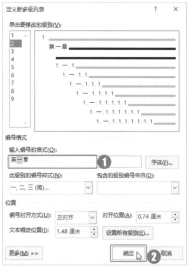

图 5-59

Step❹ 设置 3 级编号格式。❶在【单击要修改的级别】列表框中选择【3】选项;❷在【此级别的编号样式】下拉列表中选择【一,二,三(简)...】选项;❸在【输入编号的格式】文本框中将编号格式设置为【第一节】;❹在【编号对齐方式】下拉列表中选择对齐方式,如选择【左对齐】选项;❺单击【确定】按钮,如图 5-60 所示。

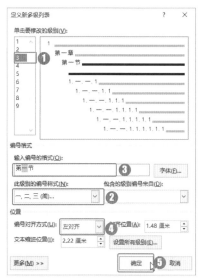

图 5-60

Step❺ 查看自定义的多级列表效果。此时为选择的段落应用了自定义的多级列表,效果如图 5-61 所示。

图 5-61

技术看板

如果添加多级列表的段落提前设置好了段落级别,那么应用多级列表后,将自动按级别顺序应用设置的级别编号格式;如果没有设置段落级别,应用多级列表后,就需要对段落的级别进行更改。

★重点 5.4.5 实战:为招聘启事设置起始编号

实例门类	软件功能

默认情况下,对于输入时自动添加的编号或同时为多个不相连的段落添加编号后,起始处的编号都是从"1"开始的。根据需要,不仅可以对编号列表的起始位置进行设置,也可以对编号的起始值进行设置。例如,对"招聘启事.docx"文档中编号的起始值进行设置,具体操作步骤如下。

Step❶ 选择编号设置选项。打开"素材文件\第 5 章\招聘启事.docx"文件,❶选中需要重新设置起始值的编号;❷在【开始】选项卡的【段落】组中单击【编号】按钮 三 右侧的下拉

按钮 ˅;❸在弹出的下拉列表中选择【设置编号值】选项,如图 5-62 所示。

图 5-62

Step❷ 设置起始编号。打开【起始编号】对话框,❶选中【开始新列表】单选按钮;❷在【值设置为】微调框中将值设置为【1】;❸单击【确定】按钮,如图 5-63 所示。

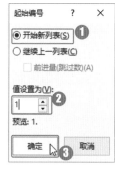

图 5-63

技术看板

若在【起始编号】对话框中选中【继续上一列表】单选按钮,将激活【前进量(跳过数)】复选框,选中该复选框,则可在【值设置为】数值框中输入大于当前编号的起始值。如果【值设置为】数值框中最初显示为【7】,那么设置时,只能输入超过【7】的起始值。

Step❸ 查看效果。返回文档,即可查看更改编号起始值后的效果,如图 5-64 所示。

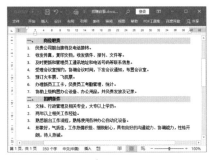

图 5-64

 技能拓展——继续上一列表的编号

如果希望继续前一组的编号，则选中需要继续编号的段落并右击，在弹出的快捷菜单中选择【继续编号】命令即可。

5.4.6 实战：为招聘启事设置编号字体格式

实例门类	软件功能

为段落添加编号列表后，为了使编号更加美观，还可以对段落编号的字体格式进行设置，具体操作步骤如下。

Step01 执行定义新编号格式操作。在"招聘启事.docx"文档中，❶选中需要设置格式的编号；❷在【开始】选项卡的【段落】组中单击【编号】按钮 右侧的下拉按钮 ；❸在弹出的下拉列表中选择【定义新编号格式】选项，如图 5-65 所示。

图 5-65

Step02 单击【字体】按钮。打开【定义新编号格式】对话框，单击【字体】按钮，如图 5-66 所示。

图 5-66

Step03 设置编号字体格式。打开【字体】对话框，❶将【字形】设置为【加粗】，【字体颜色】设置为【深蓝】；❷单击【确定】按钮，如图 5-67 所示。

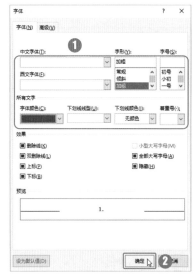

图 5-67

Step04 确认设置。返回【定义新编号格式】对话框，单击【确定】按钮，

如图 5-68 所示。

图 5-68

Step05 查看编号效果。返回文档，即可查看更改编号字体格式后的效果，并将更改编号字体格式的编号样式应用到其他段落中，效果如图 5-69 所示。

图 5-69

5.5 巧用制表位

制表位是指在水平标尺上的位置，用于指定文字缩进的距离或一栏文字开始处。制表位的最大作用就是使光标插入点精确地定位到需要的地方，从而方便文字在工作区内排列。制表位的三要素包括制表位的位置、对齐方式和前导符。

5.5.1 认识制表位与制表符

默认情况下，在输入文本内容时，每按一次【Tab】键，插入点会从当前位置向右移动两个字符的距离。每次按【Tab】键后，插入点定位到的新位置被称为【制表位】，制表位标记显示为→，如图5-70所示。

图 5-70

在使用制表位时，还必须了解另一个概念，即制表符。制表符是指标尺上显示制表位所在位置的标记。直接单击标尺上的某个位置，即可创建一个制表符，标尺左上角的【┗】标记便是制表符，如图5-70所示。

Word提供了5种制表符，分别是左对齐┗、居中对齐┻、右对齐┛、小数点对齐┻、竖线对齐┃，它们用于指定文本的对齐方式。在标尺上设置制表位之前，先单击标尺左侧的标记按钮来切换制表符的类型，再在标尺上设置制表位。默认情况下，标尺左侧的标记按钮显示为【左对齐式制表符】按钮┗，单击该按钮，可切换到另一种对齐方式的制表符，同时标记按钮也会发生变化，图5-71所示的是【右对齐

式制表符】按钮┛。

图 5-71

不同的制表符，用于指定不同的对齐方式，其作用分别如下。

➡ 左对齐：使文字靠左对齐。

➡ 居中对齐：使文字居中对齐

➡ 右对齐：使文字靠右对齐。

➡ 小数点对齐：针对含有小数的数字进行的设置，以小数点为对齐中心。

➡ 竖线对齐：用处不大，【Tab】键对它几乎不起作用。

图5-72所示为前4种对齐方式的效果。

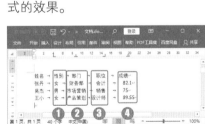

❶左对齐，❷居中对齐，❸右对齐，
❹小数点对齐

图 5-72

★重点 5.5.2 实战：使用标尺设置员工通信录中的制表位

实例门类	软件功能

在标尺中会显示段落中制表位

对应的制表符，当需要增加和调整制表位时，可以通过标尺来实现。例如，使用标尺对员工通讯录中的制表位进行调整，具体操作步骤如下。

Step01 查看制表符。打开"素材文件\第5章\员工通信录.docx"文件，将标尺显示出来，将文本插入点定位到需要调整制表位的段落中，标尺中将显示该段落的制表符，如图5-73所示。

图 5-73

技能拓展——新建制表符

在标尺上单击或双击，都可新建一个制表符。

Step02 拖动鼠标调整制表符。将鼠标指针移动到需要调整制表位的制表符上，按住鼠标左键不放向左拖动，即可调整制表位，如图5-74所示。

图 5-74

Step03 调整第 2 个制表符的位置。将鼠标指针移动到标尺中的第 2 个制表符上，按住鼠标左键不放向左拖动，使该段落的电话号码文本与其他段落的电话号码文本对齐，如图 5-75 所示。

图 5-75

Step04 调整其他制表符。使用相同的方法调整其他段落制表符的位置，使相同的文本对齐显示，效果如图 5-76 所示。

图 5-76

技能拓展——精确调整制表位的位置

拖动标尺上的制表符标记来调整制表位的位置时，如果按住【Alt】

键的同时拖动鼠标，可精确调整制表位的位置。

★重点 5.5.3 实战：通过对话框在销售表中精确设置制表位

实例门类	软件功能

除了通过标尺的方法设置制表位外，还可以通过对话框设置制表位，具体操作步骤如下。

Step01 单击【功能扩展】按钮。新建一个名为"食品销售表.docx"的空白文档，并在其中输入内容。❶选中要添加制表位的段落；❷在【开始】选项卡的【段落】组中单击【功能扩展】按钮，如图 5-77 所示。

图 5-77

Step02 单击【制表位】按钮。打开【段落】对话框，单击【制表位】按钮，如图 5-78 所示。

图 5-78

Step03 设置制表位。打开【制表位】对话框，❶在【制表位位置】文本框中输入第 1 个制表位的位置，以【字符】为单位，如输入【12 字符】；❷在【对齐方式】栏中选择对齐方式，如选中【右对齐】单选按钮；❸设置好后单击【设置】按钮，如图 5-79 所示。

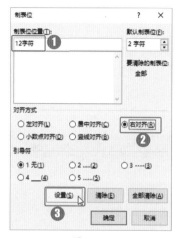

图 5-79

Step04 查看创建的制表位。列表框中将显示刚才设置的制表位，从而完成第一个制表位的创建，如图 5-80 所示。

图 5-80

Step05 创建其他制表位。❶用同样的方法，创建其他制表位，将制表位位置依次设置为【20 字符】【28 字符】；❷单击【确定】按钮，如图 5-81 所示。

图 5-81

Step06 查看制表位效果。返回文档，即可查看设置了制表位后的效果，如图 5-82 所示。

图 5-82

技能拓展——更改制表位的对齐方式

设置好制表位后，如果发现制表位的对齐方式有误，可选中要修改制表位对齐方式的段落，在标尺上双击任意一个制表位，打开【制表位】对话框，在【制表位位置】列表框中选择需要修改对齐方式的制表位，然后在【对齐方式】栏中重新选中需要的对齐方式即可。

★重点 5.5.4 实战：在公司财产管理制度目录中制作前导符

实例门类	软件功能

前导符是制表位的辅助符号，用来填充制表位前的空白区间。例如，制作文档目录时，就经常会用前导符来索引具体的页码，如图 5-83 所示。

图 5-83

前导符有实线、粗虚线、细虚线和点画线 4 种样式，用户可根据需要进行选择。设置前导符的具体操作步骤如下。

Step01 双击制表符。打开"素材文件\第 5 章\公司财产管理制度.docx"文件，❶选中要设置前导符的段落；❷在标尺中双击任意一个制表位，如图 5-84 所示。

图 5-84

Step02 设置引导符。打开【制表位】对话框，❶在【制表位位置】列表框中选择需要设置前导符的制表位；❷在【引导符】栏中选择需要的前导符样式，如选中第 2 种样式对应的单选按钮；❸单击【确定】按钮，如图 5-85 所示。

图 5-85

Step03 查看设置前导符后的效果。返回文档，即可看到设置了前导符后的效果，如图 5-86 所示。

图 5-86

技能拓展——清除前导符

对于设置了前导符的段落，如果要清除前导符，则先选中这些段落，打开【制表位】对话框，在【引导符】栏中选中【1 无(1)】单选按钮，然后单击【确定】按钮即可。

5.5.5 实战：在公司财产管理制度目录中删除制表位

实例门类	软件功能

对于不再需要的制表位，可以将其删除，具体操作步骤如下。

Step01 双击制表符。在"公司财产管理制度.docx"文档中，❶选中要删除制表位的段落；❷在标尺中双击任意一个制表符，如图 5-87 所示。

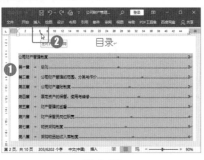

图 5-87

Step 02 执行清除制表位操作。打开【制表位】对话框，❶在【制表位位置】列表框中选择需要删除的制表位；❷单击【清除】按钮，如图 5-88 所示。

图 5-88

技能拓展——一次性清除全部制表位

如果要一次性清除全部制表位，则可先选中要清除制表位的段落，再打开【制表位】对话框，单击【全部清除】按钮即可。

Step 03 查看清除的制表位。在【制表位位置】列表框中将不再显示刚才所选的制表位，单击【确定】按钮，如图 5-89 所示。

图 5-89

Step 04 查看文档效果。返回文档，即可查看清除制表位后的效果，如

图 5-90 所示。

图 5-90

技能拓展——通过标尺删除制表位

将光标插入点定位到需要清除制表位的段落，将鼠标指针指向标尺上的某个制表符，然后按住鼠标左键不放，将制表位拖出标尺范围，释放鼠标，即可清除该制表位。

妙招技法

通过对前面知识的学习，相信读者已经掌握了段落格式的设置方法。下面将结合本章内容，给大家介绍一些实用技巧。

技巧 01：利用格式刷复制格式

格式刷是一种快速应用格式的工具，能够将某文本对象的格式复制到另一个对象上，从而避免重复设置格式的麻烦。当需要对文档中的文本或段落设置相同的格式时，便可通过格式刷复制格式，具体操作步骤如下。

Step 01 单击【格式刷】按钮。打开"素材文件\第 5 章\产品介绍.docx"文件，❶选中需要复制的格式所属文本；❷在【开始】选项卡【剪贴板】组中单击【格式刷】按钮，如图 5-91 所示。

图 5-91

Step 02 选择要应用格式的段落。鼠标指针将呈刷子形状，按住鼠标左键不放，然后拖动鼠标选择需要设置相同格式的文本，如图 5-92 所示。

图 5-92

Step03 查看效果。此时，被选择的文本将应用相同格式，使用相同的方法为【产品用途】应用相同的格式，效果如图 5-93 所示。

图 5-93

技能拓展——重复使用格式刷

当需要把一种格式复制到多个文本对象时，就需要连续使用格式刷，此时可双击【格式刷】按钮🖌️，使鼠标指针一直呈刷子状态🖌️。当不再需要复制格式时，可再次单击【格式刷】按钮🖌️或按【Esc】键退出复制格式状态。

技巧02：在同一页面显示完整段落

在编辑文档时，经常会遇到页面底端的段落分别显示在当前页底部和下一页顶部的情况，如图 5-94 所示。

图 5-94

如果希望该段落包含的所有内容都显示在同一个页面中，那么可以对段落的换行和分页进行设置，具体操作步骤如下。

Step01 单击【功能扩展】按钮。打开"结果文件\第 5 章\办公室日常行为规范 .docx"文件，❶选中要设置的段落；❷在【开始】选项卡的【段落】组中单击【功能扩展】按钮🔽，如图 5-95 所示。

图 5-95

Step02 设置段中不分页。打开【段落】对话框，❶选择【换行和分页】选项卡；❷在【分页】栏中选中【段中不分页】复选框；❸单击【确定】按钮，如图 5-96 所示。

图 5-96

Step03 查看文档效果。返回文档，即可查看设置后的效果，如图 5-97 所示。

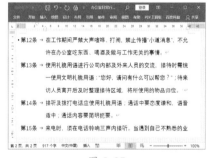

图 5-97

在【段落】对话框的【换行和分页】选项卡中，在【分页】栏中有以下 4 个选项供用户选择。

➡ 孤行控制：选中该复选框，可以避免段落的第 1 行位于当前页的页面底部，或者最后一行位于下一页的页面顶端。

➡ 与下段同页：选中该复选框，会将当前段落移动到下一段所在的页面中，使该段落与其下一段位于同一个页面中。该选项通常用

于标题的设置,当标题位于当前页的底部,而标题下方的内容位于下一页时,通过设置该项,可以确保标题及其下方的内容位于同一页中。

➡ 段中不分页:选中该复选框,可以确保段落不被分到两个页面上。

➡ 段前分页:该复选框与分页符的效果相同。对段落设置该项后,该段落将位于一个新页面的顶部。

技巧 03: 防止输入的数字自动转换为编号

默认情况下,在以下两种情况中,Word 会自动对其进行编号。

➡ 在段落开始时输入类似【1.】【(1)】【①】等编号格式的字符,然后按【Space】键或【Tab】键。

➡ 在以"1.""(1)""①"或"a."等编号格式的字符开始的段落中,按【Enter】键换到下一段。

这是因为 Word 提供了自动编号功能,如果要防止输入的数字自动转换为编号,可设置 Word 的自动更正功能,具体操作步骤如下。

Step01 执行自动更正操作。打开【Word 选项】对话框,❶选择【校对】选项卡;❷在【自动更正选项】栏中单击【自动更正选项】按钮,如图 5-98 所示。

图 5-98

Step02 设置自动更正。打开【自动更正】对话框,❶选择【键入时自动套用格式】选项卡;❷在【键入时自动应用】栏中取消选中【自动编号列表】复选框;❸单击【确定】按钮,如图 5-99 所示。

图 5-99

Step03 确认设置。返回【Word】选项对话框,单击【确定】按钮即可。

技巧 04: 防止将插入的图标自动转换为项目符号

默认情况下,在段落开始处插入了一个图标,在图标右侧输入一些内容后按【Enter】键进行换行,Word 会自动将图标转换为项目符号,如图 5-100 所示。

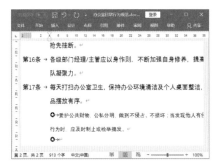

图 5-100

之所以会出现这样的情况,是因为 Word 提供了自动转换为项目符号功能,为了解决该问题,可设置 Word 的自动更正功能。其操作方法为:打开【自动更正】对话框,选择【键入时自动套用格式】选项卡,在【键入时自动应用】栏中,取消选中【自动项目符号列表】复选框,然后单击【确定】按钮即可,如图 5-101 所示。

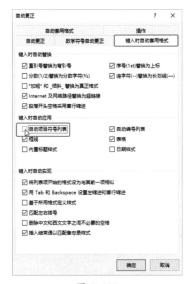

图 5-101

技巧 05: 结合制表位设置悬挂缩进

在编辑文档时,如果对段落使用的是手动编号,则会发现设置的悬挂缩进不是很整齐,如图 5-102 所示。

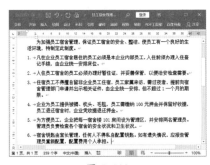

图 5-102

要想设置出漂亮整齐的悬挂缩进，就需要结合使用制表位，具体操作步骤如下。

Step 01 输入制表位。打开"素材文件\第5章\员工宿舍管理制度.docx"文件，在编号与文字之间通过按【Tab】键插入制表位，如图5-103所示。

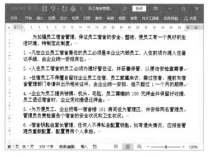

图 5-103

Step 02 设置悬挂缩进。选中要设置悬挂缩进的段落，❶打开【段落】对话框，在【缩进】栏中设置【特殊】为【悬挂】；❷完成设置后单击【确定】按钮，如图5-104所示。

图 5-104

Step 03 查看设置的文档效果。返回文档，即可看到设置的悬挂缩进效果，如图5-105所示。

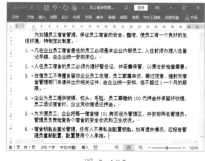

图 5-105

技能拓展——通过标尺设置悬挂缩进

在编号与文本之间插入制表位后，还可通过标尺来快速设置悬挂缩进。其操作方法为：将标尺显示出来，选中需要设置悬挂缩进的段落，在标尺上通过拖动【悬挂缩进】滑块进行设置即可。

本章小结

本章主要介绍了段落格式的设置方法，包括设置段落基本格式、设置边框与底纹、使用项目符号与编号列表，以及制表位的使用等内容。通过对本章内容的深入学习，希望读者能够熟练运用相关功能对段落格式进行合理的设置。

第6章 设置文档特殊格式及页面格式

➥ 对于多单位或多部门联合发文的文档，文件头应该怎么进行标识？

➥ 如何将文档分为多栏进行排列？

➥ 分页与分节有什么区别？

➥ 如何让每页的页面顶端自动显示相同内容？

➥ 如何让每页的页面底部自动显示连续页码？

当需要制作一些比较特殊或有特殊要求的文档时，就需要通过一些特殊的格式来实现。本章将对文档的特殊格式、特殊效果及页眉页脚进行设置。通过对本章内容的学习，读者能快速掌握特殊段落格式的编排方法，能够轻松自如地分栏排版，编辑页眉、页脚及设置页码。

6.1 设置特殊的段落格式

在设置段落格式时，会用到一些比较常用的特殊格式，如首字下沉、双行合一、纵横混排等。下面就对这些特殊格式的设置方法进行介绍。

★重点 6.1.1 实战：设置企业宣言首字下沉

实例门类	软件功能

首字下沉是一种段落修饰方式，是将文档中第 1 段第 1 个字放大并占几行显示，这种格式在报纸、杂志中比较常见。设置首字下沉的具体操作步骤如下。

Step01 选择首字下沉选项。打开"素材文件\第 6 章\企业宣言.docx"文件，❶将光标插入点定位在要设置首字下沉的段落中；❷单击【插入】选项卡【文本】组中的【首字下沉】按钮A≡；❸在弹出的下拉列表中选择【首字下沉选项】选项，如图 6-1所示。

图 6-1

技术看板

在下拉列表中若直接选择【下沉】选项，Word 将按默认设置对当前段落设置首字下沉格式。

Step02 设置首字下沉。打开【首字下沉】对话框，❶在【位置】栏中选择【下沉】选项；❷在【选项】栏中设置首字的字体、下沉行数等参数；❸设置完成后单击【确定】按钮，如图 6-2 所示。

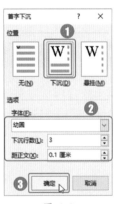

图 6-2

Step03 查看首字下沉效果。返回文档，即可看到设置首字下沉后的效果，如图 6-3 所示。

技术看板

如果要设置段落首个词组下沉，那么需要先选择需要设置首字下沉的词组，然后执行首字下沉操作即可。

图 6-3

6.1.2 实战：设置集团简介首字悬挂

实例门类	软件功能

　　首字悬挂是指将 Word 文档中段首的第 1 个字符放大，并进行下沉或悬挂设置，以凸出显示段落或整篇文档的开始位置。其设置方法与首字下沉相似，具体操作步骤如下。

Step01 选择首字下沉选项。打开"素材文件\第 6 章\集团简介.docx"文件，❶选择需要设置首字悬挂的字或词组，如选择【阳光】词组；❷单击【插入】选项卡【文本】组中的【首字下沉】按钮 A≡；❸在弹出的下拉列表中选择【首字下沉选项】选项，如图 6-4 所示。

图 6-4

Step02 设置首字悬挂。打开【首字下沉】对话框，❶在【位置】栏中选择【悬挂】选项；❷在【选项】栏中设置首字的字体、下沉行数等参数；❸设置完成后单击【确定】按钮，如图 6-5 所示。

图 6-5

Step03 查看悬挂效果。返回文档，即可看到对所选词组设置首字悬挂后的效果，如图 6-6 所示。

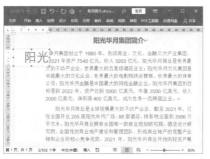

图 6-6

★重点 6.1.3 实战：在聘任通知中实现双行合一

实例门类	软件功能

　　对于企业或政府部门的用户来说，经常需要制作多单位联合发文的文件，文件头如图 6-7 所示。

图 6-7

　　要想制作出图 6-7 中的文件头，可通过【双行合一】功能实现。通过该功能，可以轻松地制作出两行合并成一行的效果，其操作步骤如下。

Step01 执行双行合一操作。打开"素材文件\第 6 章\聘任通知.docx"文件，❶选择需要双行合一显示的文字；❷单击【开始】选项卡【段落】组中的【中文版式】按钮 ✕ ˅；❸在弹出的下拉列表中选择【双行合一】选项，如图 6-8 所示。

图 6-8

Step02 设置双行合一效果。打开【双行合一】对话框，在【文字】列表框中显示要设置为双行合一的文字，❶选中【带括号】复选框；❷在【括号样式】下拉列表框中选择需要的括号样式，如选择【[]】选项；❸在【预览】栏中可预览双行合一效果，确认无误后，单击【确定】按钮，如图 6-9 所示。

图 6-9

技术看板

如果两个联合发文机构名称的字数不同，可能导致双行合一的效果不理想，可以通过输入空格的方式对字数较少的机构名称进行调整，让双行显示的内容上下对齐。

Step03 查看双行合一效果。返回文档，即可看到为所选文字设置双行合一后的效果，如图 6-10 所示。

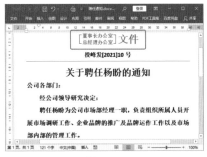

图 6-10

技能拓展——取消双行合一效果

对文档中的文字设置了双行合一的效果后，如果要取消该效果，可先选中设置了双行合一效果的文本对象，然后打开【双行合一】对话框，单击【删除】按钮即可。

通过【双行合一】功能只能制作两个单位联合的文件头，若要制作两个以上单位联合的文件头，就需要使用表格，关于表格的创建，详见本书第 8 章。

6.1.4 实战：在通知文档中合并字符

实例门类	软件功能

合并字符是指将多个字符以两

行的形式显示在文档的一行中，且只占用一个字符的位置。合并后的文本将会作为一个字符来看待，且不能对其进行编辑。

通过【合并字符】功能，可以制作简单的联合公文头，具体操作步骤如下。

Step01 选择【合并字符】选项。打开"素材文件\第 6 章\关于暂停部分信息系统和网站服务的通知.docx"文件，❶选择需要合并字符的文本，如选择标题中的【成都市财政局】文本；❷在【开始】选项卡【段落】组中单击【中文版式】按钮 ×·；❸在弹出的下拉列表中选择【合并字符】选项，如图 6-11 所示。

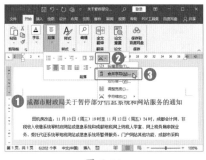

图 6-11

Step02 设置合并字符效果。打开【合并字符】对话框，在【文字（最多六个）】文本框中显示需要合并字符的文本，❶在【字体】下拉列表框中设置字体为【方正正中黑简体】；❷在【字号】下拉列表中选择需要的字号，如选择【16】选项；❸单击【确定】按钮，如图 6-12 所示。

图 6-12

Step03 查看合并字符后的文本效果。返回文档，即可查看设置合并字符后的效果，如图 6-13 所示。

图 6-13

技术看板

通过【合并字符】功能，最多能将 6 个字符合并为一个字符。合并后，可以对其设置字体、字号等格式，但不能对内容进行修改操作。

6.1.5 实战：在公司简介中使用纵横混排

实例门类	软件功能

纵横混排是指文档中有的文字进行纵向排列，有的文字进行横向排列。例如，对文档进行纵向排版时，数字也会向左旋转，这与用户的阅读习惯相悖，此时可以通过【纵横混排】功能将其正常显示，具体操作步骤如下。

Step01 选择【纵横混排】选项。打开"素材文件\第 6 章\公司简介.docx"文件，❶选择需要进行纵横混排的文本；❷在【开始】选项卡的【段落】组中单击【中文版式】按钮 ×·；❸在弹出的下拉列表中选择【纵横混排】选项，如图 6-14 所示。

图 6-14

Step02 设置纵横混排。打开【纵横混排】对话框，在【预览】栏中可以预览设置后的效果，直接单击【确定】按钮，如图 6-15 所示。

图 6-15

在【纵横混排】对话框中，【适应行宽】复选框默认为选中状态，从而使选择的数字自动调整文字大小，以适应行的宽度。若取消选中该复选框，那么将取消自动调整行的宽度来适应文字的大小。

Step03 查看纵横混排效果。返回文档，即可查看为所选文本设置纵横混排后的效果，如图 6-16 所示。

图 6-16

Step04 为其他文本设置纵横混排效果。用同样的方法，为文档中其他数字设置纵横混排，完成后的效果如图 6-17 所示。

图 6-17

6.2 设置分页与分节

编排格式较复杂的 Word 文档时，经常会用到分页符和分节符，通过它们可快速对文档内容进行分页。下面将对分页与分节的相关操作进行介绍。

6.2.1 实战：为企业审计计划书设置分页

实例门类	软件功能

当一页的内容没有填满并需要切换到下一页，或者需要将一页的内容分成多页显示时，用户通常会通过按【Enter】键的方式输入空行，直到换到下一页为止。但是，当内容有增减时，则需要反复调整空行的数量。为了避免这一情况的出现，用户可以通过插入分页符进行强制分页，从而轻松解决问题。插入分页符的具体操作步骤如下。

Step01 选择【分页符】选项。打开

"素材文件\第 6 章\企业审计计划书.docx"文件，❶将光标插入点定位到需要分页的位置；❷单击【布局】选项卡【页面设置】组中的【分隔符】按钮；❸在弹出的下拉列表的【分页符】栏中选择【分页符】选项，如图 6-18 所示。

图 6-18

Step02 查看分页效果。此时光标插入点所在位置后面的内容将自动显示在下一页，如图 6-19 所示。

图 6-19

技术看板

在下拉列表的【分页符】栏中有【分页符】【分栏符】和【自动换行符】3个选项，除了本例中介绍的【分页符】外，另外两个选项的含义如下。

分栏符：在文档分栏状态下，使用分栏符可强行设置内容开始分栏显示的位置，强行将分栏符之后的内容移至另一栏。如果文档未分栏，其效果与分页符相同。

自动换行符：表示从该处强制换行，并显示换行标记↓，即第5章中讲过的软回车。

除了上述操作方法外，还可通过以下两种方式插入分页符。

➡ 将光标插入点定位到需要分页的位置，切换到【插入】选项卡，然后单击【页面】组中的【分页】按钮即可。

➡ 将光标插入点定位到需要分页的位置，按快捷键【Ctrl+Enter】即可。

6.2.2 实战：为企业审计计划书设置分节

实例门类	软件功能

在Word排版中，"节"是一个非常重要的概念，这个"节"并非书籍中的"章节"，而是文档格式化的最大单位，通俗地讲，"节"是指排版格式（包括页眉、页脚、页面设置等）要应用的范围。默认情况下，Word将整个文档视为一个"节"，所以对文档的页面设置、页眉设置等格式是应用于整篇文档的。若要在不同的页码范围设置不同的格式（如第1页采用纵向纸张方向，

第2~7页采用横向纸张方向），只需插入分节符对文档进行分节，然后单独为每"节"设置格式即可。

插入分节符的具体操作步骤如下。

Step 01 选择【分节符】选项。在"企业审计计划书.docx"文档中，❶将光标插入点定位到需要插入分节符的位置；❷单击【布局】选项卡【页面设置】组中的【分隔符】按钮；❸在弹出的下拉列表的【分节符】栏中选择【下一页】选项，如图6-20所示。

图 6-20

技能拓展——分页符与分节符的区别

分页符与分节符最大的区别在于页眉、页脚与页面设置，分页符只是纯粹的分页，前后还是同一节，且不会影响前后内容的格式设置；而分节符是对文档内容进行分节，可以是同一页中的不同节，也可以在分节的同时跳转到下一页，分节后，可以为单独的某个节设置不同的版面格式。

Step 02 查看分节效果。在光标插入点所在位置插入了分节符，并在下一页开始新节。插入分节符后，上一页的内容结尾处会显示分节符标记，如图6-21所示。

图 6-21

技术看板

对文档进行了分节、分页等操作后，在文档中都会看到分隔标记，不过前提是Word设置了显示编辑标记（设置方法请参考本书第1章的内容）。

插入分节符时，在【分节符】栏中有4个选项，分别是【下一页】【连续】【偶数页】【奇数页】，选择不同的选项，可插入不同的分节符。在排版时，使用最为频繁的分节符是【下一页】。除了本例中介绍的【下一页】外，其他选项介绍如下。

➡ 连续：插入点后的内容可做新的格式或部分版面设置，但其内容不转到下一页显示，是从插入点所在位置换行开始显示。文档混合分栏时，就会用到该分节符。

➡ 偶数页：插入点所在位置以后的内容将会转到下一个偶数页上，Word会自动在两个偶数页之间空出一页。

➡ 奇数页：插入点所在位置以后的内容将会转到下一个奇数页上，Word会自动在两个奇数页之间空出一页。

技能拓展——删除分页符和分节符

　　将文档中多余的分页符或分节符删除，以免影响文档的排版操作。删除分页符的方法很简单，只需要拖动鼠标选择分页符，按【Delete】键即可。但分节符不能通过拖动鼠标选中，而需要将光标插入点定位到分节符前面，按【Shift】键选择分节符，再按【Delete】键才能删除。

6.3　对文档进行分栏排版

　　Word提供的分栏功能可以将版面分成多栏，从而提高了文档的可读性，且版面显得更加生动活泼。在分栏的外观设置上具有很大的灵活性，不仅可以控制栏数、栏宽及栏间距，还可以很方便地设置分栏长度。

6.3.1　实战：为空调销售计划书创建分栏排版

实例门类	软件功能

　　默认情况下，页面中的内容呈单栏排列，如果希望文档分栏排版，可利用Word的分栏功能实现，具体操作步骤如下。

Step01 选择分栏方式。打开"素材文件\第6章\空调销售计划书.docx"文件，❶选择需要分栏的段落；❷在【布局】选项卡【页面设置】组中单击【栏】按钮；❸在弹出的下拉列表中选择需要的分栏方式，如选择【两栏】选项，如图6-22所示。

图 6-22

Step02 查看分栏效果。此时，Word将按默认设置对文档进行双栏排版，如图6-23所示。

图 6-23

6.3.2　实战：在空调销售计划书中显示分栏的分隔线

实例门类	软件功能

　　对文档进行分栏排版时，为了让分栏效果更加明显，可以将分隔线显示出来，具体操作步骤如下。

Step01 选择【更多栏】选项。在"空调销售计划书.docx"文档中，将光标插入点定位到分栏的段落中，❶单击【布局】选项卡【页面设置】组中的【栏】按钮；❷在弹出的下拉列表中选择【更多栏】选项，如图6-24所示。

图 6-24

Step02 设置分隔线。打开【栏】对话框，❶选中【分隔线】复选框；❷单击【确定】按钮，如图6-25所示。

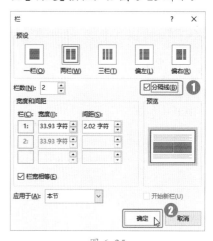

图 6-25

Step03 查看添加分隔线后的效果。返回文档，即可看到添加的分栏分隔线，效果如图6-26所示。

图 6-26

★重点 6.3.3 实战：为刊首寄语调整栏数和栏宽

实例门类	软件功能

对文档分栏排版时，除了使用 Word 提供的内置分栏方案外，还可以自定义设置栏数和栏宽，具体操作步骤如下。

Step01 选择【更多栏】选项。打开"素材文件\第6章\刊首寄语.docx"文件，❶单击【布局】选项卡【页面设置】组中的【栏】按钮；❷在弹出的下拉列表中选择【更多栏】选项，如图 6-27 所示。

图 6-27

Step02 设置分栏。打开【栏】对话框，❶在【栏数】微调框中设置需要的栏数，如设置为【4】；❷在【宽度和间距】栏中设置栏宽，设置栏宽时，【间距】和【宽度】微调框中的值是彼此影响的，即设置其中一个微调框的值后，另一个微调框中

的值会自动做出适当的调整。如将【间距】微调框的值设置为【1.5字符】，【宽度】微调框的值会自动调整为【10.48字符】；❸选中【分隔线】复选框；❹单击【确定】按钮，如图 6-28 所示。

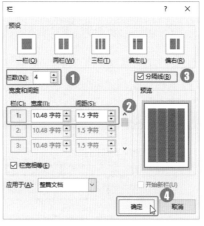

图 6-28

技术看板

在【栏】对话框中，【栏宽相等】复选框默认为选中状态。因此只需要设置第一栏的栏宽，其他栏会自动与第一栏的栏宽相同。若取消选中【栏宽相等】复选框，则可以分别为各栏设置栏宽。

Step03 查看分栏效果。返回文档，即可查看设置分栏后的效果，如图 6-29 所示。

图 6-29

技能拓展——拖动鼠标调整栏宽

对文档设置了分栏版式后，还可以通过拖动鼠标的方式调整栏宽。其操作方法为：在水平标尺上，将鼠标指针指向要改变栏宽的左边界或右边界处，待鼠标指针变成 ⟷ 形状时，按住鼠标左键，拖动栏的边界，即可调整栏宽。

6.3.4 实战：为刊首寄语设置分栏的位置

实例门类	软件功能

在对文档进行分栏排版时，有时需要将文档中的段落分排在不同的栏中，即另栏排版。想要另栏排版，就需要对内容进行强制分栏，此时，可通过插入分栏符的方法实现，具体操作步骤如下。

Step01 插入分栏符。在"刊首寄语.docx"文档中，❶将光标插入点定位到需要强制分栏的位置；❷单击【布局】选项卡的【分隔符】按钮 ；❸在弹出的下拉列表的【分页符】栏中选择【分栏符】选项，如图 6-30 所示。

图 6-30

Step02 查看强制分栏效果。此时光标插入点所在位置将插入一个分栏符，同时分栏符后面的内容跳转到下一栏的开始处，如图 6-31 所示。

图 6-31

技术看板

由于插入强制分栏符的行被文字内容填满。因此看不到分栏符，但其实是有分栏符的。

Step 03 排列文档其他栏内容。用同样的方法继续对其他栏进行强制分栏，使文档 4 栏中排列的内容量大致相同，效果如图 6-32 所示。

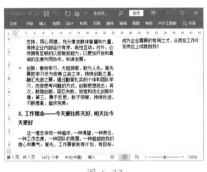

图 6-32

★重点 6.3.5 实战：为企业文化规范均衡分配左右栏的内容

实例门类	软件功能

默认情况下，每一栏的长度都是由系统根据文本数量和页面大小自动设置的。当没有足够的文本填满一页时，往往会出现各栏内容不平衡的局面，即一栏内容很长，而另一栏内容很短，甚至是没有内容，如图 6-33 所示。

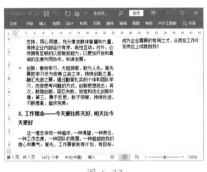

图 6-33

为了使文档的版面效果更好，就需要平衡栏长，具体操作步骤如下。

Step 01 插入连续分节符。打开"素材文件\第 6 章\企业文化规范.docx"文件，❶将光标插入点定位在需要平衡栏长的文本结尾处；❷单击【布局】选项卡【分隔符】按钮 ；

❸在弹出的下拉列表的【分节符】栏中选择【连续】选项，如图 6-34 所示。

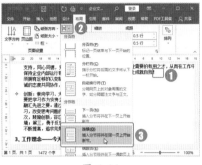

图 6-34

Step 02 查看分栏效果。通过设置后，各栏长度即可达到平衡，效果如图 6-35 所示。

图 6-35

技术看板

插入连续分节符并不能保证各栏之间内容的绝对平均，它受栏中内容多少的影响。

6.4 设置页眉页脚

页眉和页脚主要用于显示文档的附属信息，如文档标题、企业 LOGO、企业名称、日期和页码等，为文档添加相应的页眉和页脚，可以使文档显得更加规范，增强文档的可读性。

6.4.1 实战：为公司财产管理制度设置页眉和页脚内容

实例门类	软件功能

Word 中内置了多种页眉和页脚样式，用户可根据需要选择合适的

页眉和页脚样式插入文档，然后根据需要对页眉和页脚内容进行编辑即可。具体操作步骤如下。

Step 01 选择页眉样式。打开"素材文件\第 6 章\公司财产管理制度.docx"文件，❶单击【插入】选

项卡【页眉和页脚】组中的【页眉】按钮；❷在弹出的下拉列表中选择页眉样式，如选择【边线型】选项，如图 6-36 所示。

图 6-36

Step 02 输入页眉内容。设置好样式的页眉将添加到页面顶端，同时文档自动进入页眉编辑区，❶通过单击占位符，在段落标记处输入并编辑页眉内容；❷完成页眉内容的编辑后，在【页眉和页脚】选项卡的【导航】组中单击【转至页脚】按钮，如图 6-37 所示。

图 6-37

技术看板

编辑页眉和页脚时，在【页眉和页脚】选项卡的【插入】组中，通过单击相应的按钮，可在页眉/页脚中插入图片、日期和时间等对象，以及作者、文件路径等文档信息。

Step 03 选择页脚样式。自动转至当前页的页脚，此时，页脚为空白样式，如果要更改其样式，❶在【页眉和页脚】选项卡的【页眉和页脚】组中单击【页脚】按钮；❷在弹出的下拉列表中选择需要的样式，如选择【离子(浅色)】选项，如图 6-38 所示。

图 6-38

Step 04 编辑页脚内容。❶通过单击占位符，在段落标记处输入并编辑页脚内容；❷完成页脚内容的编辑后，在【页眉和页脚】选项卡的【关闭】组中单击【关闭页眉和页脚】按钮，如图 6-39 所示。

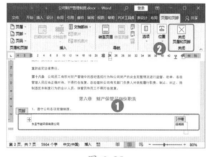

图 6-39

Step 05 查看设置的页眉和页脚。退出页眉/页脚编辑状态，即可看到设置了页眉和页脚后的效果，如图 6-40 所示。

图 6-40

技能拓展——自定义页眉页脚

编辑页眉和页脚时，还可以自定义页眉和页脚。具体操作方法为：

双击页眉或页脚，进入页眉和页脚编辑状态，在页眉和页脚中可根据需要插入图片、形状、文本框等对象来自定义需要的页眉和页脚效果。

6.4.2 实战：在员工薪酬方案中插入和设置页码

实例门类	软件功能

对文档进行排版时，页码是必不可少的。在使用 Word 提供的页眉、页脚样式中，部分样式提供了添加页码的功能，即插入某些样式的页眉和页脚后，会自动添加页码。若没有插入带有页码的页眉和页脚样式，那么可以通过 Word 提供的页码功能为文档插入页码。

在 Word 中，可以在页面顶端、页面底端、页边距和当前位置插入页码。其插入的方法都相同，只是不同位置提供的页码样式会有所不同。

例如，要在页面底端插入页码，具体操作步骤如下。

Step 01 选择页码样式。打开"素材文件\第 6 章\企业员工薪酬方案.docx"文件，❶单击【插入】选项卡【页眉和页脚】组中的【页码】按钮；❷在弹出的下拉列表中选择【页面底端】选项；❸在弹出的级联菜单中选择需要的页码样式，如图 6-41 所示。

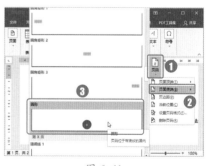

图 6-41

Step02 选择设置页码格式选项。①在【页眉和页脚】选项卡的【页眉和页脚】组中单击【页码】按钮；②在弹出的下拉列表中选择【设置页码格式】选项，如图6-42所示。

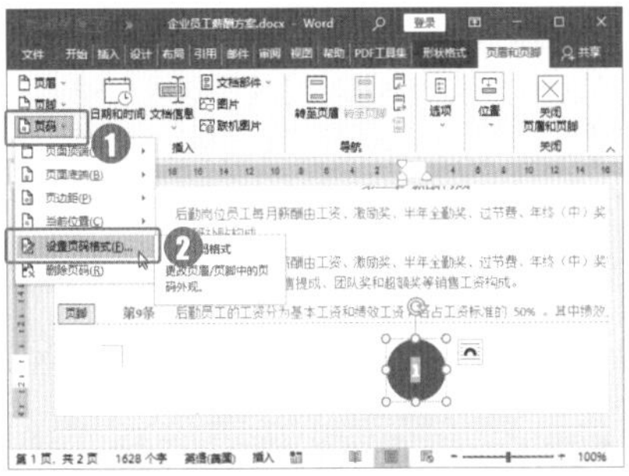

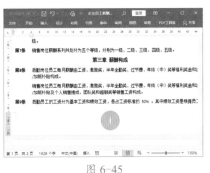

图6-42

技术看板

在页眉和页脚处选择页码并右击，在弹出的快捷菜单中选择【设置页码格式】命令，也可打开【页码格式】对话框。

Step03 设置页码编号格式。打开【页码格式】对话框，①在【编号格式】下拉列表中可以选择需要的编号格式；②单击【确定】按钮，如图6-43所示。

图6-43

Step04 关闭页眉和页脚。返回Word文档，在【页眉和页脚】选项卡的【关闭】组中单击【关闭页眉和页脚】

按钮，如图6-44所示。

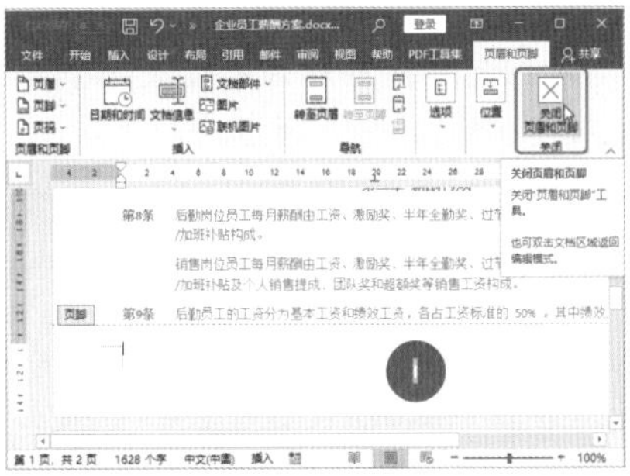

图6-44

Step05 查看设置的页码效果。退出页眉和页脚编辑状态，即可看到设置了页码后的效果，如图6-45所示。

图6-45

技能拓展——设置页码的起始值

插入页码后，根据操作需要，还可以设置页码的起始值。对于没有分节的文档，打开【页码格式】对话框后，在【页码编号】栏中选中【起始页码】单选按钮，然后直接在右侧的微调框中设置起始页码即可。

对于设置了分节的文档，打开【页码格式】对话框后，在【页码编号】栏中若选中【续前节】单选按钮，则页码与上一节相连续；若选中【起始页码】单选按钮，则可以自定义当前节的起始页码。

★重点 6.4.3 实战：为工作计划的首页创建不同的页眉和页脚

实例门类	软件功能

Word提供了【首页不同】功能，通过该功能，可以单独为首页设置不同的页眉、页脚效果，具体操作步骤如下。

Step01 设置首页页眉。打开"素材文件\第6章\工作计划.docx"文件，双击页眉或页脚进入编辑状态，①在【页眉和页脚】选项卡的【选项】组中选中【首页不同】复选框；②在首页页眉中编辑页眉内容，如图6-46所示。

图6-46

技术看板

编辑页眉和页脚内容时，依然可以对文本对象设置字体、段落等格式，其操作方法和正文的操作方法相同。

Step02 设置首页页脚内容。将鼠标指针移动到首页页脚处双击，定位文本插入点，①输入并编辑页脚内容；②单击【页眉和页脚】选项卡【导航】组中的【下一条】按钮，如图6-47所示。

图 6-47

Step③ 编辑第 2 页页脚内容。跳转到第 2 页的页脚，❶输入并编辑页脚内容；❷单击【页眉和页脚】选项卡【导航】组中的【转至页眉】按钮，如图 6-48 所示。

图 6-48

技术看板

在设置页码时需要注意，手动输入的页码不能自动连续编号，所以为文档插入页码时，最好通过插入页码样式来插入页码。

Step④ 编辑第 2 页页眉内容。自动转至当前页的页眉，❶编辑页眉内容；❷在【页眉和页脚】选项卡【关闭】组中单击【关闭页眉和页脚】按钮，如图 6-49 所示。

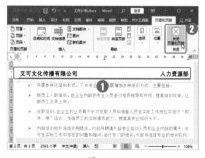

图 6-49

Step⑤ 查看页眉和页脚效果。退出页眉和页脚编辑状态，首页和其他任意一页的页眉和页脚效果分别如图 6-50 和图 6-51 所示。

技术看板

在本操作中，第 2 页编辑的页眉和页脚将应用到除了首页外的所有页面，所以无须在其他页面单独设置页眉和页脚。

图 6-50

图 6-51

技能拓展——设置页眉或页脚位置

页眉和页脚的位置并不是固定的，用户可以根据需要对页眉与页面顶端的距离及页脚与页面底端的距离进行设置。其操作方法为：在【页眉和页脚】选项卡【位置】组中的【页眉顶端距离】微调框中设置页眉到页面顶端的距离；在【页脚底端距离】微调框中设置页脚到页面底端的距离。

★重点 6.4.4 实战：为员工培训计划方案的奇、偶页创建不同的页眉和页脚

实例门类	软件功能

默认情况下，为文档设置页眉和页脚后，将在文档每页添加相同的页眉和页脚。要想使文档的奇数页和偶数页拥有不同的页眉和页脚效果，可根据 Word 提供的奇偶页不同功能来实现。例如，为"员工培训计划方案.docx"文档添加奇偶页不同的页眉和页脚，具体操作步骤如下。

Step① 设置奇数页页眉内容。打开"素材文件\第 6 章\员工培训计划方案.docx"文件，双击页眉或页脚进入编辑状态，❶在【页眉和页脚】选项卡的【选项】组中选中【奇偶页不同】复选框；❷在奇数页页眉中编辑页眉内容，如图 6-52 所示。

图 6-52

Step02 设置奇数页页脚内容。将文本插入点定位到奇数页页脚处，❶对奇数页的页脚内容进行编辑；❷单击【页眉和页脚】选项卡【导航】组中的【下一条】按钮，如图6-53所示。

图 6-53

Step03 设置偶数页页脚内容。自动转至偶数页的页脚，然后对偶数页的页脚内容进行编辑，如图6-54所示。

图 6-54

Step04 设置偶数页页眉内容。❶将文本插入点定位到偶数页页眉处，输入并编辑页眉内容；❷在【页眉和页脚】选项卡【关闭】组中单击【关闭页眉和页脚】按钮，如图6-55所示。

图 6-55

Step05 查看页眉和页脚效果。退出页眉和页脚编辑状态，奇数页和偶数页的页眉和页脚效果分别如图6-56和图6-57所示。

图 6-56

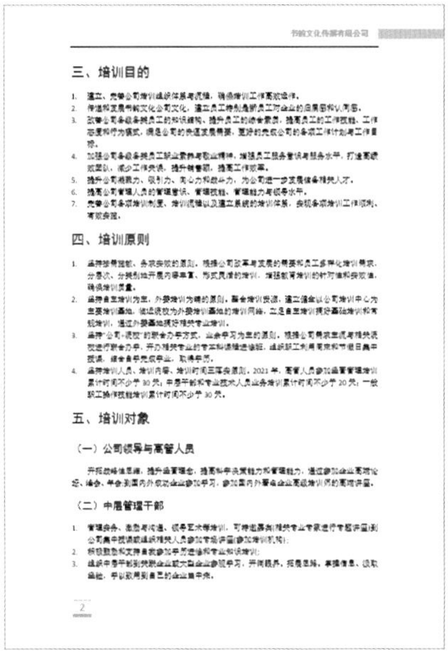

图 6-57

技能拓展——删除页眉和页脚

如果对插入的页眉或页脚样式不满意，可将其删除。其方法是：在【页眉和页脚】选项卡【页眉和页脚】组中单击【页眉】或【页脚】按钮，在弹出的下拉列表中单击【删除页眉】或【删除页脚】选项，即可删除页眉或页脚。

妙招技法

通过对前面知识的学习，相信读者已经掌握了文档的一些特殊格式设置及页面格式设置的相关操作方法。下面结合本章内容，给大家介绍一些实用技巧。

技巧01：利用分节在同一文档设置两种纸张方向

在编辑比较复杂的文档时，如大型表格，在纵向页面中无法完全显示所有列出的内容，这时可以将包含表格的页面改为横向来解决问题。但是在默认情况下，一旦改变文档中任意一页的方向，其他页也会自动改为相同方向。如果希望在同一个文档中同时包含纵向和横向的页面，就需要通过分节来实现。

假设文档中包含了 4 个纵向页面，希望前一页为横向，其他页保持纵向，实现此要求的具体操作步骤如下。

Step01 插入分节符。打开"素材文件\第 6 章\人事档案管理制度.docx"文件，❶将文本插入点定位到第 2 页的起始位置；❷单击【布局】选项卡【页面设置】组中的【分隔符】按钮┅╴；❸在弹出的下拉列表的【分节符】栏中选择【下一页】选项，如图 6-58 所示。

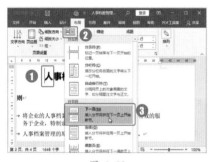

图 6-58

Step02 设置纸张方向。此时，第 1 页内容结尾处插入了一个分节符标记，❶将光标插入点定位到第 1 页中；❷单击【布局】选项卡【页面设置】组中的【纸张方向】按钮；❸在弹出的下拉列表中选择【横向】选项，如图 6-59 所示。

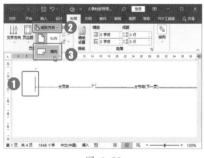

图 6-59

Step03 查看文档效果。返回文档，即可发现第 1 页已经改为了横向，后 3 页保持不变，如图 6-60 所示。

图 6-60

技巧 02：文档分节后，为各节设置不同的页眉和页脚

在介绍分节时，提到了通过分节能设置不同的页眉、页脚效果，但在操作过程中，许多用户分节后依然无法设置不同的页眉、页脚效果。这是因为默认情况下，页眉和页脚在文档分节后默认"与上一节相同"，所以需要分别为各节进行简单的设置（第 1 节无须设置）。

例如，在"员工行为规范.docx"文档中为各节设置不同的页眉和页脚效果，具体操作步骤如下。

Step01 插入分节符。打开"素材文件\第 6 章\员工行为规范.docx"文件，❶将光标插入点定位到第 2 页开始位置；❷单击【布局】选项卡【页面设置】组中的【分隔符】按钮┅╴；❸在弹出的下拉列表中选择【下一页】选项，如图 6-61 所示。

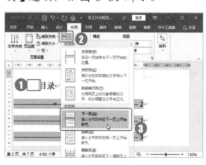

图 6-61

Step02 查看分节符效果。此时，将在第 1 页中插入一个分节符标记，如图 6-62 所示。

图 6-62

Step03 继续插入分节符。使用相同的方法在第 2 页末尾插入一个分节符，效果如图 6-63 所示。

图 6-63

Step04 取消链接到前一节页眉。双击页眉和页脚，进入页眉和页脚编辑状态，❶将光标插入点定位到第 2 节的页眉处；❷此时【页眉和页脚】选项卡【导航】组中的【链接到前一节】按钮呈选中状态，单击该按钮，如图 6-64 所示。

图 6-64

技术看板

【页眉和页脚】选项卡【导航】组中的【链接到前一节】按钮呈选中状态，表示与前一节应用相同的页眉效果；呈非选中状态，则表示与前一节应用不同的页眉效果。

Step05 设置第2节页眉。此时当前节与前一节断开联系，❶对当前节的页眉进行设置；❷设置完成后单击【下一条】按钮，如图6-65所示。

图 6-65

Step06 查看第3节页眉。切换到第3节的页眉，可发现第3节页眉与第2节页眉内容完全相同，且【页眉和页脚】选项卡【导航】组中的【链接到前一节】按钮呈选中状态，如图6-66所示。

图 6-66

Step07 设置第3节页眉。单击【页眉和页脚】选项卡【导航】组中的【链接到前一节】按钮，断开与第2节的链接，❶重新设置第3节页眉；❷设置完成后单击【页眉和页脚】选项卡【导航】组中的【转至页脚】按钮，如图6-67所示。

图 6-67

Step08 断开页脚链接。切换到第3节的页脚处，单击【页眉和页脚】选项卡【导航】组中的【链接到前一节】按钮，断开与第2节页脚的链接，如图6-68所示。

图 6-68

Step09 设置第3节页码。❶在页脚处对页码内容进行设置；❷设置完成后单击【页眉和页脚】选项卡【关闭】组中的【关闭页眉和页脚】按钮，如图6-69所示。

图 6-69

Step10 查看不同节的页眉和页脚效果。退出页眉和页脚编辑状态，可看到第1节没有设置页眉和页脚，第2节只设置了页眉，没有设置页脚，如图6-70所示。第3节既设置

了页眉，也设置了页码，并且页码从第1页开始，效果如图6-71所示。

图 6-70

图 6-71

技能拓展——同一文档设置多重页码格式

参照上述方法，还可以为文档设置多重页码格式。例如，对于一本书来说，希望目录部分使用罗马数字格式的页码，正文部分使用阿拉伯数字格式的页码。为了实现此效果，先插入分节符将目录与正文分开，然后通过单击【页眉和页脚】选项卡【导航】组中的【链接到前一节】按钮，取消目录页脚与正文页脚之间的链接，最后分别在目录页脚、正文页脚中插入页码即可。

技巧03：删除页眉中多余的分隔线

进入页眉和页脚编辑状态后，将自动在页眉处插入一条黑色分隔线，当该分隔线多余或影响文档页眉效果时，可将其删除。但分隔线

无法通过【Delete】键删除，此时可以通过隐藏边框线的方法实现。具体操作方法为：在文档中双击页眉或页脚处，进入页眉和页脚编辑状态，选择页眉中的页眉文本内容，在【开始】选项卡【段落】组中单击【边框】按钮⊞右侧的下拉按钮▾，在弹出的下拉列表中选择【无框线】选项，即可清除页眉处的分隔线，如图6-72所示。

图6-72

技能拓展——删除页眉分隔线的其他方法

除了以上方法外，还可通过清除格式来清除页眉分隔线。具体操作方法为：将文本插入点定位到页眉处，单击【开始】选项卡【字体】组中的【清除所有格式】按钮 A◇，即可删除页眉分隔线。

技巧04：解决编辑页眉、页脚时文档正文自动消失的问题

用户在编辑页眉或页脚时，有时会出现文档正文自动消失的情况，如图6-73所示。

图6-73

为了解决该问题，可进行一个简单的设置。其操作方法为：在页眉和页脚编辑状态下，在【页眉和页脚】选项卡的【选项】组中选中【显示文档文字】复选框即可，如图6-74所示。

图6-74

本章小结

通过对本章知识的学习和案例练习，相信读者已经能够制作出各种风格的文档了。另外，在实际应用中，分节与页眉和页脚的设置是非常灵活的，结合使用这两者，可以制作出各种漂亮、出色的页眉和页脚样式。希望读者在学习的过程中能够融会贯通，从而制作出各种出色版式的文档。

第3篇

图表美化篇

制作版式比较灵活的 Word 文档，特别是在制作宣传、报告等类型的文档时，经常会用到除文字对象外的其他对象，如图片、图形、表格及图表等，因为这些对象不仅可以起到丰富文档版面的作用，还可以对文字内容进行补充说明。

第 7 章 图片、图形与艺术字的应用

➡ 网络中搜索到的图片，可以直接插入 Word 文档中吗？

➡ 不用 Photoshop 就能删除图片的背景，你知道吗？

➡ 插入的图片颜色过暗，可以调整吗？

➡ Word 中那些好看的图标是从哪儿来的？

➡ 如何让文档的标题更具艺术性？

➡ 关系图、流程图如何制作更简单？

要制作图文并茂的文档，就需要用到 Word 中提供的图片及图形对象。本章将对图片及各种图形对象，如图标、3D 模型、形状、文本框、SmartArt 等的插入与编辑方法进行介绍。通过对本章内容的学习，读者可以合理地利用各种对象来制作文档，让文档内容更加丰富，效果更加美观。

7.1 通过图片增强文档表现力

制作产品说明书、企业内刊及公司宣传册等类型的文档时，可以通过 Word 的图片编辑功能插入图片，从而使文档图文并茂，给观者带来更直观的感受。

7.1.1 实战：在刊首寄语中插入计算机中的图片

| 实例门类 | 软件功能 |

制作文档的过程中，可以插入计算机中收藏的图片，以配合文档内容或美化文档。插入图片的具体操作步骤如下。

Step 01 执行插入图片操作。打开"素材文件\第 7 章\刊首寄语.docx"文件，❶将光标插入点定位到需要插入图片的位置；❷单击【插入】选项卡【插图】组中的【图片】按钮，在下拉列表中选择【此设备】选项，如图 7-1 所示。

图 7-1

Step02 选择插入的图片。打开【插入图片】对话框，❶选择需要插入的图片；❷单击【插入】按钮，如图 7-2 所示。

图 7-2

Step03 查看插入的图片。返回文档，选择的图片即可插入光标插入点所在位置，如图 7-3 所示。

图 7-3

技术看板

Word 的图片功能非常强大，可以支持很多图片格式，如 JPG、WMF、PNG、BMP、GIF、TIF、EPS、WPG 等。

★新功能 7.1.2 实战：在办公室日常行为规范中插入图像集图片

实例门类	软件功能

Word 2021 提供了【图像集】功能，通过这个功能，可以从各种联机来源中查找和插入图片、图标、人物抠图、插画等，但前提是使用【图像集】功能时，必须保证计算机已正常连接网络。下面以插入图像集图片为例，具体操作步骤如下。

Step01 执行图像集操作。打开"素材文件\第 7 章\办公室日常行为规范.docx"文件，❶将光标插入点定位到需要插入图片的位置；❷单击【插入】选项卡【插图】组中的【图片】按钮，在下拉列表中选择【图像集】选项，如图 7-4 所示。

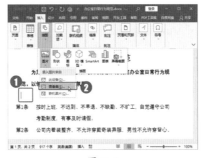

图 7-4

Step02 插入选择的图片。打开对话框，❶选中需要插入图片类型的选项卡，如【人像抠图】；❷在文本框中输入需要的图片关键字，如【坐】，按【Enter】键，显示相关图片；❸选择需要的多张图片，单击【插入】按钮，如图 7-5 所示。

图 7-5

Step03 查看图片效果。此时开始下载图片，下载完成后，即可将选择的图片插入光标插入点所在位置，用同样的方法插入其他图片，调整图片大小和位置，如图 7-6 所示。

图 7-6

7.1.3 实战：在感谢信中插入联机图片

实例门类	软件功能

【联机图片】功能可以从各种联机来源中查找和插入图片，但前提是使用【联机图片】功能时，必须保证计算机已正常连接网络。下面以插入联机图片为例，具体操作步骤如下。

Step01 执行联机图片操作。打开"素材文件\第 7 章\感谢信.docx"文件，❶将光标插入点定位到需要插入图片的位置；❷单击【插入】选项卡【插图】组中的【图片】按钮，在下拉列表中选择【联机图片】按钮，如图 7-7 所示。

图 7-7

Step02 输入搜索关键字。打开【联机图片】页面，在文本框中输入需要的图片关键字，如【花边】，按【Enter】键，如图7-8所示。

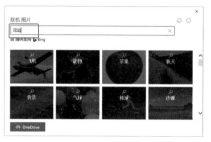

图7-8

Step03 插入选择的图片。系统将根据关键字把搜索到的图片展示出来，❶选中需要插入图片的复选框；❷单击【插入】按钮，如图7-9所示。

图7-9

Step04 查看图片效果。此时开始下载图片，下载完成后，即可将选择的图片插入光标插入点所在位置，如图7-10所示。

图7-10

技术看板

在文档中插入联机图片时，如果要同时插入多张搜索出来的图片，

那么在搜索结果对话框中可同时选中需要插入的多张图片，在【插入】按钮上将显示图片张数，单击【插入】按钮，即可同时进行下载插入。

7.1.4 实战：插入屏幕截图

实例门类	软件功能

在Word排版过程中，当需要在该文档中插入其他文档或文件的内容时，如图片、表格等，用户可通过Word 2021提供的【屏幕截图】功能，快速将需要的内容截图并插入文档中。

1. 截取活动窗口

Word的【屏幕截图】功能会智能监视活动窗口（打开且没有最小化的窗口），可以很方便地截取活动窗口的图片并插入当前文档中，具体操作步骤如下。

Step01 选择截取的窗口。❶将光标插入点定位在要插入图片的位置；❷单击【插入】选项卡【插图】组中的【屏幕截图】按钮；❸在弹出的下拉列表中的【可用的视窗】栏中，将以缩略图的形式显示当前所有活动窗口，单击要插入的窗口图标，如图7-11所示。

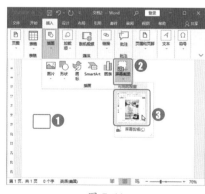

图7-11

Step02 查看插入的窗口图片。此时，Word 2021会自动截取该窗口

图片并插入文档中，效果如图7-12所示。

图7-12

2. 截取屏幕区域

使用Word 2021的截取屏幕区域功能，可以截取计算机屏幕上的任意图片，并将其插入文档中，具体操作步骤如下。

Step01 选择屏幕剪辑选项。❶将光标插入点定位在需要插入图片的位置；❷单击【插入】选项卡【插图】组中的【屏幕截图】按钮；❸在弹出的下拉列表中选择【屏幕剪辑】选项，如图7-13所示。

图7-13

Step02 选择需要截取的部分。当前文档窗口自动缩小，整个屏幕将朦胧显示，这表示进入屏幕剪辑状态，这时用户可按住鼠标左键不放，拖动鼠标选择截取区域，被选中的区域将呈高亮显示，如图7-14所示。

图 7-14

Step**03** 查看截取的图片效果。截取

好区域后，松开鼠标左键，Word会自动将截取的屏幕图像插入文档中，如图 7-15 所示。

图 7-15

📋 **技术看板**

截取屏幕截图时，选择【屏幕剪辑】选项后，屏幕中显示的内容是打开当前文档之前所打开的窗口或对象。

进入屏幕剪辑状态后，如果不想截图了，按【Esc】键退出截图状态即可。

7.2 编辑图片

插入图片后，功能区将显示【图片格式】选项卡，通过该选项卡，用户可对选中的图片调整大小、色彩、设置图片样式和环绕方式等。

7.2.1 实战：调整图片大小和角度

实例门类	软件功能

在文档中插入图片后，首先需要调整图片大小，以避免图片过大而占据太多的文档空间。为了满足各种排版需要，还可以通过旋转图片的方式随意调整图片的角度。

1. 使用鼠标调整图片大小和角度

使用鼠标来调整图片大小和角度，既快速又便捷，所以许多用户都会习惯性使用鼠标来调整图片大小和角度。

➡ 调整图片大小：选中图片，图片四周会出现控制点 ○，将鼠标指针停放在控制点上，当指针变成双向箭头 ⇔ 形状时，按住鼠标左键并任意拖动，即可改变图片的大小，拖动时，鼠标指针显示

为 ＋ 形状，如图 7-16 所示。

图 7-16

📋 **技术看板**

若拖动图片 4 个角上的控制点，则图片会按等比例缩放大小；若拖动图片 4 个边中线处的控制点，则只会改变图片的高度或宽度。

➡ 调整图片角度：鼠标指针指向旋转手柄 ⟳，此时指针显示为 ⟳ 形状，然后按住鼠标左键并进行拖动，可以旋转该图片，旋转时，鼠标指针显示为 ⟲ 形状，如

图 7-17 所示，拖动到合适角度后释放鼠标即可。

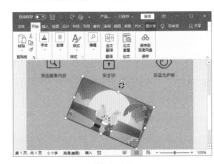

图 7-17

2. 通过功能区调整图片大小和角度

如果希望调整为更精确的图片大小和角度，可通过功能区来实现。

➡ 调整图片大小：选中图片，在【图片格式】选项卡【大小】组中的【高度】微调框和【宽度】微调框中设置图片高度值和宽度值即可，如图 7-18 所示。

图 7-18

➡ 调整图片角度: 选中图片, 在【图片格式】选项卡的【排列】组中单击【旋转】按钮, 在弹出的下拉列表中选择需要的旋转方式, 如图 7-19 所示。

图 7-19

3. 通过对话框调整图片大小和角度

要想精确调整图片大小和角度, 还可以通过对话框来设置, 具体操作步骤如下。

Step01 单击【功能扩展】按钮。打开"素材文件\第 7 章\产品宣传内页.docx"文件, ❶选中图片; ❷在【图片格式】选项卡【大小】组中单击【功能扩展】按钮, 如图 7-20 所示。

图 7-20

Step02 设置图片大小和旋转角度。打开【布局】对话框, ❶在【大小】选项卡的【高度】栏中设置图片绝对值, 此时【宽度】栏中的值会自动进行调整; ❷在【旋转】栏中设置旋转度数; ❸设置完成后单击【确定】按钮, 如图 7-21 所示。

图 7-21

技能拓展——恢复图片原始大小

在【布局】对话框的【大小】选项卡中, 单击【重置】按钮, 可以使图片恢复到原始大小。原始大小并不是指将图片插入该文档时的图片大小, 而是指图片本身的大小。图片的原始大小参数, 可在【原始尺寸】栏中进行查看。

Step03 查看图片效果。返回文档,

即可查看调整图片大小和旋转角度后的效果, 如图 7-22 所示。

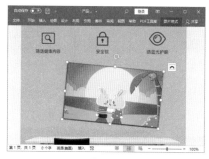

图 7-22

技术看板

在【布局】对话框中调整图片大小时, 还可以在【缩放】栏中通过【高度】或【宽度】微调框设置图片的缩放比例。

在【布局】对话框的【大小】选项卡中,【锁定纵横比】复选框默认为选中状态, 所以通过功能区或对话框调整图片大小时, 无论是高度还是宽度的值发生改变, 另一个值便会按图片的比例自动更正; 反之, 若取消选中【锁定纵横比】复选框, 则调整图片大小时, 图片不会按照比例进行自动更正, 这容易出现图片变形的情况。

7.2.2 实战: 裁剪图片

实例门类	软件功能

Word 提供了裁剪功能, 通过该功能, 可以非常方便地对图片进行裁剪操作, 具体操作步骤如下。

Step01 执行裁剪操作。打开"结果文件\第 7 章\感谢信.docx"文件, ❶选中图片; ❷单击【图片格式】选项卡【大小】组中的【裁剪】按钮, 如图 7-23 所示。

图 7-23

Step02 拖动鼠标裁剪图片。此时，图片将呈可裁剪状态，指向图片上方的裁剪标志，鼠标指针将变成裁剪状态，拖动鼠标可进行裁剪，如图 7-24 所示。

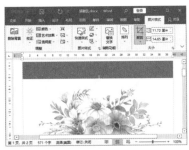

图 7-24

技能拓展——退出裁剪状态

图片呈可裁剪状态时，按【Esc】键可退出裁剪状态。

Step03 执行裁剪。拖动至需要的位置时释放鼠标，此时阴影部分表示将要被剪掉的部分，将鼠标指针移动到下方的裁剪标志上，向上拖动鼠标，裁剪图片下方，确认好裁剪区域后，单击【裁剪】按钮，如图 7-25 所示。

图 7-25

技能拓展——放弃当前裁剪

图片处于裁剪状态时，若要放弃当前裁剪，按快捷键【Ctrl+Z】即可。

Step04 查看裁剪后的图片效果。退出图片的裁剪状态，完成裁剪后的效果如图 7-26 所示。

图 7-26

技能拓展——按一定比例裁剪图片

选择图片，单击【图片格式】选项卡【大小】组中的【裁剪】下拉按钮，在弹出的下拉列表中选择【纵横比】选项，在弹出的级联菜单中显示了多种纵横比选项，选择需要的选项即可。

★重点 7.2.3 实战：在楼盘简介中删除图片背景

实例门类	软件功能

对于插入 Word 文档中的图片，为了使图片与文档背景融为一体，有时需要将图片的背景删除，这时可使用 Word 提供的删除背景功能快速删除图片的背景。例如，在"楼盘简介.docx"文档中对图片的背景进行删除，具体操作步骤如下。

Step01 执行删除背景操作。打开"素材文件\第 7 章\楼盘简介.docx"文件，①选中第 1 张图片；②单击【图片格式】选项卡【调整】组中的【删除背景】按钮，如图 7-27 所示。

图 7-27

Step02 查看图片要删除的部分。此时，要删除的区域变为紫色，当图片中需要保留的区域变成紫红色时，可单击【背景消除】选项卡【优化】组中的【标记要保留的区域】按钮，如图 7-28 所示。

图 7-28

技术看板

在【背景消除】选项卡的【优化】组中，若单击【标记要删除的区域】按钮，可以在图片中标识出要删除的图片区域。

Step03 标记要保留的区域。此时鼠标指针将变成⬭形状，在图片需要保留的区域拖动鼠标绘制线条，标记要保留的区域，标记完成后，单击【背景消除】选项卡【关闭】组中的【保留更改】按钮，如图 7-29 所示。

图 7-29

Step 04 查看图片效果。此时会保留图片需要保留的部分，并返回文档编辑区，在其中可查看图片的效果，如图 7-30 所示。

图 7-30

★重点 7.2.4 实战：在楼盘简介中调整图片色彩

实例门类	软件功能

在 Word 中插入图片后，还可以对图片的亮度、对比度，以及图片的饱和度、色调进行调整，以达到更理想的色彩状态。调整图片色彩的具体操作步骤如下。

Step 01 调整图片亮度和对比度。❶在"楼盘简介.docx"文档中选中第 1 张图片；❷单击【图片格式】选项卡【调整】组中的【校正】按钮；❸在弹出的下拉列表中的【亮度/对比度】栏中选择需要的调整方案，如选择【亮度:+20% 对比度:+20%】选项，如图 7-31 所示。

图 7-31

技术看板

单击【校正】按钮后，在弹出的下拉列表中若选择【图片校正选项】选项，可在打开的【设置图片格式】窗格中自定义设置亮度和对比度的百分比。

Step 02 调整图片色调。保持图片的选中状态，❶在【图片格式】选项卡【调整】组中单击【颜色】按钮；❷在弹出的下拉列表的【色调】栏中选择图片色调，如选择【色温:11200K】选项，如图 7-32 所示。

图 7-32

Step 03 调整图片饱和度。选择第 2 张图片，❶在【图片格式】选项卡【调整】组中单击【颜色】按钮；❷在弹出的下拉列表的【颜色饱和度】栏中选择需要的饱和度，如选择【饱和度:200%】选项，如图 7-33 所示。

图 7-33

Step 04 查看图片效果。调整图片颜色后的效果如图 7-34 所示。

图 7-34

技能拓展——改变图片的整体色彩

在文档中插入图片后，可以通过 Word 提供的【重新着色】功能改变图片的颜色。其操作方法为：选中图片后，在【图片格式】选项卡【调整】组中单击【颜色】按钮，在弹出的下拉列表的【重新着色】栏中选择需要的颜色。若【重新着色】栏中没有需要的颜色，可以选择【其他变体】选项，在弹出的级联菜单中进行选择即可。

7.2.5 实战：在楼盘简介中设置图片效果

实例门类	软件功能

在 Word 中插入图片后，可以对其设置阴影、映像、柔化边缘等效果，以达到美化图片的目的。例如，在"楼盘简介.docx"文档中对

图片应用柔化边缘和映像效果，具体操作步骤如下。

Step01 选择柔化边缘效果。在"楼盘简介.docx"文档中选中第1张图片，❶单击【图片格式】选项卡【图片样式】组中的【图片效果】按钮 ☑ ↓；❷在弹出的下拉列表中选择【柔化边缘】选项；❸在弹出的级联菜单中选择柔化边缘效果，如选择【10磅】选项，如图 7-35 所示。

图 7-35

技术看板

单击【图片效果】按钮 ☑ ↓ 后，在弹出的下拉列表中若选择【预设】选项，则可以在弹出的级联菜单中选择已经预设好的效果方案。

Step02 查看图片柔化效果。此时为选择的图片应用了选择的柔化边缘效果，如图 7-36 所示。

图 7-36

Step03 选择映像效果。选中第2张图片，❶单击【图片格式】选项卡

【图片样式】组中的【图片效果】按钮 ☑ ↓；❷在弹出的下拉列表中选择【映像】选项；❸在弹出的级联菜单中选择映像效果，如选择【紧密映像:4磅 偏移量】选项，如图 7-37 所示。

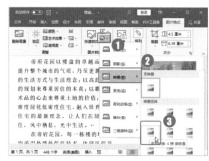

图 7-37

Step04 查看图片映像效果。此时为选择的图片应用选择的映像效果，如图 7-38 所示。

图 7-38

★重点 7.2.6 实战：在旅游景点中设置图片边框

实例门类	软件功能

图片边框的功能主要针对边框为白色的图片。当图片边框是白色时，图片四周没有明显的边界，插入文档后会影响视觉效果，这时可以通过为图片添加边框来改善显示效果。设置图片边框的具体操作步骤如下。

Step01 选择图片边框颜色。打开"素材文件\第 7 章\旅游景点.docx"文件，选中需要添加边框的图片，❶单击【图片格式】选项卡【图片样式】组中的【图片边框】按钮 ☑ 右侧的下拉按钮 ↓；❷在弹出的下拉列表中选择需要的边框颜色，如选择【黑色,文字 1】选项，如图 7-39 所示。

图 7-39

Step02 选择其他线条选项。保持图片的选中状态，❶单击【图片边框】按钮 ☑ 右侧的下拉按钮 ↓；❷在弹出的下拉列表中选择【粗细】选项；❸在弹出的级联菜单中选择【其他线条】选项，如图 7-40 所示。

图 7-40

Step03 设置图片边框类型。打开【设置图片格式】任务窗格，❶在【线条】选项下单击【复合类型】按钮 ☰ ↓；❷在弹出的下拉列表中选择边框线类型，如选择【由粗到细】选项，如图 7-41 所示。

图 7-41

Step04 设置图片边框粗细。在【宽度】微调框中设置边框粗细，如设置为【12磅】，按【Enter】键确认，完成图片边框的设置，如图 7-42 所示。

图 7-42

7.2.7 实战：在旅游景点中设置图片的艺术效果

实例门类	软件功能

　　Word 为图片提供了多种艺术效果，用户可直接选择这些艺术效果，让图片更具艺术性。具体操作步骤如下。

Step01 选择图片艺术效果。在打开的"旅游景点.docx"文档中选中需要添加艺术效果的图片，❶单击【图片格式】选项卡【调整】组中的【艺术效果】按钮；❷在弹出的下拉列表中选择需要的艺术效果，如选择【十字图案蚀刻】选项，如图 7-43 所示。

图 7-43

Step02 查看图片效果。此时为图片应用了选择的艺术效果，如图 7-44 所示。

图 7-44

7.2.8 实战：在旅游景点中应用图片样式

实例门类	软件功能

　　Word 为插入的图片提供了多种内置样式，这些内置样式主要由阴影、映像、发光等效果元素创建的混合效果。

　　通过内置样式，可以快速为图片设置外观样式，具体操作步骤如下。

Step01 选择图片样式。在打开的"旅游景点.docx"文档中选中需要应用图片样式的图片，❶单击【图片格式】选项卡【图片样式】组中的【快速样式】按钮；❷在弹出的下拉列表中选择需要的样式，如选择

【映像圆角矩形】选项，如图 7-45 所示。

图 7-45

Step02 查看图片效果。此时为图片应用选择的图片样式，如图 7-46 所示。

图 7-46

技能拓展——快速还原图片

　　对图片进行大小调整、裁剪、删除背景或颜色调整等设置后，若要撤销这些操作，可通过 Word 提供的重设功能进行还原。具体操作方法为：选中图片，单击【图片格式】选项卡【调整】组中的【重置图片】按钮右侧的下拉按钮，在弹出的下拉列表中若选择【重置图片】选项，将保留设置的大小，清除其余的全部格式；若选择【重置图片和大小】选项，将清除对图片设置的所有格式，并还原到图片的原始尺寸大小。

7.2.9 实战：在旅游景点中设置图片环绕方式

实例门类	软件功能

Word 提供了嵌入型、四周型、紧密型、穿越型、上下型、衬于文字下方和浮于文字上方 7 种文字环绕方式，不同的环绕方式可以为读者带来不一样的视觉感受。在文档中插入的图片默认版式为嵌入型，该版式类型的图片的展现方式与文字相同，若将图片插入包含文字的段落中，该行的行高将以图片的高度为准。若将图片设置为【嵌入型】以外的任意一种环绕方式，图片将以不同形式与文字结合在一起，从而实现不同的排版效果。

设置图片环绕方式的操作步骤如下。

Step01 选择图片环绕方式。❶在打开的"旅游景点.docx"文档中选中图片；❷在【图片格式】选项卡【排列】组中单击【环绕文字】按钮；❸在弹出的下拉列表中选择需要的环绕方式，如选择【四周型】选项，如图 7-47 所示。

图 7-47

Step02 调整图片位置。任意拖动图片调整其位置，图片都将位于文字的四周排列，调整位置后的效果如图 7-48 所示。

图 7-48

> **技能拓展——图片与指定段落同步移动**
>
> 为图片设置了【嵌入型】以外的环绕方式后，选中图片，图片附近的段落左侧会显示锁定标记，表示当前图片的位置依赖于该标记右侧的段落。当移动图片所依附的段落的位置时，图片会随着一起移动，而移动其他没有依附关系的段落时，图片不会移动。
>
> 如果想要改变图片依附的段落，则使用鼠标拖动锁定标记到目标段落左侧即可。

除了上述操作方法外，还可以通过以下两种方式设置图片的环绕方式。

➡ 在图片上右击，在弹出的快捷菜单中选择【环绕文字】命令，在弹出的级联菜单中选择需要的环绕方式即可，如图 7-49 所示。

图 7-49

➡ 选中图片，图片右上角会自动显示【布局选项】按钮，单击该按钮，可在打开的【布局选项】窗格中选择环绕方式，如图 7-50 所示。

图 7-50

> **技能拓展——调整图片与文字之间的距离**
>
> 为图片设置四周型、紧密型、穿越型、上下型这 4 种环绕方式后，还可以调整图片与文字之间的距离。具体操作方法为：选中图片，切换到【图片格式】选项卡，在【排列】组中单击【环绕文字】按钮，在弹出的下拉列表中选择【其他布局选项】选项，弹出【布局】对话框，在【文字环绕】选项卡的【距正文】栏中通过【上】【下】【左】【右】微调框进行调整即可。其中，【上下型】环绕方式只能设置【上】和【下】两个距离参数。

7.3　图标和 3D 模型的使用

在 Word 2021 中，不仅可以在文档中插入图标和 3D 模型，还可以对其进行编辑和美化，使插入的图标和 3D 模型更能满足文档的需要。

★重点 7.3.1　实战：在产品宣传文档中插入图标

实例门类	软件功能

Word 2021 中提供了多种类型的图标，在计算机连接网络的情况下，可直接插入 Word 提供的在线图标。例如，在 "产品宣传.docx" 文档中插入在线图标，具体操作步骤如下。

Step01 执行插入图标操作。打开 "素材文件\第 7 章\产品宣传.docx" 文件，❶将光标插入点定位到需要插入图标的位置；❷单击【插入】选项卡【插图】组中的【图片】按钮，❸在弹出的下拉列表中选择【图像集】按钮，如图 7-51 所示。

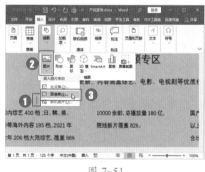

图 7-51

Step02 选择需要的图标。打开对话框，❶在类型栏中选择图标类型；❷在对话框中输入需要图标的关键字，如输入【位置】；❸在下方列表栏中选中需要的图片；❹单击【插入】按钮，如图 7-52 所示。

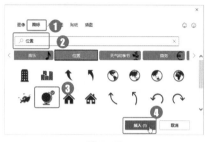

图 7-52

Step03 查看插入的图标。开始下载选择的图标，下载完成后，即可插入光标插入点所在位置，如图 7-53 所示。

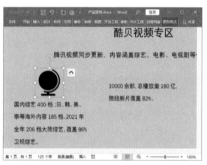

图 7-53

Step04 插入其他图标。用相同的方法在文档其他位置插入需要的图标，效果如图 7-54 所示。

图 7-54

7.3.2　实战：在产品宣传文档中更改图标

实例门类	软件功能

如果对插入文档中的图标不满意，可以根据需要对其进行更改。在 Word 2021 中，更改图标的来源包括来自文件（保存在计算机中的图片或图标）、自图像集（联机图片或图标）、来自在线来源（联机图片或图标）、从图标（在线图标）和自剪贴板 5 种，用户可以根据实际需要选择图标的来源。例如，将 "产品宣传.docx" 中的电视图标更改为联机搜索到的电视图片，具体操作步骤如下。

Step01 选择更改来源。❶在打开的 "产品宣传.docx" 文档中选择需要更改的图标；❷单击【图形格式】选项卡【更改】组中的【更改图形】按钮；❸在弹出的下拉列表中选择更改来源，如选择【来自在线来源】选项，如图 7-55 所示。

图 7-55

技术看板

在【更改图形】下拉列表中选择【来自文件】和【来自在线来源】选项，都将打开与图片相关的对话框。

Step02 输入关键字搜索。打开【联机图片】页面，在搜索框中输入需要的图标关键字，如输入【电视图标】，如图 7-56 所示。

图 7-56

Step03 插入需要的图标。此时根据输入的关键字搜索图片，❶在搜索结果中选择需要插入的图片；❷单击【插入】按钮，如图 7-57 所示。

图 7-57

Step04 查看更改后的效果。返回文档，选择的图标将更改为搜索到的图标，效果如图 7-58 所示。

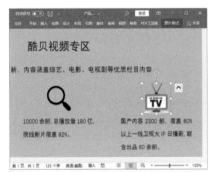

图 7-58

技能拓展——将图标转换为形状

Word 2021 还提供了将图标转换为形状的功能，通过该功能，可快速将图标更改为形状，这样就可以像编辑形状一样编辑图标了。其具体操作方法为：选择需要转换的图标，单击鼠标右键，在弹出的快捷菜单中选择【转换为形状】命令，打开图 7-59 所示的提示对话框，单击【是】按钮，即可将图标转换为形状。

图 7-59

★重点 7.3.3 实战：对产品宣传中的图标进行编辑

实例门类	软件功能

对于插入的图标，还可以像图片一样进行编辑，如对图标的大小、旋转角度、图形样式、图形效果、图形边框及图形颜色等进行设置，其设置方法与图片基本相同。例如，对"产品宣传.docx"文档中图标的颜色和阴影效果进行设置，具体操作步骤如下。

Step01 更改图标颜色。❶在打开的"产品宣传.docx"文档中选择需要更改颜色的图标；❷单击【图形格式】选项卡【图形样式】组中的【图形填充】下拉按钮﹀；❸在弹出的下拉列表中选择需要的颜色，如选择【蓝色,个性色 5,深色 25%】选项，如图 7-60 所示。

图 7-60

Step02 设置图标阴影效果。保持图标的选择状态，❶单击【图形格式】选项卡【图形样式】组中的【图形效果】按钮；❷在弹出的下拉列表中选择图形效果，如选择【阴影】选项；❸在弹出的级联菜单中选择【偏移:右】选项，如图 7-61 所示。

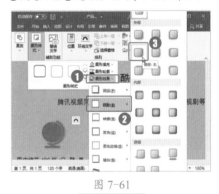

图 7-61

Step03 设置其他图标。用相同的方法为第 2 张图标设置相同的图标效果，效果如图 7-62 所示。

图 7-62

★重点 7.3.4　实战：插入 3D 模型

| 实例门类 | 软件功能 |

Word 2021 中提供了 3D 模型功能，通过该功能，可以在文档中插入 Filmbox 格式（.fbx）、对象格式（.obj）、3D 制造格式（.3mf）、多边形格式（.ply）、StereoLithography 格式（.stl）和二进制 GL 传输格式（.glb）等文件。具体操作步骤如下。

Step01 执行插入 3D 模型操作。打开"素材文件\第 7 章\3d 模型 .docx"文件，❶将光标插入点定位到需要插入模型的位置；❷单击【插入】选项卡【插图】组中的【3D 模型】下拉按钮；❸在弹出的下拉菜单中选择【此设备】选项，如图 7-63 所示。

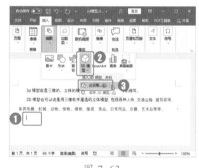
图 7-63

Step02 选择插入的文件。打开【插入 3D 模型】对话框，❶选择需要插入的 3D 模型文件，如选择【模型 .FBX】选项；❷单击【插入】按钮，如图 7-64 所示。

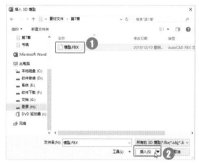
图 7-64

Step03 查看插入的模型。此时会将选择的文件插入文档中，并使用调整图片大小的方法将 3D 模型调整到合适的大小，如图 7-65 所示。

图 7-65

★重点 7.3.5　实战：应用 3D 模型视图

| 实例门类 | 软件功能 |

Word 2021 中提供了多种模型视图，用户可以将其直接应用到 3D 模型中，让文档中的 3D 模型快速变成需要的效果，具体操作步骤如下。

Step01 选择 3D 模型视图。❶在"3d 模型 .docx"文档中选择模型图；❷在【3D 模型】选项卡【3D 模型视图】组的列表框中选择需要的模型视图，如选择【上前视图】选项，如图 7-66 所示。

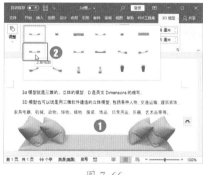
图 7-66

Step02 查看 3D 模型效果。此时为 3D 模型应用选择的视图样式，效果如图 7-67 所示。

图 7-67

★重点 7.3.6　实战：平移或缩放 3D 模型

| 实例门类 | 软件功能 |

Word 2021 中为 3D 模型提供了一个非常实用的平移与缩放功能，通过该功能可以聚焦 3D 模型的某个功能。具体操作步骤如下。

Step01 选择相应的按钮。❶在"3d 模型 .docx"文档中选择 3D 模型图；❷在【3D 模型】选项卡【大小】组中单击【平移与缩放】按钮，如图 7-68 所示。

图 7-68

Step02 平移 3D 模型。将鼠标指针移动到 3D 模型图上，当鼠标指针变成✛形状时，按住鼠标左键不放进行拖动，可移动 3D 模型，如图 7-69 所示。

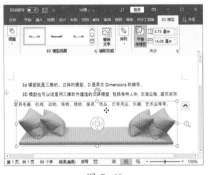

图 7-69

Step03 拖动旋转 3D 模型。选择 3D 模型后，就会在模型中间出现一个图标，将鼠标指针移动到该图

标上，按住鼠标左键拖动，可调整 3D 模型的旋转角度，如图 7-70 所示。

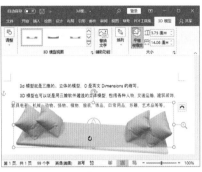

图 7-70

Step04 查看模型效果。调整到合适位置后释放鼠标，模型效果如图 7-71 所示。

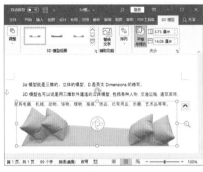

图 7-71

7.4 形状、文本框与艺术字的使用

为了使文档内容更加丰富，可在其中插入形状、文本框或艺术字等图形对象进行点缀。在 Word 2021 中插入形状、文本框或艺术字后，要对它们进行美化编辑操作，都需要在【形状格式】选项卡中进行，所以它们的操作是有一定共性的。读者在学习的过程中，要融会贯通。

7.4.1 实战：在感恩母亲节中插入形状

实例门类	软件功能

为了满足用户在制作文档时的不同需要，Word 提供了多个类别的形状，如线条、矩形、基本形状、箭头等，用户可以从指定类别中找到需要使用的形状，然后将其插入文档中。在文档中插入形状的具体操作步骤如下。

Step01 选择形状。打开"素材文件\第 7 章\感恩母亲节 .docx"文件，❶ 单击【插入】选项卡【插图】组中的【形状】按钮；❷ 在弹出的下拉列表中选择需要的形状，如选择【矩形：剪去对角】选项，如图 7-72 所示。

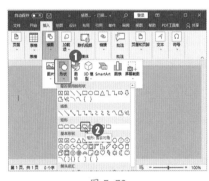

图 7-72

Step02 拖动鼠标绘制形状。此时鼠标指针呈十形状，在需要插入形状的位置按住鼠标左键不放，然后拖动鼠标进行绘制，如图 7-73 所示。

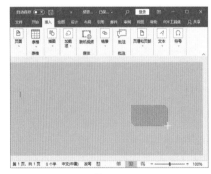

图 7-73

Step03 查看绘制的形状。当绘制到合适大小时释放鼠标，即可完成绘制，如图 7-74 所示。

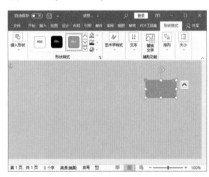

图 7-74

🔧 技术看板

在 Word 中插入形状、文本框或艺术字等对象后，都可以通过拖动鼠标的方式调整它们的位置。

7.4.2 调整形状大小和角度

插入形状后，还可以调整形状的大小和角度，其方法与图片的调整方法相似，所以此处只进行简单的介绍。

➥ 使用鼠标调整：选中形状，形状四周会出现控制点 ○，将鼠标指针指向控制点，当指针变成双向箭头 ⇔ 时，按住鼠标左键并任意拖动，即可改变形状的大小；将鼠标指针指向旋转手柄 ⟳，鼠标指针将显示为 ↻ 形状，此时按住鼠标左键并进行拖动，可以旋转形状。

技术看板

有的形状（如 7.4.1 小节中插入的形状）被选中后，还会出现黄色控制点 ○，对其拖动，可以改变形状的外观，甚至可以实现一些特殊的外观效果。

➥ 使用功能区调整：选中形状，切换到【形状格式】选项卡，在【大小】组中可以设置形状的大小，在【排列】组中单击【旋转】按钮，在弹出的下拉列表中可以选择形状的旋转角度。

➥ 使用对话框调整：选中形状，切换到【形状格式】选项卡，在【大小】组中单击【功能扩展】按钮 ⌐，打开【布局】对话框，在【大小】选项卡中可以设置形状大小和旋转度数。

技术看板

使用鼠标调整形状的大小时，按住【Shift】键的同时再拖动形状，可等比例缩放形状大小。

此外，形状大小和角度的调整方法同样适用于文本框、艺术字编辑框的调整，后面的相关知识介绍中将不再赘述。

★重点 7.4.3　实战：在感恩母亲节中更改形状

实例门类	软件功能

在文档中绘制形状后，可以随时改变它们的形状。例如，要将 7.4.1 小节中绘制的形状更改为云形，具体操作步骤如下。

Step 01 选择更改后的形状。❶在"感恩母亲节.docx"文档中，选中形状；❷在【形状格式】选项卡【插入形状】组中单击【编辑形状】按钮 ⌐▾；❸在弹出的下拉列表中依次选择【更改形状】→【云形】选项，如图 7-75 所示。

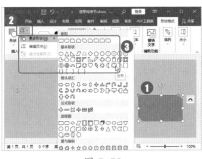

图 7-75

Step 02 查看更改后的形状效果。此时所选形状更改为云形，如图 7-76 所示。

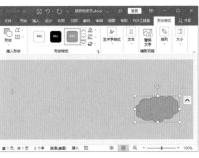

图 7-76

7.4.4　实战：为感恩母亲节中的形状添加文字

实例门类	软件功能

插入的形状中是不包含文字内容的，但是可以像文本框和艺术字那样，在形状中输入文字，具体操作步骤如下。

Step 01 选择菜单命令。❶在"感恩母亲节.docx"文档中的云形上右击；❷在弹出的快捷菜单中选择【添加文字】命令，如图 7-77 所示。

图 7-77

Step 02 在形状中输入文本。此时形状中将出现光标插入点，可直接输入文字内容，如图 7-78 所示。

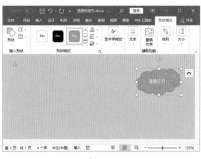

图 7-78

Step 03 设置文本格式。选中输入的文字，通过【开始】选项卡的【字体】组设置字体格式，通过【段落】组设置段落格式，设置后的效果如图 7-79 所示。

图 7-79

图 7-81

图 7-84

★重点 7.4.5 实战：在感恩母亲节中插入文本框

实例门类	软件功能

在编辑与排版文档时，文本框是最常使用的对象之一。若要在文档的任意位置插入文本，一般是通过插入文本框的方法实现的。Word提供了多种内置样式的文本框，用户可直接插入使用，具体操作步骤如下。

Step① 选择文本框样式。在"感恩母亲节.docx"文档中，❶单击【插入】选项卡【文本】组中的【文本框】按钮；❷在弹出的下拉列表中选择需要的文本框样式，如选择【奥斯汀引言】选项，如图 7-80 所示。

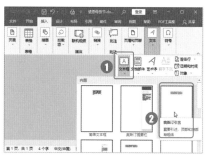

图 7-80

Step② 调整文本框。所选样式的文本框将自动插入文档中，根据操作需要，选中文本框并拖动，以调整至合适的位置，效果如图 7-81 所示。

Step③ 设置文本格式。选中文本框中的占位符"使用文档中的独特引言……只需拖动它即可。"，按【Delete】键删除，然后输入文本内容，并对其设置字体格式和段落格式，设置后的效果如图 7-82 所示。

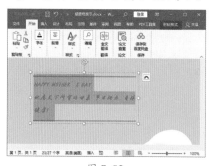

图 7-82

Step④ 调整文本框大小。通过拖动鼠标的方式，调整文本框的大小，调整后的效果如图 7-83 所示。

图 7-83

Step⑤ 插入其他文本框。按照上述方法，再在文档中插入一个文本框，输入并编辑文本内容，完成后的效果如图 7-84 所示。

技能拓展——手动绘制文本框

插入内置文本框时，不同的文本框样式带有不同的格式。如果需要插入没有任何内容提示和格式设置的空白文本框，可手动绘制文本框。操作方法为：在【插入】选项卡的【文本】组中，单击【文本框】按钮，在弹出的下拉列表中若选择【绘制横排文本框】选项，可手动在文档中绘制横排文本框；若选择【绘制竖排文本框】选项，可在文档中手动绘制竖排文本框。

★重点 7.4.6 实战：在感恩母亲节中插入艺术字

实例门类	软件功能

在制作海报、广告宣传等类型的文档时，通常会使用艺术字来作为标题，以达到突出、醒目的外观效果。之所以会选择艺术字来作为标题，是因为艺术字在创建之初就具有特殊的字体效果，可以直接使用而无须做太多额外的设置。从本质上讲，形状、文本框、艺术字都具有相同的功能。

插入艺术字的具体操作步骤如下。

Step① 选择艺术字样式。在"感恩母亲节.docx"文档中，❶单击【插入】

选项卡【文本】组中的【艺术字】按钮 A ；❷在弹出的下拉列表中选择需要的艺术字样式，如选择【渐变填充:金色,主题色 4;边框:金色,主题色 4】选项，如图 7-85 所示。

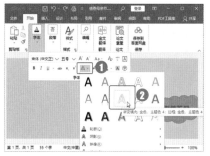

图 7-85

Step02 选择艺术字编辑框中的文本。在文档的光标插入点所在位置将出现一个艺术字编辑框，占位符【请在此放置您的文字】为选中状态，如图 7-86 所示。

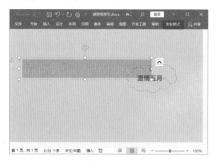

图 7-86

Step03 输入与设置需要的文本。输入艺术字内容，并对其设置字体格式，然后将艺术字拖动到合适位置，完成设置后的效果如图 7-87 所示。

图 7-87

技能拓展——更改艺术字样式

插入艺术字后，若对选择的样式不满意，可以进行更改。具体操作方法为：选中艺术字，切换到【形状格式】选项卡，在【艺术字样式】组的列表框中重新选择需要的样式即可。

7.4.7 实战：在感恩母亲节中设置艺术字样式

实例门类	软件功能

插入艺术字后，根据个人需要，还可以在【形状格式】选项卡中的【艺术字样式】组中，通过相关功能对艺术字的外观进行调整，具体操作步骤如下。

Step01 设置艺术字填充颜色。在"感恩母亲节.docx"文档中，❶选中艺术字；❷在【形状格式】选项卡【艺术字样式】组中单击【文本填充】按钮 A 右侧的下拉按钮 ；❸在弹出的下拉列表中选择文本的填充颜色，如图 7-88 所示。

图 7-88

Step02 设置艺术字轮廓颜色。保持艺术字的选中状态，❶在【形状格式】选项卡【艺术字样式】组中单击【文本轮廓】按钮 A 右侧的下拉按钮 ；❷在弹出的下拉列表中选择艺术字的轮廓颜色，如图 7-89 所示。

图 7-89

Step03 设置艺术字阴影效果。保持艺术字的选中状态，❶在【形状格式】选项卡【艺术字样式】组中单击【文本效果】按钮 A ；❷在弹出的下拉列表中选择需要设置的效果，如选择【阴影】选项；❸在弹出的级联菜单中选择需要的阴影样式，如图 7-90 所示。

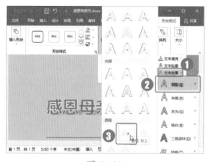

图 7-90

Step04 设置艺术字转换效果。保持艺术字的选中状态，❶在【形状格式】选项卡【艺术字样式】组中单击【文本效果】按钮 A ；❷在弹出的下拉列表中选择需要设置的效果，如选择【转换】选项；❸在弹出的级联菜单中选择转换样式，如图 7-91 所示。

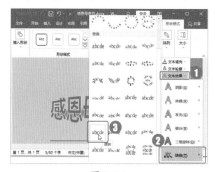

图 7-91

Step05 查看艺术字效果。完成对艺术字外观的设置，最终效果如图7-92所示。

图 7-92

7.4.8 实战：在感恩母亲节中设置图形的边框和填充效果

实例门类	软件功能

对于形状、文本框和艺术字而言，都可以对它们设置边框和填充效果，至于是否设置边框和填充效果，则根据个人需要而定。

例如，要对形状设置边框和填充效果，具体操作步骤如下。

Step01 取消形状填充色。在"感恩母亲节.docx"文档中，❶选中形状；❷在【形状格式】选项卡【形状样式】组中单击【形状填充】按钮🎨右侧的下拉按钮∨；❸在弹出的下拉列表中选择填充颜色，本例中选择【无填充】选项，如图7-93所示。

图 7-93

Step02 设置形状轮廓颜色。保持形状的选中状态，❶在【形状格式】选项卡【形状样式】组中单击【形状轮廓】按钮🖊右侧的下拉按钮∨；❷在弹出的下拉列表中选择形状的轮廓颜色，如图7-94所示。

图 7-94

技能拓展——快速设置图形的外观样式

Word提供了大量的图形内置样式，以便用户快速美化图形。使用内置样式美化图形的操作方法为：选中图形，切换到【形状格式】选项卡，在【形状样式】组的列表框中选择需要的内置样式即可。

Step03 查看文档效果。完成设置后的效果如图7-95所示。

图 7-95

★重点 7.4.9 实战：链接文本框，让文本框中的内容随文本框的大小流动

实例门类	软件功能

在文本框大小有限制的情况下，如果要放置到文本框中的内容过多，则一个文本框可能无法完全显示这些内容。这时，可以创建多个文本框，然后将它们链接起来，链接之后的多个文本框中的内容可以连续显示。

例如，在"产品介绍.docx"文档中，将文本框中未显示的内容链接到新绘制的文本框中，具体操作步骤如下。

Step01 执行创建链接操作。打开"素材文件\第7章\产品介绍.docx"文件，❶在图片下方绘制一个横排文本框；❷选择图片右侧的文本框，单击【形状格式】选项卡【文本】组中的【创建链接】按钮，如图7-96所示。

图 7-96

技术看板

创建文本框链接时，文档中的文本框必须保持在两个或两个以上，否则将不能进行创建。

Step02 移动鼠标指针。此时，鼠标指针变为🫖形状，将鼠标指针移动到空白文本框上，鼠标指针变为🫗形状，如图7-97所示。

图 7-97

Step**03** 查看链接到文本框中的内容。此时文本框中未显示的内容会链接到绘制的新文本框中，如图 7-98 所示。

图 7-98

技术看板

链接文本框后，调整第 1 个文本框中的大小后，文本框中内容显示的多少将随着文本框的大小而发生变化。

★**重点 7.4.10 实战：在早教机产品中将多个对象组合为一个整体**

实例门类	软件功能

在编辑与排版 Word 文档时，可以通过设置排列层次和组合，对图片、文本框、艺术字等对象进行自由组合，以便达到自己需要的效果。将多个对象组合为一个整体后，便于整体移动和复制，且在调整大小时，不会改变各对象的相对大小

和位置。

1. 设置对象的排列层次

默认情况下，当在文档中创建多个图形时，新绘制的图形位于最上层。为了达到最佳组合效果，有时还需要为对象的排列层次进行调整。

为图形对象设置排列层次的具体操作步骤如下。

Step**01** 选择排列方式。打开"素材文件\第 7 章\早教机产品 .docx"文件，❶选择浅蓝色椭圆形状；❷单击【形状格式】选项卡【排列】组中的【下移一层】下拉按钮▾；❸在弹出的下拉列表中选择【置于底层】选项，如图 7-99 所示。

图 7-99

Step**02** 查看形状排列效果。此时所选的椭圆形状会置于所有对象的最下方，效果如图 7-100 所示。

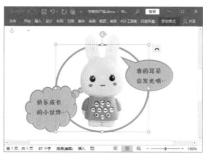

图 7-100

Step**03** 执行上移一层操作。❶选择云形；❷单击【形状格式】选项卡【排列】组中的【上移一层】按钮▣，如图 7-101 所示。

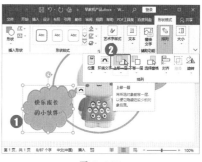

图 7-101

Step**04** 查看形状排列效果。此时所选的云形会向上移动一层，效果如图 7-102 所示。

图 7-102

为图形对象调整排列层次时，可以通过【形状格式】选项卡【排列】组中的【上移一层】或【下移一层】按钮灵活设置。单击【上移一层】下拉按钮▾，在弹出的下拉列表中提供了【上移一层】、【置于顶层】和【浮于文字上方】3 种排列方式，这 3 种方式主要用来上移图形，其作用如下。

➥ 上移一层：将选中的图形移动到与其相邻的上方图形的上面。

➥ 置于顶层：将选中的图形移动到所有图形的最上面。

➥ 浮于文字上方：将选中的图形移动到文字的上方。

单击【下移一层】下拉按钮▾，在弹出的下拉列表中提供了【下移一层】、【置于底层】和【衬于文字下方】3 种排列方式，这 3 种方式主要用来下移图形，其作用如下。

➡ 下移一层：将选中的图形移动到与其相邻的上方图形的下面。

➡ 置于底层：将选中的图形移动到所有图形的最下面。

➡ 衬于文字下方：将选中的图形移动到文字的下方。

除了前面介绍的操作方法外，还可以通过以下两种方式设置图形的排列层次。

➡ 右键菜单：选中图形并右击，在弹出的快捷菜单中通过【置于顶层】或【置于底层】命令设置排列方式，如图 7-103 所示。

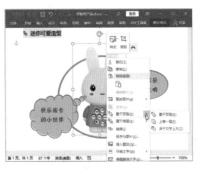
图 7-103

➡【选择】窗格：选中图形，在【形状格式】选项卡【排列】组中单击【选择窗格】按钮，打开【选择】窗格，在列表中选中要调整排列层次的图形名称，单击【上移一层】按钮△或【下移一层】按钮▽进行调整即可，如图 7-104 所示。

图 7-104

技能拓展——隐藏图形对象

打开【选择】窗格后，该窗格中显示的是当前的所有图形对象。根据操作需要，可以对这些图形进行隐藏操作。其操作方法为：在【选择】窗格的图形对象列表中，单击某个图形名称右侧的 ◎ 图标，即可将文档中对应的图形隐藏起来。若在【选择】窗格中单击【全部隐藏】按钮，可将当前页的所有图形隐藏起来。需要强调的是，如果图形的环绕方式为【嵌入型】，则无法进行隐藏操作。

2. 组合对象

将各个图形的排列层次调整好后，便可将它们组合成一个整体了，这样方便对多个对象同时进行某些操作，具体操作步骤如下。

Step01 执行组合操作。❶在打开的"早教机产品.docx"文档中依次选择需要组合的多个对象；❷单击【形状格式】选项卡【排列】组中的【组合】按钮；❸在弹出的下拉列表中选择【组合】选项，如图 7-105 所示。

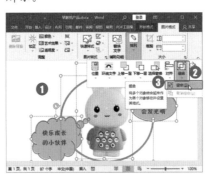
图 7-105

技能拓展——一次性选择多个图形

对多个图形对象进行组合时，通常是配合【Ctrl】键进行逐个选择，但是当要选择的图形太多时，该方法就显得有些烦琐了，此时可通过 Word 提供的选择功能进行快速选择。其操作方法为：单击【开始】选项卡【编辑】组中的【选择】按钮，在弹出的下拉列表中选择【选择对象】选项，此时鼠标指针呈 形状，按住鼠标左键并拖动，即可出现一个虚线矩形，拖动到合适位置后释放鼠标，矩形范围内的图形对象将被选中。

Step02 查看组合后的效果。此时选择的多个对象组合成一个对象，效果如图 7-106 所示。

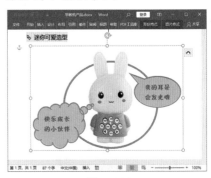
图 7-106

技能拓展——解除组合对象

将多个图形对象组合成一个整体后，如果需要解除组合，可以右击组合后的图形对象，在弹出的快捷菜单中依次选择【组合】→【取消组合】命令即可。

7.4.11 实战：使用绘图画布将多个零散图形组织到一起

实例门类	软件功能

在 7.4.10 小节中，通过组合功能将各个独立的图形连接在一起，从而形成一个整体；而本小节要讲解的绘图画布则是提供了一个场所，可以在其中绘制多个图形，而且在以后任何时间均可在绘图画布中添加或删除图形。

使用绘图画布最大的优势是无须再进行组合操作，且只要移动整个绘图画布，其内部的所有图形会随着一起移动，各自的相对位置也不会混乱。

使用绘图画布的具体操作步骤如下。

Step01 选择绘图画布选项。❶在空白文档中单击【插入】选项卡【插图】组中的【形状】按钮；❷在弹出的下拉列表中选择【新建画布】选项，如图 7-107 所示。

图 7-107

Step02 插入绘图画布。文档中将自动插入一个绘图画布，且默认为选中状态，如图 7-108 所示。

图 7-108

Step03 在画布中插入对象。保持绘图画布的选中状态，依次在其中插入并编辑各个对象，并调整好相应的位置，如图 7-109 所示。

图 7-109

技术看板

插入图形时，一定要保持绘图画布的选中状态，否则插入的图形将是独立的对象，且无法置于绘图画布中。

插入文本框时，需要手动绘制文本框，如果使用内置样式的文本框，则无法放置到绘图画布中。

Step04 选择菜单命令。添加好图形后，若绘图画布中有额外的空白部分，则可以在绘图画布的边框右击，在弹出的快捷菜单中选择【适应页面】命令，如图 7-110 所示。

图 7-110

Step05 查看画布效果。此时绘图画布将根据其包含的内容多少自动缩放，从而减少绘图画布中额外的空白部分，如图 7-111 所示。

图 7-111

7.5 插入与编辑 SmartArt 图形

SmartArt 图形主要用于表明单位、公司部门之间的关系，以及各种报告、分析之类的文件，并通过图形结构和文字说明有效地传达作者的观点和信息。

7.5.1 实战：在公司概况中插入 SmartArt 图形

实例门类	软件功能

编辑文档时，如果需要通过图形结构来传达信息，便可插入 SmartArt 图形轻松解决问题，具体操作步骤如下。

Step01 单击【SmartArt】按钮。打开"素材文件\第 7 章\公司概况.docx"文件，❶将光标插入点定位到要插入 SmartArt 图形的位置；❷单击【插入】选项卡【插图】组中的【SmartArt】按钮，如图 7-112 所示。

图 7-112

Step02 选择SmartArt图形。打开【选择SmartArt图形】对话框，❶在左侧列表框中选择图形类型，如选择【层次结构】选项；❷在右侧列表框中选择具体的图形布局；❸单击【确定】按钮，如图 7-113 所示。

图 7-113

Step03 查看插入的SmartArt图形。所选样式的SmartArt图形将插入文档中，选中图形，其四周会出现控制点，将鼠标指针指向这些控制点，当鼠标指针呈双向箭头 ⇔ 时拖动鼠标可调整其大小，调整后的效果如图 7-114 所示。

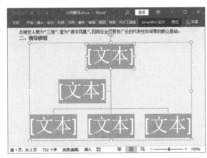

图 7-114

Step04 输入文本。将光标插入点定位在某个形状内，【文本】字样的占位符将自动删除，此时可输入并编辑文本内容，完成输入后的效果如

图 7-115 所示。

图 7-115

技术看板

选中SmartArt图形后，其左侧有一个 ◀ 按钮，对其单击，可在打开的【在此处键入文字】窗格中输入文本内容。

Step05 删除多余的形状。在本例中，"红太郎集团"下方的形状是不需要的。因此可将其选中，然后按【Delete】键删除，最终效果如图 7-116 所示。

图 7-116

技能拓展——更改SmartArt图形的布局

插入SmartArt图形后，如果对选择的布局不满意，可以随时更改布局。选中SmartArt图形，切换到【SmartArt设计】选项卡，在【版式】组的列表框中可以选择同类型下的其他布局方式。若需要选择SmartArt图形的其他类型的布局，则单击列表框右侧的 按钮，在弹出的下拉列表中选择【其他布局】选项，在弹出

的【选择SmartArt图形】对话框中进行选择即可。

★重点 7.5.2 实战：调整公司概况中的SmartArt图形结构

| 实例门类 | 软件功能 |

调整SmartArt的结构，主要是针对SmartArt图形内部包含的形状在级别和数量方面的调整。

像层次结构这种类型的SmartArt图形，其内部包含的形状具有上级、下级之分。因此就涉及形状级别的调整，如将高级别形状降级，或者将低级别形状升级。选中需要调整级别的形状，切换到【SmartArt设计】选项卡，如图 7-117 所示，在【创建图形】组中单击【升级】按钮可提升级别，单击【降级】按钮可降低级别。

图 7-117

技能拓展——水平翻转SmartArt图形

编辑SmartArt图形时，选中整个SmartArt图形，在【SmartArt设计】选项卡【创建图形】组中单击【从右到左】按钮，可以将SmartArt图形进行左右方向的切换。

当SmartArt图形中包含的形状数目过少时，可以在相应位置添加形状。选中某个形状，在【SmartArt

设计】选项卡【创建图形】组中单击【添加形状】按钮右侧的下拉按钮，在弹出的下拉列表中选择需要的形状，如图 7-118 所示。

图 7-118

添加形状时，在弹出的下拉列表中有 5 个选项，其作用分别如下。

➡ 在后面添加形状：在选中的形状后面添加同一级别的形状。

➡ 在前面添加形状：在选中的形状前面添加同一级别的形状。

➡ 在上方添加形状：在选中的形状上方添加形状，且所选形状降低一个级别。

➡ 在下方添加形状：在选中的形状下方添加形状，且比所选形状低一个级别。

➡ 添加助理：为所选形状添加一个助理，且比所选形状低一个级别。

例如，要在 7.5.1 小节中创建的 SmartArt 图形中添加形状，具体操作步骤如下。

Step01 选择添加形状相应的选项。在"公司概况.docx"文档中，❶选中【监事会】形状；❷在【SmartArt设计】选项卡【创建图形】组中单击【添加形状】按钮右侧的下拉按钮；❸在弹出的下拉列表中选择【在下方添加形状】选项，如图 7-119 所示。

图 7-119

Step02 查看添加的形状。此时【监事会】下方将新增一个形状，将其选中，直接输入文本内容，如图 7-120 所示。

图 7-120

Step03 继续添加其他需要的形状。按照同样的方法，依次在其他相应位置添加形状并输入内容。完善SmartArt图形的内容后，根据实际需要调整SmartArt图形的大小，并调整各个形状的大小，以及设置文本内容的字号，完成后的效果如图 7-121 所示。

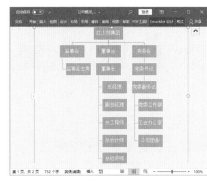

图 7-121

7.5.3　实战：美化公司概况中的 SmartArt 图形

实例门类	软件功能

Word 为 SmartArt 图形提供了多种颜色和样式，从而可快速实现对 SmartArt 图形的美化操作。美化 SmartArt 图形的具体操作步骤如下。

Step01 选择需要的 SmartArt 样式。在"公司概况.docx"文档中，❶选中 SmartArt 图形；❷在【SmartArt设计】选项卡【SmartArt样式】组的列表框中选择需要的 SmartArt 样式，如图 7-122 所示。

图 7-122

Step02 选择 SmartArt 颜色。保持 SmartArt 图形的选中状态，❶在【SmartArt设计】选项卡【SmartArt样式】组中单击【更改颜色】按钮；❷在弹出的下拉列表中选择需要的图形颜色，如图 7-123 所示。

图 7-123

Step03 设置 SmartArt 图形中文本的颜色。保持 SmartArt 图形的选中状态，❶在【格式】选项卡【艺术字样式】组中单击【文本填充】按钮 ▲ 右侧的下拉按钮 ⌄；❷在弹出的下拉列表中选择需要的文本颜色，如图 7-124 所示。

图 7-124

Step 04 查看 SmartArt 效果。至此，完成了 SmartArt 图形的美化操作，最终效果如图 7-125 所示。

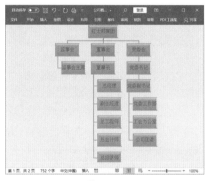

图 7-125

★重点 7.5.4　实战：将图片转换为 SmartArt 图形

实例门类	软件功能

在 Word 2021 中可以非常方便地将图片直接转换为 SmartArt 图形。在转换时，如果图片的环绕方式是【嵌入型】，则一次只能转换一张图片。如果图片使用的环绕方式是【嵌入型】以外的方式，则可以选择多张图片，然后一次性将其转换为 SmartArt 图形。

将图片转换为 SmartArt 图形的具体操作步骤如下。

Step 01 选择布局版式。打开"素材文件\第 7 章\旅游景点 1.docx"文件，❶选中图片；❷单击【图片格式】选项卡【图片样式】组中的【图片版式】按钮 🖼 ⌄；❸在弹出的下拉列表中选择一种 SmartArt 布局，如图 7-126 所示。

图 7-126

Step 02 输入文本。图片将转换为所选布局的 SmartArt 图形，直接在文本编辑框中输入文本内容，如图 7-127 所示。

图 7-127

Step 03 转换其他图片。使用相同的方法将其他图片转换为 SmartArt 图形，并输入相应的文本进行说明，效果如图 7-128 所示。

图 7-128

妙招技法

通过对前面知识的学习，相信读者已经掌握了如何在文档中插入并编辑各种图形对象。下面结合本章内容，给大家介绍一些实用技巧。

技巧 01：将图片裁剪为形状

利用 Word 2021 提供的裁剪功能，还可将图片裁剪为任意的形状，让图片效果多样化。具体操作步骤如下。

Step 01 选择裁剪成的形状样式。打开"素材文件\第 7 章\茶叶宣传单.docx"文件，❶选中需要裁剪的图片；❷单击【图片格式】选项卡【大小】组中的【裁剪】下拉按钮 ⌄；❸在弹出的下拉列表中选择【裁剪为形状】选项；❹在弹出的级联菜单中选择需要裁剪成的形状样式，如选择【椭圆】选项，如图 7-129 所示。

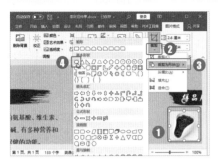

图 7-129

Step02 查看图片效果。此时会将选择的形状裁剪为椭圆形，效果如图 7-130 所示。

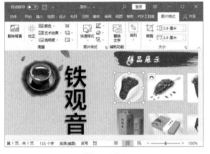

图 7-130

Step03 裁剪其他图片。用相同的方法将样品展示中的其他图片全部裁剪为椭圆形，效果如图 7-131 所示。

图 7-131

技巧 02：设置在文档中插入图片的默认版式

默认情况下，每次在文档中插入的图片都是【嵌入型】环绕方式。如果经常需要将插入的图片设置为某种环绕方式，如【四周型】，那么

在排版时就需要逐个设置图片的环绕方式。

为了提高工作效率，可以将【四周型】设定为插入图片的默认版式。具体操作方法为：打开【Word 选项】对话框，选择【高级】选项卡，在【剪切、复制和粘贴】栏的【将图片插入/粘贴为】下拉列表中选择需要设置默认版式的选项，如选择【四周型】选项，完成设置后单击【确定】按钮即可，如图 7-132 所示。

图 7-132

技巧 03：保留格式的情况下更换图片

在文档中插入图片后，对图片的大小、外观、环绕方式等参数进行了设置，此时如果觉得图片并不适合文档内容，那么就需要更换图片。许多用户最常用的方法便是先选中该图片，然后按【Delete】键进行删除，最后重新插入并编辑新图片。

如果新插入的图片需要设置和原图片一样的格式参数，那么为了提高工作效率，可以通过 Word 提供的更换图片功能，在不改变原有图片大小和外观的情况下快速更改图片，具体操作步骤如下。

Step01 选择图片来源。打开"素材文件\第 7 章\感谢信 1.docx"文件，❶选中图片；❷单击【图片格式】选项卡【调整】组中的【更改图片】按钮，；❸在弹出的下拉列表中选择图片来源，如选择【来自文件】选项，如图 7-133 所示。

图 7-133

Step02 选择图片。❶在打开的【插入图片】对话框中选择新图片；❷单击【插入】按钮，如图 7-134 所示。

图 7-134

Step03 查看图片更改后的效果。返回文档，可看见选择的新图片替换了原有图片，并保留了原有图片的格式，如图 7-135 所示。

图 7-135

技巧 04：导出文档中的图片

Word 提供了导出图片功能，即可以将 Word 文档中的图片保存为图片文件。根据操作需要，既可以导出单张图片，也可以一次性导出文档中包含的所有图片。

1. 导出单张图片

如果只需要保存文档中的某张图片，那么可直接使用 Word 提供的保存图片功能来实现。具体操作步骤如下。

Step01 选择保存菜单命令。在文档中需要保存的图片上右击，在弹出的快捷菜单中选择【另存为图片】命令，如图 7-136 所示。

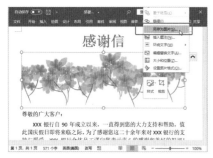

图 7-136

Step02 保存图片。❶在打开的【另存为图片】对话框地址栏中设置图片的保存路径；❷在【文件名】文本框中设置保存名称；❸在【保存类型】下拉列表框中选择图片保存类型；❹单击【保存】按钮，如图 7-137 所示。

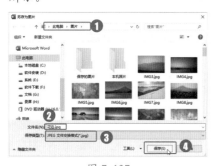

图 7-137

2. 一次性导出所有图片

如果希望一次性导出文档中包含的所有图片，可以通过将文档另存为网页格式的方法来实现，具体操作步骤如下。

Step01 选择保存的大概位置。打开"素材文件\第 7 章\宣传单.docx"文件，❶打开【文件】菜单，选择【另存为】命令；❷在中间窗格中单击【浏览】选项，如图 7-138 所示。

图 7-138

Step02 保存设置。❶在打开的【另存为图片】对话框中设置好存储路径及文件名；❷在【保存类型】下拉列表中选择【网页（*.htm; *.html）】选项；❸单击【保存】按钮，如图 7-139 所示。

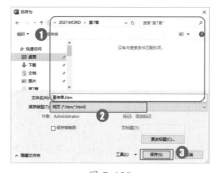

图 7-139

Step03 创建文件夹和网页文件。通过上述操作后，将在指定的存储路径中看到一个网页文件，以及一个与网页文件同名的文件夹，单击该文件夹，如图 7-140 所示。

图 7-140

Step04 查看提取出来的图片。在打开的文件夹中可以看到对应文档中包含的所有图片，效果如图 7-141 所示。

图 7-141

技巧 05：连续使用同一绘图工具

在绘制形状时，若要再次使用同一绘图工具，则需要再次进行选择。例如，完成矩形的绘制后，如果要再次绘制矩形，则需再次选择【矩形】绘图工具。此时，为了提高工作效率，可锁定某一绘图工具，以便连续多次使用。

锁定绘图工具的操作方法为：单击【插入】选项卡【插图】组中的【形状】按钮，在弹出的下拉列表中右击某一绘图工具，如右击【矩形】，在弹出的快捷菜单中选择【锁定绘图模式】命令，如图 7-142 所示。

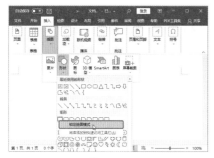

图 7-142

通过这样的操作后，可连续使用【矩形】绘图工具绘制矩形。当需要退出绘图模式时，按【Esc】键退出即可。

技巧 06：巧妙使用【Shift】键画图形

在绘制形状的过程中，配合【Shift】键可绘制出特殊形状。

例如，要绘制一个圆形，先选择【椭圆】绘图工具，然后按住【Shift】键不放，通过拖动鼠标进行绘制即可。用同样的方法，还可以绘制出其他特殊的图形。例如，绘制【矩形】图形时，同时按住【Shift】键不放，可绘制出一个正方形；绘制【平行四边形】图形时，同时按住【Shift】键不放，可绘制出一个菱形。

> **技能拓展——结合【Ctrl】键绘制图形**
>
> 在绘制某个形状时，若按住【Ctrl】键不放进行绘制，则可以绘制一个以光标起点为中心点的图形；在绘制圆形、正方形或菱形等特殊形状时，若按住【Shift+Ctrl】组合键不放进行绘制，则可以绘制一个以光标起点为中心点的特殊图形。

本章小结

本章主要介绍了各种图形对象在 Word 文档中的应用，包括图片的插入与编辑，图标、3D 模型、形状、文本框、艺术字的插入与编辑，SmartArt 图形的插入与编辑等内容。通过对本章知识的学习和案例练习，相信读者已经熟练掌握了各种对象的编辑方法，并能够制作出各种图文并茂的漂亮文档。

第8章 Word 中表格的创建与编辑

➡ 创建表格的方法，你知道几种？
➡ 单元格中的斜线表头是如何制作的？
➡ 在大型表格中，如何让表头显示在每页上？
➡ 表格与文本之间能相互转换吗？
➡ 不会对表格中的数据进行计算，怎么办？
➡ 如何对表格中的数据进行排序？

Word 虽不是专门的电子表格制作软件，但还是能制作出各种类型的办公表格的。本章将介绍如何使用 Word 来创建并设置表格，以及通过 Word 来计算表格中的相关数据，让用户能快速制作出满足需要的表格。

8.1 创建表格

相对于大篇幅的文字内容来说，表格的条理更清晰，更容易被观者接受。要想通过表格处理文字信息，就需要先创建表格。在 Word 中创建表格的方法很多，用户可根据实际情况来选择适合的方法。

8.1.1 实战：虚拟表格的使用

实例门类	软件功能

在 Word 文档中，如果要让创建的表格行数和列数很规范，而且在 10 列 8 行以内，就可以通过在虚拟表格中拖动行列数的方法来创建。

例如，要插入一个 4 列 6 行的表格，具体操作步骤如下。

Step01 显示出虚拟表格。在 Word 空白文档中单击【插入】选项卡【表格】组中的【表格】按钮，在弹出的下拉列表中显示了虚拟表格，如图 8-1 所示。

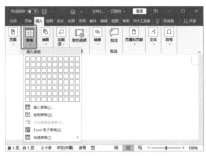

图 8-1

Step02 选择创建的行列数。在虚拟表格中移动鼠标可选择表格的行列值。例如，将鼠标指针指向坐标为 4 列 6 行的单元格，鼠标前的区域将呈选中状态，并显示为橙色。选择表格区域时，虚拟表格的上方会显示【4×6 表格】等类似的提示文字，该信息表示鼠标指针滑过的表格范围，也意味着即将创建的表格大小。与此同时，文档中将模拟出所选大小的表格，但并没有将其在真正意义上插入文档中，如图 8-2 所示。

图 8-2

Step03 查看插入的表格。单击鼠标，即可在文档中插入一个 4 列 6 行的表格，如图 8-3 所示。

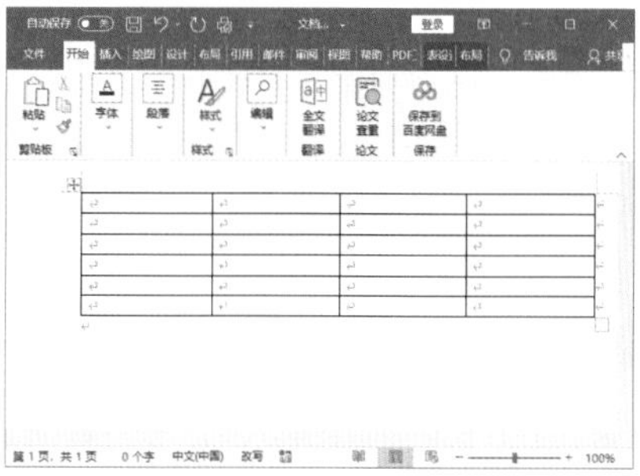

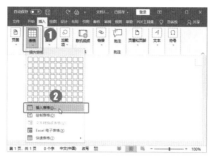

图 8-3

技能拓展——在表格中输入内容

创建表格后，就可以在表格中输入所需要的内容了。其方法非常简单，只需要将光标插入点定位在需要输入内容的单元格内，然后直接输入文本内容即可，其方法与在文档中输入内容的方法相似。

★重点 8.1.2 实战：使用【插入表格】对话框

实例门类	软件功能

当需要在文档中插入更多行数或列数的表格时，就不能通过虚拟表格创建了，而是要通过【插入表格】对话框来实现。例如，在 Word 文档中创建一个行数为 12、列数为 8 的表格，具体操作步骤如下。

Step01 选择表格选项。❶在 Word 空白文档中单击【插入】选项卡【表格】组中的【表格】按钮；❷在弹出的下拉列表中选择【插入表格】选项，如图 8-4 所示。

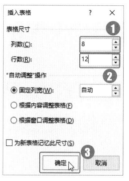

图 8-4

Step02 设置表格行列数。❶打开【插入表格】对话框，在【列数】数值框中输入要插入的列数，如输入【8】；❷在【行数】数值框中输入要插入的行数，如输入【12】；❸单击【确定】按钮，如图 8-5 所示。

图 8-5

Step03 查看创建的表格。返回文档，即可看到文档中插入了指定行、列数的表格，如图 8-6 所示。

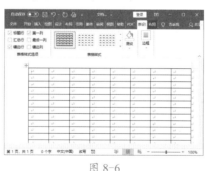

图 8-6

在【插入表格】对话框的【“自动调整”操作】栏中有 3 个单选按钮，其作用如下。

- 固定列宽：表格的宽度是固定的，表格大小不会随文档版心的宽度或表格内容的多少而自动调整，表格的列宽以“厘米”为单位。当单元格中的内容过多时，会自动进行换行。
- 根据内容调整表格：表格大小会根据表格内容的多少而自动调整。若选中该单选按钮，则创建的初始表格会缩小至最小状态。
- 根据窗口调整表格：插入表格的总宽度与文档版心相同，当调整页面的左、右页边距时，表格的总宽度会自动随之改变。

技能拓展——重复使用同一表格尺寸

在【插入表格】对话框中设置好表格大小参数后，若选中【为新表格记忆此尺寸】复选框，则再次打开【插入表格】对话框时，该对话框中会自动显示之前设置的尺寸参数。

8.1.3 调用 Excel 电子表格

当涉及复杂的数据关系时，可以调用 Excel 电子表格。在【插入】选项卡的【表格】组中单击【表格】按钮，在弹出的下拉列表中选择【Excel 电子表格】选项，将在 Word 文档中插入一个嵌入的 Excel 工作表并进入数据编辑状态，该工作表与在 Excel 应用程序中的操作相同。

关于在 Word 文档中插入并使用 Excel 工作表的具体操作方法，将在本书的第 19 章进行讲解，此处不再赘述。

8.1.4 实战：使用【快速表格】功能

实例门类	软件功能

Word 提供了【快速表格】功能，该功能提供了一些内置样式的表格，用户可以根据要创建的表格外观来选择相同或相似的样式，然后在此基础上修改表格，从而提高了表格的创建和编辑速度。使用【快速表格】功能创建表格的具体操作步骤如下。

Step① 选择快速表格样式。❶在 Word 空白文档中单击【插入】选项卡【表格】组中的【表格】按钮；❷在弹出的下拉列表中选择【快速表格】选项；❸在弹出的级联菜单中选择需要的快速表格样式，如选择【矩阵】选项，如图 8-7 所示。

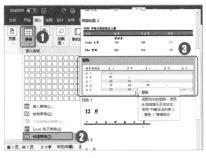

图 8-7

Step② 查看表格效果。选择【矩阵】选项后，即可在文档中插入所选样式的表格，如图 8-8 所示。

图 8-8

★重点 8.1.5 实战：手动绘制表格

实例门类	软件功能

手动绘制表格是指用画笔工具绘制表格的边线，可以很方便地绘制出同行不同列的不规则表格。例如，在 Word 文档中手动绘制员工请假申请单，具体操作步骤如下。

Step① 选择表格相应选项。❶新建一个名为"员工请假申请单.docx"的文档，在文档中输入标题【员工请假申请单】，并对其字体格式进行设置；❷将光标插入点定位到第 2 行中；❸单击【插入】选项卡【表格】组中的【表格】按钮；❹在弹出的下拉列表中选择【绘制表格】选项，如图 8-9 所示。

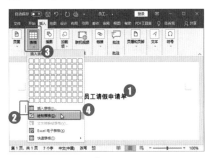

图 8-9

Step② 绘制表格外边框。进入表格绘制模式，此时鼠标指针呈 ∅ 形状，按住鼠标左键不放并拖动，在鼠标经过的位置可以看到一个虚线框，该虚线框即是表格的外边框，如图 8-10 所示。

图 8-10

Step③ 绘制表格行线。拖动到合适位置后释放鼠标，绘制出表格外边框，然后在表格外边框内横向拖动鼠标，绘制出表格的行线，如图 8-11 所示。

图 8-11

Step④ 绘制表格内框线。使用相同的方法继续在表格内部绘制行线和列线，绘制完成后发现表格中某个边框线绘制错误，这时需要单击【布局】选项卡【绘图】组中的【橡皮擦】按钮，如图 8-12 所示。

图 8-12

Step⑤ 擦除错误边框线。此时鼠标指针呈 ∅ 形状，将鼠标指针移动到错误的边框线上并单击，如图 8-13 所示。

图 8-13

Step06 查看绘制的表格效果。此时错误的边框线被清除，如图8-14所示。完成全部绘制工作后，按【Esc】键退出表格绘制模式即可。

图8-14

8.2 表格的基本操作

插入表格后，还涉及表格的一些基本操作，如选择操作区域、设置行高与列宽、插入行或列、删除行或列、合并与拆分单元格等，本节将分别进行介绍。

8.2.1 选择操作区域

无论是要对整个表格进行操作，还是要对表格中的部分区域进行操作，在操作前都需要先选择它们。根据选择元素的不同，其选择方法也不同。

1.选择单元格

单元格的选择主要分为选择单个单元格、选择连续的多个单元格、选择分散的多个单元格3种情况，选择方法如下。

➡ 选择单个单元格：将鼠标指针指向某单元格的左侧，待鼠标指针呈◢形状时，单击鼠标可选中该单元格，如图8-15所示。

图8-15

➡ 选择连续的多个单元格：将鼠标指针指向某个单元格的左侧，当鼠标指针呈◢形状时，按住鼠标左键并拖动，拖动的起始位置到终止位置之间的单元格将被选中，如图8-16所示。

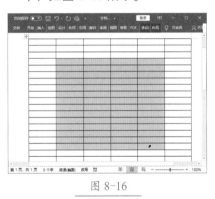

图8-16

技能拓展——配合【Shift】键选择连续的多个单元格

选择连续的多个单元格区域时，还可通过【Shift】键实现，方法为：先选中第1个单元格，然后按住【Shift】键不放，同时单击另一个单元格，此时这两个单元格包含的范围内的所有单元格将被选中。

➡ 选择分散的多个单元格：选中

第1个要选择的单元格后按住【Ctrl】键不放，然后依次选择其他分散的单元格即可，如图8-17所示。

图8-17

2.选择行

行的选择主要分为选择一行、选择连续的多行、选择分散的多行3种情况，选择方法如下。

➡ 选择一行：将鼠标指针指向某行的左侧，待鼠标指针呈◢形状时，单击鼠标可选中该行，如图8-18所示。

图 8-18

➥ 选择连续的多行: 将鼠标指针指向某行的左侧, 待鼠标指针呈 ⤡ 形状时, 按住鼠标左键不放并向上或向下拖动, 即可选中连续的多行, 如图 8-19 所示。

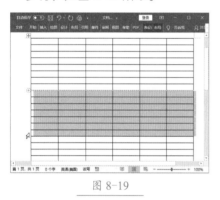

图 8-19

➥ 选择分散的多行: 将鼠标指针指向某行的左侧, 待鼠标指针呈 ⤡ 形状时, 按住【Ctrl】键不放, 然后依次单击要选择的行的左侧即可选中分散的多行, 如图 8-20 所示。

图 8-20

3. 选择列

列的选择主要分为选择一列、选择连续的多列、选择分散的多列3 种情况, 选择方法如下。

➥ 选择一列: 将鼠标指针指向某列的上边, 待鼠标指针呈 ↓ 形状时, 单击鼠标可选中该列, 如图 8-21 所示。

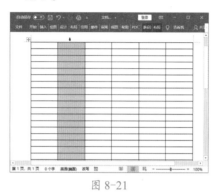

图 8-21

➥ 选择连续的多列: 将鼠标指针指向某列的上边, 待鼠标指针呈 ↓ 形状时, 按住鼠标左键不放并向左或向右拖动, 即可选中连续的多列, 如图 8-22 所示。

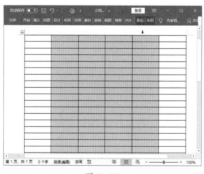

图 8-22

➥ 选择分散的多列: 将鼠标指针指向某列的上边, 待鼠标指针呈 ↓ 形状时, 按住【Ctrl】键不放, 然后依次单击要选择的列的上方即可选中分散的多列, 如图 8-23 所示。

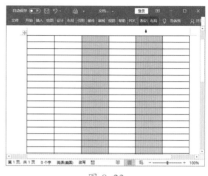

图 8-23

4. 选择整个表格

选择整个表格的方法非常简单, 只需将光标插入点定位在表格中, 表格左上角会出现 ⊞ 标志, 右下角会出现 □ 标志, 单击任意一个标志, 都可选中整个表格, 如图 8-24 所示。

图 8-24

⚙ 技能拓展——通过功能区选择操作区域

除了上述介绍的方法外, 还可以通过功能区选择操作区域。将光标插入点定位在某个单元格中, 切换到【布局】选项卡, 在【表】组中单击【选择】按钮, 在弹出的下拉列表中选择某个选项可实现相应的选择操作。

8.2.2 实战：在员工入职登记表中插入行或列

实例门类 软件功能

在制作表格的过程中，如果文档中插入表格的行或列不能满足需要，用户可通过Word表格的插入功能在表格相应位置插入相应的行或列，具体操作步骤如下。

Step01 执行在上方插入行操作。打开"素材文件\第8章\员工入职登记表.docx"文件，❶将光标插入点定位到某个单元格中；❷单击【布局】选项卡【行和列】组中的【在上方插入】按钮，如图8-25所示。

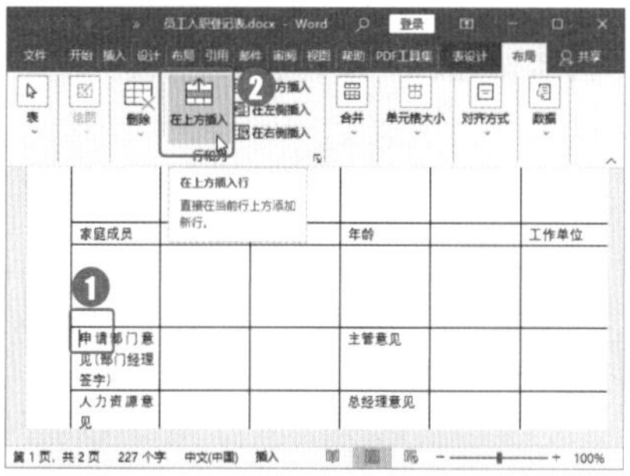

图8-25

技术看板

在【布局】选项卡【行和列】组中单击【在下方插入】按钮，可在所选单元格下方插入一行；单击【在左侧插入】按钮，可在所选单元格左侧插入一列；单击【在右侧插入】按钮，可在所选单元格右侧插入一列。

Step02 在插入的行中输入文本。单击【在上方插入】按钮后，即可在光标插入点所在单元格的上方插入一行空白行，可以在行中输入相应的文本，效果如图8-26所示。

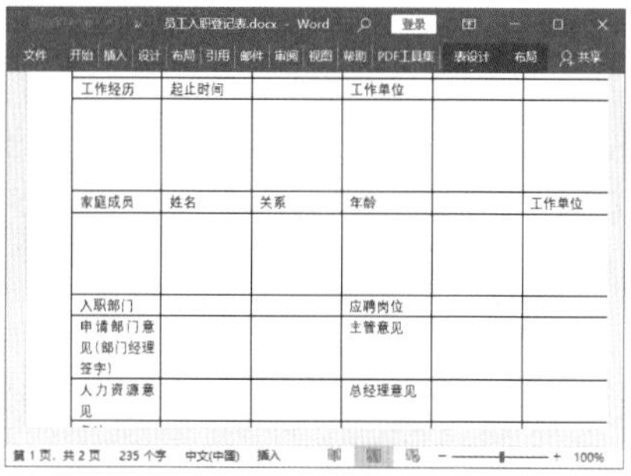

图8-26

技能拓展——通过⊕标记插入行或列

将鼠标指针移动到表格行与行最左侧或列与列最上方的边框线上，将显示一个⊕标记，单击该标记，可在边框下方或右侧插入一行或一列。

Step03 选择菜单命令。❶将光标插入点定位到某个单元格中；❷右击，在弹出的快捷菜单中选择【插入】命令，在弹出的级联菜单中选择【在右侧插入列】命令，如图8-27所示。

图8-27

技能拓展——插入单元格

如果只需要在表格中插入一个单元格，那么就需要先在表格中选择某个单元格并右击，在弹出的快捷菜单中选择【插入】命令，在弹出的级联菜单中选择【插入单元格】命令，打开【插入单元格】对话框，设置活动单元格移动的位置，完成后

单击【确定】按钮，如图8-28所示。此时在所选单元格位置插入了一个单元格，并且所选的单元格将右移或下移一个位置。

图8-28

Step04 在插入的列中输入文本。此时在光标插入点所在单元格的右侧会插入一列空白列，可以在列中输入相应的文本，效果如图8-29所示。

图8-29

技能拓展——快速插入多行或多列

如果要在同一位置插入多行或多列，那么可先选择连续的多行或多列，然后在【布局】选项卡的【行和列】组中单击相应的插入按钮，就可一次性插入与所选行数或列数相同的空白行或空白列。

8.2.3 实战：在员工入职登记表中删除行或列

实例门类 软件功能

编辑表格时，对于多余的行或列，可以将其删除，从而使表格更

加整洁，具体操作步骤如下。

Step01 选择删除命令。在"员工入职登记表.docx"文档中，❶将光标插入点定位到需要删除列中的任意单元格中；❷右击，在弹出的快捷菜单中选择【删除单元格】命令，如图8-30所示。

图 8-30

Step02 选择删除方式。打开【删除单元格】对话框，❶选择需要删除的方式，如选中【删除整列】单选按钮；❷单击【确定】按钮，如图8-31所示。

图 8-31

Step03 查看删除列后的效果。返回文档，即可发现光标插入点定位的单元格所在的列被删除，效果如图8-32所示。

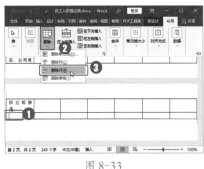

图 8-32

Step04 选择删除选项。❶选择表格最后一行中的任意单元格；❷单击【布局】选项卡【行和列】组中的【删除】下拉按钮；❸在弹出的下拉列表中选择删除选项，如选择【删除行】选项，如图8-33所示。

图 8-33

Step05 查看删除行后的效果。返回文档，即可发现光标插入点定位的单元格所在的行被删除，效果如图8-34所示。

图 8-34

技能拓展——删除整个表格

如果要删除整个表格，可在【布局】选项卡【行和列】组中的【删除】下拉列表中选择【删除表格】选项，或者选中整个表格，按【Backspace】键，即可删除。

★重点 8.2.4 实战：合并员工入职登记表中的单元格

实例门类	软件功能

合并单元格是指对同一个表格内的多个单元格进行合并操作，以便容纳更多的内容，或者满足表格结构上的需要。例如，对"员工入职登记表.docx"文档中的单元格进行合并操作，具体操作步骤如下。

Step01 执行合并单元格操作。在"员工入职登记表.docx"文档中，❶选中需要合并的多个单元格；❷单击【布局】选项卡【合并】组中的【合并单元格】按钮，如图8-35所示。

图 8-35

Step02 查看合并后的效果。此时选中的多个单元格将合并为一个大的单元格，效果如图8-36所示。

图 8-36

Step03 继续合并其他单元格。使用相同的方法，对表格中其他需要合并的单元格进行合并操作，完成合并后的表格效果如图8-37所示。

图 8-37

8.2.5 实战：拆分员工入职登记表中的单元格

实例门类	软件功能

拆分单元格是指将一个单元格分解成多个单元格。Word 表格中的任意一个单元格都可以拆分为多个单元格。例如，对"员工入职登记表.docx"文档中表格的单元格进行拆分操作，具体操作步骤如下。

Step① 执行拆分单元格操作。在"员工入职登记表.docx"文档中，❶选中需要拆分的单元格；❷单击【布局】选项卡【合并】组中的【拆分单元格】按钮，如图 8-38 所示。

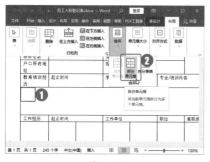

图 8-38

Step② 设置拆分的行列数。打开【拆分单元格】对话框，❶在【列数】微调框中输入要拆分的列数，如输入【4】；❷在【行数】微调框中输入要拆分的行数，如输入【4】；❸单击【确定】按钮，如图 8-39 所示。

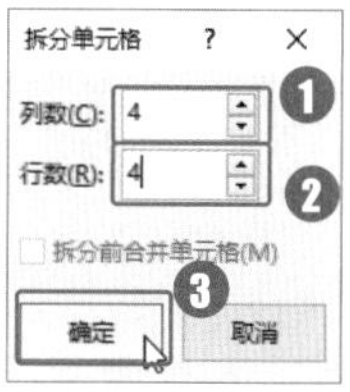

图 8-39

Step③ 查看拆分效果。此时所选单元格将拆分成所设置的列数和行数，效果如图 8-40 所示。

图 8-40

8.2.6 实战：在员工入职登记表中同时拆分多个单元格

实例门类	软件功能

在拆分单元格时，还可以同时对多个单元格进行拆分，具体操作步骤如下。

Step① 对多个单元格执行拆分操作。在"员工入职登记表.docx"文档中，❶选中要拆分的多个单元格；❷单击【布局】选项卡【合并】组中的【拆分单元格】按钮，如图 8-41 所示。

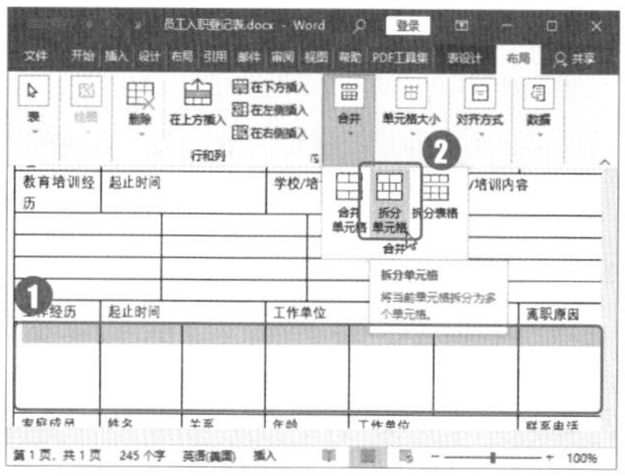

图 8-41

Step② 设置拆分的行列数。打开【拆分单元格】对话框，❶选中【拆分前合并单元格】复选框；❷设置需要拆分的列数和行数；❸单击【确定】按钮，如图 8-42 所示。

图 8-42

技术看板

在【拆分单元格】对话框中取消选中【拆分前合并单元格】复选框，Word 会将选中的多个单元格视为各自独立的单元格，将每个单元格按照设置的列数和行数进行拆分。

Step③ 查看拆分效果。此时，Word 在拆分前，会先将选中的多个单元格合并为一个大单元格，然后按照设置的拆分行列数对合并后的单元格进行拆分，效果如图 8-43 所示。

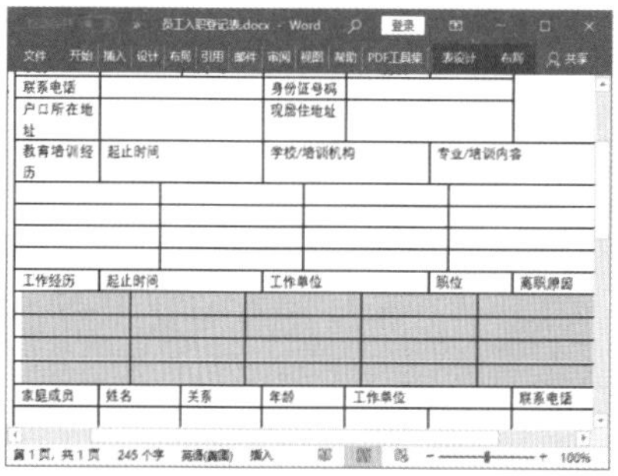

图 8-43

Step04 继续拆分其他单元格。使用相同的方法继续对【家庭成员】单元格下的行进行拆分操作，拆分后的效果如图8-44所示。

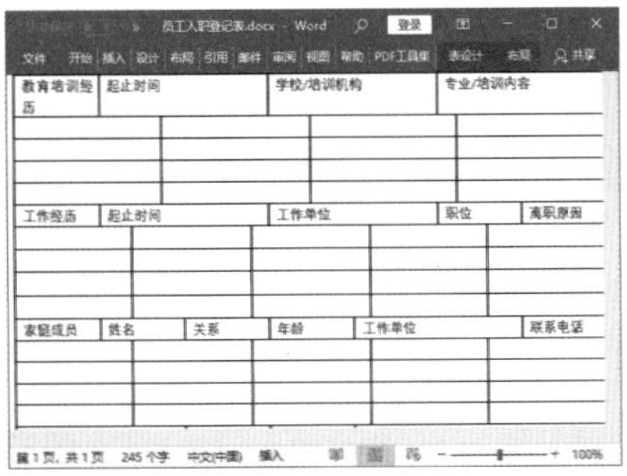

图 8-44

★重点 8.2.7 实战：在员工入职登记表中设置表格行高与列宽

| 实例门类 | 软件功能 |

插入表格后，可以根据操作需要调整表格的行高与列宽。调整时，既可以使用鼠标任意调整，也可以通过对话框精确调整，甚至可以通过分布功能快速让各行、各列平均分布。

1. 使用鼠标调整

在设置行高或列宽时，拖动鼠标可以快速调整行高与列宽。例如，在"员工入职登记表.docx"文档中使用鼠标调整表格行高和列宽，具体操作步骤如下。

Step01 拖动鼠标调整列宽。在"员工入职登记表.docx"文档中，将鼠标指针移动到表格第1列和第2列的分隔线上，当鼠标指针变成┿形状时，按住鼠标左键不放，并向右拖动至合适位置后释放鼠标，即可完成列宽调整，如图8-45所示。

图 8-45

Step02 拖动鼠标调整行高。将鼠标指针移动到第6行和第7行的分隔线上，当鼠标指针变成÷形状时，按住鼠标左键不放，并向下拖动调整行高，如图8-46所示。

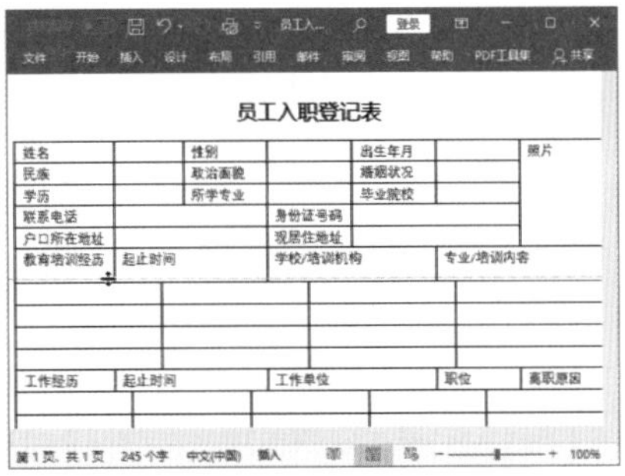

图 8-46

Step03 调整部分行的列宽。将鼠标指针移动到第7行第1列和第2列的分隔线上，当鼠标指针变成┿形状时，按住鼠标左键不放，并向左拖动调整第7~10行的列宽，如图8-47所示。

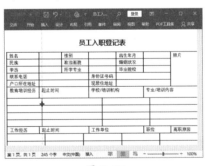

图 8-47

拖动鼠标对表格中某个或多个单元格的行高和列宽进行调整时，经常会出现这种情况，即调整的行高或列宽总是与其他单元格对不齐，要么多一点，要么少一点，这时可以按住【Alt】键，然后拖动鼠标调整行高或列宽，这样进行微调，能快速与其他单元格对齐。

Step04 选中需要调整列宽的多个单元格。选择需要调整列宽的某个或某几个单元格，这里选择多个单元格，将鼠标指针移动到所选单元格左侧的分隔线上，此时鼠标指针变成┿形状，如图8-48所示。

图 8-48

Step05 调整列宽。按住鼠标左键不放，并向右拖动，将只调整所选单元格的列宽，如图8-49所示。

图 8-49

Step06 调整表格其他单元格的列宽和行高。使用前面所介绍的调整列宽和行高的方法，继续对其他单元格的行高和列宽进行调整，效果如图8-50所示。

员工入职登记表

姓名		性别		出生年月		照片
民族		政治面貌		婚姻状况		
学历		所学专业		毕业院校		
联系电话				身份证号码		
户口所在地址				现居住地址		
教育培训经历	起止时间		学校/培训机构		专业/培训内容	
工作经历	起止时间		工作单位		职位	离职原因
家庭成员	姓名	关系	年龄	工作单位		联系电话
入职部门				应聘岗位		
申请部门意见 (部门经理签字)				主管意见		
人力资源意见				总经理意见		

备注：
1. 入职时需提交一寸彩色照片两张、身份证复印件、最高学历复印件以及取得的各种证件的复印件。
2. 填写的入职等级信息必须真实，若在聘用之后，发现填报资料造假或失实，公司有权立即解退。

图 8-50

2. 使用对话框调整

如果需要精确设置行高与列宽，则可以通过【表格属性】对话框来实现，具体操作步骤如下。

Step01 单击功能扩展按钮。在"员工入职登记表.docx"文档中，❶选择表格中需要调整行高的单元格；❷单击【布局】选项卡【单元格大小】组中的【功能扩展】按钮，如图 8-51 所示。

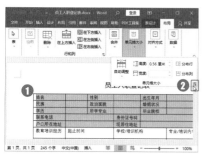

图 8-51

技术看板

将光标插入点定位到要调整的行或列中的任意单元格后，在【布局】选项卡的【单元格大小】组中，通过【高度】微调框可设置当前单元格所在行的行高，通过【宽度】微调框可设置当前单元格所在列的列宽。

Step02 设置行高值。打开【表格属性】对话框，❶选择【行】选项卡；❷选中【指定高度】复选框，然后在右侧的微调框中设置当前单元格所在行的行高，如设置为【0.8厘米】；❸单击【确定】按钮，如图 8-52 所示。

图 8-52

Step03 查看设置的行高效果并单击功能扩展按钮。返回文档中，即可查看设置的行高效果，❶选择表格中需要调整列宽的单元格；❷单击【布局】选项卡【单元格大小】组中的【功能扩展】按钮，如图 8-53所示。

图 8-53

Step04 设置列宽值。打开【表格属性】对话框，❶选择【列】选项卡；❷选中【指定宽度】复选框，然后在右侧的微调框中设置当前单元格所在列的列宽，如设置为【3.5

厘米】；❸单击【确定】按钮，如图 8-54 所示。

图 8-54

Step05 查看设置的列宽效果。返回文档中，即可查看设置的列宽效果，如图 8-55 所示。

图 8-55

3. 均分行高和列宽

为了使表格美观整洁，通常希望表格中的所有行等高、所有列等宽。若表格中的行高或列宽参差不齐，则可以使用 Word 提供的功能快速均分多个行的行高或多个列的列宽，具体操作步骤如下。

Step01 平均分布行。在"员工入职登记表.docx"文档中，❶选择表格中需要平均分布的多行；❷单击【布局】选项卡【单元格大小】组中的【分布行】按钮，如图 8-56 所示。

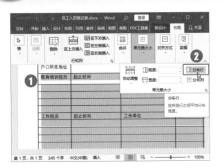

图 8-56

Step02 查看平均分布行的效果。此时，所选行将按照所选行的总高度平均分布到每一行中，如图 8-57 所示。

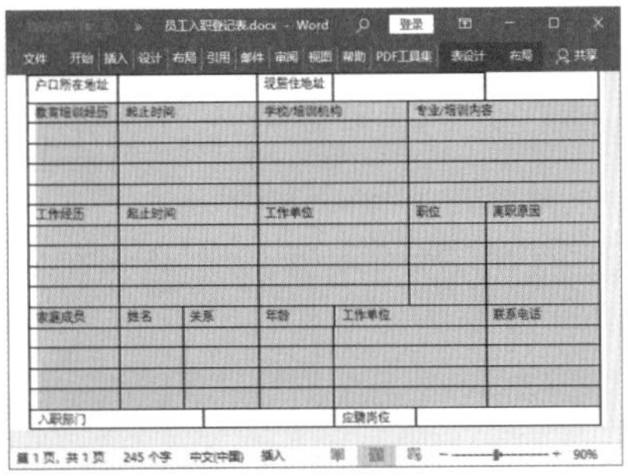

图 8-57

Step03 平均分布列。❶选择表格中需要平均分布的多列；❷单击【布局】选项卡【单元格大小】组中的【分布列】按钮⊞，如图 8-58 所示。

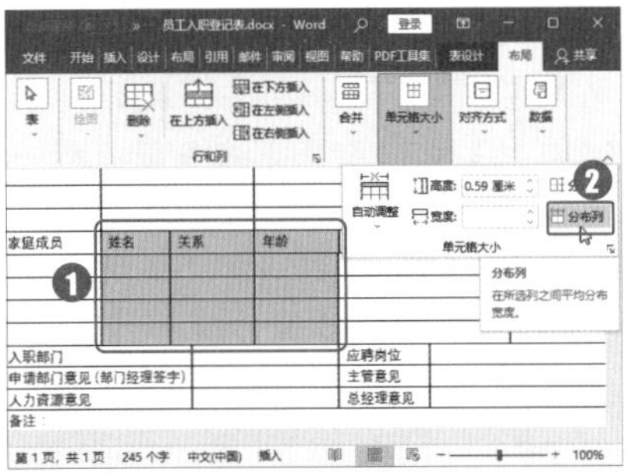

图 8-58

Step04 查看平均分布列的效果。此时，表格中的所有列宽将自动进行平均分布，如图 8-59 所示。

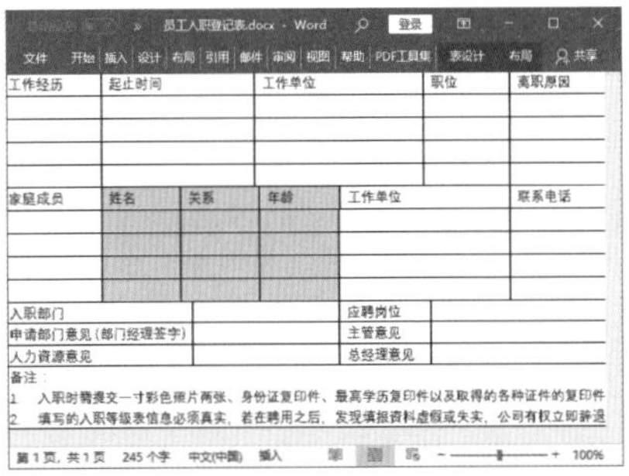

图 8-59

★重点 8.2.8 实战：在成绩表中绘制斜线表头

实例门类	软件功能

制作斜线表头是比较常见的一种表格操作，其位置一般在第 1 行的第 1 列。绘制斜线表头的具体操作步骤如下。

Step01 选择边框选项。打开"素材文件\第 8 章\成绩表.docx"文件，❶选中要绘制斜线表头的单元格；❷在【表设计】选项卡【边框】组中单击【边框】下拉按钮⌄；❸在弹出的下拉列表中选择【斜下框线】选项，即可为所选单元格添加斜线表头，如图 8-60 所示。

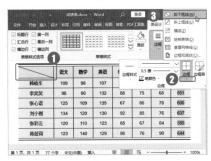

图 8-60

Step02 查看制作的斜线表头。在斜线表头中输入相应的内容，并设置好对齐方式即可，效果如图 8-61 所示。

成绩表

科目 姓名	语文	数学	英语	物理	生物	化学	总分
韩晓东	109	98	107	86	79	80	559
李笑笑	98	90	132	88	75	68	551
张心语	125	109	135	67	86	78	600
刘小刚	134	120	130	92	85	76	637
张彩云	120	110	123	85	67	84	589
陈芸荷	123	140	129	86	76	90	644

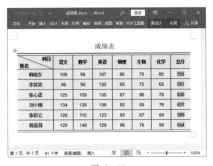

图 8-61

8.3 设置表格格式

插入表格后，要想让表格更加赏心悦目，仅仅对表格内容设置字体格式是远远不够的，还需要对其设置样式、边框或底纹等。

8.3.1 实战：在付款通知单中设置表格对齐方式

实例门类	软件功能

默认情况下，表格的对齐方式为左对齐。如果需要更改对齐方式，可按下面的操作方法实现。例如，对"付款通知单.docx"文档中表格的对齐方式进行设置，具体操作步骤如下。

Step01 单击属性按钮。打开"素材文件\第 8 章\付款通知单.docx"文件，❶将光标插入点定位到表格内；❷单击【布局】选项卡【表】组中的【属性】按钮，如图 8-62 所示。

图 8-62

Step02 设置表格对齐方式。打开【表格属性】对话框，❶选择【表格】选项卡；❷在【对齐方式】栏中选择需要的对齐方式，如选择【居中】选项；❸单击【确定】按钮，如图 8-63 所示。

图 8-63

在【表格属性】对话框中的【表格】选项卡下，若单击【选项】按钮，则可打开【表格选项】对话框，此时可通过【上】【下】【左】【右】微调框调整单元格内容与单元格边框之间的距离，如图 8-64 所示。

图 8-64

Step03 查看表格对齐效果。返回文档，即可看到当前表格以居中对齐方式显示在文档中，如图 8-65 所示。

图 8-65

8.3.2 实战：在付款通知单中设置表格文字对齐方式

实例门类	软件功能

Word 为单元格中的文本内容提供了靠上两端对齐、靠上居中对齐、靠上右对齐等 9 种对齐方式，各种对齐方式的显示效果如图 8-66 所示。

图 8-66

默认情况下，文本内容的对齐

方式为靠上两端对齐，根据实际操作可以进行更改，具体操作步骤如下。

Step01 设置居中对齐。在"付款通知单.docx"文档中，❶选中需要设置文字对齐方式的单元格；❷在【布局】选项卡【对齐方式】组中单击某种对齐方式相对应的按钮，如单击【水平居中】按钮，如图 8-67 所示。

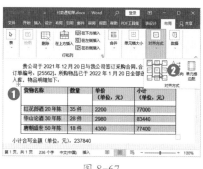

图 8-67

Step02 查看对齐效果。此时所选单元格中的文字将以水平居中的对齐方式进行显示，如图 8-68 所示。

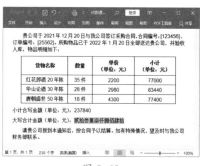

图 8-68

★重点 8.3.3 实战：为办公用品采购单设置边框与底纹

实例门类	软件功能

Word 中默认的表格边框为黑色实线，如果不能满足用户的需要，可重新设置表格的边框，除此之外，也可对表格的底纹进行设置。

例如，为"办公用品采购单.docx"

文档中的表格设置边框与底纹，具体操作步骤如下。

Step01 选择表格边框样式。打开"素材文件\第8章\办公用品采购单.docx"文件，❶选中表格；❷在【表设计】选项卡【边框】组中单击【笔样式】下拉列表框右侧的下拉按钮ⁿ；❸在弹出的下拉列表框中选择需要的边框样式，如选择【双横线】选项，如图8-69所示。

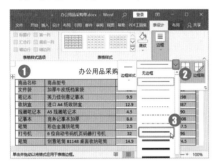

图 8-69

Step02 设置边框粗细。保持表格的选中状态，❶单击【表设计】选项卡【边框】组中的【笔画粗细】下拉列表框右侧的下拉按钮ⁿ；❷在弹出的下拉列表框中选择边框粗细，如选择【0.75磅】选项，如图8-70所示。

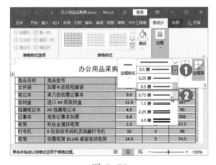

图 8-70

Step03 设置边框颜色。❶单击【表设计】选项卡【边框】组中的【笔颜色】下拉按钮ⁿ；❷在弹出的下拉列表中选择需要的边框颜色，如选择【蓝色，个性色5】选项，如图8-71所示。

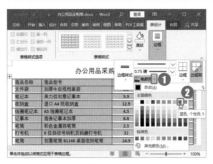

图 8-71

Step04 取消表格原来的边框。因为本例后面不会为表格左侧和右侧添加边框线，所以，最好先取消表格的边框线，再根据需要进行添加。❶单击【表设计】选项卡【边框】组中的【边框】下拉按钮ⁿ；❷在弹出的下拉列表中选择【无框线】选项，取消表格边框，如图8-72所示。

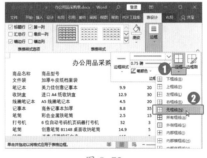

图 8-72

Step05 应用内部边框。❶单击【表设计】选项卡【边框】组中的【边框】下拉按钮ⁿ；❷在弹出的下拉列表中选择【内部框线】选项，为表格应用内部边框，如图8-73所示。

图 8-73

Step06 为表格添加上框线。保持表格的选中状态，❶单击【表设计】

选项卡【边框】组中的【边框】下拉按钮ⁿ；❷在弹出的下拉列表中选择【上框线】选项，为表格添加上框线，如图8-74所示。

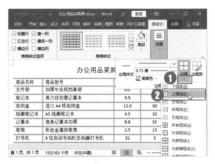

图 8-74

Step07 为表格添加下框线。❶单击【表设计】选项卡【边框】组中的【边框】下拉按钮ⁿ；❷在弹出的下拉列表中选择【下框线】，为表格添加下框线，如图8-75所示。

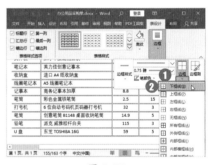

图 8-75

技能拓展——通过对话框添加边框

为文档中的表格添加边框，也可以像为文档中的段落内容添加边框一样，通过【边框和底纹】对话框来实现，其添加方法大致相同。具体操作方法为：选择文档中的表格，单击【表设计】选项卡【边框】组中的【功能扩展】按钮⌐，打开【边框和底纹】对话框，在【边框】选项卡中对表格的边框进行设置即可，如图8-76所示。

图 8-76

Step08 为表格添加底纹。❶选择表格第 1 行；❷单击【表设计】选项卡【表格样式】组中的【底纹】下拉按钮✓；❸在弹出的下拉列表中选择底纹颜色，如选择【蓝色，个性色 5，淡色 60%】选项，如图 8-77 所示。

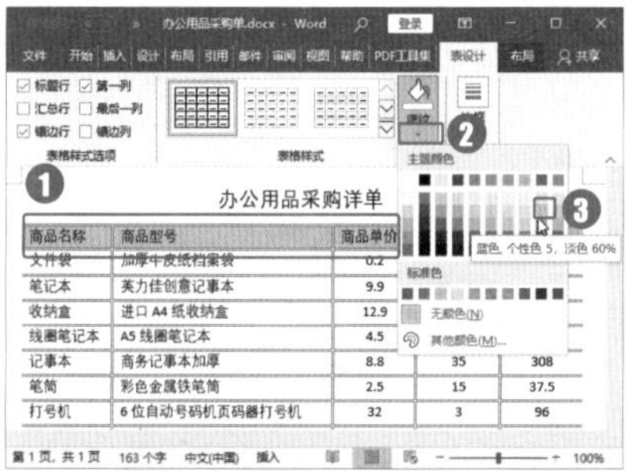

图 8-77

Step09 查看表格效果。经过上述操作即可为所选行应用选择的底纹颜色，效果如图 8-78 所示。

🔧 **技能拓展——显示表格边框的参考线**

如果为表格设置了无框线，为了方便查看表格，可以将表格边框的参考线显示出来。具体操作方法为：将光标插入点定位在表格中，切换到【布局】选项卡，在【表】组中单击【查看网格线】按钮即可。显示表格边框的参考线后，打印表格时不会打印这些参考线。

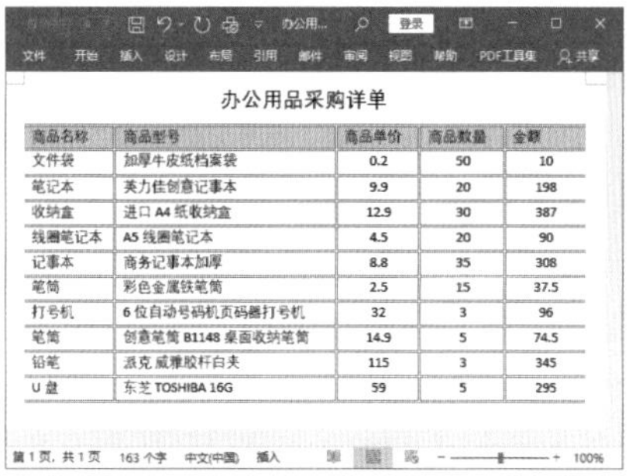

图 8-78

8.3.4　实战：使用表样式美化新进员工考核表

实例门类	软件功能

Word 为表格提供了多种内置样式，通过这些样式可快速达到美化表格的目的。应用表样式的具体操作步骤如下。

Step01 选择表样式。打开"素材文件\第 8 章\新进员工考核表.docx"文件，❶将光标插入点定位在表格中；❷在【表设计】选项卡【表格样式】组的列表框中选择需要的表样式，如图 8-79 所示。

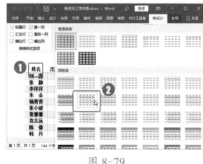

图 8-79

Step02 查看表格效果。操作后即可为文档中的表格应用选择的表样式，效果如图 8-80 所示。

🔧 **技能拓展——新建表格样式**

如果 Word 中提供的表格样式不

能满足需要，那么可在样式列表框中选择【新建表格样式】选项，在打开的【根据格式化创建新样式】对话框中可根据需要自定义表格样式。

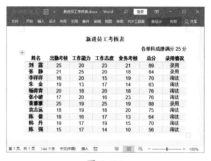

图 8-80

★重点 8.3.5　实战：为产品销售清单设置标题行跨页

实例门类	软件功能

默认情况下，同一表格占用多个页面时，标题行（表头）只在首页显示，其他页面均不显示，这样会影响阅读。例如，图 8-81 和图 8-82 所示分别为表格第 1 页和第 2 页的显示效果。

此时，需要通过设置，让标题行跨页重复显示，具体操作步骤如下。

图 8-81

图 8-82

Step01 单击属性按钮。打开"素材文件\第8章\产品销售清单.docx"文件，❶选中标题行；❷单击【布局】选项卡【表】组中的【属性】按钮，如图 8-83 所示。

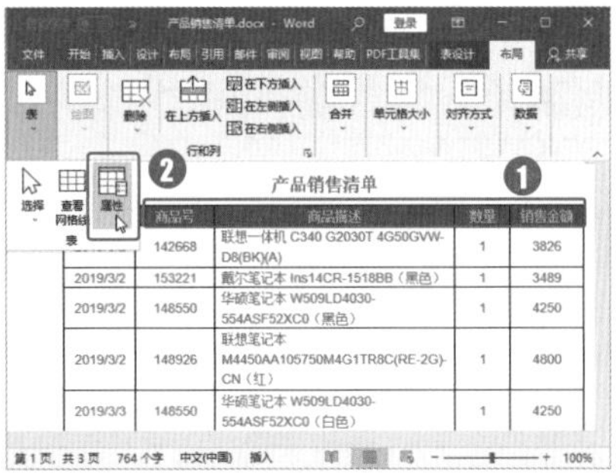

图 8-83

Step02 设置表格行的属性。打开【表格属性】对话框，❶选择【行】选项卡；❷选中【在各页顶端以标题行形式重复出现】复选框；❸单击【确定】按钮，如图 8-84 所示。

图 8-84

技术看板

在文档表格上右击，在弹出的快捷菜单中选择【表格属性】命令，也可打开【表格属性】对话框。

Step03 查看文档表格效果。返回文档，即可看到标题行跨页重复显示，图 8-85 所示为表格第 2 页的显示效果。

图 8-85

技能拓展——通过功能区设置标题行跨页显示

在表格中选中标题行后，单击【布局】选项卡【数据】组中的【重复标题行】按钮，即可快速实现标题行跨页重复显示。

★重点 8.3.6 实战：防止利润表中的内容跨页断行

实例门类	软件功能

在同一页面中，当表格最后一行的内容超过单元格高度时，会在下一页以另一行的形式出现，从而导致同一单元格的内容被拆分到不同的页面上进行显示，影响表格的美观及阅读效果，如图 8-86 所示。

图 8-86

针对这样的情况，需要通过设置，防止表格跨页断行显示，具体操作步骤如下。

Step01 单击属性按钮。打开"素材文件\第8章\利润表.docx"文件，❶选中表格；❷单击【布局】选项卡【表】组中的【属性】按钮，如图 8-87 所示。

图 8-87

Step02 设置表格属性。打开【表格属性】对话框，❶选择【行】选项卡；❷选中【允许跨页断行】复选框；❸单击【确定】按钮，如图 8-88 所示。

图 8-88

Step**03** 查看表格效果。完成设置后的效果如图 8-89 所示。

图 8-89

8.4　表格与文本相互转换

为了更加方便地编辑和处理数据，Word 提供了表格与文本相互转换的功能，可以快速在表格和文字之间相互转换。下面将详细介绍转换方法。

★重点 8.4.1　实战：将销售订单中的文字转换成表格

实例门类	软件功能

对于规范化的文字，即每项内容之间以特定的字符（如逗号、段落标记、制表位等）间隔，可以将其转换成表格。例如，要将以制表位为间隔的文本转换为表格，可按下面的具体操作步骤来实现。

Step**01** 查看素材文件中的内容。打开"素材文件\第 8 章\销售订单.docx"文件，可看见已经输入了以制表位为间隔的文本内容，如图 8-90 所示。

图 8-90

技术看板

在输入文本内容时，若要输入

逗号作为特定符号对文字内容进行间隔，则逗号必须要在英文状态下输入。

Step**02** 选择转换选项。❶选中文本；❷单击【插入】选项卡【表格】组中的【表格】按钮；❸在弹出的下拉列表中选择【文本转换成表格】选项，如图 8-91 所示。

图 8-91

技术看板

选中文本内容后，在【插入】选项卡的【表格】组中单击【表格】按钮，在弹出的下拉列表中若选择【插入表格】选项，则 Word 会自动对所选内容进行识别，并直接将其转换成表格。

Step**03** 转换设置。打开【将文字转换成表格】对话框，该对话框会根

据所选文本自动设置相应的参数，❶确认信息无误（若有误，需手动更改）；❷单击【确定】按钮，如图 8-92 所示。

图 8-92

Step**04** 查看转换的表格效果。返回文档，即可看到所选文本转换为表格，如图 8-93 所示。

品名	数量	单价	小计
花王眼罩	35	15	525
佰草集平衡洁面乳	2	55	110
资生堂洗颜专科	5	50	250
雅诗兰黛BB	1	460	460
雅诗兰黛水光肌面膜	1	130	260
香奈儿邂逅清新淡香水 50ml	1	728	728

图 8-93

在输入文本时，如果连续的两个制表位之间没有输入内容，则转换成表格后，两个制表位之间就会形成一个空白单元格。

8.4.2 实战：将员工基本信息表转换成文本

实例门类	软件功能

如果要将表格转换为文本，则可以按照下面的操作步骤来实现。

Step01 单击转换按钮。打开"素材文件\第8章\员工基本信息表.docx"文件，❶将光标插入点定位到表格中；❷单击【布局】选项卡【数据】组中的【转换为文本】按钮，如图8-94所示。

图 8-94

Step02 转换设置。打开【表格转换成文本】对话框，❶在【文字分隔符】栏中选择文本的分隔符，如选中【逗号】单选按钮；❷单击【确定】按钮，如图8-95所示。

图 8-95

Step03 查看转换后的效果。返回文档，即可看到当前表格转换为以逗号为间隔的文本内容，如图8-96所示。

图 8-96

要将表格转换为文字，还可通过粘贴的方式实现。具体操作方法为：选中表格后按快捷键【Ctrl+C】进行复制，在【开始】选项卡的【剪贴板】组中单击【粘贴】下拉按钮，在弹出的下拉列表中选择【只保留文本】选项，即可将表格转换为以制表位为间隔的文本内容。

8.5 处理表格数据

在Word文档中，不仅可以通过表格来表达文字内容，还可以对表格中的数据进行运算、排序等操作，下面将分别进行介绍。

★重点 8.5.1 实战：计算销售业绩表中的数据

实例门类	软件功能

Word提供了SUM、AVERAGE、MAX、MIN、IF等常用函数，通过这些函数，可以对表格中的数据进行计算。

1. 单元格命名规则

对表格数据进行运算之前，需要先了解Word对单元格的命名规则，以便在编写计算公式时对单元格进行准确的引用。在Word表格中，单元格的命名与Excel中对单元格的命名相同，以"列编号+行编号"的形式对单元格进行命名，图8-97所示为单元格命名方式。

	A	B	C	D	
1	A1	B1	C1	D1	...
2	A2	B2	C2	D2	...
3	A3	B3	C3	D3	...
4	A4	B4	C4	D4	...
5	A5	B5	C5	D5	...
	...				

图 8-97

如果表格中有合并单元格，则该单元格以合并前包含的所有单元格中的左上角单元格的地址进行命名，表格中其他单元格的命名不受合并单元格的影响，图8-98所示为有合并单元格的命名方式。

	A	B	C	D	E	F
1	A1	B1		D1	E1	
2	A2	B2	C2	D2	E2	F2
3	A3	B3	C3	D3	E3	F3
4	A4	B4	C4		E4	F4
5	A5	B5			E5	F5
6	A6	B6			E6	F6
7	A7		C7	D7	E7	F7
	...					

图 8-98

2. 计算数据

了解了单元格的命名规则后，就可以对单元格数据进行运算了，具体操作步骤如下。

Step01 单击【公式】按钮。打开"素材文件\第8章\销售业绩表.docx"文件，❶将光标插入点定位在需要显示运算结果的单元格中；❷单击【布局】选项卡【数据】组中的【公式】按钮，如图8-99所示。

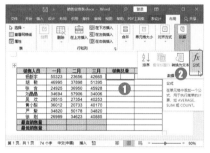

图 8-99

Step02 设置公式和编号格式。打开【公式】对话框，❶在【公式】文本框内输入运算公式，当前单元格的公式应为【=SUM(LEFT)】（其中，【SUM】为求和函数）；❷根据需要，可以在【编号格式】下拉列表框中为计算结果选择一种数字格式，或者在【编号格式】文本框中输入自定义编号格式，本例中输入【¥0】；❸完成设置后单击【确定】按钮，如图8-100所示。

图 8-100

技术看板

公式中的"(LEFT)"表示左侧单元格区域，也就是显示运算结果

单元格（E2单元格）左侧的单元格区域，即A2:D2单元格区域。公式【=SUM(LEFT)】表示E2单元格中的值等于左边单元格内数值的总和。由于表格中只有需要参与计算的单元格区域才是数值，因此直接使用"(LEFT)"代替单元格区域不会导致计算结果错误。但如果表格中的【销售人员】列数据是用数字代替的，那么直接用"(LEFT)"代替单元格区域，就会导致计算的销售总量结果错误。这时，公式中要参与计算的单元格区域就不能用"(LEFT)"代替，需要用具体的单元格地址进行代替，如B2:D2。

Step03 查看计算结果。返回文档，即可查看当前单元格的运算结果，如图8-101所示。

图 8-101

Step04 计算其他销售总量。用同样的方法，使用【SUM()】函数计算出其他销售人员的销售总量，效果如图8-102所示。

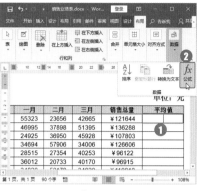

图 8-102

Step05 单击【公式】按钮。❶将光标插入点定位在需要显示运算结果

的单元格中；❷单击【布局】选项卡【数据】组中的【公式】按钮，如图8-103所示。

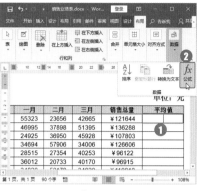

图 8-103

Step06 设置公式和编号格式。打开【公式】对话框，❶在【公式】文本框内输入运算公式，当前单元格的公式应为【=AVERAGE (LEFT) 】（其中，【AVERAGE】为求平均值函数）；❷在【编号格式】文本框中为计算结果设置数字格式，如输入【¥0.00】；❸完成设置后单击【确定】按钮，如图8-104所示。

图 8-104

Step07 查看计算结果。返回文档，即可查看当前单元格的运算结果，如图8-105所示。

图 8-105

Step⑧ 计算其他人员的平均销量。用同样的方法，使用【AVERAGE()】函数计算出其他销售人员的平均销量，如图8-106所示。

图 8-106

Step⑨ 单击【公式】按钮。❶将光标插入点定位在需要显示运算结果的单元格中；❷单击【布局】选项卡【数据】组中的【公式】按钮，如图8-107所示。

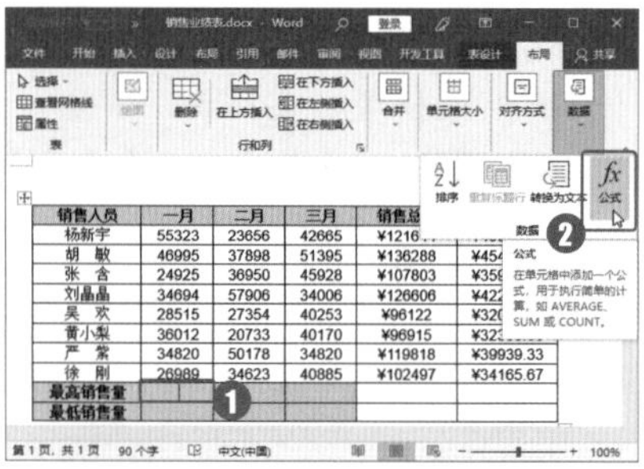

图 8-107

Step⑩ 设置公式。打开【公式】对话框，❶在【公式】文本框内输入运算公式，当前单元格的公式应为【=MAX（ABOVE）】（其中，【MAX】为最大值函数）；❷单击【确定】按钮，如图8-108所示。

图 8-108

技术看板

公式中的"(ABOVE)"表示上面的单元格区域，也就是显示运算结果单元格（B10单元格）上面的单元格区域，即B1:B9单元格区域。公式【=MAX(ABOVE)】表示求B1:B9单元格区域中的最大值。

Step⑪ 查看计算结果。返回文档，即可查看当前单元格的运算结果，如图8-109所示。

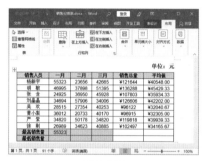

图 8-109

Step⑫ 计算其他月份的最高销量。用同样的方法，使用【MAX()】函数计算出其他月份的最高销售量，如图8-110所示。

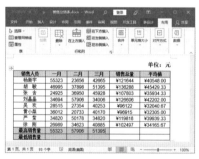

图 8-110

Step⑬ 计算最低销量。参照上述操作方法，使用【MIN()】函数计算出每个月份的最低销售量，效果如图8-111所示。

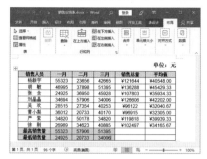

图 8-111

技术看板

【MIN()】函数用于计算最小值，使用方法和【MAX()】函数的使用方法相同，如本例中一月份的最低销售量的计算公式为【=MIN(ABOVE)】。

★重点 8.5.2 实战：对员工培训成绩表中的数据进行排序

实例门类	软件功能

为了能直观地显示数据，可以对表格进行排序操作，具体操作步骤如下。

Step① 执行排序操作。打开"素材文件\第8章\员工培训成绩表.docx"文件，❶选中表格；❷单击【布局】选项卡【数据】组中的【排序】按钮，如图8-112所示。

图 8-112

Step② 设置排序条件。打开【排序】对话框，❶在【主要关键字】栏中设置排序依据，如选择【总成绩】选项；❷选择排序方式，如选中【降序】单选按钮；❸单击【确定】按钮，如图8-113所示。

图 8-113

Step**03** 查看排序效果。返回文档，当前表格中的数据将按上述设置的排序参数进行排序，如图 8-114 所示。

图 8-114

技能拓展——使用多个关键字排序

在实际运用中，有时还需要设置多个条件对表格数据进行排序。操作方法为：选中表格后打开【排序】对话框，在【主要关键字】栏中设置排序依据及排序方式，接着在【次要关键字】栏中设置排序依据及排序方式，设置完成后单击【确定】按钮即可。

需要注意的是，在 Word 文档中对表格数据进行排序时，最多能设置 3 个关键字。

8.5.3 实战：筛选符合条件的数据记录

实例门类	软件功能

在 Word 中，可以通过插入数据库功能对表格数据进行筛选，以提取符合条件的数据。例如，在"员工培训成绩表.docx"文档中，将总成绩在 350 分以上的数据筛选出来，具体操作步骤如下。

Step**01** 执行插入数据库操作。按照 1.5.3 小节所讲知识，将【插入数据库】按钮添加到快速访问工具栏中，❶新建【筛选培训数据】空白文档；❷单击【插入数据库】按钮 🗂，如图 8-115 所示。

图 8-115

Step**02** 单击【获取数据】按钮。打开【数据库】对话框，单击【数据源】栏中的【获取数据】按钮，如图 8-116 所示。

图 8-116

Step**03** 选择数据源文件。打开【选取数据源】对话框，❶选择需要的数据源文件，如选择【员工培训成绩表.docx】选项；❷单击【打开】按钮，如图 8-117 所示。

图 8-117

Step**04** 单击【查询选项】按钮。返回【数据库】对话框，单击【数据选项】栏中的【查询选项】按钮，如图 8-118 所示。

图 8-118

Step**05** 设置筛选条件。打开【查询选项】对话框，❶设置筛选条件；❷单击【确定】按钮，如图 8-119 所示。

图 8-119

Step**06** 单击【插入数据】按钮。返回【数据库】对话框，在【将数据插入文档】栏中单击【插入数据】按钮，如图 8-120 所示。

图 8-120

Step07 设置要插入的记录。打开【插入数据】对话框，**①**在【插入记录】

栏中选中【全部】单选按钮；**②**单击【确定】按钮，如图 8-121 所示。

图 8-121

Step08 查看筛选出来的数据。此时，Word 会将符合筛选条件的数据筛选

出来，并将结果显示在文档中，如图 8-122 所示。

图 8-122

妙招技法

通过对前面知识的学习，相信读者已经掌握了 Word 文档中表格的使用方法了。下面结合本章内容，给大家介绍一些实用技巧。

技巧 01：灵活调整表格大小

在调整表格大小时，绝大多数用户都会通过拖动鼠标的方法来调整行高或列宽，但这种方法会影响相邻单元格的行高或列宽。例如，调整某个单元格的列宽时，就会影响其右侧单元格的列宽，针对这样的情况，可以使用【Ctrl】键和【Shift】键来灵活调整表格大小。

下面以调整列宽为例，介绍这两个键的使用方法。

→ 先按住【Ctrl】键，再拖动鼠标调整列宽，通过该方法达到的效果是：在不改变整体表格宽度的情况下，调整当前列。当前列以后的其他各列依次向后进行压缩，但表格的右边线是不变的，除非当前列以后的各列已经压缩至极限。

→ 先按住【Shift】键，再拖动鼠标调整列宽，通过该方法达到的效

果是：当前列宽发生变化但其他各列宽度不变，表格整体宽度会因此而增大或减小。

→ 先按住【Ctrl+Shift】组合键，再拖动鼠标调整列宽，通过该方法达到的效果是：在不改变表格宽度的情况下，调整当前列宽，并将当前列之后的所有列宽调整为相同大小。但如果当前列之后的其他列的列宽向表格尾部压缩到极限时，表格就会向右延。

技巧 02：在表格上方的空行输入内容

在 Word 文档中创建表格后，可能会发现无法通过定位光标插入点在表格上方输入文字。

要想在表格上方输入文字，可按下面的具体操作步骤来实现。

Step01 定位光标插入点。先将光标插入点定位在表格左上角单元格中

文本的开头处，如图 8-123 所示。

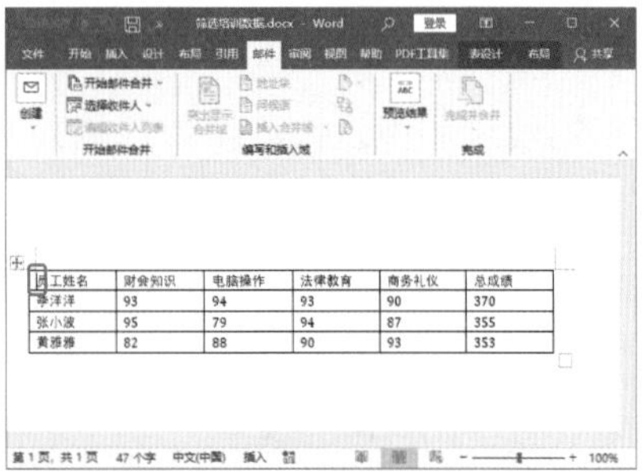

图 8-123

Step02 添加段落。按【Enter】键，即可将表格下移，同时表格上方会空出一个新的段落，然后输入需要的内容即可，如图 8-124 所示。

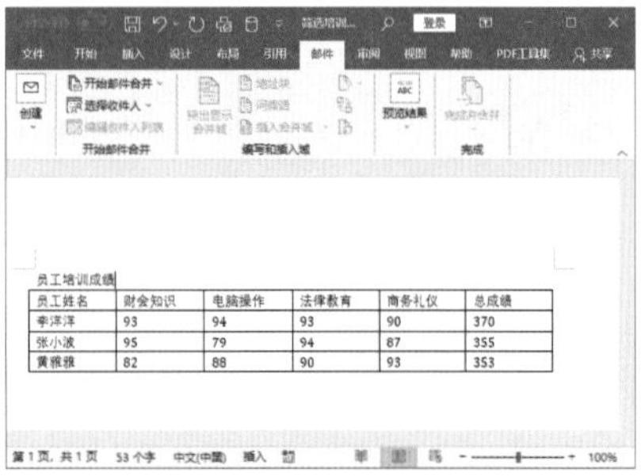

图 8-124

技巧 03：如何将一个表格拆分为多个表格

当需要将一个表格拆分为两个表格时，可以使用 Word 2021 提供的拆分表格功能来实现。例如，在"计件表.docx"文档中拆分表格，具体操作步骤如下。

Step01 执行拆分表格操作。打开"素材文件\第8章\计件表.docx"文件，❶选择需要拆分的行；❷单击【布局】选项卡【合并】组中的【拆分表格】按钮，如图 8-125 所示。

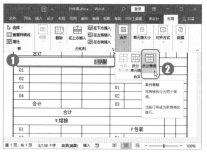

图 8-125

Step02 查看拆分的表格效果。此时将从所选行中进行拆分，并将表格拆分为两个，效果如图 8-126 所示。

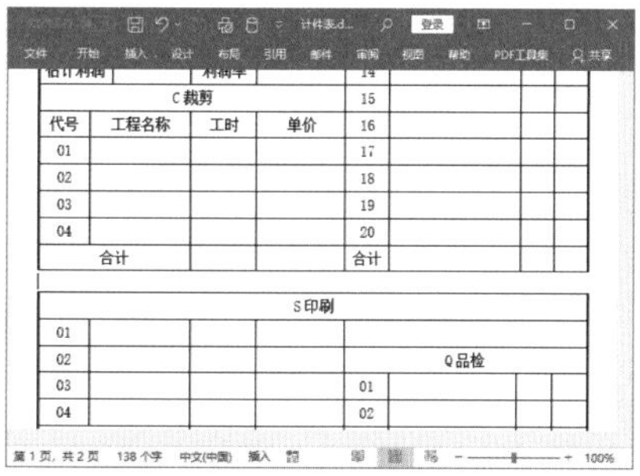

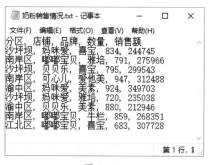

图 8-126

技能拓展——快速拆分表格

定位好光标插入点后，按快捷键【Ctrl+Shift+Enter】可快速对表格进行拆分操作。

技巧 04：利用文本文件中的数据创建表格

在 Word 文档中制作表格时，还可以从文本文件中导入数据，从而提高输入速度。

例如，图 8-127 所示为文本文件中的数据，这些数据均使用了逗号作为分隔符。

图 8-127

现在要将图 8-127 中的数据导入 Word 文档中，并生成表格，具体操作步骤如下。

Step01 执行插入数据库操作。❶新建"奶粉销售情况表.docx"空白文档；❷单击快速访问工具栏中的【插入数据库】按钮，如图 8-128 所示。

图 8-128

Step02 单击【获取数据】按钮。打开【数据库】对话框，单击【数据源】栏中的【获取数据】按钮，如图 8-129 所示。

图 8-129

Step03 选择数据源文件。打开【选取数据源】对话框，❶选择需要的数据源文件；❷单击【打开】按钮，如图 8-130 所示。

图 8-130

Step04 确认文件转换。打开【文件转换-奶粉销售情况.txt】对话框，单击【确定】按钮，如图 8-131 所示。

图 8-131

Step05 单击【插入数据】按钮。返回【数据库】对话框，在【将数据插入文档】栏中单击【插入数据】按钮，如图 8-132 所示。

图 8-132

Step06 设置插入的数据范围。打开【插入数据】对话框，①在【插入记录】栏中选中【全部】单选按钮；②单击【确定】按钮，如图 8-133 所示。

图 8-133

Step07 查看创建的表格效果。返回文档，即可看到通过文本文件数据创建的表格，如图 8-134 所示。

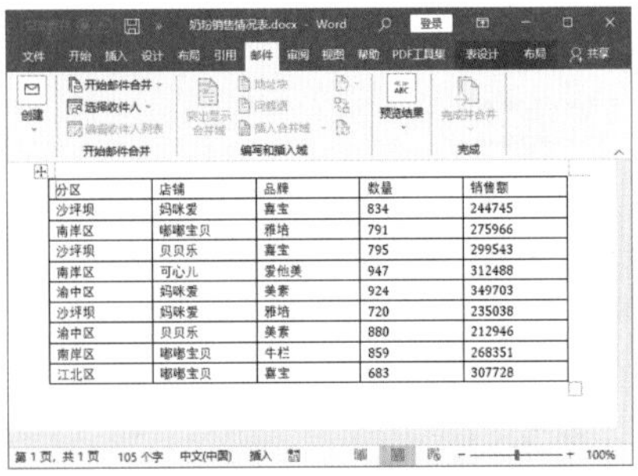

图 8-134

技巧 05：创建错行表格

错行表格是指在一个包含两列的表格中，两列高度相同，但每列包含的行数不同。图 8-135 所示为一个错行表格。

图 8-135

要想创建图 8-135 中的错行表格，通过 Word 中的分栏功能可轻松实现，具体操作步骤如下。

Step01 创建表格。新建"创建错行表格.docx"空白文档，在文档中插入一个 9 行 1 列的表格，①选中表格的前 5 行；②单击【布局】选项卡【表】组中的【属性】按钮，如图 8-136 所示。

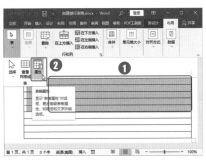

图 8-136

Step02 设置行高。打开【表格属性】对话框，①选择【行】选项卡；②在【尺寸】栏中选中【指定高度】复选框，然后将高度设置为【0.8 厘米】；③单击【确定】按钮，如图 8-137 所示。

图 8-137

Step03 设置行高。返回文档，选中表格的后 4 行，打开【表格属性】对话框，①选择【行】选项卡；②在【尺寸】栏中选中【指定高度】复选框，然后将高度设置为【1 厘米】；③单击【确定】按钮，如图 8-138 所示。

图 8-138

技术看板

之所以将后 4 行的高度设置为 1 厘米，是因为当前表格一共有 9 行，而要制作的错行表格为左列 5 行、右列 4 行。为了让左右两列可以对齐，需要确保左列和右列的总高度相同。本例中将前 5 行的高度设置为 0.8 厘米，那么前 5 行的总高度就为 0.8×5=4 厘米，而右列只有 4 行，为了让右列 4 行的总高度等于 4 厘米，则需要将右列每行的高度设置为 4÷4=1 厘米。

Step04 选择分栏选项。返回文档，①选中整个表格；②单击【布局】选项卡【页面设置】组中的【栏】按钮；③在弹出的下拉列表中选择【更多栏】选项，如图 8-139 所示。

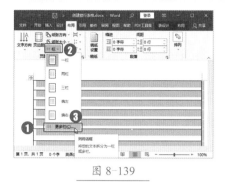

图 8-139

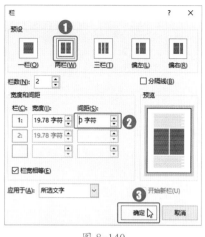

图 8-140

Step 05 设置分栏。打开【栏】对话框，❶在【预设】栏中选择【两栏】选项；❷将【间距】的值设置为【0字符】；❸单击【确定】按钮，如图 8-140 所示。

Step 06 查看错行表格效果。返回文档，即可看到原来的 9 行 1 列的表格变为了左列 5 行、右列 4 行的错行表格，如图 8-141 所示。

图 8-141

本章小结

　　本章的重点是在 Word 文档中插入与编辑表格，主要包括创建表格、表格的基本操作、设置表格格式、表格与文本相互转换、处理表格数据等内容。通过对本章内容的学习，希望读者能够灵活自如地在 Word 中使用表格。

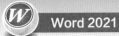

 第9章 图表的创建与使用

➡ 同一图表中可以使用两种图表类型吗？

➡ 图表中应用的数据区域不正确，能不能进行更改？

➡ 如何隐藏图表中的数据？

➡ 如何在图表中添加趋势线？

➡ 图表类型不正确，如何换成正确的图表类型？

在制作各种报告文档时，经常需要使用图表来直观展示一些报告数据，所以，对于经常需要制作文档的用户来说，图表的操作也需要掌握。本章将带领读者了解并掌握如何将枯燥的表格转化为清楚、明了并且合适的图表，以及编辑修饰图表的技巧。

9.1 认识与创建图表

图表就是将表格中的数据以易于理解的图形方式呈现出来，是表格数据的可视化工具。因此，从某种意义上来说，图表比表格更易于表现数据之间的关系。

9.1.1 认识图表分类

Word 2021 提供了多种类型的图表，主要包括柱形图、折线图、饼图、条形图、面积图、XY 散点图、股价图、曲面图、雷达图、树状图、旭日图、直方图、箱形图、瀑布图、漏斗图和组合图等，用户可以根据实际情况选择需要的图表。

1. 柱形图

在工作表中以列或行的形式排列的数据可以使用柱形图。柱形图主要用于显示一段时间内的数据变化或各项之间的比较情况。在柱形图中，通常沿水平轴（即 x 轴）显示类别数据；沿垂直轴（即 y 轴）显示数值。图 9-1 所示为柱形图效果。

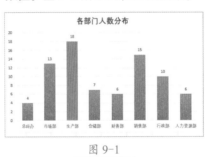

图 9-1

2. 折线图

折线图可以显示随时间变化的连续数据，用于显示在相等时间间隔（如月、季度或财政年度）下的数据趋势。

在折线图中，类别数据沿水平轴均匀分布，所有值数据沿垂直轴均匀分布。图 9-2 所示为折线图效果。

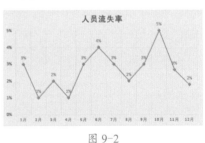

图 9-2

3. 饼图

饼图用于显示一个数据系列中各项的大小与各项总和的比例，图中的数据点显示为整个饼图的百分比。图 9-3 所示为饼图效果。

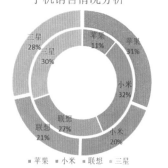

图 9-3

如果遇到以下情况，可以考虑使用饼图。

➥ 只有一个数据系列。

➥ 数据中的值没有负数。

➥ 数据中的值几乎没有零值。

➥ 类别数目不超过 7 个，并且这些类别共同构成了整个饼图。

饼图中的圆环图类似于饼图，它是使用环形的一部分来表现一个数据在整体数据中的大小比例。圆环图也用来显示单独的数据点相对于整个数据系列的关系或比例，同时圆环图还可以含有多个数据系列，如图 9-4 所示。圆环图中的每个环代表一个数据系列。

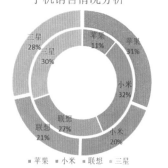

图 9-4

4. 条形图

条形图用于显示各个项目之间的比较情况。在条形图中，通常沿垂直坐标轴组织类别，沿水平坐标

轴组织值。图 9-5 所示为条形图效果。

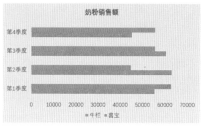

图 9-5

如果满足以下条件，可以考虑使用条形图。

➥ 轴标签过长。

➥ 显示的数值为持续型，如时间等。

5. 面积图

面积图与折线图类似，也可以显示多组数据系列，只是将连线与分类轴之间用图案填充，主要用于表现数据的趋势。但不同的是：折线图只能单纯地反映每个样本的变化趋势，如某产品每个月的变化趋势；而面积图除了可以反映每个样本的变化趋势外，还可以显示总体数据的变化趋势，即面积。图 9-6 所示为面积图效果。

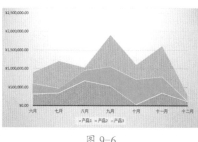

图 9-6

面积图可用于绘制随时间发生的变化量，常用于引起人们对总值趋势的关注。通过显示所绘制的值的总和，面积图还可以显示部分与整体的关系。面积图强调的是数据的变动量，而不是时间的变动率。

6. XY散点图

XY 散点图主要用来显示单个或多个数据系列中各数值之间的相互关系，或者将两组数字绘制为 XY 坐标的一个系列。

XY 散点图有两个数值轴，沿横坐标轴（x轴）方向显示一组数值数据，沿纵坐标轴（y轴）方向显示另一组数值数据。一般情况下，XY 散点图用这些数值构成多个坐标点，通过观察坐标点的分布，即可判断变量间是否存在关联关系，以及相关关系的强度。图 9-7 所示为 XY 散点图效果。

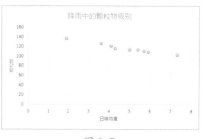

图 9-7

出现以下情况时，可以使用 XY 散点图。

➥ 需要更改水平轴的刻度。

➥ 需要将轴的刻度转换为对数刻度。

➥ 水平轴上有许多数据点。

➥ 水平轴的数值不是均匀分布的。

➥ 需要有效地显示包含成对或成组数值集的工作表数据，并调整散点图的独立坐标轴刻度，以便显示关于成组数值的详细信息。

➥ 需要显示大型数据集之间的相似性而非数据点之间的区别。

➥ 在不考虑时间的情况下比较大量数据点，散点图中包含的数据越多，比较的效果就越好。

7. 股价图

股价图可以用来显示股价的波动。此外，股价图也可以用来显示科学数据，如日降雨量或每年温度的波动等。股价图的数据在工作表中的组织方式非常重要，必须按照正确的顺序组织数据才能创建股价图。

例如，要创建一个简单的"开盘—盘高—盘低—收盘"股价图，按开盘、盘高、盘低和收盘次序输入的列标题来排列数据。图9-8所示为股价图效果。

图 9-8

8. 曲面图

曲面图显示的是连接一组数据点的三维曲面。当需要寻找两组数据之间的最优组合时，可以使用曲面图进行分析，图9-9所示为曲面图效果。

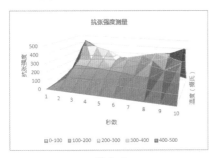

图 9-9

曲面图好像一张地质学的地图，图中的不同颜色和图案表明具有相同范围的值的区域。与其他图表类型不同，曲面图中的颜色不用于区别数据系列。在曲面图中，颜色是用来区别值的。

9. 雷达图

雷达图又称戴布拉图、蜘蛛网图，用于显示独立数据系列之间及某个特定系列与其他系列的整体关系。每个分类都拥有自己的数值坐标轴，这些坐标轴同中心点向外辐射，并由折线将同一系列中的值连接起来，图9-10所示为雷达图效果。

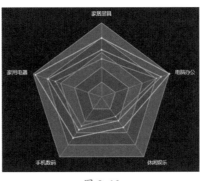

图 9-10

10. 树状图

树状图提供了数据的分层视图，方便用户比较分类的不同级别。树状图按颜色和接近度显示类别，并可以轻松显示大量数据。当层次结构内存在空白单元格时可以绘制树状图，树状图非常适合比较层次结构内的比例。图9-11所示为树状图效果。

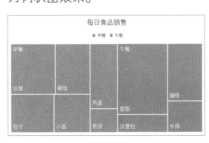

图 9-11

11. 旭日图

旭日图非常适合显示分层数据，当层次结构内存在空白单元格时可以绘制。层次结构的每个级别均通过一个环或圆形表示，最内层的圆表示层次结构的顶级，不含任何分层数据（类别的一个级别）的旭日图与圆环图类似，但具有多个级别的类别旭日图显示外环与内环的关系，旭日图在显示一个环如何被划分为作用片段时最有效。图9-12所示为旭日图效果。

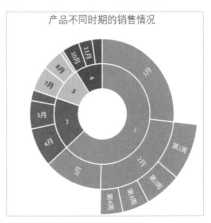

图 9-12

12. 直方图

直方图是用于描绘测量值与平均值变化程度的一种条形图类型。借助分布的形状和分布的宽度（偏差），它可以帮助用户确定过程中的问题的原因。在直方图中，频率由条形的面积而不是条形的高度表示，如图9-13所示。

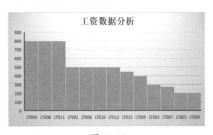

图 9-13

13. 箱形图

箱形图用于显示数据到四分位点的分布，突出显示平均值和离群值。箱形可能具有可垂直延长的名为"须线"的线条。这些线条指示超出四分位点上限和下限的变化程度，处于这些线条或须线之外的任何点都被视为离群值。当有多个数据集以某种方式彼此相关时，请使用这种图表类型。图9-14所示为箱形图效果。

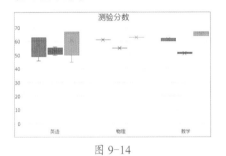

图9-14

14. 瀑布图

瀑布图用于显示加上或减去值时的财务数据累计汇总。在理解一系列正值和负值对初始值的影响时，这种图表非常有用。图9-15所示为瀑布图效果。

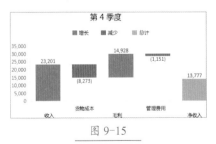

图9-15

15. 漏斗图

漏斗图通常用于表示销售过程的各个阶段，图9-16所示为使用漏斗图对销售主管招聘过程的人数进行展示。

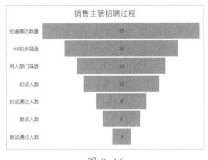

图9-16

16. 组合图

组合图是由两种或两种以上的图表类型组合而成的，可以同时展示多组数据，让图表内容更加丰富、直观。组合图最大的特点就是，不同类型的图表可以拥有一个共同的横坐标，以及不同的纵坐标轴，这样可以更好地区别不同的数据类型，并强调关注的不同侧重点。

组合图的最佳组合形式是"柱形图+折线图"，常用来展现同一变量的绝对值和相对值。使用"柱形图+折线图"对上半年的招聘完成情况进行分析，如图9-17所示。

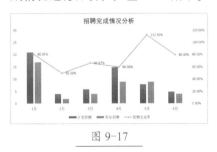

图9-17

9.1.2　图表的组成结构

图表由许多图表元素组成，在编辑图表的过程中，其实是在对这些元素进行操作。所以，在创建与编辑图表之前，需要先了解图表的组成结构。图9-18所示为柱形图图表，其中包含了大部分的图表元素，各元素的作用介绍如下。

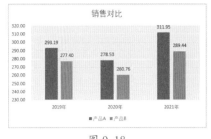

图9-18

➥ 图表区：图表中最大的白色区域，用于容纳图表中其他元素。一般来说，选中整个图表，便能选中图表区。

➥ 绘图区：图表中黄色底纹部分为绘图区，其中包含了数据系列和数据标签。

➥ 图表标题：图表上方的文字，一般用来描述图表的功能或作用。

➥ 图例：图表中最底部带有颜色块的文字，用于标识不同数据系列代表的内容。

➥ 数据系列：绘图区中不同颜色的矩形，表示用于创建图表的数据区域中的行或列。

➥ 数据标签：数据系列外侧的数字，表示数据系列代表的具体数值。

➥ 横坐标轴：数据系列下方的如【2019年】等内容，便是横坐标轴，用于显示数据的分类信息。

➥ 横坐标轴标题：横坐标轴下方的文字，用于说明横坐标轴的含义。

➥ 纵坐标轴：数据系列左侧的如【230.00】等内容，便是纵坐标轴，用于显示数据的数值。

➥ 纵坐标轴标题：纵坐标轴左侧的文字，用于说明纵坐标轴的含义。

➥ 网格线：贯穿绘图区的线条，用于估算数据系列所处值的标准。

第1篇　第2篇　第3篇　第4篇　第5篇　第6篇　第7篇

除了上述介绍的图表元素外，还有其他一些元素，如数据表等。数据表通常显示在绘图区的下方，用于显示图表的源数据。但由于数据表占有的区域比较大，因此一般不在图表中显示，以便节省空间。

★重点 9.1.3 实战：创建销售图表

实例门类	软件功能

认识图表分类和了解图表组成元素后，就可使用 Word 提供的图表功能，在文档中创建需要的图表，具体操作步骤如下。

Step01 执行插入图表操作。新建一个名为"奶粉销售情况.docx"的空白文档，单击【插入】选项卡【插图】组中的【图表】按钮，如图 9-19 所示。

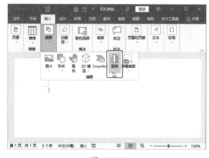

图 9-19

Step02 选择插入的图表类型。打开【插入图表】对话框，❶在左侧列表中选择需要的图表类型，如选择【柱形图】选项；❷在右侧选择需要的图表子类型，如选择【簇状柱形图】选项；❸单击【确定】按钮，如图 9-20 所示。

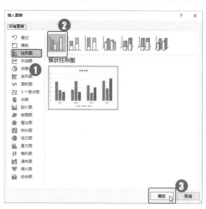

图 9-20

Step03 查看预置的图表和图表数据。Word 文档中将插入所选的图表，同时自动打开一个 Excel 窗口，该窗口中显示了图表所使用的预置数据，如图 9-21 所示。

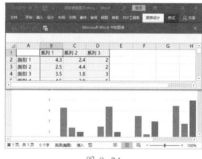

图 9-21

Step04 编辑图表数据。❶在 Excel 窗口中输入需要的行列名称和对应的数据内容，Word 文档图表中的数据会自动同步更新；❷编辑完成后，单击【关闭】按钮关闭 Excel 窗口，如图 9-22 所示。

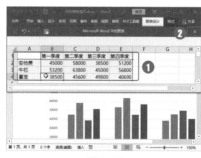

图 9-22

在 Excel 窗口中的预置数据区域中，可以在右下角看到一个蓝色标记，该标记的位置表示绘制到图表中的数据区域的范围，将鼠标指针指向蓝色标记，当鼠标指针变为形状时，拖动鼠标即可调整数据区域的范围。

Step05 输入图表标题。在 Word 文档中的【图表标题】文本框中输入图表标题内容，效果如图 9-23 所示。

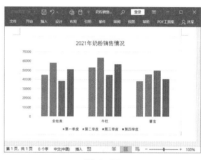

图 9-23

★重点 9.1.4 实战：在一个图表中使用多个图表类型

实例门类	软件功能

若图表中包含两个及两个以上的数据系列，还可以为不同的数据系列设置不同的图表类型，即前面提到过的组合图。

1. 新建组合图表

Word 2021 提供了组合图表的功能，通过该功能可以直接创建多图表类型的图表。例如，要创建一个包含两个数据系列的组合图表，具体操作步骤如下。

Step01 执行插入图表操作。新建一个名为"新住宅销售.docx"的空白文档，单击【插入】选项卡【插图】组中的【图表】按钮，如图 9-24 所示。

图 9-24

Step02 设置组合图表。打开【插入图表】对话框，❶在左侧列表中选择【组合图】选项；❷在右侧界面中，在【系列 1】栏的下拉列表中选择图表类型；❸在【系列 2】栏的下拉列表中选择图表类型，然后选中右边对应的复选框，使次坐标轴上显示该系列；❹完成设置后，单击【确定】按钮，如图 9-25 所示。

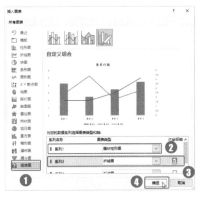

图 9-25

Step03 查看预置的图表。此时 Word 文档中将插入所选样式的组合图表，同时自动打开一个 Excel 窗口，该窗口中显示了图表所使用的预置数据，如图 9-26 所示。

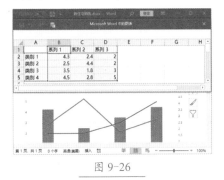

图 9-26

Step04 调整图表应用的数据区域。本例中只设置两个数据系列，通过拖动数据区域右下角的蓝色标记，调整数据区域的范围，如图 9-27 所示。

图 9-27

Step05 输入图表数据。❶在 Excel 窗口中输入需要的行列名称和对应的数据内容，Word 文档图表中的数据会自动同步更新；❷删除【系列 3】的相关数据，单击【关闭】按钮关闭 Excel 窗口，如图 9-28 所示。

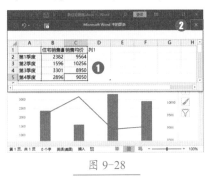

图 9-28

Step06 输入图表标题。在 Word 文档中，直接在【图表标题】文本框中输入图表标题内容，效果如图 9-29 所示。

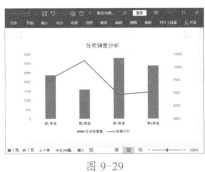

图 9-29

2. 将已有图表更改为组合图表

如果是已经创建好的图表，同样可以将其更改为组合图表。例如，更改"电器销售分析.docx"文档中

数据系列【盈利总额】的图表类型，具体操作步骤如下。

Step01 执行更改图表类型操作。打开"素材文件\第 9 章\电器销售分析.docx"文件，❶选择图表；❷单击【图表设计】选项卡【类型】组中的【更改图表类型】按钮，如图 9-30 所示。

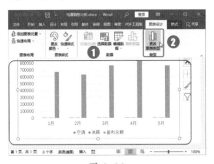

图 9-30

Step02 设置组合图表。打开【更改图表类型】对话框，❶在左侧列表中选择【组合图】选项；❷在右侧界面中，在【盈利总额】栏中的下拉列表中选择该系列数据的图表类型，然后选中右边对应的复选框，使次坐标轴上显示该系列；❸单击【确定】按钮，如图 9-31 所示。

图 9-31

Step03 查看更改图表类型后的效果。返回文档，即可查看更改图表类型后的效果，如图 9-32 所示。

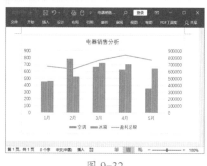

图 9-32

9.2 编辑图表

完成图表的创建后，可随时对图表进行编辑修改操作，如调整图表大小、修改图表数据、显示/隐藏图表元素、为图表添加趋势线等，使图表更加符合需要。

9.2.1 调整图表大小

为了便于查看图表中的数据，可以对图表大小进行调整，将其显示在可观察的范围内。与图片大小的调整方法相似，下面简单介绍一下图表大小的调整方法。

➜ 拖动鼠标：选中图表，图表四周会出现控制点◌，将鼠标指针停放在控制点上，当鼠标指针变成双向箭头形状时，按住鼠标左键并任意拖动，即可改变图表的大小。

➜ 通过功能区调整：选中图表，在【格式】选项卡的【大小】组中设置高度值和宽度值即可。

➜ 通过对话框调整：选中图表，单击【格式】选项卡【大小】组中的【功能扩展】按钮◳，打开【布局】对话框，在【大小】选项卡中设置需要的大小，设置完成后单击【确定】按钮即可，如图 9-33 所示。

图 9-33

★重点 9.2.2 实战：编辑员工培训成绩的图表数据

实例门类	软件功能

在 Word 文档中创建图表后，如果要对图表中的数据进行修改、增加或删除等操作，直接在与图表相关联的数据表中进行操作即可。

1. 修改图表数据

编辑好图表后，如果发现图表中的数据有误，就需要及时进行修改，具体操作步骤如下。

Step01 选择【编辑数据】选项。打开"素材文件\第 9 章\员工培训成绩分析.docx"文件，❶选中图表；❷在【图表设计】选项卡【数据】组中单击【编辑数据】下拉按钮✓；❸在弹出的下拉列表中选择【编辑数据】选项，如图 9-34 所示。

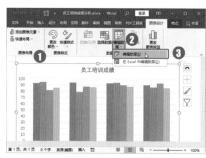

图 9-34

Step02 显示 Excel 图表数据。将打开 Excel 窗口，并显示与当前图表相关联的数据，如图 9-35 所示。

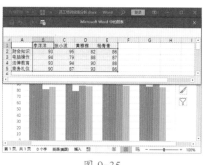

图 9-35

Step03 修改数据。直接在Excel窗口中修改有误的数据，图表中的数据系列同步更新，完成修改后，单击【关闭】按钮⊠关闭Excel窗口，如图9-36所示。

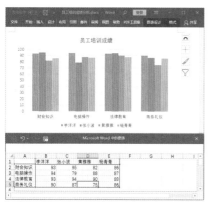

图9-36

技能拓展——在Excel中对Word中图表的数据进行编辑

相对于Word来说，Excel中的数据编辑功能更强大。如果想在Excel中对Word中图表的数据进行编辑，那么可在【图表设计】选项卡【数据】组中的【编辑数据】下拉列表中选择【在Excel中编辑数据】选项，将打开Excel窗口，在其中可对图表数据进行编辑，如图9-37所示。

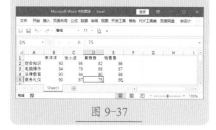

图9-37

2. 增加或删除数据系列

根据操作需要，通过与图表相关联的工作表，还可以随时对数据系列进行增加或删除操作。

例如，在"员工培训成绩分析.docx"文档的图表中新增一个员工数据系列，可按下面的操作步骤来实现。

Step01 选择【编辑数据】选项。❶在"员工培训成绩分析.docx"文档中选中图表；❷在【图表设计】选项卡的【数据】组中单击【编辑数据】下拉按钮；❸在弹出的下拉列表中选择【编辑数据】选项，如图9-38所示。

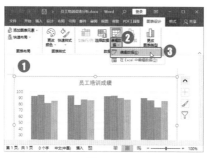

图9-38

Step02 插入列。打开与当前图表相关联的Excel工作表，❶选中【杨青青】单元格并右击；❷在弹出的快捷菜单中依次选择【插入】→【在左侧插入表列】命令，如图9-39所示。

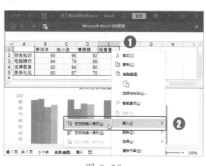

图9-39

Step03 添加图表数据。❶在【杨青青】的左侧新增一列，在其中输入新增员工的成绩信息，此时图表中的数据会同步更新；❷单击【关闭】按钮⊠关闭Excel窗口即可，如图9-40所示。

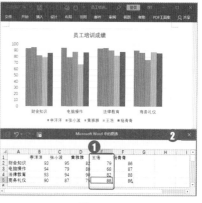

图9-40

技能拓展——增加横坐标轴中的分类信息

在本例中，通过插入列的方式新增了一名员工数据系列。若要在横坐标轴中新增科目分类信息，就需要插入行来实现。方法为：选中要在其上方插入新行的单元格并右击，在弹出的快捷菜单中依次选择【插入】→【在上方插入表行】命令，然后在插入的新行中输入相应的数据即可。

若要删除数据系列，可通过以下两种方式实现。

➡ 打开与图表相关联的Excel工作表，选中某列并右击，在弹出的快捷菜单中选择【删除】命令，如图9-41所示，即可删除该列数据，同时图表中对应的数据系列也会被删除。

图9-41

➡ 在图表中选中要删除的数据系列并右击，在弹出的快捷菜单中选择【删除】命令，如图9-42所示，即可删除该数据系列。通过此方法删除数据系列后，打开Excel窗口，可发现该数据系列对应的数据还在表格中，并没有随之被删除。

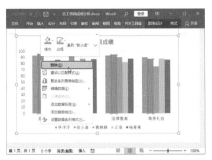

图 9-42

技术看板

默认情况下，在Excel工作表中对列进行增加或删除操作，便是对图表中的数据系列进行增加或删除操作；在Excel工作表中对行进行增加或删除操作，便是对图表坐标轴中的分类信息进行增加或删除操作。

3. 隐藏或显示图表数据

在不删除表格数据的情况下，通过对数据表中的行或列进行隐藏或显示操作，可以控制数据在图表中的显示。

例如，在"员工培训成绩分析.docx"文档中，若要隐藏【李洋洋】数据系列，可按下面的操作步骤实现。

Step01 选择【编辑数据】选项。❶在"员工培训成绩分析.docx"文档中选中图表；❷在【图表设计】选项卡的【数据】组中单击【编辑数据】下拉按钮▾；❸在弹出的下拉列表中选择【编辑数据】选项，如图9-43

所示。

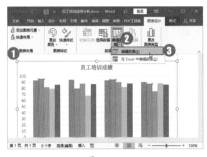

图 9-43

Step02 隐藏数据。打开与当前图表相关联的Excel工作表，❶选择需要隐藏的B列；❷在其上右击，在弹出的快捷菜单中选择【隐藏】命令，如图9-44所示。

图 9-44

Step03 查看隐藏的图表效果。通过上述操作后，【李洋洋】所在的B列将被隐藏起来，且A列列标和C列列标之间的网格线显示为▌状，同时图表中也不再显示【李洋洋】数据系列，如图9-45所示。

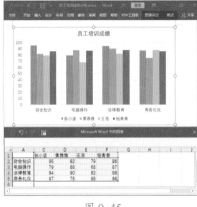

图 9-45

将图表关联的工作表中的行或

列隐藏后，还可以根据需要再次显示出来。例如，要将隐藏的列显示出来，可将鼠标指针指向被隐藏的列所处位置的▌标记，待鼠标指针显示为↔形状时，双击即可，如图9-46所示。

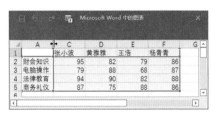

图 9-46

★重点 9.2.3 实战：显示/隐藏员工培训成绩中的图表元素

实例门类	软件功能

创建图表后，为了便于查看和编辑图表，可以根据需要对图表元素进行显示/隐藏操作，具体操作步骤如下。

Step01 隐藏主轴主要水平网格线。❶在"员工培训成绩分析.docx"文档中选中图表；❷单击【图表设计】选项卡【图表布局】组中的【添加图表元素】按钮；❸在弹出的下拉列表中选择【网格线】选项；❹在弹出的级联菜单中选择【主轴主要水平网格线】选项，如图9-47所示。

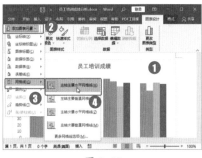

图 9-47

Step02 显示数据标签。取消【主轴主要水平网格线】的选择状态，即可隐藏主轴主要网格线，❶单击【图表设计】选项卡【图表布局】组中的【添加图表元素】按钮；❷在弹出的下拉列表中选择【数据标签】选项；❸在弹出的级联菜单中选择【数据标签外】选项，如图9-48所示。

图9-48

Step 03 查看图表效果。此时在图表数据系列的上方添加了数据标签，效果如图9-49所示。

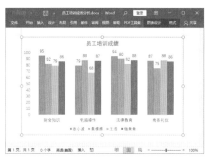

图9-49

★重点 9.2.4 实战：在员工培训成绩中设置图表元素的显示位置

实例门类	软件功能

将某个图表元素显示到图表后，还可以根据需要调整其显示位置，以便更好地查看图表。

例如，在"员工培训成绩分析.docx"文档中将图例的位置调整到图表的右侧，具体操作步骤如下。

Step 01 选择菜单命令。❶在"员工培训成绩分析.docx"文档中选中图表中的图例；❷在其上右击，在弹出的快捷菜单中选择【设置图例格式】命令，如图9-50所示。

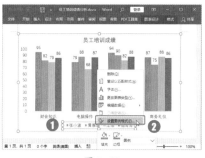

图9-50

Step 02 设置图例位置。打开【设置图例格式】任务窗格，在【图例位置】栏中选中【靠右】单选按钮，即可将图例显示到图表右侧，如图9-51所示。

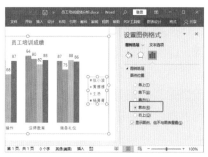

图9-51

9.2.5 实战：快速布局葡萄酒销量中的图表

实例门类	软件功能

对图表中的图表元素进行显示/隐藏，以及设置图表元素的显示位置等操作时，实质上就是对其进行自定义布局。Word 2021为图表提供了几种内置布局样式，从而可以快速对图表进行布局，具体操作步骤如下。

Step 01 选择布局方案。打开"素材文件\第9章\葡萄酒销量.docx"文件，❶选中图表；❷在【图表设计】选项卡的【图表布局】组中单击【快速布局】按钮；❸在弹出的下拉列表中选择需要的布局方案，如选择【布局3】选项，如图9-52所示。

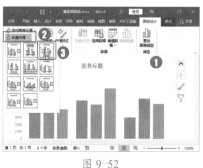

图9-52

Step 02 查看布局效果。当前图表即可应用所选的布局方案，并在添加的【图表标题】文本框中输入【葡萄酒销量分析】，如图9-53所示。

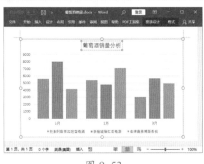

图 9-53

★重点 9.2.6 实战：为葡萄酒销量中的图表添加趋势线

实例门类	软件功能

创建图表后，为了能更加直观地对系列中的数据变化趋势进行分析与预测，可以为数据系列添加趋势线。

例如，在"葡萄酒销量.docx"文档中，要为"茶檀城堡红葡萄酒"数据系列添加趋势线，具体操作步骤如下。

Step01 选择趋势线类型。在"葡萄酒销量.docx"文档中选中图表，❶单击【图表设计】选项卡【图表布局】

组中的【添加图表元素】按钮；❷在弹出的下拉列表中选择【趋势线】选项；❸在弹出的级联菜单中选择【线性】选项，如图 9-54 所示。

图 9-54

Step02 选择添加趋势线的数据系列。打开【添加趋势线】对话框，❶在列表框中选择要添加趋势线的数据系列，如选择【茶檀城堡红葡萄酒】选项；❷单击【确定】按钮，如图 9-55 所示。

图 9-55

Step03 查看添加的趋势线效果。返回文档，即可为图表中的【茶檀城堡红葡萄酒】数据系列添加线性趋势线，效果如图 9-56 所示。

图 9-56

> **技能拓展——更改趋势线类型**
>
> 添加趋势线后，若要更改其类型，可右击趋势线，在弹出的快捷菜单中选择【设置趋势线格式】命令，打开【设置趋势线格式】任务窗格，在【趋势线选项】界面中选择趋势线类型即可。

9.3 修饰图表

创建好图表后，用户还可以根据需要对图表进行修饰，如设置图表元素格式、设置图表中文本的格式等，从而使图表更实用、更美观。

9.3.1 实战：精确选择图表元素

实例门类	软件功能

一个图表通常由图表区、图表标题、图例及各个系列数据等元素组成，当要对某个元素对象进行操

作时，需要先将其选中。

一般来说，通过单击某个对象，便可将其选中。但当图表内容过多时，通过单击的方式，可能会选择错误，要想精确选择某元素，可以通过功能区实现。例如，通过功能区选择绘图区，具体操作步骤

如下。

Step01 选择图表元素。❶在"葡萄酒销量.docx"文档中选中图表；❷在【格式】选项卡【当前所选内容】组的【图表元素】下拉列表中选择需要的图表元素，如选择【系列"托索阿斯蒂起泡葡萄酒"】选项，如图 9-57 所示。

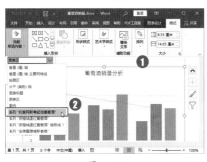

图 9-57

Step02 查看效果。此时图表绘图区中选择的图表元素被选中，如图 9-58 所示。

图 9-58

★重点 9.3.2 实战：设置葡萄酒销量的图表元素格式

实例门类	软件功能

在图表中选中图表区、绘图区或数据系列等元素后，可以在【格式】选项卡的【形状样式】组中通过相关选项对它们进行美化操作，如设置填充效果、边框、形状效果等，从而使图表更加美观。

这些图表元素的格式设置方法大同小异，下面以图表区来举例说明，具体操作步骤如下。

Step01 选择菜单命令。在"葡萄酒销量.docx"文档中选中图表区，在其上右击，在弹出的快捷菜单中选择【设置图表区域格式】命令，如图 9-59 所示。

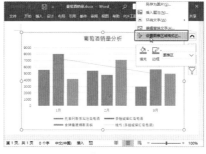

图 9-59

Step02 设置图表区填充颜色。打开【设置图表区格式】任务窗格，❶在【填充】栏中选择需要的填充方式，如选中【纯色填充】单选按钮；❷单击【颜色】按钮；❸在弹出的下拉列表中选择需要的颜色，如选择【金色，个性色 4，淡色 80%】选项，如图 9-60 所示。

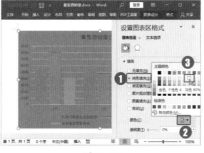

图 9-60

Step03 为图表区添加边框。❶在【边框】栏中选中【实线】单选按钮；❷单击【颜色】按钮；❸在弹出的下拉列表中选择需要的边框颜色，如选择【金色，个性色 4，深色 50%】选项，如图 9-61 所示。

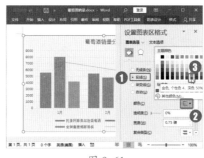

图 9-61

Step04 设置边框粗细和类型。❶在【宽度】微调框中输入边框粗细，如输入【1 磅】；❷单击【短划线类型】按钮；❸在弹出的下拉列表中选择线条类型，如选择【短划线】选项，如图 9-62 所示。

图 9-62

Step05 为图表区添加阴影效果。保持图表的选中状态，❶单击【效果】按钮；❷在【阴影】栏中单击【预设】按钮；❸在弹出的下拉列表中选择需要的阴影效果，如选择【内部：中】选项，如图 9-63 所示。

图 9-63

Step06 查看图表效果。此时为图表应用了选择的阴影效果，关闭任务窗格，在文档中可查看设置图表区后的效果，如图 9-64 所示。

技能拓展——通过【形状样式】组对图表元素进行设置

图表中的元素也可以像形状一样进行设置。具体操作方法为：选择图表中相应的元素，在【格式】选项卡的【形状样式】组中，可为图表元素应用内置的形状样式，也可以单独对图表元素的填充色、轮廓和效果等进行设置，其设置方法与第 7 章介绍的形状格式的设置方法相同。

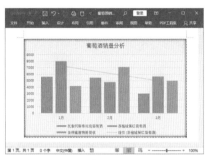

图 9-64

9.3.3 实战：设置招聘渠道分析图表中的文本格式

实例门类	软件功能

在编辑图表的过程中，有时还需要设置文本格式。根据操作需要，既可以一次性对图表中的文本设置格式，也可以单独对某部分文字设置格式。下面介绍设置文本格式的具体操作步骤。

Step01 加粗图表中的文本。打开"素材文件\第 9 章\招聘渠道分析.docx"文件，❶选中图表；❷单击【开始】选项卡【字体】组中的【加粗】按钮 B，如图 9-65 所示。

图 9-65

Step02 查看效果。此时，图表中的所有文字将加粗显示，效果如图 9-66所示。

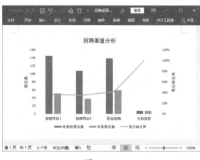

图 9-66

Step03 选择菜单命令。❶选中纵坐标轴的标题；❷在其上右击，在弹出的快捷菜单中选择【设置坐标轴标题格式】命令，如图 9-67 所示。

图 9-67

Step04 设置文字方向。打开【设置坐标轴标题格式】任务窗格，❶单击【文本选项】；❷单击【布局属性】按钮；❸在【文字方向】下拉列表框中选择文字方向，如选择【竖排】选项，如图 9-68 所示。

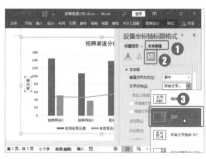

图 9-68

Step05 查看文字排列效果。在文档中，可看到纵坐标轴的标题以竖排方式进行显示，如图 9-69 所示。

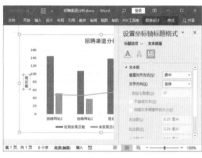

图 9-69

Step06 设置次坐标轴文字方向。用同样的方法将次坐标轴标题的文字方向设置为竖排，效果如图 9-70所示。

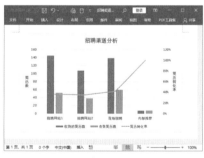

图 9-70

9.3.4 实战：使用图表样式美化招聘费用分析图表

实例门类	软件功能

Word提供了许多内置图表样式，通过这些样式，可快速对图表进行美化操作，具体操作步骤

如下。

Step01 选择图表样式。打开"素材文件\第 9 章\招聘费用分析.docx"文件，❶选中图表；❷单击【图表设计】选项卡【图表样式】组中的【快速样式】按钮；❸在弹出的下拉列表中选择需要的图表样式，如选择【样式 14】选项，如图 9-71 所示。

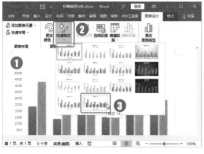

图 9-71

Step02 查看图表效果。此时所选图表样式将应用到图表中，效果如图 9-72 所示。

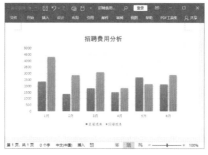

图 9-72

9.3.5 实战：更改招聘费用分析图表中的配色

实例门类	软件功能

通过 Word 提供的更改颜色功能，可以快速更改图表中数据系列的配色，具体操作步骤如下。

Step01 选择配色方案。❶在"招聘费用分析.docx"文档中选中图表；❷单击【图表设计】选项卡【图表样式】组中的【更改颜色】按钮；❸在弹出的下拉列表中选择需要的配色

方案，如选择【彩色调色板 4】选项，如图 9-73 所示。

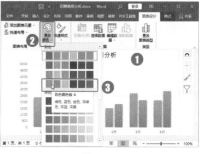

图 9-73

Step02 查看图表效果。此时为图表中的数据系列应用了选择的配色方案，效果如图 9-74 所示。

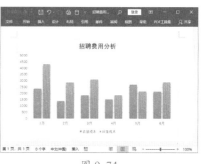

图 9-74

妙招技法

通过对前面知识的学习，相信读者已经掌握了图表的使用方法。下面结合本章内容，给大家介绍一些实用技巧。

技巧 01：分离饼图的扇区

在工作表中创建饼图类型的图表后，所有的数据系列都是一个整体。根据操作需要，可以将饼图中的某扇区分离出来，以便突出显示该数据。分离扇区的具体操作步骤如下。

Step01 拖动扇区。打开"素材文件\第 9 章\文具销售情况.docx"文件，在图表中选择要分离的扇区，然后按住鼠标左键进行拖动，如图 9-75 所示。

图 9-75

Step02 查看分离扇区后的效果。拖动至目标位置后，释放鼠标左键，即可实现该扇区的分离，如图 9-76 所示。

图 9-76

技巧 02：设置饼图的标签值类型

在饼图类型的图表中，将数据标签显示出来后，默认显示的是具

体数值，为了让饼图更加形象直观，可以将数值设置成百分比形式，具体操作步骤如下。

Step01 选择菜单命令。在"文具销售情况.docx"文档中，选择图表中的数据标签，在其上右击，在弹出的快捷菜单中选择【设置数据标签格式】命令，如图 9-77 所示。

图 9-77

Step02 设置标签选项。打开【设置数据标签格式】任务窗格，默认显示在【标签选项】界面，❶在【标签包括】栏中选中【百分比】复选框，取消选中【值】复选框；❷单击【关闭】按钮 × 关闭该窗格，如图 9-78 所示。

图 9-78

Step03 查看图表数据标签显示效果。此时图表中的数据标签即可以百分比形式进行显示，效果如图 9-79 所示。

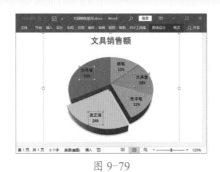

图 9-79

技巧 03：将图表转换为图片

创建图表后，如果对数据源中的数据进行了修改，图表也会自动更新。如果不想让图表再做任何更改，则可将图表转换为图片，具体操作步骤如下。

Step01 剪切图表。❶在"文具销售情况.docx"文档中选中图表；❷单击【开始】选项卡【剪贴板】组中的【剪切】按钮 ✂，如图 9-80 所示。

图 9-80

Step02 选择【粘贴】选项。❶在【开始】选项卡的【剪贴板】组中单击【粘贴】下拉按钮 ⌄；❷在弹出的下拉列表中单击【图片】按钮 🖼，如图 9-81 所示。

图 9-81

Step03 查看效果。此时剪贴的图片将以图片的形式粘贴到文档中，效果如图 9-82 所示。

图 9-82

技巧 04：筛选图表数据

创建图表后，还可以通过图表筛选器功能对图表数据进行筛选，将需要查看的数据筛选出来，从而帮助用户更好地查看与分析数据。

例如，在"化妆品销售统计.docx"文档中，将图表中的【雅诗兰黛】【雅漾】和【资生堂】产品的数据筛选出来，具体操作步骤如下。

Step01 单击【图表筛选器】按钮。打开"素材文件\第 9 章\化妆品销售统计.docx"文件，❶选中图表；❷单击图表右侧的【图表筛选器】按钮 🔽，如图 9-83 所示。

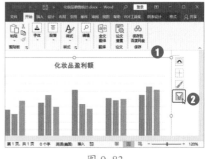

图 9-83

Step02 筛选数据。打开筛选窗格，❶在【数值】界面的【类别】栏中取消选中不需要在图表中显示的数据类别，如取消选中【Dior】和【高丝】复选框；❷单击【应用】按钮，如图 9-84 所示。

图 9-84

Step03 查看图表效果。此时在图表中只显示【雅诗兰黛】【雅漾】和【资生堂】产品类别，效果如图 9-85 所示。

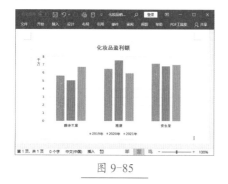

图 9-85

技巧 05：切换图表的行列显示方式

创建图表后，还可以对图表统计的行列方式进行随意切换，以便

用户更好地查看和比较数据。切换图表行列显示方式的具体操作步骤如下。

Step01 单击【选择数据】按钮。❶在"化妆品销售统计.docx"文档中选中图表；❷单击【图表设计】选项卡【数据】组中的【选择数据】按钮，如图 9-86 所示。

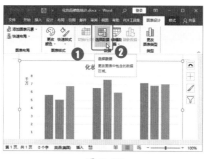

图 9-86

Step02 切换图表行列。打开【选择数据源】对话框，单击【切换行/列】按钮，如图 9-87 所示。

图 9-87

Step03 确认设置。此时，可发现【图例项（系列）】和【水平（分类）轴标签】列表框中的数据进行了交换，

并可对图例项（系列）和水平（分类）轴标签进行设置；单击【确定】按钮，如图 9-88 所示。

图 9-88

Step04 查看图表效果。返回文档，即可查看图表行列显示方式切换后的效果，如图 9-89 所示。

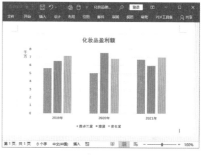

图 9-89

技术看板

在【选择数据源】对话框中，通过【图例项（系列）】列表框中的【添加】或【删除】按钮，可对数据系列进行增加或删除操作，只是操作后的数据不会体现在关联的 Excel 工作表中。

本章小结

本章主要介绍了通过图表展现与分析数据的方法，包括创建图表、编辑图表、修饰图表等知识。通过对本章内容的学习，希望读者能够灵活地运用图表功能查看与分析数据。

第4篇 高效排版篇

在 Word 中对长文档进行排版时，经常需要重复做很多相同的工作，但其实这些重复性的工作很多是没有必要的，用 Word 的样式、模板等排版功能就能快速解决问题，并提高工作效率。

第10章 使用样式规范化排版

➥ Word 内置的样式不够用怎么办？

➥ 样式太多，如何进行有效管理？

➥ 样式集是什么？

➥ 主题有什么作用？

当需要对文档中不同的内容设置相同的格式时，使用样式是非常快捷的一种方法。本章将对样式、样式集和主题的相关知识和操作进行讲解，希望读者能灵活应用样式，提高工作效率。

10.1 样式的创建与使用

在编辑长文档或要求文档具有统一的风格时，通常需要对多个段落设置相同的文本格式，若逐一设置或通过格式刷复制格式，就会显得很烦琐。此时，可通过样式进行排版，以减少工作量，从而提高工作效率。

10.1.1 了解样式

对于从未接触过样式的用户来说，可以先阅读本节内容，从而快速了解样式的基本情况。

1. 什么是样式

在排版 Word 文档的过程中，除了输入基础内容外，大部分工作都是在设置内容格式，这些格式主要包括字符格式、段落格式、项目符号和编号、边框和底纹等。

当需要对同一内容设置多种格式时，则对该内容依次设置所需的多种格式即可。如果要对文档中的多处内容设置同样的多种格式，则需要分别为这些内容设置所需的多种格式，如图 10-1 所示。如果是处理大型文档，通过这样的方式设置格式，不仅费时费力，还容易出错。如果要对其他文档的多处内容也设置相同的多种格式，操作起来会更加烦琐。

图 10-1

对于上述提到的情况，虽然可以通过使用格式刷来加快操作速度，但也只是临时的解决办法。样式的出现，解决了上述问题，而且还提供了许多可以提高工作效率的操作方式。

样式是一种集合了多种格式的复合格式。通俗地讲，样式是一组格式化命令，集合了字符格式、段落格式等相关格式，如图 10-2 所示。

样式
图 10-2

使用样式来设置内容的格式，就会将样式中的所有格式一次性设置到内容中，避免了逐一设置格式的麻烦，并提高了文档编排的效率，如图 10-3 所示。

图 10-3

> **技术看板**
>
> 在不同文档之间，还可以对样式进行复制操作。因此可以很轻松地对不同文档中的内容设置相同的格式。

2. 使用样式的理由

之所以使用样式排版文档，是因为使用样式能够简化操作，提高工作效率。除此之外，使用样式还具有以下两个明显的优点。

➡ 批量编辑：当使用样式对多个段落设置格式后，还可以非常方便地同时对这些段落进行一系列操作。例如，通过样式快速选择所有应用了该样式的段落，然后可以对这些段落进行复制、移动、删除等操作。

➡ 排查错误：在对复杂文档进行排版时，非常容易出错，而且某些错误很难被发现。但是使用样式格式化段落后，就很容易排查格式上的错误。例如，对多个段落应用同一个样式后，由于错误操作可能导致其中的某些段落没有成功应用该样式，这时可以使用【样式】窗格来排查错误。打开【样式】窗格，将光标插入点定

位在需要检查的段落中，然后在【样式】窗格中查看是否自动选中了应该为该段落使用的样式，如果没有选中，则说明当前段落没有使用该样式。

> **技术看板**
>
> 样式的功能非常强大，不仅可以用来设置文本内容的格式，还可以用来设置图片、表格等嵌入型对象。对于非嵌入型对象中的文本框和艺术字而言，可以使用样式设置对象的格式。

3. Word 中包含的样式类型

根据样式应用方面的不同，样式被划分为 5 种类型，分别是字符样式、段落样式、链接段落和字符样式、表格样式、列表样式。其中，前三类最常用，主要应用于文本，后两类样式的应用针对性很强，表格样式应用于表格，列表样式应用于包含自动多级编号的段落。下面主要对前 3 种类型的样式进行简单介绍。

➡ 字符样式：可以包含字体格式、边框和底纹格式，仅用于控制所选文字的字体格式。换言之，字符样式不能设置段落格式。

➡ 段落样式：可以同时包含字体格式、段落格式、编号格式、边框和底纹格式，用于控制整个段落的格式。无论是否选中段落，只要光标插入点定位于段落中，就可以将样式应用于当前段落。

➡ 链接段落和字符样式：链接段落和字符样式与段落样式包含的格式内容基本相同，唯一的区别就是设置的效果不同。链接段落和字符样式将根据是否选中部分内

容来决定格式的应用范围，如果只选择了段落内的部分文字，则将样式中的字符格式应用到选区上；如果选择整个段落或将光标插入点定位在段落中，则会同时应用字符和段落两种格式。

10.1.2 实战：在工作总结中应用样式

实例门类	软件功能

Word中内置了多种常用的样式，用户可以直接为文档应用内置的样式，以便提高工作效率。

1.通过【样式】列表框应用样式

通过【样式】列表框应用样式的方法非常简单，直接将光标插入点定位到需要应用样式的段落中，或者选中需要应用样式的段落，在【开始】选项卡【样式】组的列表框中选择需要的样式即可，如图10-4所示。

图 10-4

2.通过【样式】窗格应用样式

默认情况下，【样式】窗格并未打开，如果要通过【样式】窗格来为文档段落应用内置的样式，那么需要先打开【样式】窗格，再选择需要的样式应用到段落中。例如，在"工作总结.docx"文档中通过【样式】窗格为文档标题应用【标

题】样式，具体操作步骤如下。

Step01 打开【样式】窗格。打开"素材文件\第10章\工作总结.docx"文件，在【开始】选项卡的【样式】组中单击【功能扩展】按钮，如图10-5所示。

图 10-5

Step02 将【样式】窗格嵌入窗口中。打开【样式】窗格，默认样式窗格将浮于文档中，如果想将【样式】窗格嵌入Word窗口中，那么需要将鼠标指针移动到【样式】窗格上方，当鼠标指针变成✥时，双击鼠标，如图10-6所示。

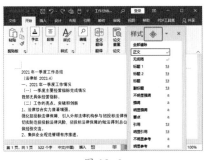

图 10-6

> **技术看板**
>
> 在【样式】窗格中，每个样式名称的右侧都显示了一个符号，这些符号用于指明样式的类型。
>
> ➥ ↵：带此符号的样式是段落样式。
> ➥ a：带此符号的样式是字符样式。
> ➥ ↵a：带此符号的样式是链接段落和字符样式。

Step03 应用样式。此时即可将【样式】窗格固定到Word文档的右侧，

❶选中文档中需要应用样式的标题段落；❷在【样式】窗格中选择需要的样式，如选择【标题】选项，如图10-7所示。

图 10-7

> **技术看板**
>
> 在【样式】窗格中，将鼠标指针移动到某个样式后，会显示该样式应用的所有格式。

Step04 查看应用样式后的效果。此时，该样式即可应用到所选的标题段落中，效果如图10-8所示。

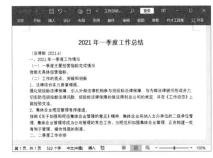

图 10-8

★重点 10.1.3 实战：为工作总结新建样式

实例门类	软件功能

当内置的样式不能满足需要时，用户也可以根据实际需要自己创建和设计样式，以便制作出具有独特风格的Word文档。

1. 了解【根据格式化创建新样式】对话框中的参数

在【样式】窗格中单击【新建】按钮 A，可在打开的【根据格式化创建新样式】对话框中进行新样式的创建，如图 10-9 所示。

图 10-9

在【根据格式化创建新样式】对话框中创建新样式之前，先对该对话框中的一些参数设置进行简单的了解。

在【属性】栏中，主要设置样式的基本信息，如图 10-10 所示。各参数含义介绍如下。

图 10-10

→ 名称：设置样式的名称。在【样式】窗格和样式库中都将以该名称显示当前新建的样式。

→ 样式类型：选择新建样式的类型。

→ 样式基准：选择以哪种样式中的格式为参照来创建新样式，然后由此开始进行设置。需要注意的是，一旦在【样式基准】下拉列表中选择了一种样式，那么以后修改该样式的格式时，新建样式的格式也会随之发生变化，因为新建样式是基于该样式的。

→ 后续段落样式：在【后续段落样式】下拉列表框中所选的样式将应用于下一段落。通俗地讲，就是在当前新建样式所应用的段落中按【Enter】键换到下一段落后，下一段落所应用的样式便是在【后续段落样式】下拉列表中选择的样式。

在【格式】栏中，列出了一些常用字体格式和段落格式，如图 10-11 所示。如果创建的样式不是特别复杂，这里给出的格式基本够用。

图 10-11

在【预览】栏中，可以预览设置效果，即每一项设置参数生效后，都会在预览窗格中显示设置效果，这样可以方便用户大体了解样式的整体外观。同时，在预览窗格下方还会以文字的形式描述样式包含的具体格式信息，如图 10-12 所示。

图 10-12

在【预览】栏下方，提供了几个选项，用于设置样式的保存位置与更新方式，如图 10-13 所示。各选项的含义介绍如下。

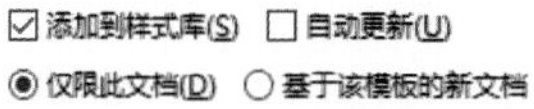

图 10-13

→ 添加到样式库：默认为选中状态，可以将当前新建的样式添加到样式库中。

→ 自动更新：新建样式时，若选中了该复选框，以后如果手动对该样式所作用的内容的格式进行修改，那么该样式的格式会自动随手动修改的格式进行更新。在实际应用中，强烈建议不要选中该复选框，以免引起混乱效果。

→ 仅限此文档：默认选中该单选按钮，表示样式的创建与修改操作仅在当前文档内有效。

→ 基于该模板的新文档：若选中该单选按钮，则样式的创建与修改将被传送到当前文档所依赖的模板中。选中该单选按钮后，模板中就会包含新建的样式，那么以后在使用该模板创建新文档时，会自动包含新建的样式。

在【根据格式化创建新样式】对话框的左下角单击【格式】按钮，会弹出图 10-14 所示的下拉列表。该菜单中提供了众多选项，用于为样式定义更多的格式，选择要设置的格式类型，可在打开的相应对话框中进行详细设置。

图 10-14

2. 创建新样式

对【根据格式化创建新样式】对话框中的各个参数有了一定的了解后，相信读者能够轻而易举地创建新样式。下面通过实例来介绍创建新样式的具体操作步骤。

Step01 执行新建样式操作。在"工作总结.docx"文档中，❶将光标插入点定位到需要应用样式的段落中；❷在【样式】窗格中单击【新建样式】按钮 A₊，如图 10-15 所示。

图 10-15

Step02 设置样式属性。打开【根据格式化创建新样式】对话框，❶在【属性】栏中设置样式的名称、样式类型等参数；❷单击【格式】按钮；❸在弹出的下拉列表中选择【字体】选项，如图 10-16 所示。

图 10-16

技能拓展——通过【样式】列表框打开【根据格式化创建新样式】对话框

在【开始】选项卡【样式】组中的下拉列表框中选择【创建样式】选项，打开【根据格式化创建新样式】对话框，但该对话框被缩小了，如图 10-17 所示。此时需要单击【修改】按钮，才能展开该对话框。

图 10-17

Step03 设置样式字体格式。❶在打开的【字体】对话框中设置字体格式参数；❷完成设置后单击【确定】按钮，如图 10-18 所示。

图 10-18

Step04 打开段落对话框。返回【根据格式化创建新样式】对话框，❶单击【格式】按钮；❷在弹出的下拉列表中选择【段落】选项，如图 10-19 所示。

图 10-19

Step05 设置段落格式。❶在打开的【段落】对话框中设置段落格式；❷完成设置后单击【确定】按钮，如图 10-20 所示。

图 10-20

Step06 确认设置。返回【根据格式化创建新样式】对话框，单击【确定】按钮，如图 10-21 所示。

图 10-21

Step 07 查看应用样式后的段落效果。返回文档，即可看见当前段落应用了新建的样式【工作总结-副标题】，效果如图 10-22 所示。

图 10-22

Step 08 新建其他样式。用前面创建样式的方法分别新建【工作总结-标题 1】和【工作总结-标题 2】两个样式，并将其应用到文档相应的段落中，效果如图 10-23 所示。

图 10-23

技能拓展——基于现有内容的格式创建新样式

如果文档中某个内容所具有的格式符合要求，可直接将该内容中包含的格式提取出来创建新样式。方法为为：将光标插入点定位到包含符合要求格式的段落中，在【样式】窗格中单击【新建样式】按钮 A，在打开的【根据格式化创建新样式】对话框中显示了该段落的格式参数，确认无误后，直接在【名称】文本框中输入样式名称，然后单击【确定】按钮即可。

★重点 10.1.4 实战：创建表格样式

实例门类	软件功能

因为表样式是用来美化表格的，所以创建的表样式不会显示在【样式】窗格中，而是在【表设计】选项卡的【表格样式】组的样式库中进行显示。

例如，在"客户档案表.docx"文档中创建一个表样式，并将其应用于文档表格中，具体操作步骤如下。

Step 01 执行新建样式操作。打开"素材文件\第 10 章\客户档案表.docx"文件，在【样式】窗格中单击【新建样式】按钮 A，如图 10-24 所示。

图 10-24

Step 02 选择【边框和底纹】选项。打

开【根据格式化创建新样式】对话框，❶ 在【名称】文本框中输入表样式名称，如【自定义彩色表格】；❷ 在【样式类型】下拉列表框中选择【表格】选项；❸ 单击【格式】按钮；❹ 在弹出的下拉列表中选择【边框和底纹】选项，如图 10-25 所示。

图 10-25

Step 03 设置表格边框。打开【边框和底纹】对话框，❶ 在左侧【设置】栏中选择【全部】选项；❷ 在中间设置边框样式和颜色；❸ 单击【确定】按钮，如图 10-26 所示。

图 10-26

Step 04 设置文本字体和对齐方式。❶ 在【格式】栏中将字体设置为【黑体】；❷ 单击 ▼ 按钮；❸ 在弹出的

下拉列表中单击【中部左对齐】按钮，如图10-27所示。

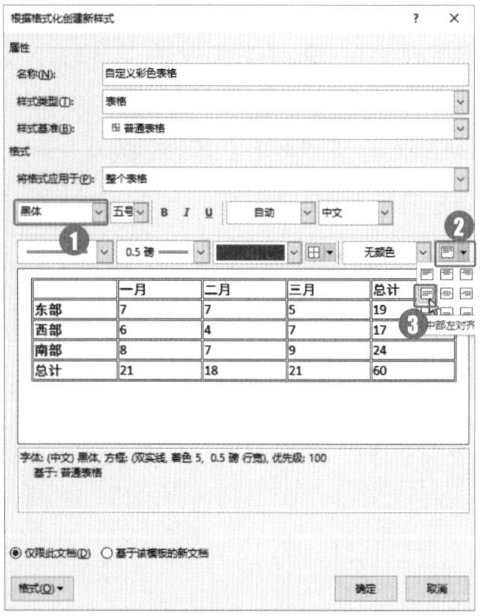

图 10-27

Step**05** 设置表格底纹。❶在【将格式应用于】下拉列表框中选择格式应用的位置，如选择【奇条带行】选项；❷单击【无颜色】下拉按钮；❸在弹出的下拉列表中选择需要的颜色，如选择【蓝色，个性色1，淡色80%】选项，如图10-28所示。

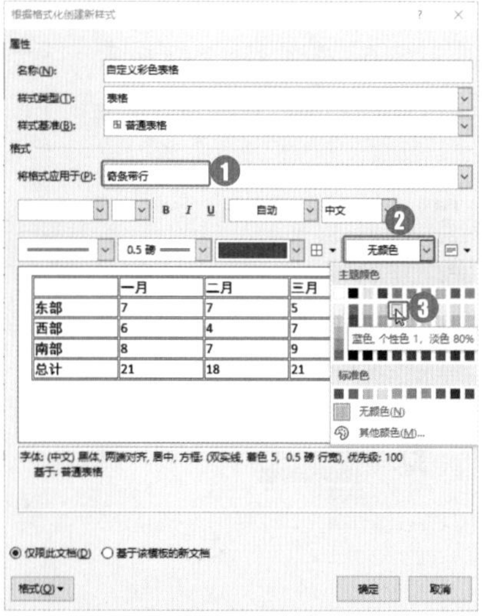

图 10-28

Step**06** 查看表格样式。此时即可为表格中的奇数行添加底纹，单击【确定】按钮，如图10-29所示。

图 10-29

Step**07** 应用创建的表格样式。返回文档中，❶选择需要应用表格样式的表格；❷在【表设计】选项卡【表格样式】组的列表框选择需要创建的表格样式，如图10-30所示。

图 10-30

Step**08** 查看表格效果。此时即可将表格样式应用到选择的表格中，效果如图10-31所示。

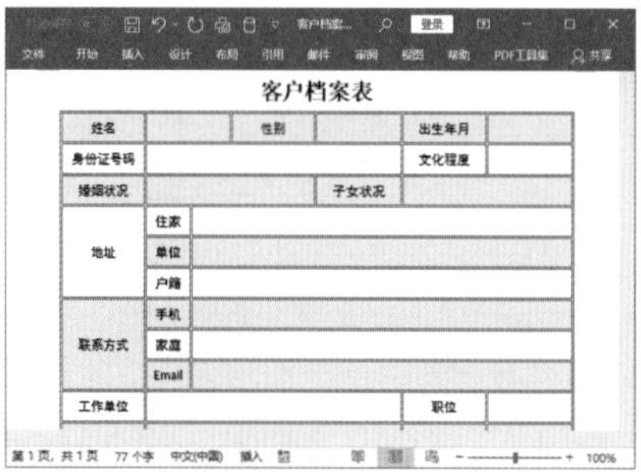

图 10-31

技能拓展——修改表样式

若要修改表样式的设置参数，可在样式库中右击要修改的表样式，在弹出的快捷菜单中选择【修改表格样式】命令，在弹出的【修改样式】对话框中进行相应的设置即可。

10.1.5 实战：通过样式来选择相同格式的文本

实例门类	软件功能

对文档中的多处内容应用同一样式后，可以通过样式快速选择这些内容，具体操作步骤如下。

Step**01** 快速选择应用样式的段落。❶在"工作总结.docx"文档中的【样式】窗格中右击某样式，如【工作总结-标题2】；❷在弹出的快捷菜单中选择【选择所有4个实例】命令，如图10-32所示，其中【4】表示当前文档中应用该样式的实例个数。

图 10-32

Step**02** 查看所选效果。此时，文档中应用了【工作总结-标题2】样式的所有内容呈选中状态，如图10-33所示。

图 10-33

技术看板

通过样式批量选择文本后，可以很方便地对这些文本重新应用其他样式，或者进行复制、删除等操作。

★重点 10.1.6 实战：在行政管理规范中将多级列表与样式关联

实例门类	软件功能

在第 5 章内容中，介绍了多级列表的使用。其实在实际应用中，还可以将多级列表与样式关联在一起，这样就可以让多级列表具有样式中包含的字体和段落格式。同时，使用这些样式为文档内容设置格式时，文档中的内容也会自动应用样式中包含的多级列表编号。

需要注意的是，与多级列表关联的样式必须是 Word 内置的样式，用户手动创建的样式无法与多级列表相关联。大多数情况下，多级列表与样式关联主要用于设置标题格式，具体操作步骤如下。

Step01 执行定义新的多级列表操作。打开"素材文件\第 10 章\行政管理规范目录.docx"文件，❶在【开始】

选项卡的【段落】组中单击【多级列表】按钮；❷在弹出的下拉列表中选择【定义新的多级列表】选项，如图 10-34 所示。

图 10-34

Step02 设置 1 级列表。打开【定义新多级列表】对话框，单击【更多】按钮，展开对话框，❶根据需要对多级列表进行设置；❷在【将级别链接到样式】下拉列表框中选择需要的样式，如选择【标题 2】选项，如图 10-35 所示。

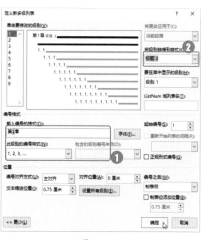

图 10-35

Step03 设置 2 级列表。❶在【单击要修改的级别】列表框中选择【2】选项；❷对多级列表的编号样式和编号格式进行设置；❸在【将级别链接到样式】下拉列表框中选择要与当前编号关联的样式，这里选择【标题】选项；❹单击【确定】按钮，

如图 10-36 所示。

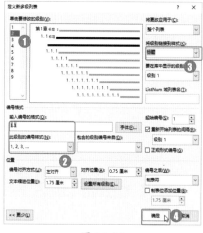

图 10-36

Step04 应用关联的样式。返回文档中，即可为【办公制度】文本应用关联的【标题 2】样式，效果如图 10-37 所示。

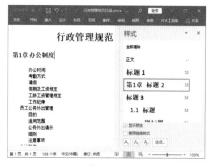

图 10-37

技术看板

在【样式】窗格中选中【显示预览】复选框，则可以根据样式名称的显示外观来大致了解此样式中包含的格式。

Step05 为其他段落应用关联样式。使用相同的方法为其他段落应用相应的关联样式，效果如图 10-38 所示。

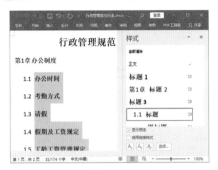

图 10-38

10.2 管理样式

在文档中创建样式后，还可对样式进行合理的管理操作，如修改样式、复制样式、删除样式、显示或隐藏样式等，下面将分别对这些操作进行介绍。

10.2.1 实战：修改工作总结中的样式

实例门类	软件功能

通过内置样式或新建的样式排版文档后，若对某些格式不满意，可直接对样式的格式参数进行修改，修改样式后，所有应用了该样式的文本都会发生相应的格式变化，从而提高排版效率。

1. 通过对话框修改样式

通过对话框修改样式的方法与创建样式的方法类似。例如，在"工作总结.docx"文档中对【工作总结-标题1】样式进行修改，具体操作步骤如下。

Step01 执行修改样式操作。❶在"工作总结.docx"文档中的【样式】窗格中右击【工作总结-标题1】样式；❷在弹出的快捷菜单中选择【修改】命令，如图10-39所示。

图 10-39

Step02 选择【边框】选项。打开【修改样式】对话框，❶单击【格式】按钮；❷在弹出的下拉列表中选择【边框】选项，如图10-40所示。

图 10-40

Step03 设置段落边框。打开【边框和底纹】对话框，❶选择【边框】选项卡，在左侧的【设置】栏中选择【自定义】选项；❷在中间设置边框样式和颜色；❸在右侧单击按钮，为段落下方应用边框；❹单击【确定】按钮，如图10-41所示。

图 10-41

Step04 选择【文字效果】选项。返回【修改样式】对话框，❶单击【格式】按钮；❷在弹出的下拉列表中选择【文字效果】选项，如图10-42所示。

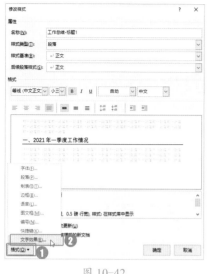

图 10-42

Step 05 设置文字效果。打开【设置文本效果格式】对话框，❶双击【发光】选项将其展开；❷单击【预设】按钮 □▾；❸在弹出的下拉列表中选择发光选项，如选择【发光：5磅；蓝色，主题色5】选项，如图 10-43 所示。

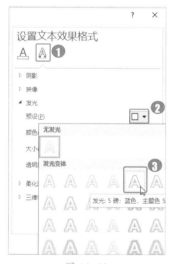

图 10-43

Step 06 设置发光效果。❶将发光【大小】设置为【3磅】；❷将发光【透明度】设置为【70%】；❸单击【确定】按钮，如图 10-44 所示。

图 10-44

Step 07 确认修改的样式。返回【修改样式】对话框，在其中可预览修改样式后的效果，单击【确定】按钮，如图 10-45 所示。

图 10-45

Step 08 查看应用修改样式后的效果。返回文档，即可看到应用了【工作总结-标题1】样式的段落格式发生了变化，效果如图 10-46 所示。

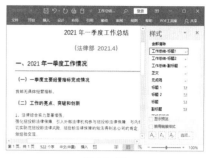

图 10-46

2. 通过文本修改样式

通过文本修改样式是直接设置文档中文本的字体格式和段落格式，然后对样式进行更新，具体操作步骤如下。

Step 01 设置段落的格式。❶在"工作总结.docx"文档中，选中应用【工作总结-标题2】样式的任意一个段落；❷为该段落设置需要的样式，如将字号设置为【四号】，字体颜色设置为【深蓝色】，效果如图 10-47 所示。

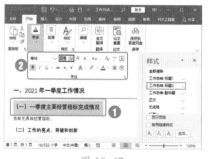

图 10-47

Step 02 执行更新样式操作。❶在【样式】窗格中右击【工作总结-标题2】样式；❷在弹出的快捷菜单中选择【更新 工作总结-标题2 以匹配所选内容】命令，如图 10-48 所示。

图 10-48

Step03 查看效果。此时，文档中所有应用【工作总结-标题2】样式的段落即可更新为最新修改样式，如图 10-49 所示。

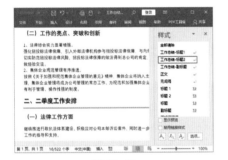

图 10-49

★**重点 10.2.2　实战：为工作总结中的样式指定快捷键**

实例门类	软件功能

使用样式排版文档时，对于一些使用频繁的样式，可以为其设置快捷键，从而加快文档的排版速度。

例如，在"工作总结.docx"文档中为【工作总结-标题2】样式设置快捷键，具体操作步骤如下。

Step01 执行修改样式操作。在"工作总结.docx"文档中，❶在【样式】窗格的【工作总结-标题2】样式上右击；❷在弹出的快捷菜单中选择【修改】命令，如图 10-50 所示。

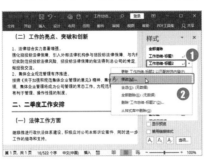

图 10-50

Step02 选择【快捷键】选项。打开【修改样式】对话框，❶单击【格式】按钮；❷在弹出的下拉列表中选择【快捷键】选项，如图 10-51 所示。

图 10-51

Step03 指定快捷键。打开【自定义键盘】对话框，❶光标插入点将自动定位到【请按新快捷键】文本框中，在键盘上按需要的快捷键，如按【Alt+Ctrl+M】组合键，该快捷键即可显示在文本框中；❷在【将更改保存在】下拉列表框中选择保存位置，如选择【工作总结.docx】选项；❸单击【指定】按钮，如图 10-52 所示。

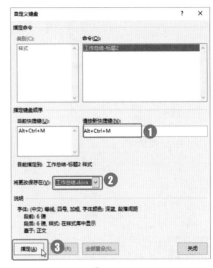

图 10-52

Step04 关闭对话框。对样式指定快捷键后，该快捷键将移动到【当前快捷键】列表框中，单击【关闭】按钮关闭【自定义键盘】对话框，如图 10-53 所示。

图 10-53

Step05 使用快捷键。返回【修改样式】对话框，单击【确定】按钮，返回文档中，选中某段落，然后按快捷键【Alt+Ctrl+M】，所选段落即可应用【工作总结-标题2】样式。

★重点 10.2.3 实战：复制工作总结中的样式

实例门类	软件功能

在编辑文档或模板文件时，如果需要使用其他文档或模板中的样式，可以对样式进行复制操作，从而免去了新建样式的烦琐操作。例如，将"工作总结.docx"文档中的【工作总结-标题1】样式复制到"公司简介.docx"文档中，具体操作步骤如下。

Step01 执行管理样式操作。在"工作总结.docx"文档中单击【样式】窗格中的【管理样式】按钮，如图10-54所示。

图 10-54

Step02 执行导入导出操作。打开【管理样式】对话框，单击【导入/导出】按钮，如图10-55所示。

图 10-55

Step03 关闭Normal文件。打开【管理器】对话框，在左侧窗格中显示了当前文档及包含的样式，右侧窗格默认显示的是【Normal.dotm（共用模板）】及包含的样式。因为本例是要将样式复制到"公司简介.docx"文档中，所以需要单击右侧的【关闭文件】按钮，如图10-56所示。

图 10-56

Step04 打开文件。此时，【关闭文件】按钮变成【打开文件】按钮，单击该按钮，如图10-57所示。

图 10-57

Step05 选择目标文件。打开【打开】对话框，❶在【文件类型】下拉列表框中选择【Word文档（*.docx）】选项；❷找到并选择要使用样式的目标文档；❸单击【打开】按钮，如图10-58所示。

图 10-58

Step06 复制样式。返回【管理器】对话框，❶在左侧窗格的列表框中选择需要复制的样式，如选择【工作总结-标题1】选项；❷单击【复制】按钮，如图10-59所示。

图 10-59

Step07 关闭对话框。此时，所选样式将被复制到右侧窗格的列表框中，表示将样式复制到了"公司简介.docx"文档中，完成样式的复制后，单击【关闭】按钮，如图10-60所示。

图 10-60

技术看板

复制样式时，如果遇到同名样式，会显示图10-61所示的提示信息，如果需要使用新样式，则单击【是】按钮，使新样式覆盖旧样式即可。

图 10-61

Step08 确认保存更改。打开提示框，询问是否保存更改，单击【保存】按钮即可，如图10-62所示。

图 10-62

Step 09 查看复制的样式。打开"素材文件\第 10 章\公司简介.docx"文件，在【样式】窗格中可看到复制的【工作总结-标题1】样式，如图 10-63 所示。

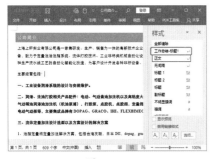

图 10-63

技能拓展——复制文本的同时复制样式

通过复制文本的方式，可以快速实现样式的复制。分别打开源文档和目标文档，在源文档中，选中需要复制的样式所应用的任意一个段落（必须含段落标记↵），按快捷键【Ctrl+C】进行复制，在目标文档中按快捷键【Ctrl+V】进行粘贴，所选段落文本将以带格式的形式粘贴到目标文档中，从而实现样式的复制。

如果目标文档中含有同名的样式，执行粘贴操作后，新样式无法覆盖旧样式，目标文档中依然会使用旧样式。

10.2.4 实战：删除文档中多余样式

实例门类	软件功能

对于文档中多余的样式，可以将其删除，以便更好地应用样式。删除样式的具体操作步骤如下。

Step 01 执行删除操作。在"公司简介.docx"文档中，❶在【样式】窗格中右击需要删除的样式；❷在弹出的快捷菜单中选择【删除"页脚"】命令，如图 10-64 所示。

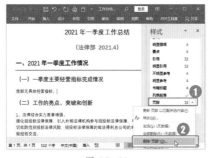

图 10-64

Step 02 确认删除样式。打开提示框询问是否要删除，单击【是】按钮即可，如图 10-65 所示。

图 10-65

技术看板

删除样式时，Word 提供的内置样式是无法删除的。另外，在新建样式时，若样式基准选择的是除了【正文】以外的其他内置样式，则删除方法略有不同。例如，新建样式时，选择的样式基准是【无间隔】，则在删除该样式时，需要在快捷菜单中选择【还原为无间隔】选项。

★重点 10.2.5 实战：显示或隐藏工作总结中的样式

实例门类	软件功能

在删除文档中的样式时，会发现无法删除内置样式。对于不需要的内置样式，可以将其隐藏起来，以提高样式的使用效率。隐藏样式的具体操作步骤如下。

Step 01 执行管理样式操作。在"工作总结.docx"文档中单击【样式】窗格中的【管理样式】按钮，如图 10-66 所示。

图 10-66

技能拓展——设置样式窗格

在【样式】窗格中单击【选项】按钮，将打开图 10-67 所示的【样式窗格选项】对话框，在其中可以对【样式】窗格中要显示的样式、列表的排序方式、显示样式的格式及内置样式名的显示方式等进行设置。

图 10-67

Step02 隐藏样式。打开【管理样式】对话框，❶选择【推荐】选项卡；❷在列表框中选择需要隐藏的样式；❸在【设置查看推荐的样式时是否显示该样式】栏中单击【隐藏】按钮，如图 10-68 所示。

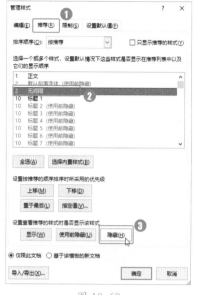

图 10-68

Step03 保存设置。此时，设置隐藏后的样式会显示为灰色，且还会出现【始终隐藏】字样，完成设置后单击【确定】按钮保存设置即可，如图 10-69 所示。

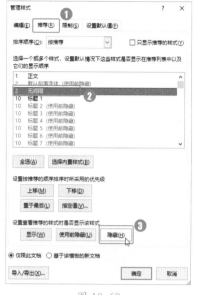

图 10-69

隐藏样式后，若要将其显示出来，则在【管理样式】对话框的【推荐】选项卡下的列表框中选择需要显示的样式，然后单击【显示】按钮即可，如图 10-70 所示。

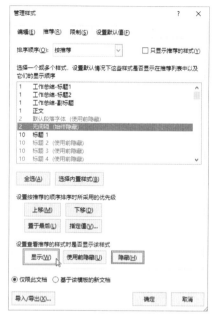

图 10-70

10.2.6 实战：样式检查器的使用

实例门类	软件功能

若希望能够非常清晰地查看某内容的全部格式，并能对应用两种不同格式的文本进行比较，则可以通过 Word 提供的样式检查器来实现，具体操作步骤如下。

Step01 单击【样式检查器】按钮。在"工作总结.docx"文档中单击【样式】窗格中的【样式检查器】按钮，如图 10-71 所示。

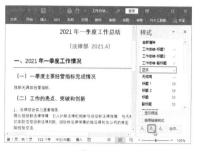

图 10-71

Step02 单击【显示格式】按钮。打开【样式检查器】任务窗格，单击【显示格式】按钮，如图 10-72 所示。

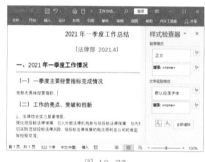

图 10-72

技术看板

在【样式检查器】任务窗格中的样式框后面都有一个按钮，虽然按钮都一样，但其名称和作用不一样，用户可以根据需要单击该按钮，对样式框中的样式进行操作。

Step03 查看段落的格式。打开【显示格式】任务窗格，将光标插入点定位到需要查看格式详情的段落中，即可在【显示格式】任务窗格中显示当前段落的所有格式，如图 10-73 所示。

图 10-73

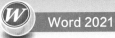

Step **04** 对格式进行比较。要对应用了两种不同格式的文本进行比较，❶在【显示格式】任务窗格中选中【与其他选定内容比较】复选框；❷将光标插入点定位到需要比较格式的段落中，此时【显示格式】任务窗格中将显示两处文本内容的格式区别，如图 10-74 所示。

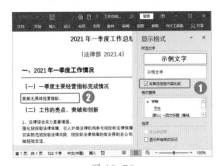

图 10-74

10.3 样式集与主题的使用

样式集与主题都是统一改变文档格式的工具，只是它们针对的格式类型有所不同。使用样式集，可以改变文档的字体格式和段落格式；使用主题，可以改变文档的字体、颜色及图形图像的效果（这里所说的图形图像的效果是指图形对象的填充色、边框色，以及阴影、发光等特效）。

10.3.1 实战：使用样式集设置公司简介格式

实例门类	软件功能

Word 2021 提供了多套样式集，每套样式集都提供了成套的内置样式，分别用于设置文档标题、副标题等文本的格式。在排版文档的过程中，可以先选择需要的样式集，再使用内置样式或新建样式排版文档，具体操作步骤如下。

Step **01** 选择需要的样式集。打开"素材文件\第 10 章\公司简介.docx"文件，❶在【设计】选项卡【文档格式】组中单击【样式集】按钮；❷在弹出的下拉列表中选择需要的样式集，如图 10-75 所示。

图 10-75

Step **02** 应用样式。确定样式集后，此时可以通过内置样式来排版文档内容，排版后的效果如图 10-76 所示。

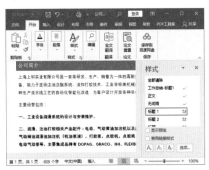

图 10-76

技术看板

将文档格式调整好后，若再重新选择样式集，则文档中内容的格式也会发生相应的变化。

10.3.2 实战：使用主题改变公司简介外观

实例门类	软件功能

使用主题可以快速改变整个文档的外观，与样式集不同的是：主题将不同的字体、颜色、形状效果组合在一起，形成多种不同的界面设计方案。使用主题时，不能改变段落格式，且主题中的字体只能改变文本内容的字体格式（宋体、仿宋、黑体等），不能改变文本的大小、加粗等格式。在排版文档时，如果希望同时改变文档的字体格式、段落格式及图形对象的外观，则需要同时使用样式集和主题。

使用主题的具体操作步骤如下。

Step **01** 选择主题方案。在"公司简介.docx"文档中，❶单击【设计】选项卡【文档格式】组中的【主题】按钮；❷在弹出的下拉列表中选择需要的主题，如选择【离子】选项，如图 10-77 所示。

图 10-77

Step 02 查看应用主题后的文档效果。应用所选主题后，文档中的风格发生了改变，如图10-78所示。

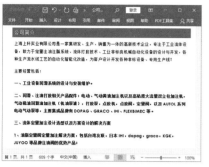

图 10-78

选择一种主题方案后，还可在此基础上选择不同的主题字体、主题颜色或主题效果，从而搭配出不同外观风格的文档。

➡ 设置主题字体：在【设计】选项卡【文档格式】组中单击【字体】按钮，在弹出的下拉列表中选择需要的主题字体即可，如图10-79所示。

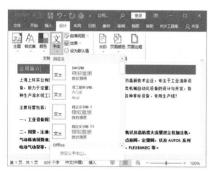

图 10-79

➡ 设置主题颜色：在【设计】选项卡【文档格式】组中单击【颜色】按钮，在弹出的下拉列表中选择需要的主题颜色即可，如图10-80所示。

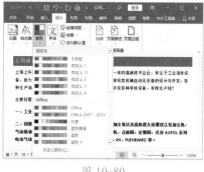

图 10-80

➡ 设置主题效果：在【设计】选项卡【文档格式】组中单击【效果】按钮，在弹出的下拉列表中选择需要的主题效果即可，如图10-81所示。

图 10-81

技能拓展——设置样式集的段落间距

在Word中，除了可对主题和样式集的颜色和字体进行设置外，还可对样式集的段落间距进行设置。其方法是：在应用主题或样式集的文档中单击【设计】选项卡【文档格式】组中的【段落间距】按钮，在弹出的下拉列表中选择需要的段落间距选项，即可对文档中内容的段落间距进行相应的设置。

★重点 10.3.3 **实战：自定义主题字体**

实例门类	软件功能

除了使用Word内置的主题字体外，用户还可根据需要自定义主题字体，具体操作步骤如下。

Step 01 选择【自定义字体】选项。❶在"公司简介.docx"文档中单击【设计】选项卡【文档格式】组中的【字体】按钮；❷在弹出的下拉列表中选择【自定义字体】选项，如图10-82所示。

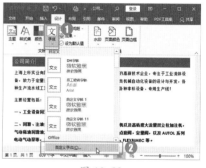

图 10-82

Step 02 新建主题字体。打开【新建主题字体】对话框，❶在【名称】文本框中输入新建主题字体的名称；❷在【西文】栏中分别设置标题文本和正文文本的西文字体；❸在【中文】栏中分别设置标题文本和正文文本的中文字体；❹完成设置后单击【保存】按钮，如图10-83所示。

图 10-83

Step 03 查看主题字体效果。新建的主题字体将被保存到主题字体库中，并自动应用到当前文档中，如图 10-84 所示。

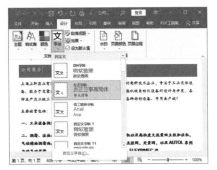

图 10-84

🔧 **技能拓展——修改主题字体**

新建主题字体后，如果对有些参数设置不满意，则可以进行修改。打开主题字体列表，在【自定义】栏中右击需要修改的主题字体，在弹出的快捷菜单中选择【编辑】命令，在弹出的【编辑主题字体】对话框中进行设置即可。

★重点 10.3.4　实战：自定义主题颜色

实例门类	软件功能

除了使用 Word 内置的主题颜色外，用户还可根据需要自定义主题颜色，具体操作步骤如下。

Step01 选择自定义颜色选项。❶在"公司简介.docx"文档中单击【设计】选项卡【文档格式】组中的【颜色】按钮；❷在弹出的下拉列表中选择【自定义颜色】选项，如图 10-85 所示。

图 10-85

Step02 自定义主题颜色。打开【新建主题颜色】对话框，❶在【名称】文本框中输入新建主题颜色的名称；❷在【主题颜色】栏中自定义各个项目的颜色；❸完成后单击【保存】按钮，如图 10-86 所示。

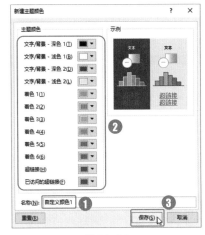

图 10-86

🔧 **技能拓展——重置颜色选项**

在【新建主题颜色】对话框中将各个项目的颜色定义好后，若不满意这些颜色，可单击【重置】按钮快速恢复到设置之前的状态，然后重新进行设置即可。

Step03 查看新建主题颜色的效果。新建的主题颜色将被保存到主题颜色库中，并自动应用到当前文档中，如图 10-87 所示。

图 10-87

🔧 **技能拓展——修改主题颜色**

新建主题颜色后，如果对某些颜色设置不满意，则可以进行修改。打开主题颜色列表，在【自定义】栏中右击需要修改的主题颜色，在弹出的快捷菜单中选择【编辑】命令，在打开的【编辑主题颜色】对话框中进行设置即可。

10.3.5　实战：保存自定义主题

实例门类	软件功能

为了搭配不同外观风格的文档，有时会在文档中分别设置主题字体、主题颜色和主题效果。进行各种组合设置后，如果对当前的文档外观比较满意，则可以将当前外观设置保存为新的主题，以便以后直接设置这样的外观。保存新主题的具体操作步骤如下。

Step01 保存当前主题操作。❶单击【设计】选项卡【文档格式】组中的【主题】按钮；❷在弹出的下拉列表中选择【保存当前主题】选项，如图 10-88 所示。

图 10-88

图 10-89

Step02 保存设置。打开【保存当前主题】对话框，保存位置会自动定位到存放Office主题的默认位置【Document Themes】文件夹中，❶在【文件名】文本框中输入新主题的名称；❷单击【保存】按钮，如图 10-89 所示。

技术看板

【Document Themes】文件夹中包含了3个子文件夹。其中，【Theme Fonts】文件夹用于存放自定义主题字体；【Theme Colors】文件夹用于存放自定义主题颜色；【Theme Effects】文件夹用于存放自定义主题效果。

Step03 查看保存的主题。新主题将被保存到主题库中，打开主题列表，在【自定义】栏中可以看到新主题，单击该主题，可将其应用到当前文档中，如图 10-90 所示。

图 10-90

妙招技法

通过对前面知识的学习，相信读者已经学会了如何使用样式来编排文档。下面结合本章内容，给大家介绍一些实用技巧。

技巧 01：如何保护样式不被修改

在文档中新建样式后，若要将文档发送给其他用户查看，但又不希望别人修改新建的样式，此时，可以启动强制保护，防止其他用户修改，具体操作步骤如下。

Step01 执行管理样式操作。打开"素材文件\第 10 章\员工培训管理制度.docx"文件，单击【样式】窗格中的【管理样式】按钮，如图 10-91 所示。

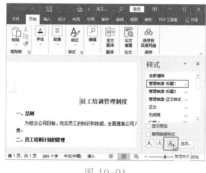

图 10-91

Step02 样式限制设置。打开【管理样式】对话框，❶选择【限制】选项卡；❷在列表框中选择需要保护的一个样式或多个样式（按住【Ctrl】键不放，依次单击需要保护的样式）；❸选中【仅限对允许的样式进行格式化】复选框；❹单击【限制】按钮，如图 10-92 所示。

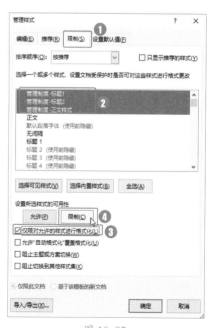

图 10-92

Step03 确认设置。此时，所选样式的前面会添加带锁标记，单击【确定】按钮，如图 10-93 所示。

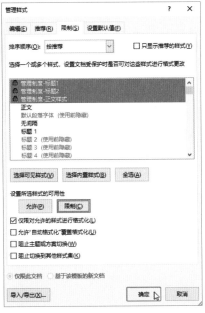

图 10-93

Step04 设置密码保护。打开【启动强制保护】对话框，❶设置保护密码为【000】；❷单击【确定】按钮即可完成设置，如图 10-94 所示。

图 10-94

技巧 02: 将字体嵌入文件

当计算机中安装了一些非系统默认的字体，并在文档中设置字符格式或新建样式时使用了这些字体，但在其他没有安装这些字体的计算机中打开该文档时，就会出现显示不正常的问题。

为了解决这一问题，可以将字体嵌入文件中。具体操作方法为：打开【Word选项】对话框，选择

【保存】选项卡，在【共享该文档时保留保真度】栏中选中【将字体嵌入文件】复选框，然后单击【确定】按钮即可，如图 10-95 所示。

图 10-95

技巧 03: 让内置样式名显示不再混乱

默认情况下，对内置样式的名称进行修改后，新名称和旧名称会同时显示在【样式】窗格中，图 10-96 和图 10-97 所示分别为修改前和修改后的效果。

图 10-96

图 10-97

如果希望【样式】窗格中的内置样式只显示修改后的新名称，可按下面的具体操作步骤来实现。

Step01 单击【选项】按钮。在要编辑的文档中单击【样式】窗格中的【选项】按钮，如图 10-98 所示。

图 10-98

Step02 设置内置样式名的显示方式。打开【样式窗格选项】对话框，❶在【选择内置样式名的显示方式】栏中选中【存在替换名称时隐藏内置名称】复选框；❷单击【确定】按钮，如图 10-99 所示。

图 10-99

Step03 查看样式名称显示效果。返回文档，即可看到内置样式只显示了新名称，如图 10-100 所示。

图 10-100

技巧04：设置默认的样式集和主题

如果用户需要长期使用某一样式集和主题，可以将它们设置为默认值。设置默认的样式集和主题后，此后新建空白Word文档时，将直接使用该样式集和主题。设置默认样式集和主题的具体操作步骤如下。

Step01 执行默认设置操作。在文档中设置好需要使用的样式集和主题，单击【设计】选项卡【文档格式】组中的【设为默认值】按钮，如图 10-101 所示。

图 10-101

Step02 确认设置。打开提示框询问是否要将当前样式集和主题设置为默认值，单击【是】按钮即可，如图 10-102 所示。

图 10-102

本章小结

本章主要介绍了使用样式、样式集或主题来排版美化文档，包括样式的创建与使用、管理样式、样式集与主题的使用等内容。通过对本章内容的学习，相信读者的排版能力会得到提升，从而能够制作出版面更加漂亮的文档。

第11章 使用模板统筹布局

➡ 模板与普通文档有何区别？

➡ 如何查看当前文档正在使用什么模板？

➡ 模板是怎么创建的？

➡ 可以对模板文件设置密码保护吗？

在人们的日常工作中，会经常使用模板文档，模板到底是如何运用的呢？通过对本章内容的学习，相信读者能从根本上了解模板，并且学会编排与设置需要的模板样式，从而大大提高工作效率。

11.1 了解模板

模板决定了文档的基本结构，新建的文档都是基于模板创建的，例如，新建的空白文档，是基于默认的"Normal.dotm"模板进行创建的。熟练使用模板，对于样式的传承是非常重要的。

11.1.1 创建模板的原因

第1章中介绍了根据Word提供的模板创建新文档，使读者对模板有了初步的了解。模板是所有Word文档的起点，基于同一模板创建出的多个文档包含了统一的页面格式、样式，甚至是内容。

在以模板为基准创建新文档时，新建的文档中会自动包含模板中的所有内容。因此，当经常需要创建某一种文档时，最好先按这种文档的格式创建一个模板，然后利用这个模板批量创建这类文档。图11-1所示为模板使用示意图。

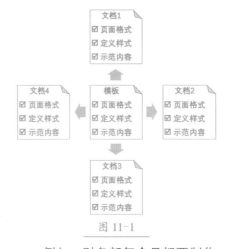

图 11-1

例如，财务部每个月都要制作一份财务报告，并且每份财务报告中的标题和正文内容的文字与字体格式都是统一的，像这样的情况，如果使用模板，就可以高效完成工作。

所以，模板在批量创建相同文档方面具有极大的优势。模板中可以存储以下几类信息。

➡ 页面格式：包括纸张大小、页面方向、页边距、页眉/页脚等设置。

➡ 样式：包括Word内置样式和用户新建的样式。

➡ 示范内容：预先输入的文字，以及插入的图片、表格等实际内容。

11.1.2 模板与普通文档的区别

为了让读者更好地了解模板，下面简单介绍一下模板与普通文档的区别。

➡ 模版文档格式为.dotx或.dotm，普通的Word文档的文件扩展名是.doc、.docx或.docm。通俗地讲，扩展名的第3个字母是t，则是模板文档；扩展名的第3个字母是c，则是普通文档。

➡ 功能和用法：本质上，模板和普通文档都是Word文件，但是模板用于批量生成与模板具有相同格式的数个普通文档，普通文档则是实实在在供用户直接使用的文档。简言之，Word模板相当于模具，而Word文档相当于通过模具批量生产出来的产品。

11.1.3 实战：查看文档使用的模板

实例门类	软件功能

在Word中，无论是新建的文档，还是打开的现有文档，都在使用模板。如果要查看文档使用的是什么模板，可使用下面的操作方法。

1. 在资源管理器中查看

当文档处于关闭状态时，可以通过资源管理器查看文档使用的模板，具体操作步骤如下。

Step01 单击【属性】按钮。打开文件资源管理器，❶进入文档所在文件夹，选择需要查看属性的文件；❷单击【主页】选项卡【打开】组中的【属性】按钮，如图11-2所示。

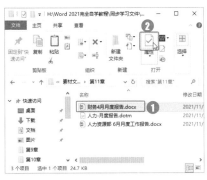

图 11-2

Step02 查看文档详细信息。打开文档的【属性】对话框，❶选择【详细信息】选项卡；❷在【内容】栏中可以看到该文档所使用的模板名称，如图11-3所示。

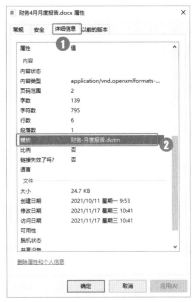

图 11-3

2. 通过【开发工具】选项卡查看

对于当前已打开的文档，可以通过【开发工具】选项卡（需要自定义功能区显示出来）查看文档所使用的模板，具体操作步骤如下。

Step01 在功能区显示选项卡。打开【Word选项】对话框，❶选择【自定义功能区】选项卡；❷在右侧列表框中选中【开发工具】复选框；❸单击【确定】按钮，如图11-4所示。

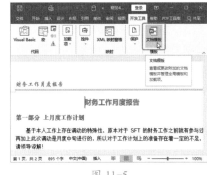

图 11-4

Step02 单击【文档模板】按钮。此时【开发工具】选项卡将显示在Word工作界面中，单击【开发工具】选项卡【模板】组中的【文档模板】按钮，如图11-5所示。

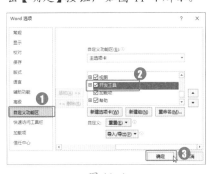

图 11-5

Step03 查看文档使用的模板。打开【模板和加载项】对话框，在【模板】选项卡的【文档模板】文本框中可以看到当前文档所使用的模板，如图11-6所示。

图 11-6

11.1.4 模板的存放位置

如果使用Word预置的模板，那么用户没有必要知道模板位于何处，直接使用即可。但是如果要根据自己制作的模板来创建新文档，那么就需要了解模板的存放位置，以便后期的使用与管理。

在Word 2021中，用户创建的模板默认存放在【自定义Office模板】文件夹内。如果将Windows操作系统安装到C盘，那么【自定义Office模板】文件夹默认位于"C:\

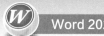

Users\Administrator\Documents\"目录下，其中"Administrator"是指当前登录 Windows 操作系统的用户名称。

根据操作需要，可以为模板自定义设置默认的存放路径及文件夹。具体操作方法为：打开【Word选项】对话框，切换到【保存】选项卡，在【默认个人模板位置】文本框中输入常用存储路径，单击【确定】按钮即可，如图 11-7 所示。

图 11-7

11.1.5 实战：认识 Normal 模板与全局模板

实例门类 | 软件功能

通过启动 Word 或按快捷键【Ctrl+N】的方式，都可以创建新空白文档，这些空白文档是基于名为 Normal 的模板创建的。该模板是 Word 中的通用模板，主要有以下特点。

➥ 所有默认新建的文档都是以 Normal 模板为基准的。
➥ 存储在 Normal 模板中的样式和内容都可被所有文档使用。
➥ 存储在 Normal 模板中的宏可被所有文档使用。

因为 Normal 模板具有以上几个优势，所以根据个人操作需要，可以将有用的内容都放在 Normal 模板中，这样 Normal 模板中的所有功能和内容都可以传承到新建的文档中。但是，当 Normal 模板中包含过多的内容，就会出现以下两个问题。

➥ 影响 Word 程序的启动速度。
➥ 容易导致 Normal 模板出错，甚至导致 Word 无法正常启动。

由于 Normal 模板文件的好坏会影响到 Word 程序的启动状态的好坏，因此最好使用全局模板。所谓全局模板，是指模板中的内容可以被当前打开的所有文档使用，即使没有打开任何文档，全局模板中的一些设置也可以作用于 Word 程序本身。

全局模板可以实现 Normal 模板中的大部分功能，而且还不会影响 Word 的启动状态，制作方式和包含的内容类型与普通模板几乎相同。全局模板与普通模板的主要区别在于：模板的作用范围和载入时机不同，全局模板作用于当前打开的所有文档，而普通模板只针对基于它创建的文档。

使用全局模板的具体操作步骤如下。

Step01 单击【文档模板】按钮。单击【开发工具】选项卡【模板】组中的【文档模板】按钮，如图 11-8 所示。

图 11-8

Step02 添加模板。打开【模板和加载项】对话框，在【模板】选项卡的【共用模板及加载项】栏中单击【添加】按钮，如图 11-9 所示。

图 11-9

Step03 选择模板文件。打开【添加模板】对话框，❶选择需要作为全局模板的文件；❷单击【确定】按钮，如图 11-10 所示。

图 11-10

Step04 成功添加模板。返回【模板和加载项】对话框，刚才所选的模板文件将加载到【共用模板及加载项】栏的列表框中，如图 11-11 所示。单击【确定】按钮关闭对话框，此后，所有打开的文档都可以使用该模板中包含的功能。

图 11-11

11.2 创建与使用模板

在使用模板的过程中，如果 Word 内置的模板不能满足用户的使用需求，那么可以手动创建模板。对于没有接触过模板的用户而言，也许会觉得模板的创建与使用非常难。但事实上，创建与使用模板的过程非常简单，下面进行简单介绍。

★重点 11.2.1 实战：创建报告模板

实例门类	软件功能

模板的创建过程非常简单，只需先创建一个普通文档，然后在该文档中设置页面版式、创建样式等操作，最后保存为模板文件类型即可，图 11-12 所示为创建模板的流程图。

图 11-12

从图 11-12 中的流程图不难发现，创建模板的过程与创建普通文档并无太大区别，最主要的区别在于保存文件时的格式不同。模板具有特殊的文件格式，Word 2003 模板的文件扩展名为 .dot，Word 2007 及 Word 更高版本的模板文件的扩展名为 .dotx 或 .dotm；dotx 为不包含 VBA 代码的模板；dotm 模板可以包含 VBA 代码。Word 2021 不仅支持之前的保存格式，还新增了【OpenDocument 文本 (*.odt)】格式。

图 11-13　　　　图 11-14

创建模板的具体操作步骤如下。

Step01 创建文档。新建一篇普通空白文档，并在该文档中设置相应的内容，设置后的效果如图 11-15 所示。

图 11-15

Step02 保存为模板。按【F12】键，打开【另存为】对话框，❶在【保存类型】下拉列表框中选择模板的文件类型，本例中选择【启用宏的 Word 模板 (*.dotm)】选项；❷此时保存路径将自动设置为模板的存放路径，直接在【文件名】文本框中输入模板的文件名；③单击【保存】按钮即可，如图11-16所示。

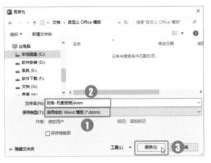

图 11-16

保存模板文件时，选择了模板类型后，保存路径会自动定位到模板的存放位置，如果不需要将当前模板保存到指定的存放位置，可以在【另存为】对话框中重新选择存放位置。

11.2.2 实战：使用报告模板创建新文档

实例门类	软件功能

创建好模板后，就可以基于模板创建任意数量的文档了，具体操作步骤如下。

Step01 选择新建的文档类别。在Word窗口中打开【文件】菜单，❶选择【新建】命令；❷在右侧窗格中将看到【Office】和【个人】两个类别，选择【个人】类别，如图11-17所示。

图 11-17

Step02 选择模板选项。在【个人】类别界面中将看到自己创建的模板，单击该模板选项，如图11-18所示。

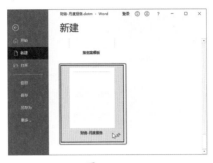

图 11-18

Step03 查看基于模板创建的文档。此时即可基于所选模板创建新文档，效果如图11-19所示。

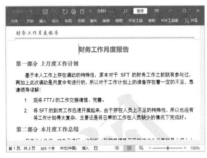

图 11-19

在创建模板文件时，如果是手动设置的保存位置（没有保存到模板的指定存放位置），则使用该模板创建新文档时，需要先打开文件资源管理器，进入模板所在文件夹，然后双击模板文件，即可基于该模板创建新文档。

★重点 11.2.3 实战：将样式的修改结果保存到模板中

实例门类	软件功能

基于某个模板创建文档后，对文档中的某个样式进行了修改，如果希望以后基于该模板创建新文档时直接使用这个新样式，则可以将

文档中的修改结果保存到模板中。

例如，基于模板文件"人力-月度报告.dotm"创建了一个"人力资源部6月月度工作报告.docx"文档，现将"人力资源部6月月度工作报告.docx"文档中的样式【报告-标题2】进行更改，希望将修改结果保存到模板"人力-月度报告.dotm"中，具体操作步骤如下。

Step01 选择菜单命令。打开"素材文件\第11章\人力资源部6月月度工作报告.docx"文件，❶在【样式】窗格中右击【报告-标题2】样式；❷在弹出的快捷菜单中选择【修改】命令，如图11-20所示。

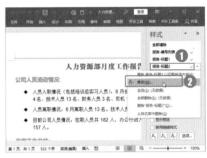

图 11-20

Step02 修改样式。打开【修改样式】对话框，对样式格式参数进行修改，❶本例中将字体颜色更改为【绿色】；❷选中【基于该模板的新文档】单选按钮；❸单击【确定】按钮，如图11-21所示。

图 11-21

Step03 保存文档。返回文档，单击快速访问工具栏中的【保存】按钮🔲进行保存，如图 11-22 所示。

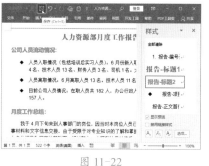

图 11-22

Step04 确认更改模板。此时将打开提示框询问是否保存对文档模板的修改，单击【是】按钮，如图 11-23 所示。

图 11-23

Step05 查看模板效果。打开文档使用的模板"人力-月度报告 .dotm"，此时可发现该模板中的样式也得到了即时更新，如图 11-24 所示。

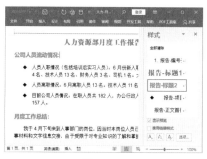

图 11-24

11.3　管理模板

为了更好地使用模板，可以对模板进行有效的管理，如分类存放模板、加密模板文件及共享模板中的样式等，下面将分别进行介绍。

11.3.1　修改模板中的内容

创建模板后，根据需要还可对模板进行修改操作，如修改示范内容、修改页面格式，以及对样式进行修改、创建、删除等操作。修改模板与修改普通文档没有什么区别，只需在 Word 程序中打开模板文件，然后按常规的编辑方法修改模板中的内容和设置格式即可。

只是在打开模板文件时，不能直接双击模板文件，否则将基于模板文件创建新的文档。模板文件的打开方式主要有以下两种。

➡ 打开文件资源管理器，进入模板所在文件夹，并右击需要编辑的模板文件，在弹出的快捷菜单中选择【打开】命令即可，如图 11-25 所示。

图 11-25

➡ 在 Word 窗口中弹出【打开】对话框，在其中找到并选中需要编辑的模板文件，然后单击【打开】按钮即可，如图 11-26 所示。

图 11-26

★重点 11.3.2　实战：将模板分类存放

实例门类	软件功能

当创建的模板越来越多时，会发现在基于模板新建文档时，很难快速找到需要的模板。为了方便使

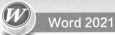
用模板，可以像文件夹组织文件那样对模板进行分类存放，从而提高查找模板的效率。分类管理模板的具体操作步骤如下。

Step01 分类保存模板。打开资源管理器，进入模板文件的存放路径，按照用途或其他方式对模板进行类别的划分，并确定好每个类别的名称，如图 11-27 所示。

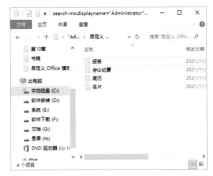

图 11-27

Step02 查看创建的模板类别。完成上述操作后，启动 Word 程序，基于自定义模板创建新文档时，在【新建】界面中选择【个人】类别，此时可看到表示模板类别的多个文件夹图标，它们的名称与之前创建的多个文件夹的名称对应，如图 11-28 所示。

图 11-28

技术看板

在为模板分类时，如果创建了空文件夹，则在【个人】类别下不会显示该文件夹图标。

Step03 查看类别下的模板文件。单

击某个文件夹图标，即可进入其中并看到该类别下的模板，如图 11-29 所示。单击某个模板，即可基于该模板创建新文档。

图 11-29

★重点 11.3.3 实战：加密报告模板文件

实例门类	软件功能

如果不希望别人随意修改模板中的格式和内容，则可以为模板设置密码保护，具体操作步骤如下。

Step01 选择【常规选项】选项。在"财务-月度报告.dotm"模板中，按【F12】键打开【另存为】对话框，❶单击【工具】按钮；❷在弹出的菜单中选择【常规选项】选项，如图 11-30 所示。

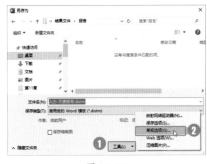

图 11-30

Step02 设置修改密码。打开【常规选项】对话框，❶在【修改文件时的密码】文本框中输入密码【123】；❷单击【确定】按钮，如图 11-31 所示。

图 11-31

技能拓展——设置模板文件的打开密码

如果不希望其他用户打开模板文件，也可以设置密码保护。方法为：在要进行保护的模板文件中打开【常规选项】对话框，在【打开文件时的密码】文本框中输入密码即可。此后打开该模板时，会打开【密码】对话框，此时只有输入正确的密码才能打开该模板。

此外，对模板文件设置打开密码保护后，会基于该模板新建的文档自动添加和模板一样的密码。

Step03 确认输入的密码。打开【确认密码】对话框，❶在文本框中再次输入密码【123】；❷单击【确定】按钮，如图 11-32 所示。

图 11-32

Step04 保存设置。返回【另存为】对话框，直接单击【保存】按钮保存设置，如图 11-33 所示。

图 11-33

Step 05 输入密码打开。设置密码保护后，此后打开"财务-月度报告.dotm"模板时，会弹出【密码】对话框，此时只有输入正确的密码才能打开该模板并修改其中的内容；否则，只有通过单击【只读】按钮，以只读模式打开该模板，如图 11-34 所示。

图 11-34

技能拓展——取消密码保护

对模板设置修改密码后，若要取消密码，则先打开该模板，再打开【常规选项】对话框，在【修改文件时的密码】文本框中删除密码即可。

★重点 11.3.4 实战：直接使用模板中的样式

实例门类	软件功能

在编辑文档时，如果需要使用某个模板中的样式，不仅可以通过复制样式（参考第 10 章相关知识）的方法实现，还可以按照下面的操作步骤实现。

Step 01 单击【文档模板】按钮。新建一个名为"使用模板中的样式"的空白文档，单击【开发工具】选项卡【模板】组中的【文档模板】按钮，如图 11-35 所示。

图 11-35

Step 02 单击【选中】按钮。打开【模板和加载项】对话框，在【模板】选项卡的【文档模板】栏中单击【选用】按钮，如图 11-36 所示。

图 11-36

Step 03 选择需要的模板。❶在打开的【选用模板】对话框中选择需要的模板；❷单击【打开】按钮，如图 11-37 所示。

图 11-37

Step 04 自动更新文档样式。返回【模板和加载项】对话框，此时在【文档模板】文本框中将显示添加的模板文件名和路径，❶选中【自动更新文档样式】复选框；❷单击【确定】按钮，如图 11-38 所示。

图 11-38

Step 05 查看从模板添加到文档中的样式。返回文档，即可将所选模板中的样式添加到文档中，如图 11-39 所示。

图 11-39

妙招技法

通过对前面知识的学习，相信读者已经学会了如何使用模板来统一文档的格式了。下面结合本章内容，给大家介绍一些实用技巧。

技巧 01：如何在新建文档时预览模板内容

在基于用户创建的模板新建文档时，可能在选择模板时无法预览模板中的内容。为了更好地选择使用的模板，可以通过设置，使用户在选择模板时可以预览其中的内容，具体操作步骤如下。

Step01 选择【属性】命令。打开需要设置预览的模板文件，打开【文件】菜单，❶在【信息】界面中单击【属性】按钮；❷在弹出的下拉列表中选择【高级属性】选项，如图 11-40 所示。

图 11-40

Step02 设置模板摘要。打开文档【属性】对话框，❶选择【摘要】选项卡；❷选中【保存所有 Word 文档的缩略图】复选框；❸单击【确定】按钮，如图 11-41 所示。

图 11-41

Step03 预览模板内容。通过上述设置后，在基于该模板创建文档时，即可看到该模板中的预览内容，如图 11-42 所示。

图 11-42

技巧 02：通过修改文档来改变 Normal.dotm 模板的设置

默认情况下，新建的空白文档是基于 Normal.dotm 模板创建的。如果对 Normal.dotm 模板中的一些设置进行了修改，那么无法直接保存。要想改变 Normal.dotm 模板中的一些设置，如页面设置、【字体】对话框中的设置、【段落】对话框中的设置等，可以通过修改文档来实现。例如，要修改模板的页面布局，具体操作步骤如下。

Step01 单击【功能扩展】按钮。新建一篇空白文档，单击【布局】选项卡【页面设置】组中的【功能扩展】按钮，如图 11-43 所示。

图 11-43

Step02 设置文档页面。打开【页面设置】对话框，❶根据需要进行相应的页面设置；❷完成设置后单击【设为默认值】按钮，如图 11-44 所示。

图 11-44

Step03 确认更改页面的默认设置。打开提示框询问是否要更改页面的默认设置，单击【是】按钮，可将设置结果保存到 Normal.dotm 模板中，如图 11-45 所示。

图 11-45

同样的道理，在【字体】或【段落】对话框中进行设置后，通过单击【设为默认值】按钮，便可将设置结果保存到 Normal.dotm 模板中。

技巧 03：让文档中的样式随模板而更新

基于某个模板文件创建了 n 个文档后，发现某些样式的参数设置有误，此时若逐个对这些文档的样式进行修改，操作会非常烦琐。要想快速修改这些文档中的样式，可通过在模板中修改样式来进行更新，具体操作步骤如下。

Step01 保存文档。打开文档使用的模板，对样式进行修改，完成修改后按快捷键【Ctrl+S】进行保存。

Step02 设置自动更新文档样式。打开已经创建好的文档，打开【模板和加载项】对话框，❶ 选中【自动更新文档样式】复选框；❷ 单击【确定】按钮，如图 11-46 所示。

图 11-46

Step03 自动更新到文档同名样式中。通过设置后，模板中样式的最新格式将会自动更新到当前文档的同名样式中。

技巧 04：如何删除自定义模板

手动创建模板后，如果要删除该模板文件，需要进入文件资源管理器进行删除，具体操作步骤如下。

Step01 删除模板文件。在需要删除的模板文件上右击，在弹出的快捷菜单中选择【删除】命令，如图 11-47 所示。

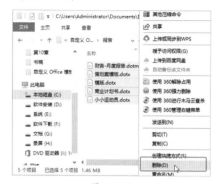

图 11-47

Step02 查看个人模板是否存在。此时即可删除模板文件，根据自定义模板创建文档时，可发现【个人】类别界面中已经没有模板了，如图 11-48 所示。

图 11-48

本章小结

本章主要介绍了模板的创建与使用方法，包括了解模板的基础知识、创建与使用模板、管理模板等内容。通过对本章内容的学习，希望读者能够灵活运用模板来统筹文档的布局、格式，从而加快对文档的编排速度。

第12章 查找与替换

➜ 文档中某个词组大量出错怎么办？

➜ 文档中的段落标记全部都是手动换行符，修改太麻烦了怎么办？

➜ 如何对文档中指定范围的内容进行替换操作？

➜ 如何将文档中的某个格式替换成其他格式？

➜ 从网上复制文本，空格太多了怎么办？

修改文档是一件很麻烦的事，特别是遇到需要大量修改的相同的文字和格式，一个一个地修改，也太浪费时间了！通过对本章内容的学习，读者将学会通过查找替换和通配符来快速对文本、格式甚至图片进行统一修改。

12.1 查找和替换文本内容

Word的查找和替换功能非常强大，是用户在编辑文档过程中频繁使用的一项功能。使用查找功能，可以在文档中快速定位到指定的内容；使用替换功能，可以将文档中的指定内容修改为新内容。使用查找和替换功能可以提高文本的编辑效率。

★重点 12.1.1 实战：查找公司概况文本

实例门类	软件功能

如果希望快速查找到某内容（例如，字、词、短语或句子）在文档中出现的具体位置，则可通过查找功能实现。

1. 使用【导航】窗格查找

在Word 2021中通过【导航】窗格可以非常方便地查找内容，具体操作步骤如下。

Step01 打开【导航】窗格。打开"素材文件\第12章\公司概况.docx"文件，在【视图】选项卡【显示】组中选中【导航窗格】复选框，可打开【导航】窗格，如图12-1所示。

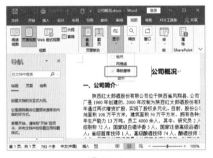

图 12-1

> ⚙ **技能拓展——快速打开【导航】窗格**
>
> 在Word 2010及以上的版本中，按快捷键【Ctrl+F】，可快速打开【导航】窗格。

Step02 查找内容。在【导航】窗格的搜索框中输入要查找的内容，Word会自动在当前文档中进行搜索，并以黄色进行标识，以突出显示查找到的全部内容，同时在【导航】窗格搜索框的下方显示搜索结果数量，如图12-2所示。

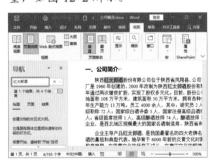

图 12-2

Step03 定位查找的位置。❶在【导航】窗格中单击【结果】标签；❷将在搜索框下方以列表框的形式显示所有搜索结果，单击某条搜索结果，文档中也会快速定位到相应位置，如图12-3所示。

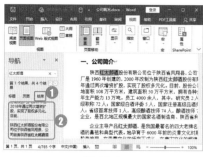

图 12-3

技术看板

在【导航】窗格中，通过单击∧或∨按钮，可以依次选中某个搜索结果。

Step 04 取消突出显示。在【导航】窗格中，删除搜索框中输入的内容，可以取消文档中的突出显示，即表示停止搜索。

技术看板

在【导航】窗格中进行搜索时，单击搜索框右侧的下拉按钮∨，会弹出图 12-4 所示的一个下拉列表。在该下拉列表中，若选择【选项】选项，则可以在弹出的【"查找"选项】对话框中设置查找条件；也可以在该下拉列表中选择 Word 的其他类型的内容，主要有图形、表格、公式、脚注/尾注、批注，然后在文档中按照不同类型的内容进行查找。

图 12-4

2. 使用对话框查找

如果对于查找到的内容还需要进行替换，那么查找内容时一般都会通过【查找和替换】对话框来完成，这样在执行替换操作时更方便，具体操作步骤如下。

Step 01 选择需要的选项。在"公司概况.docx"文档中，❶将光标插入点定位在文档的起始处；❷在【导航】窗格的搜索框右侧单击下拉按钮∨；❸在弹出的下拉列表中选择【高级查找】选项，如图 12-5 所示。

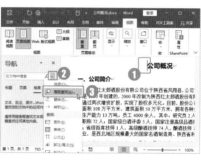

图 12-5

Step 02 设置查找内容。打开【查找和替换】对话框，并自动定位在【查找】选项卡，❶在【查找内容】文本框中输入要查找的内容，如输入【红太郎酒】；❷单击【查找下一处】按钮，如图 12-6 所示，Word 将从光标插入点所在位置开始查找，当找到【红太郎酒】出现的第 1 个位置时，会以选中的形式显示。

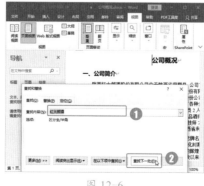

图 12-6

技能拓展——通过功能区打开【查找和替换】对话框

打开要查找内容的文档，在【开始】选项卡的【编辑】组中单击【查找】下拉按钮∨，在弹出的下拉列表中选择【高级查找】选项，也可打开【查找和替换】对话框。

Step 03 完成内容的查找。❶若继续单击【查找下一处】按钮，Word 会继续查找，当查找完成后会弹出提示框提示完成搜索；❷单击【确定】按钮关闭该提示框，如图 12-7 所示，返回【查找和替换】对话框，单击【关闭】按钮×关闭该对话框即可。

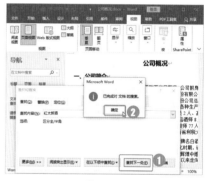

图 12-7

技能拓展——突出显示查找内容

在【查找内容】文本框中输入要查找的内容后，单击【阅读突出显示】按钮，在弹出的下拉列表中选择【全部突出显示】选项，将在文档中突出显示查找到的全部内容，其效果与使用【导航】窗格搜索效果相同。若要清除突出显示效果，则再次单击【阅读突出显示】按钮，在弹出的下拉列表中选择【清除突出显示】选项即可。

★重点 12.1.2 实战：全部替换公司概况文本

实例门类 | 软件功能

替换功能主要用于修改文档中的错误内容。当同一错误在文档中出现多次时，可以通过替换功能进行批量修改，具体操作步骤如下。

Step01 选择【替换】选项。在"公司概况.docx"文档中，❶将光标插入点定位在文档的起始处；❷在【导航】窗格中单击搜索框右侧的下拉按钮 ；❸在弹出的下拉列表中选择【替换】选项，如图 12-8 所示。

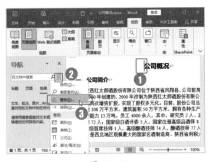

图 12-8

Step02 查找和替换文本。打开【查找和替换】对话框，并自动定位在【替换】选项卡，❶在【查找内容】文本框中输入要查找的内容，如输入【红太郎酒】；❷在【替换为】文本框中输入要替换的内容，如输入【语凤酒】；❸单击【全部替换】按钮，如图 12-9 所示。

图 12-9

技能拓展——快速定位到【替换】选项卡

在要进行内容替换的文档中，按快捷键【Ctrl+H】，可快速打开【查找和替换】对话框，并自动定位到【替换】选项卡。

Step03 完成替换。此时 Word 将对文档中的所有"红太郎酒"一词进行替换操作，完成替换后，在打开的提示框中单击【确定】按钮，如图 12-10 所示。

图 12-10

Step04 关闭对话框。返回【查找和替换】对话框，单击【关闭】按钮关闭该对话框，如图 12-11 所示。

图 12-11

Step05 查看文档效果。返回文档，即可查看替换后的效果，如图 12-12 所示。

图 12-12

12.1.3 实战：逐个替换文本

实例门类 | 软件功能

在进行替换操作时，如果只是需要将部分内容进行替换，则需要逐个替换，以避免替换不该替换的内容。逐个替换的具体操作步骤如下。

Step01 单击【替换】按钮。在"公司概况.docx"文档中，❶将光标插入点定位在文档的起始处；❷单击【开始】选项卡【编辑】组中的【替换】按钮，如图 12-13 所示。

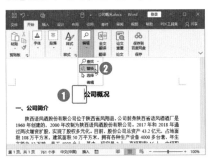

图 12-13

Step02 开始查找第 1 处。打开【查找和替换】对话框，❶在【查找内容】文本框中输入查找内容，如输入【语凤酒】；❷在【替换为】文本框中输入替换内容，如输入【鲁干酒】；❸单击【查找下一处】按钮，如图 12-14 所示。

图 12-14

Step03 替换查找到的内容。Word 将开始进行查找，当找到查找内容出现的第 1 个位置时，用户需要先判断是否要进行替换。若要替换，则单击【替换】按钮进行替换；若不需要替换，则单击【查找下一处】按钮。本例中此处需要替换，因此单击【替换】按钮，如图 12-15 所示。

图 12-15

Step04 继续替换第 2 处内容。Word 将替换当前查找到的内容，并自动查找出第 2 处内容，单击【替换】按钮进行替换，如图 12-16 所示。

图 12-16

Step05 忽略查找到的内容。替换当前内容后，Word 将继续查找。当查找到不需要替换的内容时，可以不进行替换操作，直接单击【查找下一处】按钮，如图 12-17 所示。

图 12-17

Step06 完成替换操作。当查找完所有的内容后，会打开提示对话

框，单击【确定】按钮，如图 12-18 所示。

图 12-18

Step07 查看文档效果。返回【查找和替换】对话框，单击【关闭】按钮关闭对话框，返回文档，即可查看逐个替换后的效果，如图 12-19 所示。

图 12-19

12.1.4 实战：批量更改英文大小写

实例门类	软件功能

在 "Be grateful to life.docx" 文档中包含了 "It" 和 "it" 两种形式的同一个单词，如图 12-20 所示。

图 12-20

现在希望将文档中所有的 "It" 修改为全大写形式的 "IT"，而原来的全小写形式 "it" 保持不变，可

通过替换功能实现，具体操作步骤如下。

Step01 展开【查找和替换】对话框。打开"素材文件\第 12 章\Be grateful to life.docx"文档，然后打开【查找和替换】对话框，并定位到【替换】选项卡，单击【更多】按钮，展开对话框，如图 12-21 所示。

图 12-21

技术看板

展开【查找和替换】对话框后，【更多】按钮变成【更少】按钮，单击【更少】按钮，可将该对话框折叠起来。

Step02 执行全部替换操作。❶在【查找内容】文本框中输入【It】；❷在【替换为】文本框中输入【IT】；❸在【搜索选项】栏中选中【区分大小写】复选框；❹单击【全部替换】按钮，如图 12-22 所示。

图 12-22

Step03 完成替换。Word 将按照设置的查找和替换条件进行查找替换，

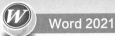
完成替换后，在弹出的提示框中单击【确定】按钮，如图12-23所示。

图 12-23

Step04 查看文档效果。返回【查找和替换】对话框，单击【关闭】按钮关闭该对话框，返回文档，即可查看替换后的效果，如图12-24所示。

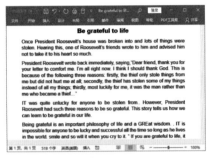

图 12-24

在【搜索选项】栏中，有几个复选框是针对查找英文文本的设置，下面简单进行介绍。

➡【区分大小写】：选中后，Word在查找时将严格匹配搜索内容的大小写。例如，要查找的是"it"，绝不会查找"IT""It"等；反之，在没有选中该复选框的状态下，查找时不会区分大小写，允许用户输入任意大小写形式的内容。

➡【全字匹配】：选中后，会搜索符合条件的完整单词，而不会搜索某个单词的局部。例如，要查找的是"shop"，绝不会查找"shopping"。

➡【同音（英文）】：选中后，则可以查找与查找内容发音相同但拼写不同的单词。例如，查找"for"

时，也会查找"four"。

➡【查找单词的所有形式（英文）】：选中后，则会查找指定单词的所有形式。例如，查找"win"时，还会查找"won"。

➡【区分全/半角】：默认为选中状态，Word将严格按照输入时的全角或半角字符进行搜索。例如，要查找的是"win"，绝不会查找"ｗｉｎ""ｗｉn"等；反之，若没有选中该复选框，则Word在查找时不会区分全角、半角格式。

12.1.5 实战：批量更改文本的全角、半角状态

实例门类	软件功能

在"The wisdom of life.docx"文档中输入"learned"单词时，因为输入模式的不同，导致该单词处于全角、半角混搭状态，如图12-25所示。

图 12-25

现在希望将"learned"单词全部调整为半角状态，可以通过替换功能进行实现，具体操作步骤如下。

Step01 查找和替换设置。打开"素材文件\第12章\The wisdom of life.docx"文件，打开【查找和替换】对

话框。❶在【查找内容】文本框中输入【ｌｅａｒｎｅｄ】；❷在【替换为】文本框中输入【learned】；❸在【搜索选项】栏中取消选中【区分全/半角】复选框；❹单击【全部替换】按钮，如图12-26所示。

图 12-26

技术看板

因为要将"learned"单词全部调整为半角状态，所以在【替换为】文本框中一定要输入半角形式的内容。

Step02 完成替换。此时Word将按照设置的查找和替换条件进行查找替换，完成替换后，在弹出的提示框中单击【确定】按钮，如图12-27所示。

图 12-27

Step03 查看文档效果。返回【查找和替换】对话框，单击【关闭】按钮关闭该对话框，返回文档，即可查看替换后的效果，如图12-28所示。

图 12-28

如果文档要求英文内容全部为半角或全角状态，可以通过设置字符格式快速更改。按快捷键【Ctrl+A】，在【开始】选项卡的【字体】组中单击【更改大小写】按钮 Aa∨，在弹出的下拉列表中若选择【半角】选项，可使所有英文内容处于半角状态；若在下拉列表中选择【全角】选项，可使所有英文内容处于全角状态。

★重点 12.1.6　实战：局部范围内的替换

实例门类	软件功能

在"红酒的种类.docx"文档的第 3 段内容中，将所有的"白葡萄酒"一词输成了"红葡萄酒"，如图 12-29 所示。

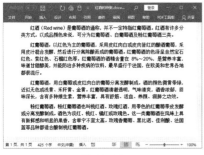

图 12-29

此时，可以对文档中的部分内

容进行替换，以避免替换了不该替换的内容，具体操作步骤如下。

Step01 单击【替换】按钮。打开"素材文件\第 12 章\红酒的种类.docx"文件，❶选中第 3 段内容；❷单击【开始】选项卡【编辑】组中的【替换】按钮，如图 12-30 所示。

图 12-30

Step02 执行全部替换操作。打开【查找和替换】对话框，❶在【替换】选项卡的【查找内容】文本框中输入【红葡萄酒】；❷在【替换为】文本框中输入【白葡萄酒】；❸单击【全部替换】按钮，如图 12-31 所示。

图 12-31

Step03 完成替换。Word将按照设置的查找和替换条件对文档中的第 3 段内容进行查找和替换，完成替换后，弹出提示框询问是否搜索文档其余部分，单击【否】按钮，如图 12-32 所示。

图 12-32

Step04 查看替换效果。返回【查找和

替换】对话框，单击【关闭】按钮关闭该对话框，返回文档，即可查看替换后的效果，如图 12-33 所示。

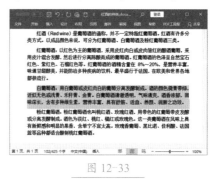

图 12-33

在一篇含有文本框、批注或尾注（关于批注、尾注的含义及使用，将在后面的章节中讲解）等对象的文档中，还可以只对文本框、批注或尾注中的内容进行查找和替换。例如，只查找和替换批注中的内容，则先打开并展开【查找和替换】对话框，在【查找】选项卡中设置查找内容，然后单击【在以下项中查找】按钮，在弹出的下拉菜单中选择【批注】选项指定搜索范围，最后在【替换】选项卡中设置替换条件进行替换即可。

12.2 查找和替换格式

使用查找和替换功能，不仅可以对文本内容进行查找和替换，还可以查找和替换字符格式和段落格式，如查找带特定格式的文本、将文本内容修改为指定格式等。

★重点 12.2.1 实战：为指定内容设置字体格式

实例门类	软件功能

通过查找和替换功能，可以很轻松地将指定内容设置为需要的格式，避免了逐个选择设置的烦琐操作。为指定内容设置字体格式的具体操作步骤如下。

Step01 选择替换选项。打开"素材文件\第 12 章\名酒介绍.docx"文件，❶将光标插入点定位在文档的起始处；❷在【导航】窗格中单击搜索框右侧的下拉按钮 ∨；❸在弹出的下拉列表中选择【替换】选项，如图 12-34 所示。

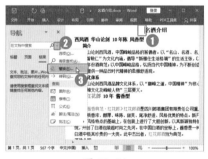

图 12-34

Step02 查找和替换设置。打开【查找和替换】对话框，自动定位在【替换】选项卡，通过单击【更多】按钮展开对话框。❶在【查找内容】文本框中输入查找内容【华山论剑】；❷将光标插入点定位在【替换为】文本框；❸单击【格式】按钮；❹在弹出的下拉列表中选择【字体】选项，如图 12-35 所示。

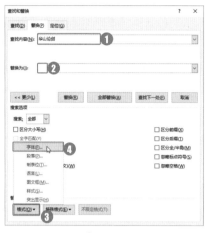

图 12-35

Step03 设置字体格式。❶在打开的【替换字体】对话框中设置需要的字体格式；❷完成设置后单击【确定】按钮，如图 12-36 所示。

图 12-36

Step04 执行全部替换操作。返回【查找和替换】对话框，在【替换为】文本框下方显示了要为指定内容设置的格式参数，确认无误后单击【全

部替换】按钮，如图 12-37 所示。

图 12-37

Step05 完成替换。Word 将按照设置的查找和替换条件进行查找替换，完成替换后，在打开的提示框中单击【确定】按钮，如图 12-38 所示。

图 12-38

Step06 查看文档效果。返回【查找和替换】对话框，单击【关闭】按钮关闭该对话框，返回文档，即可查看替换后的效果，如图 12-39 所示。

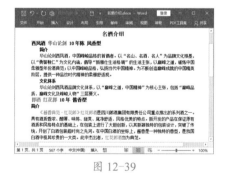

图 12-39

技术看板

在本操作中，虽然没有在【替换为】文本框中输入任何内容，但是在【替换为】文本框中设置了格式，所以不影响格式的替换操作。如果没有在【替换为】文本框中输入内

容，也没有设置格式，那么执行替换操作后，将会删除文档中与查找内容相匹配的内容。

★重点 12.2.2　实战：替换字体格式

实例门类	软件功能

编辑文档时，还可以将某种字体格式替换为另一种字体格式，具体操作步骤如下。

Step01 展开对话框。在"名酒介绍.docx"文档中打开【查找和替换】对话框，并展开该对话框。

Step02 选择菜单命令。❶将光标插入点定位在【查找内容】文本框中；❷单击【格式】按钮；❸在弹出的下拉列表中选择【字体】选项，如图12-40所示。

图 12-40

Step03 设置查找的字体格式。❶在打开的【查找字体】对话框中设置指定格式，如将字体颜色设置为【红色】；❷完成设置后单击【确定】按钮，如图12-41所示。

图 12-41

Step04 选择【字体】选项。返回【查找和替换】对话框，在【查找内容】文本框下方显示了要查找的指定格式。❶将光标插入点定位在【替换为】文本框中；❷单击【格式】按钮；❸在弹出的下拉列表中选择【字体】选项，如图12-42所示。

图 12-42

Step05 设置替换的字体格式。❶在打开的【替换字体】对话框中设置需要的字体格式；❷完成设置后单击【确定】按钮，如图12-43所示。

图 12-43

Step06 执行全部替换操作。返回【查找和替换】对话框，在【替换为】文本框下方显示了要替换的字体格式，确认无误后单击【全部替换】按钮，如图12-44所示。

图 12-44

Step07 完成替换。Word将按照设置的查找和替换条件进行查找替换，完成替换后，在弹出的提示框中单击【确定】按钮，如图12-45所示。

图 12-45

Step⑧ 查看文档效果。返回【查找和替换】对话框，单击【关闭】按钮关闭该对话框，返回文档，即可发现所有字体颜色为红色的文本内容的格式发生了改变，如图 12-46 所示。

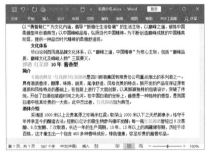

图 12-46

技能拓展——查找指定格式的文本

如果要对指定格式的文本内容进行替换，则需要先查找指定格式的文本。例如，本操作中若只需要对红色、五号的【红花郎酒】文本进行替换操作，则需要先在【查找内容】文本框中输入【红花郎酒】，然后通过单击【格式】按钮设置指定的字体格式即可。

12.2.3　实战：替换工作报告样式

实例门类	软件功能

在使用样式排版文档时，若将需要应用A样式的文本都误用成了B样式，则可以通过替换功能进行替换。

例如，在"人力资源部月度工作报告.docx"文档中将需要应用【报告-项目符号】样式的段落全部应用了【报告-编号列表】样式，如图 12-47 所示。

图 12-47

现在通过替换功能，对所有应用了【报告-编号列表】样式的段落重新使用【报告-项目符号】样式，具体操作步骤如下。

Step① 展开对话框。打开"素材文件\第 12 章\人力资源部月度工作报告.docx"文件，打开【查找和替换】对话框，并展开该对话框。

Step② 选择【样式】选项。❶将光标插入点定位在【查找内容】文本框中；❷单击【格式】按钮；❸在弹出的下拉列表中选择【样式】选项，如图 12-48 所示。

图 12-48

Step③ 选择查找的样式。❶打开【查找样式】对话框，在【查找样式】列表中选择需要查找的样式，如选

择【报告-编号列表】选项；❷单击【确定】按钮，如图 12-49 所示。

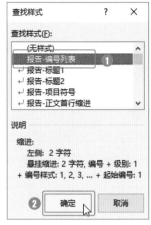

图 12-49

Step④ 选择【样式】选项。返回【查找和替换】对话框，在【查找内容】文本框下方显示了要查找的样式。❶将光标插入点定位在【替换为】文本框中；❷单击【格式】按钮；❸在弹出的下拉列表中选择【样式】选项，如图 12-50 所示。

图 12-50

Step⑤ 选择替换样式。❶打开【替换样式】对话框，在【用样式替换】列表中选择替换样式，如选择【报告-项目符号】选项；❷单击【确定】按钮，如图 12-51 所示。

图 12-51

图 12-52

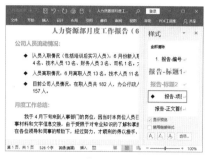

图 12-54

Step 06 执行全部替换操作。返回【查找和替换】对话框，在【替换为】文本框下方显示了要替换的样式，确认无误后单击【全部替换】按钮，如图 12-52 所示。

Step 07 完成替换。Word将按照设置的查找和替换条件进行查找和替换，完成替换后，在打开的提示框中单击【确定】按钮，如图 12-53 所示。

图 12-53

Step 08 查看替换后的文档效果。返回【查找和替换】对话框，单击【关

技能拓展——使用样式选择功能替换样式

对于格式较简单的文档，使用样式选择功能，可快速实现样式的替换。

例如，在本例中，在【样式】窗格中右击【报告-编号列表】样式，在弹出的快捷菜单中选择【选择所有 n 个实例】命令，此时，文档中应用了【报告-编号列表】样式的所有内容呈选中状态，然后直接在【样式】窗格中单击【报告-项目符号】样式即可。

12.3 图片的查找和替换操作

使用查找和替换功能，还可以非常方便地对图片进行查找和替换操作，如将文本替换为图片、将所有嵌入式图片设置为居中对齐等。

★重点 12.3.1 实战：将文本替换为图片

实例门类	软件功能

在编辑文档的过程中，有时为了使文档更有个性，往往会将步骤中的步骤序号用图片来表示。若文档内容已经编辑完成，逐一更改会相当麻烦，此时可通过替换功能将文字替换为图片，具体操作步骤

如下。

Step 01 选择替换选项。打开"素材文件\第 12 章\电饭煲使用说明书 .docx"文件，❶选中需要使用的图片，按快捷键【Ctrl+C】进行复制；❷单击【导航】窗格搜索框右侧的下拉按钮 ；❸在弹出的下拉列表中选择【替换】选项，如图 12-55 所示。

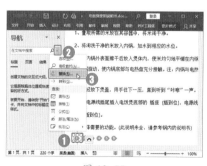

图 12-55

Step 02 选择替换的格式。打开【查找和替换】对话框，自动定位在【替

换】选项卡，单击【更多】按钮展开对话框。❶在【查找内容】文本框中输入查找内容，如输入【1、】；❷将光标插入点定位在【替换为】文本框；❸单击【特殊格式】按钮；❹在弹出的下拉列表中选择【"剪贴板"内容】选项，如图 12-56 所示。

图 12-56

Step03 执行全部替换操作。将查找条件和替换条件设置完成后，❶在【搜索】下拉列表框中选择【全部】选项；❷单击【全部替换】按钮，如图 12-57 所示。

图 12-57

Step04 完成替换。Word 将按照设置的查找和替换条件进行查找和替换，完成替换后，在打开的提示框中单击【确定】按钮，如图 12-58 所示。

图 12-58

Step05 查看文档替换后的效果。返回【查找和替换】对话框，单击【关闭】按钮关闭该对话框，返回文档，即可发现文本【1、】替换成了之前复制的图片，如图 12-59 所示。

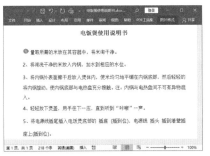

图 12-59

Step06 将其他编号替换成图片。用相同的方法将其他编号替换成带编号的图片，最终效果如图 12-60 所示。

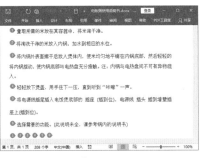

图 12-60

★重点 12.3.2 实战：将所有嵌入式图片设置为居中对齐

实例门类	软件功能

完成了对文档的编辑后，发现插入的图片没有设置为居中对齐，若图片太多，则可通过替换功能批量将这些嵌入式图片设置为居中对

齐，具体操作步骤如下。

Step01 选择【替换】选项。打开"素材文件\第12章\产品介绍.docx"文件，❶将光标插入点定位在文档的起始处；❷在【导航】窗格中单击搜索框右侧的下拉按钮∨；❸在弹出的下拉列表中选择【替换】选项，如图 12-61 所示。

图 12-61

Step02 设置查找格式。打开【查找和替换】对话框，自动定位在【替换】选项卡，展开对话框。❶将光标插入点定位在【查找内容】文本框中；❷单击【特殊格式】按钮；❸在弹出的下拉列表中选择【图形】选项，如图 12-62 所示。

图 12-62

Step03 选择菜单命令。❶将光标插入点定位在【替换为】文本框中；❷单击【格式】按钮；❸在弹出的下拉列表中选择【段落】选项，如图 12-63 所示。

图 12-63

图 12-65

12.3.3 实战：批量删除所有嵌入式图片

| 实例门类 | 软件功能 |

若要删除文档中所有嵌入式图片，通过替换功能可快速完成，具体操作步骤如下。

Step 01 选择【替换】选项。在"产品介绍 .docx"文档中，❶将光标插入点定位在文档的起始处；❷在【导航】窗格中单击搜索框右侧的下拉按钮 ✓；❸在弹出的下拉列表中选择【替换】选项，如图 12-68 所示。

Step 04 设置段落格式。打开【替换段落】对话框，❶在【缩进和间距】选项卡【常规】栏的【对齐方式】下拉列表框中选择【居中】选项；❷单击【确定】按钮，如图 12-64 所示。

Step 06 完成替换。Word 将按照设置的查找和替换条件进行查找和替换，完成替换后，在打开的提示框中单击【确定】按钮，如图 12-66 所示。

图 12-66

图 12-68

Step 02 设置查找格式。打开【查找和替换】对话框，自动定位在【替换】选项卡，展开对话框。❶将光标插入点定位在【查找内容】文本框；❷单击【特殊格式】按钮；❸在弹出的下拉列表中选择【图形】选项，如图 12-69 所示。

图 12-64

Step 05 执行替换操作。返回【查找和替换】对话框，单击【全部替换】按钮，如图 12-65 所示。

Step 07 查看文档中图片的位置。返回【查找和替换】对话框，单击【关闭】按钮关闭该对话框，返回文档，即可发现文档中的所有嵌入式图片都设置成了居中对齐方式，如图 12-67 所示。

图 12-67

图 12-69

Step 03 执行替换操作。在【替换为】文本框中不输入任何内容，单击【全部替换】按钮，如图 12-70 所示。

图 12-70

Step 04 完成替换。Word 将按照设置的查找和替换条件进行查找和替换，完成替换后，在打开的提示框中单击【确定】按钮，如图 12-71 所示。

图 12-71

Step 05 查看文档效果。返回【查找和替换】对话框，单击【关闭】按钮关闭该对话框，返回文档，即可看到所有的图片都被删除了，如图 12-72 所示。

图 12-72

技能拓展——清除查找和替换的格式设置

在设置查找条件或替换条件时，若通过【格式】按钮对查找条件或替换设置了格式参数，则在【查找内容】和【替换为】文本框下方会显示对应的格式参数信息。将光标插入点定位在【查找内容】或【替换为】文本框中，单击【不限定格式】按钮，可清除对应的格式设置。

12.4 使用通配符进行查找和替换

进行一些复杂的替换操作时，通常需要配合使用通配符。使用通配符可以执行一些非常灵活的操作，用户在处理文档时能够更加游刃有余。

12.4.1 通配符的使用规则与注意事项

在使用通配符进行查找和替换前，先来了解什么是通配符、什么是代码，以及使用通配符时需要注意的事项等。

1. 通配符

通配符是 Word 查找和替换中特别指定的一些字符，用来代表一类内容，而不只是某个具体的内容。例如，"?" 代表单个字符，"*" 代表任意数量的字符。Word 中可以使用的通配符如图 12-73 所示，这些通配符通常在【查找内容】文本框中使用。

通配符	说明	示例
?	任意单个字符	例如：b?t，可查找 bet、bat，不查找 beast
*	任意字符串	例如：b*t，可查找 bet、bat，也能查找 beast
<	单词的开头	例如：<(round)，用于查找开头是 round 的单词，可以查找 roundabout，不查找 background
>	单词的结尾	例如：(round)>，用于查找结尾是 round 的单词，可以查找 background，不查找 roundabout
[ ]	指定字符之一	例如：1[34]00，可以查找 1300、1400，不查找 1500
[-]	指定范围内的任意单个字符	例如：[1-3]0000，输入时必须以升序方式表达范围，可以查找 10000、20000、30000，不查找 40000
[!x-z]	中括号内指定字符范围以外的任意单个字符	例如：1![1-3]000，可以查找 14000、15000，不查找 11000、12000、13000
{n}	n 个重复的前一字符或表达式	例如：10{2}1，可以查找 1001，不查找 101、10001
{n,}	至少 n 个前一字符或表达式	例如：10{2,}1，可以查找 1001、10001，不查找 101
{n,m}	n 到 m 个前一字符或表达式	例如：10{1,3}1，可以查找 101、1001、10001，不查找 100001
@	一个或一个以上的前一字符或表达式	例如：10@1，可以查找 101、1001、10001、100001
(n)	表达式	例如：(book)，查找 book

图 12-73

在 Word 文档中打开并展开【查找和替换】对话框后，在【搜索选项】栏中选中【使用通配符】复选框，如图 12-74 所示，这样就可以使用通配符进行查找和替换操作了。

图 12-74

2. 表达式

使用通配符时，使用"()"括起来的内容就称为表达式。表达式用于将内容进行分组，以便在替换时以组为单位进行灵活操作。例如，在【查找内容】文本框中输入"(123)(456)"，表示将"123"分为一组，将"456"分为另一组。在替换时，使用"\1"表示第1组表达式的内容，使用"\2"表示第2组表达式的内容。

例如，在【查找内容】文本框中输入【(123)(456)】，在【替换为】文本框中输入【\2\1】，则会将【123456】替换为【456123】。

表达式最多可以有9级，不允许相互嵌套。

3. 代码

代码是用于表示一个或多个特殊格式的符号，以"^"开始，如段落标记的代码为"^p"或"^13"，本书附录2中列出了特殊字符对应的代码。

输入代码时，可以通过单击【特殊格式】按钮进行选择，也可以手动输入。例如，要在【查找内容】文本框中输入段落标记的代码，可以直接在【查找内容】文本框内输入【^p】或【^13】，也可以将光标插入点定位在【查找内容】文本框内，然后单击【特殊格式】按钮，在弹出的下拉列表中选择【段落标记】选项，如图12-75所示，这样就会自动在【查找内容】文本框内输入【^p】。

图 12-75

使用代码时，分为选中【使用通配符】复选框和取消选中【使用通配符】复选框两种情况。

选中【使用通配符】复选框时，在【查找内容】文本框中可以使用的代码如图12-76所示，在【替换为】文本框中可以使用的代码如图12-77所示。

图 12-76   图 12-77

> **技术看板**
>
> 无论是否选中【使用通配符】复选框，【替换为】文本框中可以使用的代码几乎相同，只是在取消选中【使用通配符】复选框时，【替换为】文本框中不能使用表达式。

取消选中【使用通配符】复选框时，在【查找内容】文本框中可以使用的代码如图12-78所示，在【替换为】文本框中可以使用的代码如图12-79所示。

图 12-78   图 12-79

4. 注意事项

在使用通配符时，需要注意以下几点。

➥ 输入通配符或代码时，要严格区分大小写，而且必须在英文半角状态下输入。

➥ 要查找已被定义为通配符的字符时，需要在该字符前输入反斜杠(\)。例如，要查找"?"，就输入【\?】；要查找"*"，就输入【*】；要查找"\"字符本身，就输入【\\】。

➥ 在选中【使用通配符】复选框后，Word只查找与指定文本精确匹配的文本。请注意，【区分大小写】复选框和【全字匹配】复选框将不可用(显示为灰色)，表示这些选项已自动开启，用户无法关闭这些选项。

技术看板

对长文档进行复杂的查找和替换操作之前，最好先保存文档内容，避免发生 Word 程序无响应的情况。

5. 描述约定

在下面的介绍中，将通过大量实例来说明通配符在查找和替换操作中的用法。为了便于描述，现约定如下。

➡ 查找内容：在【查找内容】文本框中输入查找代码。

➡ 替换为：在【替换为】文本框中输入替换代码。

➡ 设置查找条件和替换条件后，单击【全部替换】按钮进行替换，完成替换后会弹出提示框提示"全部完成。完成 n 处替换。"，单击【确定】按钮，在返回的【查找和替换】对话框中单击【关闭】按钮或按【Esc】键关闭该对话框。在后面的案例操作中，将省略这两步操作描述，即单击【全部替换】按钮后，直接给出效果图。

在后面的案例介绍中，基本上要对全文档的内容进行查找和替换，所以需要先将光标插入点定位在文档起始处，再打开【查找和替换】对话框进行操作，此后不再赘述。

12.4.2 实战：批量删除空白段落

实例门类	软件功能

空白段落即空行，狭义上的空行是指段落中有且只有硬回车符或软回车符的段落。关于硬回车符与软回车符的概念及区别，请参考本

书的第 5 章内容。

在编辑文档时，可能不小心输入了许多空行，如果手动删除不仅效率低，还相当烦琐。针对这样的情况，可以通过替换功能来快速删除。

要删除空行，实质上就是删除多余的硬回车符与软回车符，硬回车符与软回车符的删除方法相同。

1. 不使用通配符删除

在不使用通配符的情况下，可按下面的操作方法删除多余的硬回车符，具体操作步骤如下。

Step01 查看素材文件效果。打开"素材文件\第 12 章\公司发展历程.docx"文件，初始效果如图 12-80 所示。

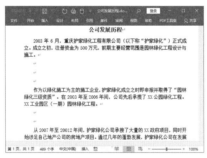

图 12-80

Step02 输入查找和替换内容。打开【查找和替换】对话框，❶在【查找内容】文本框中输入查找代码【^p^p】或【^13^13】；❷在【替换为】文本框中输入替换代码【^p】；❸单击【全部替换】按钮进行替换；❹在打开的提示对话框中单击【确定】按钮，如图 12-81 所示。

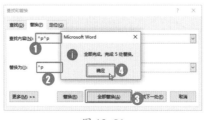

图 12-81

Step03 查看文档效果。由于文档中有两个以上连续的硬回车符，因此执行全部替换操作后，并不会把全部连续的多个硬回车符替换成一个硬回车符，如图 12-82 所示。

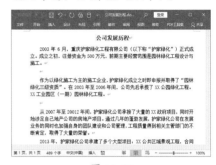

图 12-82

Step04 再次执行替换操作。此时，就需要继续单击【全部替换】按钮进行替换，并在打开的提示对话框中单击【确定】按钮，如图 12-83 所示。

图 12-83

Step05 查看文档效果。完成替换后，返回文档，即可查看清除空行后的效果，如图 12-84 所示。

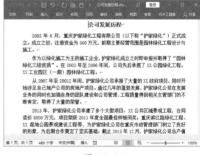

图 12-84

技能拓展——删除软回车符

如果要删除多余的软回车符，则打开【查找和替换】对话框，在

【查找内容】文本框中输入查找代码【^l^l】或【^11^11】，在【替换为】文本框中输入替换代码【^p】，然后单击【全部替换】按钮即可。

2.使用通配符删除

如果希望一次性删除所有的空白段落，就需要使用通配符，具体操作步骤如下。

打开并展开【查找和替换】对话框，❶在【搜索选项】栏中选中【使用通配符】复选框；❷在【查找内容】文本框中输入查找代码【^13{2,}】；❸在【替换为】文本框中输入替换代码【^p】；❹单击【全部替换】按钮即可，如图12-85所示。

图 12-85

代码解析："^13"表示段落标记，"{2,}"表示两个或两个以上，"^13{2,}"表示两个或两个以上连续的段落标记。

由于选中了【使用通配符】复选框，因此【查找内容】文本框中只能使用"^13"，而不能使用"^p"。

技能拓展——使用通配符删除软回车符

如果要使用通配符删除多余

的软回车符，则在【查找内容】文本框中输入查找代码【^11{2,}】或【^l{2,}】，在【替换为】文本框中输入替换代码【^p】，然后单击【全部替换】按钮即可。

3.批量删除混合模式的空白段落

当文档中硬回车符和软回车符交叉出现时，可按下面的操作步骤一次性删除空白行。

Step 01 查看素材文件效果。打开"素材文件\第12章\会议纪要.docx"文件，初始效果如图12-86所示。

图 12-86

Step 02 查找和替换设置。打开并展开【查找和替换】对话框，❶在【搜索选项】栏中选中【使用通配符】复选框；❷在【查找内容】文本框中输入查找代码【[^13^11]{2,}】；❸在【替换为】文本框中输入替换代码【^p】；❹单击【全部替换】按钮；❺在打开的提示对话框中单击【确定】按钮即可，如图12-87所示。

图 12-87

Step 03 查看文档效果。返回文档，即可看到所有的空行已被删除，如图12-88所示。

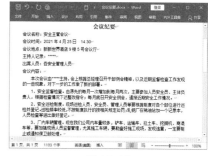

图 12-88

代码解析："^13"表示段落标记，"^11"表示手动换行符，"[]"表示指定字符之一，"{2,}"表示两个或两个以上，"[^13^11]{2,}"表示查找至少两个以上的段落标记或手动换行符。

技术看板

在本例中，需要注意以下几个方面。

（1）这里所说的空白段落是纯空白，即没有空格、制表位等多余的符号。

（2）对于位于文档首段的空白行，无法通过替换功能删除，需要手动删除。

（3）因为习惯使用硬回车符，所以会在【替换为】文本框中输入【^p】，以替换为硬回车符。如果在删除空白行时，需要替换为软回车符，则在【替换为】文本框中输入【^l】即可。

12.4.3 实战：批量删除重复段落

实例门类	软件功能

由于复制/粘贴操作或其他操作，可能导致文档中存在很多重复段落。如果分辨并手动删除重复段

落，将是一件非常麻烦的工作，尤其对于大型文档会更加烦琐。这时，可以使用替换功能，将复杂的工作简单化。

根据操作习惯，只保留重复段落中第 1 次出现的段落，对于后面出现的重复段落全部删除，具体操作步骤如下。

Step01 查看素材文件效果。打开"素材文件\第 12 章\会议记录.docx"文件，初始效果如图 12-89 所示。

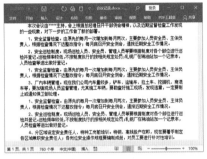

图 12-89

Step02 查找和替换设置。打开并展开【查找和替换】对话框，❶在【搜索选项】栏中选中【使用通配符】复选框；❷在【查找内容】文本框中输入查找代码【(<[!^13]*^13)(*)\1】；❸在【替换为】文本框中输入替换代码【\1\2】；❹反复单击【全部替换】按钮，直到没有可替换的内容为止，如图 12-90 所示。

图 12-90

Step03 查看文档效果。返回文档，即可看到所有重复段落已被删除，且只保留了第 1 次出现的段落，如图 12-91 所示。

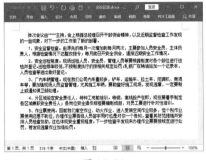

图 12-91

代码解析：查找代码由 3 个部分组成，第 1 部分"(<[!^13]*^13)"是一个表达式，用于查找非段落标记开头的第 1 个段落；第 2 部分"(*)"也是一个表达式，用于查找第 1 个查找段落之后的任意内容；第 3 部分是重复第 1 部分的表达式"\1"，即查找由"(<[!^13]*^13)"代码找到的第 1 个段落。替换代码"\1\2"，表示将找到的内容替换为【查找内容】文本框中的前两部分，即删除【查找内容】文本框中由"\1"查找到的重复内容。

★重点 12.4.4 实战：批量删除中文字符之间的空格

实例门类	软件功能

通常情况下，英文单词之间需要用空格分隔，中文字符之间不需要有空格。在输入文档内容的过程中，因为操作失误，在中文字符之间输入了空格，此时可通过替换功能清除中文字符之间的空格，具体操作步骤如下。

Step01 查看素材文件效果。打开"素材文件\第 12 章\生活的乐趣.docx"文件，初始效果如图 12-92 所示。

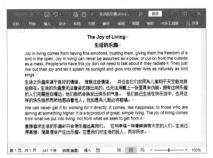

图 12-92

Step02 查找和替换设置。打开并展开【查找和替换】对话框，❶在【搜索选项】栏中选中【使用通配符】复选框；❷在【查找内容】文本框中输入查找代码【([!^1-^127])[^s]{1,}([!^1-^127])】；❸在【替换为】文本框中输入替换代码【\1\2】；❹单击【全部替换】按钮；❺在打开的提示对话框中单击【确定】按钮即可，如图 12-93 所示。

图 12-93

Step03 查看文档效果。返回文档，即可看到中文字符之间的空格被删除，英文字符之间的空格依然存在，如图 12-94 所示。

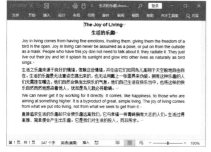

图 12-94

代码解析："[!^1-^127]"表示所有中文汉字和中文标点，即中文字符，"[!^1-^127][!^1-^127]"表示两个中文字符，使用圆括号分别将"[!^1-^127]"括起来，将它们转换为表达式。两个"([!^1-^127])"之间的"[^s]{1,}"表示一个以上的空格，其中，"^s"表示不间断空格，"^s"左侧的空白分别是输入的半角空格和全角空格。综上所述，"([!^1-^127])[^s]{1,}([!^1-^127])"表示要查找中文字符之间的不定个数的空格。替换代码"\1"和"\2"，分别表示两个表达式，即两个中文字符。"\1\2"连在一起，表示将两个"([!^1-^127])"之间的空格删除。

★重点 12.4.5 实战：一次性将英文直引号替换为中文引号

实例门类	软件功能

在输入文档内容时，若不小心将中文引号输成了英文直引号，可通过替换功能进行批量更改，具体操作步骤如下。

Step01 查看素材文件效果。打开"素材文件\第12章\办公室日常行为规范.docx"文件，初始效果如图 12-95 所示。

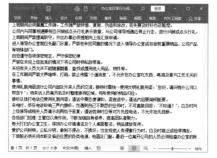

图 12-95

Step02 执行自动更正选项。打开【Word选项】对话框，❶切换到【校对】选项卡；❷单击【自动更正选项】栏中的【自动更正选项】按钮，如图 12-96 所示。

图 12-96

Step03 自动更正设置。打开【自动更正】对话框，❶选择【键入时自动套用格式】选项卡；❷在【键入时自动替换】栏中取消选中【直引号替换为弯引号】复选框；❸单击【确定】按钮，如图 12-97 所示。

图 12-97

Step04 保存设置。返回【Word选项】对话框，单击【确定】按钮保存设置，如图 12-98 所示。

图 12-98

技术看板

将英文直引号替换为中文引号之前，需要先取消选中【直引号替换为弯引号】复选框，否则无法正确替换。

Step05 查找和替换设置。返回文档，打开并展开【查找和替换】对话框，❶在【搜索选项】栏中选中【使用通配符】复选框；❷在【查找内容】文本框中输入查找代码【"(*)"】；❸在【替换为】文本框中输入替换代码【\1】；❹单击【全部替换】按钮；❺在打开的提示对话框中单击【确定】按钮即可，如图 12-99 所示。

图 12-99

Step06 查看文档效果。返回文档，即可看到所有英文直引号替换为中文引号，如图 12-100 所示。

图 12-100

代码解析：查找代码中，""(*)""表示查找被一对直引号引起来的内容。替换代码中，"\1"表示直引号中的内容，然后使用中文引号（""）引起来。通俗地讲，就是保持引号中的内容不变，将原来的英文直引号更改为中文引号。

12.4.6 实战：将中文的括号替换成英文的括号

实例门类	软件功能

完成文档的制作后，有时需要翻译成英文文档，若文档中的中文括号过多，逐个手动修改成英文括号非常费时费力，此时，可以通过替换功能高效完成修改。

与将英文直引号替换为中文引号的操作方法相似，打开【查找和替换】对话框，在【搜索选项】栏中选中【使用通配符】复选框，在【查找内容】文本框中输入查找代码【（(*)）】，在【替换为】文本框中输入替换代码【(\1)】，单击【全部替换】按钮即可，如图 12-101 所示。

图 12-101

技术看板

因为与将英文直引号替换为中文引号的操作方法相似，其代码的含义也相差无几，此处不再赘述，希望读者能够举一反三。

★重点 12.4.7 实战：批量在单元格中添加指定的符号

实例门类	软件功能

完成表格的编辑后，有时需要为表格中的内容添加统一的符号，如果要为表示金额的数字添加货币符号，可通过替换功能批量完成，具体操作步骤如下。

Step01 选择单元格区域。打开"素材文件\第 12 章\产品价目表.docx"文件，选中要添加货币符号的列，如选择【价格】列，如图 12-102 所示。

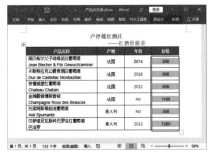

图 12-102

Step02 查找和替换设置。打开并展开【查找和替换】对话框，❶在【搜索选项】栏中选中【使用通配符】复选框；❷在【查找内容】文本框中输入查找代码【(<[0-9])】；❸在【替换为】文本框中输入替换代码【¥\1】；❹单击【全部替换】按钮，如图 12-103 所示。

图 12-103

Step03 完成替换。全部替换后，打开的提示框中询问是否搜索文档其余部分，单击【否】按钮，如图 12-104 所示。

图 12-104

Step04 查看文档表格效果。关闭【查找和替换】对话框，返回文档，即可看到【价格】列中的所有数字均添加了货币符号，如图 12-105 所示。

图 12-105

代码解析：查找代码中，"[0-9]"表示所有数字，"<[0-9]"表示以数字开头的内容，通过圆括号将"<[0-9]"转换为表达式。替换代码中，"\1"代表"<[0-9]"，在"\1"左侧添加￥符号，表示在以数字开头的内容左侧添加货币符号。

★重点 12.4.8　实战：在表格中两个字的姓名中间批量添加全角空格

| 实例门类 | 软件功能 |

编辑表格时，为了使表格更加美观，有时需要在表格中所有两个字的姓名中间批量添加一个全角空格，使其与 3 个字的姓名对齐。

下面通过替换功能在两个字的姓名中间批量添加一个全角空格，具体操作步骤如下。

Step01 选择单元格区域。打开"素材文件\第 12 章\新进员工考核表.docx"文件，选中包含姓名的单元格区域，如图 12-106 所示。

图 12-106

Step02 查找和替换设置。打开【查找和替换】对话框，❶在【搜索选项】栏中选中【使用通配符】复选框；❷在【查找内容】文本框中输入查找代码【<(?)(?)>】；❸在【替换为】文本框中输入替换代码【\1 \2】；❹单击【全部替换】按钮，如图 12-107 所示。

图 12-107

Step03 完成替换。全部替换后，在打开的提示框中询问是否搜索文档其余部分，单击【否】按钮，如图 12-108 所示。

图 12-108

Step04 查看文档表格效果。关闭【查找和替换】对话框，返回文档，即可看到所有两个字的姓名中间均添

加了一个全角空格，如图 12-109 所示。

图 12-109

技术看板

如果 Word 中设置了显示编辑标记，则添加全角空格后，即可看见全角空格标记□，该标记不会被打印出来。

代码解析：查找代码中，"?"表示任意一个字符，使用圆括号将"?"转换为一个表达式。"<"表示单词的开头，">"表示单词的结尾，利用"<>"可以限定查找内容的开始和结尾部分，以实现只查找两个字的目的。替换代码中，"\1"表示第 1 组表达式的内容，"\2"表示第 2 组表达式的内容，"\1"和"\2"之间的空白为一个全角空格，表示在第 1 组内容和第 2 组内容之间添加一个全角空格。

12.4.9　实战：批量删除所有以英文字母开头的段落

| 实例门类 | 软件功能 |

在中英文字分行显示的中英双语文档中，如果希望删除所有英文段落只保留中文段落，则可以通过替换功能快速实现，具体操作步骤如下。

Step01 查看素材文件效果。打开"素材文件\第12章\经典名言警句.docx"文件，初始效果如图12-110所示。

图 12-110

Step⑫ 查找和替换设置。打开【查找和替换】对话框，❶在【搜索选项】栏中选中【使用通配符】复选框；❷在【查找内容】文本框中输入查找代码【[A-Za-z][!^13]@^13】；❸在【替换为】文本框中不输入任何内容，单击【全部替换】按钮；❹在打开的提示对话框中单击【确定】按钮即可，如图12-111所示。

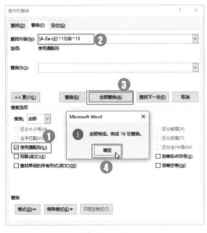

图 12-111

Step⑬ 查看文档效果。返回文档，即可看到所有英文段落均被删除了，如图12-112所示。

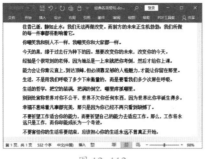

图 12-112

代码解析：查找代码中，"[A-Za-z]"表示查找所有的大写字母和小写字母，"[!^13]@"表示一个以上的非段落标记。综上所述，"[A-Za-z][!^13]@^13"表示查找以字母开头的，其中包含一个以上的非段落标记的，以段落标记结尾的内容，简言之，就是查找以字母开头的整个段落。

12.4.10 实战：将中英文字符分行显示

实例门类	软件功能

在中英双语的文档中，有时中英文字符没有分行显示，如图12-113所示。

图 12-113

如果希望中英文内容自动分行显示，可通过替换功能快速实现，具体操作步骤如下。

Step⑪ 查找和替换设置。打开"素材文件\第12章\励志名言.docx"文件，再打开【查找和替换】对话

框，❶在【搜索选项】栏中选中【使用通配符】复选框；❷在【查找内容】文本框中输入查找代码【(*)([A-Za-z]*^13)】；❸在【替换为】文本框中输入替换代码\1\p\2；❹单击【全部替换】按钮；❺在打开的提示对话框中单击【确定】按钮即可，如图12-114所示。

图 12-114

Step⑫ 查看文档效果。返回文档，即可查看替换后的效果，如图12-115所示。

图 12-115

代码解析：在本例中，中文与英文字符之间以一个大写或小写的字符作为分界，前半部分为中文，后半部分为英文。所以，在查找代码中使用了两个表达式，以区分字符前和字符后的文本内容。替换代码"\1\p\2"，表示在两部分内容之间添加一个段落标记，从而实现中英文字符分行显示。

技能拓展——实现英中对照

如果原文是英文在前，中文在后，如图 12-116 所示。若要让中英文字符分行显示，则在【查找内容】文本框中输入查找代码【 (*) ([!^1-^127]*^13) 】来区分两部分内容，在【替换为】文本框中输入替换代码【\1^p\2】，然后单击【全部替换】按钮即可。

图 12-116

妙招技法

通过对前面内容的学习，相信读者已经基本掌握了如何查找与替换内容。下面结合本章内容，再给大家介绍一些实用技巧。

技巧 01: 批量提取文档中的所有电子邮箱地址

在文档中有时会提及一些邮箱地址，如果希望把文档中的所有邮箱地址单独提取出来，则可通过替换功能轻松实现，具体操作步骤如下。

Step01 查看素材文件效果。打开"素材文件\第 12 章\员工邮箱地址.docx"的文件，初始效果如图 12-117 所示。

图 12-117

Step02 查找设置。打开【查找和替换】对话框，并定位在【查找】选项卡，❶ 在【搜索选项】栏中选中【使用通配符】复选框；❷ 在【查找内容】文本框中输入查找代码【[a-zA-Z0-9._]{1,}\@[0-9a-zA-Z.]{1,}】；❸ 单击【在以下项中查找】按钮；❹ 在弹出的下拉列表中选择【主文档】选项，如图 12-118 所示。

图 12-118

Step03 选中查找到的内容。关闭【查找和替换】对话框，返回文档，即可发现文档中所有邮箱地址呈选中状态，如图 12-119 所示，按快捷键【Ctrl+C】进行复制。

图 12-119

Step04 粘贴邮件地址。新建一篇名称为"邮件地址.docx"的空白文档，按快捷键【Ctrl+V】进行粘贴，即可将复制的邮箱地址粘贴到该文档中，从而实现电子邮箱地址的提取，如图 12-120 所示。

图 12-120

技术看板

邮箱地址的结构为：用户名@邮件服务器。一般情况下，用户名由"a~z"（不区分大小写）、数字"0~9"、英文句点"."、下划线"_"组成，邮件服务器一般由数字、英文、英文句点组成。如果邮箱地址不符合这样的规则，则需要调整查找代码。

技巧02：将"第几章"或"第几条"重起一段

在输入文档内容时，关于第几章、第几条的位置，有时忘记在之前换行，现在希望将所有的"第几章"和"第几条"一次性设置为重起一段，可通过替换功能实现，具体操作步骤如下。

Step01 素材文件效果。打开"素材文件\第12章\清洁卫生管理制度.docx"文件，初始效果如图 12-121 所示。

图 12-121

Step02 查找和替换设置。打开【查找和替换】对话框，❶在【搜索选项】栏中选中【使用通配符】复选框；❷在【查找内容】文本框中输入查找代码【([!^13])(第?{1,2}[章条])】；❸在【替换为】文本框中输入替换代码【\1^p\2】；❹单击【全部替换】按钮；❺在打开的提示对话框中单击【确定】按钮即可，如图 12-122 所示。

图 12-122

Step03 查看文档效果。返回文档，即可查看替换后的效果，如图 12-123 所示。

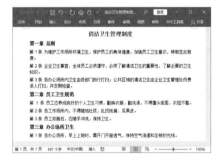

图 12-123

代码解析：查找代码中，"[!^13]"表示非段落标记，"第?{1,2}[章条]"表示第×章、第××章、第×条、第××条，用圆括号分别将"[!^13]"和"第?{1,2}[章条]"转换为表达式。替换代码"\1^p\2"表示在这两部分内容之间添加一个段落标记。

技巧03：批量删除数字的小数部分

在制作报表、财务等类别的文档时，一般都会有许多数据，有时希望这些数据中没有小数，那么就需要将小数部分删除。为了提高工作效率，可以通过替换功能高效完成，具体操作步骤如下。

Step01 素材文件效果。打开"素材文件\第12章\资产负债表.docx"文件，初始效果如图 12-124 所示。

图 12-124

Step02 查找和替换设置。打开【查找和替换】对话框，❶在【搜索选项】栏中选中【使用通配符】复选框；❷在【查找内容】文本框中输入查找代码【([0-9]{1,}).[0-9]{1,}]】；❸在【替换为】文本框中输入替换代码【\1】；❹单击【全部替换】按钮；❺在打开的提示对话框中单击【确定】按钮即可，如图 12-125 所示。

图 12-125

Step 03 查看文档效果。返回文档，即可发现所有数字的小数部分被删除，如图 12-126 所示。

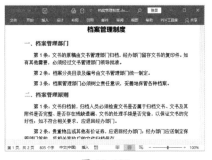

图 12-126

代码解析：查找代码中，"([0-9]{1,})" 表示一位或多位数，"([0-9]{1,}).[0-9]{1,}]" 表示小数点前包含任意位整数，小数点后包含任意位小数，即表示数字包含任意位整数和任意位小数。替换代码 "\1" 表示只保留表达式中的内容，即保留数字的整数部分，删除小数部分。

技巧 04：将每个段落冒号之前的文字批量设置加粗效果及字体颜色

编辑文档时，有时需要将段落开头冒号及其之前的文字设置加粗效果及字体颜色，以明确段落主题。如果手动设置，也是一件非常麻烦的工作，这时依然可以通过替换功能批量完成，具体操作步骤如下。

Step 01 素材文件效果。打开"素材文件\第 12 章\档案管理制度.docx"文件，初始效果如图 12-127 所示。

图 12-127

Step 02 查找和替换设置。打开【查找和替换】对话框，❶在【搜索选项】栏中选中【使用通配符】复选框；❷在【查找内容】文本框中输入查找代码【[!^13]@：】；❸将光标插入点定位在【替换为】文本框中；❹单击【格式】按钮；❺在弹出的下拉列表中选择【字体】选项，如图 12-128 所示。

图 12-128

Step 03 设置替换的字体格式。❶在打开的【替换字体】对话框中设置需要的字体格式，如设置加粗、字体颜色为深蓝；❷完成设置后单击【确定】按钮，如图 12-129 所示。

图 12-129

Step 04 完成替换。返回【查找和替换】对话框，❶单击【全部替换】按钮；❷在打开的提示对话框中单击【确定】按钮即可，如图 12-130 所示。

图 12-130

Step 05 查看文档效果。返回文档，即可看到每个段落冒号之前的文字均设置了加粗效果，且字体颜色为深蓝色，如图 12-131 所示。

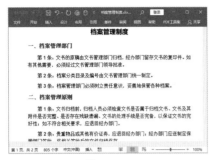

图 12-131

代码解析：查找代码中，"[!^13]"表示非段落标记，"@"表示一个以上的前一个字符或表达式，整个代码"[!^13]@："表示查找冒号及冒号之前的一个或一个以上的非段落标记的任意内容。

技巧 05：快速对齐所有选择题的选项

在制作选择题类型的文档时，许多用户会通过手动输入空格的方式来对齐 A、B、C 和 D 这 4 个选项，但是效果并不理想，而且效率很低；有的用户会通过手动设置制表位的方式来对齐各个选项，效果虽好，但是效率不高。此时，可以通过替换功能来解决问题，具体操作步骤如下。

Step01 素材文件效果。打开"素材文件\第 12 章\英语试题.docx"文件，初始效果如图 12-132 所示。

图 12-132

Step02 查找和替换设置。打开【查找和替换】对话框，❶在【搜索选项】栏中选中【使用通配符】复选框；❷在【查找内容】文本框中输入查找代码【(<A.*)(B.*)(C.*)(D.*^13)】；❸将光标插入点定位在【替换为】文本框中；❹单击【格式】按钮；❺在弹出的下拉列表中选择【制表位】选项，如图 12-133 所示。

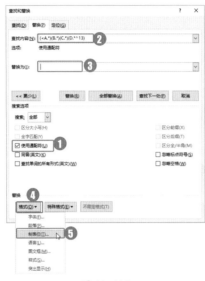

图 12-133

Step03 设置制表符。❶在打开的【替换制表符】对话框中设置制表位；❷完成设置后单击【确定】按钮，如图 12-134 所示。

图 12-134

Step04 执行替换操作。返回【查找和替换】对话框，❶在【替换为】文本框中输入替换代码【\t\1^t\2\t\3^t\4】；❷单击【全部替换】按钮；❸在打开的提示对话框中单击【确定】按钮即可，如图 12-135 所示。

图 12-135

Step05 查看文档效果。返回文档，将标尺显示出来，即可看到添加制表位后的效果，如图 12-136 所示。

图 12-136

Step06 执行全部替换操作。为了使文档更加精确美观，需要清除制表位前的多余空格。打开【查找和替换】对话框，❶在【搜索选项】栏中选中【使用通配符】复选框；❷在【查找内容】文本框中输入查找代码【[　^s]{1,}(^t)】；❸在【替换为】文本框中输入替换代码【\1】；❹单击【全部替换】按钮；❺在打开的提示对话框中单击【确定】按钮即可，如图 12-137 所示。

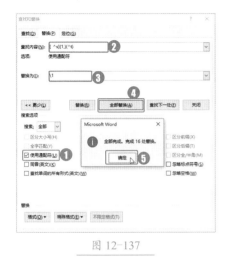

图 12-137

Step 07 查看清除多余空格后的效果。

返回文档，即可看到清除多余空格后的效果，如图 12-138 所示。

图 12-138

批量设置对齐效果的代码解析：查找代码中，"(<A.*)(B.*)(C.*)(D.*^13)"用于查找每一组选择题

的选项，从"A."开始查找，一直到"D."及其结尾的段落标记，并分别设置为 4 个表达式。替换代码"^t\1^t\2^t\3^t\4"表示在每个表达式的前面插入设置好的制表位。

清除多余空格的代码解析：查找代码中，"[^s]{1,}"表示一个以上的空格，其中，"^s"表示不间断空格；"^t"表示制表符，使用圆括号将其转换为表达式。替换代码"\1"，表示只保留表达式中的内容，即只保留制表符，删除制表符之前的所有空格。

本章小结

本章主要介绍了如何使用查找和替换功能高效完成一些重复性工作，包括查找和替换文本内容、格式、图片，以及使用通配符进行查找和替换等内容。其中，通配符的功能非常强大，使用也非常灵活，希望读者在学习过程中多加思考，并善于自己组织代码来完成一些重复工作。

日常办公中，经常需要使用 Word 制作包含几页甚至十几页的长文档，在处理时并不像通知、宣传单等短篇文档那么简单，这类文档需要增加一些内容，如目录、索引、脚注、尾注，并且编辑方法也有所不同。本篇将对 Word 长文档的处理方法进行介绍。

第 13 章 轻松处理长文档

- ➡ 如何设置标题的大纲级别？
- ➡ 什么是主控文档？如何创建主控文档？
- ➡ 什么是子文档？
- ➡ 如何将子文档还原为正文？
- ➡ 在文档中快速定位的方法有哪些？

本章将教会读者通过主控文档来处理长文档，通过超链接、书签、交叉引用等功能快速在文档中定位，从而让工作更便捷。

13.1 大纲视图的应用

当需要为长文档制作目录时，首先需要调整好长文档的级别，因为级别顺序直接影响提取的目录。而对文档级别的调整一般都是通过大纲视图来实现的。

★重点 13.1.1 实战：为广告策划方案标题指定大纲级别

实例门类	软件功能

要了解文档的整体结构，需要先为各标题指定大纲级别。

大纲级别与内置的标题样式紧密联系在一起，如内置【标题 1】样式的大纲级别为 1，内置【标题 2】样式的大纲级别为 2，以此类推。因此，在编辑文档时，如果没有为标题指定内置标题样式，则无论标题与正文分别设置了什么格式，在大纲视图中一律被视为"正文文本"。

在没有应用内置标题样式的情况下，可以在大纲视图模式下为标题指定大纲级别，具体操作步骤如下。

Step 01 切换到大纲视图模式。打开"素材文件\第 13 章\广告策划方案.docx"文件，单击【视图】选项卡【视图】组中的【大纲】按钮，如图 13-1 所示。

图 13-1

Step 02 设置段落级别。进入大纲视图模式，❶将光标插入点定位到需要设置大纲级别的标题处；❷在【大纲显示】选项卡的【大纲工具】组的【大纲级别】下拉列表框中选择需要的级别，如选择【1级】选项，如图 13-2 所示。

图 13-2

Step 03 查看设置级别后的效果。为标题指定大纲级别后，该标题的左侧会出现一个加号标记⊕，说明该标题包含下属的子标题或正文内容，如图 13-3 所示。

图 13-3

技能拓展——更改标题的级别

将光标插入点定位到需要设置大纲级别的标题后，按快捷键【Alt+Shift+←】，或者在【大纲显示】选项卡【大纲工具】组中单击一次【升级】按钮←，可提升一个级别；按快捷键【Alt+Shift+→】，或者单击一次【降级】按钮→可降低一个级别；单击【提升至标题1】按钮⇐，可以快速提升到级别1；单击【降级为正文】按钮⇒，可以快速降低到正文级别。

Step 04 设置其他段落级别。用同样的方法，分别对其他标题指定相应的大纲级别，最终效果如图 13-4 所示。

图 13-4

技能拓展——通过设置段落格式指定大纲级别

除了上述方法外，还可以通过设置段落格式指定大纲级别。将光标插入点定位到需要指定大纲级别的段落中，打开【段落】对话框，在【缩进和间距】选项卡的【常规】栏的【大纲级别】下拉列表框中选择需要的级别即可。

13.1.2 实战：广告策划方案的大纲显示

实例门类	软件功能

编辑长文档时，为了更加客观地了解文档的整体结构，可以随时调整大纲的显示级别，具体操作步骤如下。

Step 01 显示需要的级别。在"广告策划方案.docx"文档的大纲视图模式下，在【大纲显示】选项卡的【大纲工具】组的【显示级别】下拉列表框中选择需要显示的标题级别的下限，如选择【2级】选项，如图 13-5 所示。

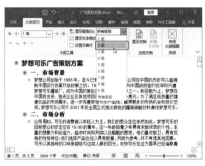

图 13-5

Step 02 查看文档级别。此时，文档中将只显示大纲级别为【2级】及以上的标题，其余级别的标题及正文内容都将被隐藏起来，如图 13-6 所示。

图 13-6

Step 03 仅显示所有级别的标题行。❶如果需要把注意力集中在文档的标题上，同时也希望大略了解正文的内容，则可以将大纲的显示级别设置为【所有级别】；❷选中【仅显示首行】复选框，此时，文档中将显示所有级别的内容，且每个标题下面都只显示了正文的首行，如图 13-7 所示。

第1篇 第2篇 第3篇 第4篇 第5篇 第6篇 第7篇

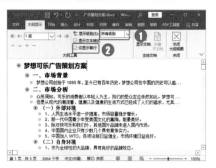

图 13-7

13.1.3 实战：广告策划方案标题的折叠与展开

实例门类	软件功能

编辑长文档时，为了把精力集中在文档结构上，除了设置大纲的显示级别外，还可通过折叠与展开功能进行控制。

1. 折叠标题

折叠标题的具体操作步骤如下。

Step01 执行折叠操作。在"广告策划方案.docx"文档的大纲视图模式下，❶将光标插入点定位到需要折叠的标题上；❷单击【大纲工具】中的【折叠】按钮－，如图 13-8 所示。

图 13-8

Step02 再次执行折叠操作。此时，再次隐藏相关附属内容。本步骤将隐藏当前标题下最低级别的文本内容，仅显示包含的子标题，再次单击【折叠】按钮－，如图 13-9 所示。

Step03 查看折叠效果。当前标题下的子标题被隐藏起来，也就是当前标题下的所有附属内容均被隐藏起来了，如图 13-10 所示。

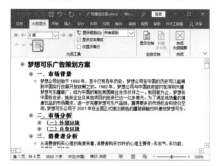

图 13-9

图 13-10

> **技术看板**
>
> 通过单击【折叠】按钮－，会逐级隐藏内容。另外，在需要折叠的标题中，双击左侧的加号标记⊕，可以快速隐藏该标题下的所有附属内容。

2. 展开标题

对标题进行折叠操作后，还可根据操作需要将其展开，具体操作步骤如下。

Step01 执行展开操作。❶将光标插入点定位在已经折叠的标题上；❷单击【大纲显示】选项卡【大纲工具】组中的【展开】按钮＋，如图 13-11 所示。

图 13-11

Step02 显示子标题。此时将以最高级别为基点，依次显示相关附属内容。本步骤将在下方显示仅次于该标题级别的所有子标题，如图 13-12 所示。

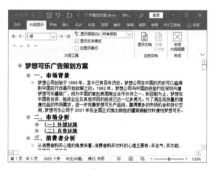

图 13-12

> **技术看板**
>
> 通过单击【展开】按钮＋，会逐级显示内容。另外，在已经折叠的标题上，双击左侧的加号标记⊕，可以快速显示该标题下的所有附属内容。

Step03 执行第 2 次展开操作。再次单击【展开】按钮＋，如图 13-13 所示。

图 13-13

Step 04 查看展开效果。此时该标题及各子标题下方的文本内容显示出来，如图13-14所示。

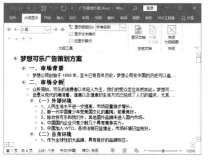

图 13-14

13.1.4 实战：移动与删除广告策划方案标题

实例门类	软件功能

在大纲视图模式下，可以非常方便地对文档内容的排列顺序进行调整，以及删除多余的章节内容。

1. 移动标题

在"广告策划方案.docx"文档中，要互换【三、消费者分析】和【四、竞争对手分析】两个整体部分的位置，除了常规的剪切/粘贴操作方法外，还可以在大纲视图模式下轻松实现，具体操作步骤如下。

Step 01 显示2级标题。在"广告策划方案.docx"文档中，进入大纲视图模式，因为【三、消费者分析】和【四、竞争对手分析】属于2级标题，所以本例中需要将大纲的【显示级别】设置为【2级】，如图13-15所示。

图 13-15

Step 02 移动标题。①单击【三、消费者分析】左侧的加号标记，选中该标题文本及其后面的段落标记；②在【大纲工具】组中通过单击【上移】按钮、【下移】按钮实现上下移动，本例中单击【下移】按钮，如图13-16所示。

图 13-16

技术看板

通过单击标题左侧的加号标记来选中该标题文本及其后面的段落标记，可以确保选中标题文本的同时选中标题下方的附属内容。若手动选择，有时只选中了标题文本，那么执行移动操作时，则只是对标题文本进行移动操作，而标题下方的附属内容不会一起移动。

Step 03 查看移动后的效果。此时，【三、消费者分析】将移动到【四、竞争对手分析】的后面，如图13-17所示。

图 13-17

Step 04 查看详细内容。将大纲的【显示级别】设置为【所有级别】，可以更清晰地查看调整位置后的效果，如图13-18所示。

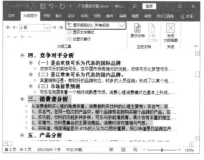

图 13-18

2. 删除标题

在"广告策划方案.docx"文档中，要删除【五、产品分析】及其附属内容，除了通过使用前面章节介绍的常规方法外，还可以在大纲视图模式下轻松完成，具体操作步骤如下。

Step 01 选中需要删除的段落。在"广告策划方案.docx"文档中，①将大纲的【显示级别】设置为【2级】；②单击【五、产品分析】左侧的加号标记，选中该标题文本及其后面的段落标记，如图13-19所示。

图 13-19

Step02 删除所选段落。按【Delete】键，即可删除【五、产品分析】标题文本及其附属内容，并对 2 级标题前的编号顺序进行更改，效果如图 13-20 所示。

图 13-20

13.2 主控文档的应用

对于几十页甚至几百页以上的大型文档，在打开与编辑文档时，可能会出现 Word 程序无响应的情况，严重影响了排版效率。有的用户为了提高排版速度，会将一份完整的文档分散保存在多个文档中，但是这种方法也有一定的弊端，若需要为这些文档创建统一的页码、目录和索引时，麻烦就会接踵而至。要想解决上述问题，就要使用 Word 提供的主控文档功能。通过该功能，可以将长文档拆分成多个子文档进行处理，从而提高文档的编辑效率。

★重点 13.2.1 实战：创建主控文档

实例门类	软件功能

主控文档是包含一系列相关子文档的文档，并以超链接的形式显示这些子文档，为用户组织和维护长文档提供了便利。

在创建主控文档之前，需要注意以下两点，否则很容易带来文档格式上的混乱。

➡ 确保主控文档与子文档的页面布局相同。

➡ 确保主控文档与子文档使用的样式和模板相同。

主控文档的创建方式主要有两种：一种是将文档拆分成多个子文档；另一种是将多个独立文档合并到主控文档。

1. 进入主控文档操作界面

主控文档的创建及子文档的一些操作都需要在主控文档操作界面中进行。因此在创建主控文档前，先介绍如何进入主控文档操作界面，具体操作步骤如下。

Step01 展开主控文档。在 Word 文档中切换到大纲视图模式，在【大纲显示】选项卡的【主控文档】组中单击【显示文档】按钮，如图 13-21 所示。

图 13-21

Step02 查看主控文档界面。展开【主控文档】组，其中包含了所有用于主控文档操作的按钮，这就是主控文档的操作界面，如图 13-22 所示。

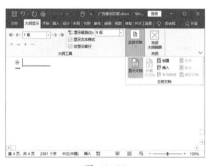

图 13-22

2. 将文档拆分成多个子文档

根据操作需要，可以将包含大量内容的文档拆分成多个独立的子文档，具体操作步骤如下。

Step01 复制文档。为了方便后面的介绍及查看效果，将"素材文件\第 13 章\公司规章制度.docx"文档复制到"素材文件\第 13 章\将文档拆分成多个子文档"目录下。

Step02 进入主控界面。打开"素材文件\第 13 章\将文档拆分成多个子文档\公司规章制度.docx"文件，切换到大纲视图，并进入主控文档操作界面，如图 13-23 所示。

图 13-23

Step03 创建子文档。❶将大纲的【显示级别】设置为【2级】；❷在标题【第1章 公司总则】的左侧单击⊕标记，选中该标题及其包含的所有内容；❸单击【大纲显示】选项卡【主控文档】组中的【创建】按钮，如图 13-24 所示。

图 13-24

Step04 查看标题效果。所选标题的四周将添加灰色边框，表示该标题及其包含的所有内容已经被拆分为一个子文档，如图 13-25 所示。

图 13-25

Step05 拆分其他子文档。用同样的方法，依次将其他标题及其包含的所有内容分别拆分为子文档，如图 13-26 所示。

图 13-26

技能拓展——批量拆分子文档

如果希望一次性将文档中同一级别的标题分别拆分为对应的子文档，则可以按住【Shift】键不放，然后依次单击各标题左侧的⊕标记，以便选中这些标题及其包含的所有内容，单击【大纲显示】选项卡【主控文档】组中的【创建】按钮，即可一次性完成拆分。

Step06 查看创建的子文档。按快捷键【Ctrl+S】保存上述操作，当前文档即可成为主控文档，同时子文档将自动以标题命名，其保存路径在当前文档所在的文件夹，如图 13-27 所示。

图 13-27

Step07 折叠子文档。在主控文档中，如果需要查看子文档的保存路径，可以单击【大纲显示】选项卡【主控文档】组中的【折叠子文档】按钮，如图 13-28 所示。

图 13-28

Step08 显示子文档保存路径。此时，主控文档中将以超链接的形式显示各子文档的保存路径，如图 13-29 所示。

图 13-29

3. 将多个独立文档合并到主控文档

在编辑大型文档时，为了便于操作，一开始就将各版块内容分别写入各自独立的文档中，同时将这些文档置于同一个文件夹中，如图 13-30 所示。

图 13-30

当需要对这些文档中的内容进行统一操作时，如添加目录、索引等，最好的办法就是使用主控文档将这些独立文档合并为一个整体后再进行相关操作。使用主控文档将这些独立文件合并为一个整体的具体操作步骤如下。

Step01 打开"素材文件\第13章\独立文档"文件夹中的任意一个文档，以【广告策划方案-主控文档】为文件名另存到指定路径，然后删除文档中的所有内容。

> **技术看板**
>
> 执行本步操作，是为了保证主控文档与子文档所使用的样式和模板相同。

Step02 进行插入操作。在"广告策划方案-主控文档.docx"文档中，切换到大纲视图并进入主控文档操作界面，然后单击【大纲显示】选项卡【主控文档】组中的【插入】按钮，如图13-31所示。

图 13-31

Step03 选择子文档。❶在打开的【插入子文档】对话框中选择需要添加到主控文档中的第1个文档；❷单击【打开】按钮，如图13-32所示。

图 13-32

> **技术看板**
>
> 向主控文档中添加子文档的先后顺序决定了这些子文档在主控文档中的显示顺序。

Step04 不重命名子文档的样式。由于插入的子文档与主控文档具有相同的样式，因此会打开提示框询问是否重命名子文档的样式，单击【全否】按钮，如图13-33所示。

图 13-33

Step05 查看插入的子文档。此时所选子文档将插入主控文档中，且四周有一个灰色边框，如图13-34所示。

图 13-34

Step06 插入其他子文档。用同样的方法，将其他文档依次插入主控文档中，如图13-35所示。

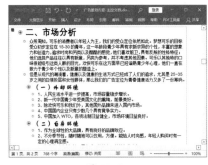

图 13-35

Step07 设置显示级别。为了便于查看插入的子文档数量和排列顺序，可将大纲的显示级别设置为【1级】，效果如图13-36所示。

图 13-36

将所有子文档插入主控文档后，切换到页面视图模式，便可像编辑普通文档一样编辑主控文档中的内容，如查找和替换、设置页眉和页脚、插入目录等。总之，几乎所有在普通文档中可用的操作都可以在主控文档中使用。

13.2.2 实战：编辑子文档

实例门类	软件功能

创建主控文档后，下次打开该文档时，子文档会以超链接的形式进行显示，如图13-37所示。

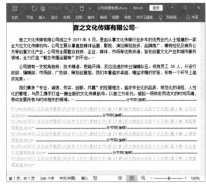

图 13-37

> **技术看板**
>
> Word会自动在主控文档中加入分节符，这是为了确保主控文档能够正常运转，如果删除这些分节符，可能会导致主控文档出现问题。

如果希望直接在主控文档中编辑子文档，则需要先将子文档的内容显示出来，具体操作步骤如下。

Step01 展开子文档。在主控文档中切换到大纲视图并进入主控文档操作界面，然后单击【大纲显示】选项卡【主控文档】组中的【展开子文档】按钮，如图13-38所示。

图 13-38

Step02 查看子文档内容。所有子文档中的内容将被显示出来，如图13-39所示，这时便可以切换到页面视图，然后像编辑普通文档一样直接编辑主控文档中的内容。

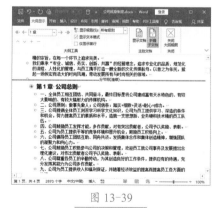

图 13-39

在主控文档中编辑子文档内容时，每次保存主控文档都会耗费一定时间。如果只是单独对某个子文档中的内容进行编辑，则最好打开该子文档，然后在独立的窗口中编辑和保存子文档，保存子文档后，系统会自动将编辑结果保存到主控文档中。

若要单独编辑子文档，则需要先打开它，其方法主要有以下几种。

➡ 在没有打开主控文档的情况下，可打开文件资源管理器，进入文档的存储路径，然后双击要编辑的子文档，即可将其打开，如图13-40所示。

图 13-40

➡ 默认情况下，打开主控文档后，无论在什么视图模式下，都会以超链接的形式显示各子文档，此时，按【Ctrl】键并单击子文档超链接，如图13-41所示，即可在新的Word窗口中打开该子文档。

图 13-41

➡ 打开主控文档后切换到大纲视图并进入主控文档操作界面，双击子文档标题左侧的 标记，如图13-42所示，即可在新的Word窗口中打开该子文档。

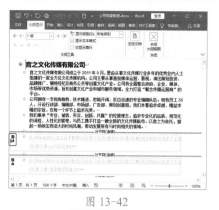

图 13-42

13.2.3 重命名与移动子文档

每个子文档都是一个单独的Word文档，因此子文档也有相应的文件名和存储路径。根据操作需要，用户可以对子文档进行重命名、更改存储路径等操作。操作方法为：打开某个子文档，按【F12】键打开图13-43所示的【另存为】对话框，此时，在【文件名】文本框中重新输入文件名，便能重命名子文件；在【另存为】对话框中重新指定保存路径，便能实现子文档的移动。

图 13-43

> **技术看板**
>
> 用户不能在文件夹中直接对子文档进行重命名操作，也不能直接将子文档移动到其他文件夹，否则，在主控文档中将无法访问该子文档。

13.2.4 实战：锁定公司规章制度的子文档

| 实例门类 | 软件功能 |

在对主控文档进行编辑时，为了避免由于错误操作而对子文档进行意外的修改，可以将指定的子文档设置为锁定状态，具体操作步骤如下。

Step 01 展开子文档。在主控文档"公司规章制度.docx"中，切换到大纲视图并进入主控文档操作界面，单击【大纲显示】选项卡【主控文档】组中的【展开子文档】按钮，如图 13-44 所示。

图 13-44

Step 02 锁定子文档。展开子文档内容，❶将光标插入点定位到要锁定的子文档范围内；❷单击【大纲显示】选项卡【主控文档】组中的【锁定文档】按钮，如图 13-45 所示。

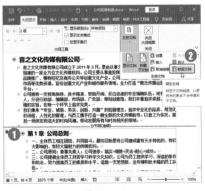

图 13-45

Step 03 查看锁定效果。此时，当前子文档呈锁定状态，且子文档标题的左侧会显示🔒标记，同时【锁定文档】按钮呈选中状态，如图 13-46 所示。

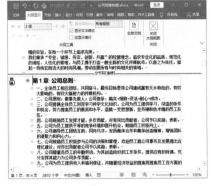

图 13-46

Step 04 查看功能区。将主控文档切换到页面视图，并将光标插入点定位到处于锁定状态的子文档的页面范围内时，功能区中的所有编辑命令都处于不可用状态，如图 13-47 所示。

图 13-47

技能拓展——解锁子文档

如果要解锁子文档，则在大纲视图的主控文档操作界面中，将光标插入点定位在处于锁定状态的子文档范围内，单击【大纲显示】选项卡【主控文档】组中的【锁定文档】按钮，使该按钮取消选中状态。

此外，当出现以下任何一种情况时，Word 将自动锁定子文档，且无法对处于自动锁定状态的子文档进行解锁操作。

➡ 当其他用户在子文档中进行工作时。
➡ 子文档存储在某个设置了只读属性的文件夹中。
➡ 作者对子文档设置了只读共享选项。

13.2.5 实战：将公司规章制度中的子文档还原为正文

| 实例门类 | 软件功能 |

当不再需要将某部分内容作为子文档进行处理时，可以将其还原为正文，即还原为主控文档中的内容，具体操作步骤如下。

Step 01 展开子文档。在主控文档"公司规章制度.docx"中，切换到大纲视图并进入主控文档操作界面，单击【大纲显示】选项卡【主控文档】组中的【展开子文档】按钮，如图 13-48 所示。

图 13-48

Step 02 取消子文档链接。展开子文档内容，❶将光标插入点定位到要还原为正文的子文档范围内；❷单击【大纲显示】选项卡【主控文档】组中的【取消链接】按钮，如图 13-49 所示。

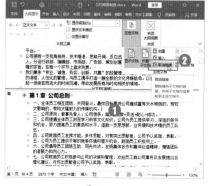

图 13-49

Step 03 查看取消链接后的效果。当前子文档即可被取消链接，从而还原成主控文档的正文，同时边框线消失，如图 13-50 所示。

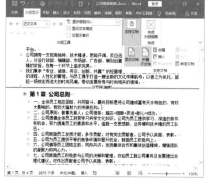

图 13-50

13.2.6　删除不需要的子文档

当某个子文档不再有用时，应该及时在主控文档中将其删除，从而避免带来不必要的混乱。在主控文档中删除子文档的方法主要有以下两种。

➡ 打开主控文档，切换到大纲视图并进入主控文档操作界面，若子文档显示为超链接，则删除对应的超链接即可，如图 13-51 所示。

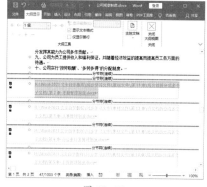

图 13-51

➡ 打开主控文档，切换到大纲视图并进入主控文档操作界面，若子文档处于展开状态，则单击某子文档标题左侧的标记，选中该子文档的内容，然后按【Delete】键即可，如图 13-52 所示。

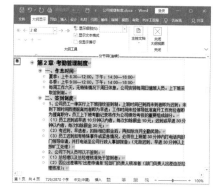

图 13-52

13.3　在长文档中快速定位

在编辑长文档时，许多用户习惯使用查找功能快速定位到指定位置，其实，还可以使用定位、超链接、书签等功能来定位到指定位置。下面将分别介绍这些功能的使用方法。

13.3.1　实战：在论文中定位指定位置

实例门类	软件功能

定位功能非常好用，可以直接跳转到需要的特定位置，而不用通过拖动文档右侧的垂直滚动条来查找。使用定位功能，可以快速定位到指定的页、节、书签、脚注等位置。例如，要快速定位到指定的页，具体操作步骤如下。

Step 01 选择【转到】选项。打开"素材文件\第 13 章\论文-会计电算化发展分析.docx"文件，❶ 单击【开始】选项卡的【编辑】组中的【查找】下拉按钮；❷ 在弹出的下拉列表中选择【转到】选项，如图 13-53 所示。

图 13-53

Step02 设置定位方式和位置。打开【查找和替换】对话框，并自动定位到【定位】选项卡，❶在【定位目标】列表框中选择要定位的方式，如选择【页】选项；❷在【输入页号】文本框中输入需要定位的页码位置，如输入【5】；❸单击【定位】按钮，如图 13-54 所示。

图 13-54

技能拓展——快速定位到【定位】选项卡

打开文档后按快捷键【Ctrl+G】，可快速打开【查找和替换】对话框，并自动定位到【定位】选项卡。

Step03 查看定位效果。此时光标插入点即可自动跳转到文档第 5 页的位置，在【查找和替换】对话框中单击【关闭】按钮关闭对话框即可，如图 13-55 所示。

图 13-55

技能拓展——配合使用"+""−"按页进行定位

使用按页的方式进行定位时，还可配合使用"+""−"进行定位。例如，若在【输入页号】文本框中输入【+1】，则定位到当前页的下一页；若输入【−1】，则定位到当前页的上一页，以此类推。

★重点 13.3.2 实战：在论文中插入超链接快速定位

实例门类	软件功能

超链接是指为了快速访问而创建的指向一个目标的连接关系。例如，在浏览网页时，单击某些文字或图片就会打开另一个网页，这就是超链接。

在 Word 中，也可以轻松创建这种具有跳转功能的超链接，如创建指向本文档中的某个位置的超链接、创建指向文件的超链接、创建指向网页的超链接等。例如，要创建指向本文档中的某个位置的超链接，具体操作步骤如下。

Step01 执行超链接操作。❶在"论文-会计电算化发展分析.docx"文档中，选中需要创建超链接的文本；❷单击【插入】选项卡【链接】组中的【链接】按钮，如图 13-56 所示。

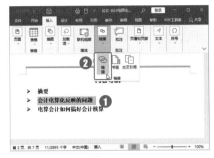

图 13-56

Step02 插入超链接。打开【插入超链接】对话框，❶在【链接到】列表框中选择【本文档中的位置】选项；❷在【请选择文档中的位置】列表框中选择链接的目标位置；❸单击【确定】按钮，如图 13-57 所示。

图 13-57

技能拓展——创建指向网页或文件的超链接

若要创建指向网页或文件的超链接，则选中要创建超链接的文本后，在【插入超链接】对话框的【链接到】列表框中选择【现有文件或网页】选项，然后在右侧列表框中选择具体的目标位置即可。

Step03 查看超链接。返回文档，即可发现选中的文本呈蓝色，并含有下划线，指向该文本时，会弹出相应的提示信息，如图 13-58 所示。

图 13-58

Step④ 链接到目标位置。此时，按
【Ctrl】键，再单击创建了链接的文
本，即可快速跳转到目标位置，如
图 13-59 所示。

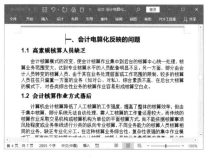

图 13-59

技能拓展——删除超链接

在文档中插入超链接后，还可
以根据需要将其删除。右击需要删
除的超链接，在弹出的快捷菜单中
选择【取消超链接】命令，即可删除
超链接。

★重点 13.3.3 实战：使用书签在论文中定位

| 实例门类 | 软件功能 |

在文档中使用书签，可以标记
某个范围或插入点的位置，为以后
在文档中定位提供便利。根据不同
的需要，可以为选中的内容设置书
签，也可以在光标插入点所在位置
设置书签。

1. 插入书签

在光标插入点所在位置设置书
签，具体操作步骤如下。

Step① 单击【书签】按钮。在"论文-
会计电算化发展分析.docx"文档
中，❶将光标插入点定位到需要插
入书签的位置；❷单击【插入】选项
卡【链接】组中的【书签】按钮，如
图 13-60 所示。

图 13-60

Step② 添加书签。打开【书签】对话
框，❶在【书签名】文本框中输入
书签的名称；❷单击【添加】按钮即
可，如图 13-61 所示。

图 13-61

2. 定位书签

在文档中创建书签后，无论光
标插入点处于文档的哪个位置，均
可以快速定位到书签所在的位置。
定位到书签所在位置的具体操作步
骤如下。

Step① 单击【书签】按钮。在"论文-
会计电算化发展分析.docx"文档中
单击【插入】选项卡【链接】组中的
【书签】按钮，如图 13-62 所示。

图 13-62

Step② 定位书签。打开【书签】对话
框，❶在列表框中选择与要定位的
位置对应的书签名；❷单击【定位】
按钮，如图 13-63 所示。

图 13-63

技能拓展——删除书签

对于不再有用的书签，可以将
其删除。打开【书签】对话框，在列
表框中选择要删除的书签名，然后
单击【删除】按钮即可。

Step③ 查看定位效果。此时 Word 将
自动跳转到书签所在的位置，在
【书签】对话框中单击【关闭】按钮
关闭对话框即可，如图 13-64 所示。

图 13-64

★重点 13.3.4 实战：使用交叉引用快速定位

实例门类	软件功能

通俗地讲，交叉引用就是指在同一篇文档中，一个位置引用另一个位置的内容。例如，在编辑长文档时，经常会使用"关于××的操作方法，请参照××"之类的引用语句。对于这类引用语句，虽然可以手动设置，但是文稿一旦被修改，则相应的章节、页码也会发生相应的变化，此时就需要手动修改引用语句，导致浪费大量的时间。

针对上述情况，使用 Word 提供的交叉引用功能，可以在文稿被修改后进行自动更新，从而轻松实现对引用语句的应用。

1. 创建交叉引用

交叉引用的使用非常灵活，根据不同需要，可以为标题、书签、脚注、尾注、题注等内容创建交叉引用。

例如，要为标题创建交叉引用，具体操作步骤如下。

Step01 单击【交叉引用】按钮。在"论文 - 会计电算化发展分析 .docx"文档中输入引用文字，如输入【（请参考""）】，❶将光标插入点定位到需要插入交叉引用的位置；

❷单击【插入】选项卡【链接】组中的【交叉引用】按钮，如图 13-65 所示。

图 13-65

Step02 设置交叉引用。打开【交叉引用】对话框，❶在【引用类型】下拉列表框中选择引用类型，如选择【标题】选项；❷在【引用内容】下拉列表框中选择引用内容，如选择【标题文字】选项；❸在下面的列表框中选择要引用的内容；❹完成设置后单击【插入】按钮，如图 13-66 所示。

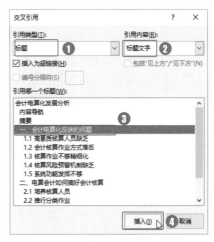

图 13-66

技术看板

若要使用标题作为引用类型，则文档中的标题必须应用了内置的标题样式。此外，使用标题引用类型时，若需要将标题编号作为引用方式，则标题编号必须是设置的多级列表中的编号。

Step03 单击引用内容。此时光标插入点所在位置即可自动插入引用的内容，即交叉引用，当鼠标指针指向该引用时会弹出相应的提示文字，按【Ctrl】键，再单击引用内容，如图 13-67 所示。

图 13-67

Step04 跳转到引用位置。此时即可快速跳转到引用位置，如图 13-68 所示。

图 13-68

技能拓展——在不同文档之间设置交叉引用

如果希望在不同文档之间设置交叉引用，那么首先需要通过主控文档功能将这些分散的文档合并到一起，其次展开主控文档中的所有子文档，最后像编辑普通文档一样创建交叉引用即可。创建交叉引用后，也只有在主控文档中展开子文档的前提下才能正常使用交叉引用。

2. 更新交叉引用

当被引用位置的内容发生了变化时，便需要对交叉引用进行更新操作，从而实现同步更新。

更新交叉引用的操作方法为：右击需要更新的交叉引用，在弹出的快捷菜单中选择【更新域】命令即可，如图13-69所示。

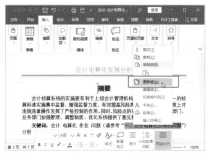

图 13-69

技能拓展——批量更新交叉引用

如果在文档中的多个位置上创建了交叉引用，那么按快捷键【Ctrl+A】选中整篇文档，然后右击任意一个交叉引用，在弹出的快捷菜单中选择【更新域】命令，即可对文档中的所有交叉引用进行一次性更新。

妙招技法

通过对前面知识的学习，相信读者已经掌握了长文档的相关处理方法。下面结合本章内容，给大家介绍一些实用技巧。

技巧01：合并子文档

在创建的主控文档中，如果子文档太小，则管理起来非常麻烦，此时可以对子文档进行合并操作，具体操作步骤如下。

Step01 展开子文档。在主控文档"公司规章制度.docx"中，切换到大纲视图并进入主控文档操作界面，单击【大纲显示】选项卡【主控文档】组中的【展开子文档】按钮，如图13-70所示。

图 13-70

Step02 执行合并操作。❶将大纲的显示级别设置为【2级】；❷单击某子文档标题左侧的标记，选中第1个需要合并的子文档，然后按【Shift】键，选择其他需要合并的子文档；❸单击【大纲显示】选项卡【主控文档】组中的【合并】按钮，

如图 13-71 所示。

图 13-71

Step03 查看合并后的效果。所选子文档将合并为一个单独的子文档，且边框线内的内容范围发生改变，如图13-72所示。

图 13-72

技能拓展——拆分子文档

如果子文档太大，也可将该子文档拆分成多个小的子文档。具体操作方法为：在主控文档操作界面中展开子文档，在要拆分的子文档中，选中需要拆分为新子文档的标题及其包含的所有内容，然后单击【大纲显示】选项卡【主控文档】组中的【拆分】按钮即可。

技巧02：在书签中插入超链接

创建指向本文档中的某个位置的超链接时，如果要使用标题作为链接的目标位置，则这些标题必须应用了内置的标题样式。

当需要链接的目标位置并非应用了内置标题样式的标题，或者仅是普通的正文内容时，该如何创建超链接呢？配合使用书签功能，便可解决这一问题。先在目标位置插入一个书签，然后通过超链接功能，将书签设置为链接目标，具体操作步骤如下。

Step01 单击【书签】按钮。打开"素材文件\第13章\工资管理制度.docx"文件，❶将光标插入点定位到目标位置；❷单击【插入】选项卡【链接】组中的【书签】按钮，如图13-73所示。

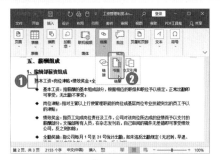

图 13-73

Step02 添加书签。打开【书签】对话框，❶在【书签名】文本框中输入书签的名称；❷单击【添加】按钮，完成书签的制作，如图 13-74 所示。

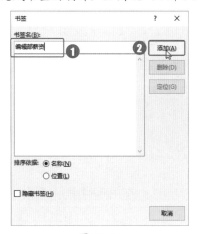

图 13-74

Step03 单击【链接】按钮。❶选中需要创建超链接的文本；❷切换到【插入】选项卡，单击【链接】组中的【链接】按钮，如图 13-75 所示。

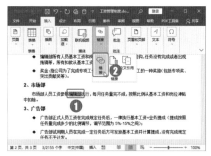

图 13-75

Step04 添加超链接。打开【插入超链接】对话框，❶在【链接到】列

表框中选择【本文档中的位置】选项；❷在【请选择文档中的位置】列表框中选择链接的目标位置，如在【书签】栏中选择需要链接的书签；❸单击【确定】按钮，如图 13-76 所示。

图 13-76

Step05 查看添加链接的文本。返回文档，即可发现选中的文本呈蓝色，并含有下划线，指向该文本时会弹出相应的提示信息，如图 13-77 所示。

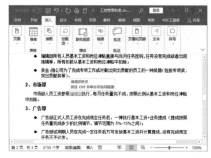

图 13-77

Step06 跳转到目标位置。按【Ctrl】键，再单击创建了链接的文本，即可快速跳转到目标位置，即插入书签的位置，如图 13-78 所示。

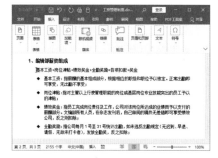

图 13-78

技巧 03：利用书签进行文本计算

在 Word 中，结合书签和公式的使用，还可以完成一些简单的计算，具体操作步骤如下。

Step01 单击【书签】按钮。打开"素材文件\第 13 章\销售情况.docx"文件，❶选中需要参与计算的数字【300】；❷单击【插入】选项卡【链接】组中的【书签】按钮，如图 13-79 所示。

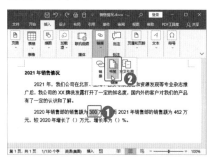

图 13-79

Step02 添加书签。打开【书签】对话框，❶在【书签名】文本框中输入书签的名称，如输入【S1】；❷单击【添加】按钮，如图 13-80 所示。

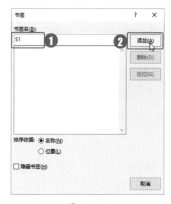

图 13-80

Step03 单击【书签】按钮。返回文档，❶选中需要参与计算的数字【462】；❷单击【插入】选项卡【链接】组中的【书签】按钮，如图 13-81 所示。

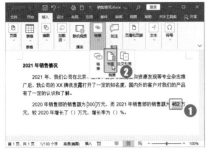

图 13-81

Step04 添加书签。打开【书签】对话框，❶在【书签名】文本框中输入书签的名称，如输入【S2】；❷单击【添加】按钮，如图 13-82 所示。

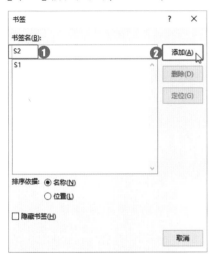

图 13-82

Step05 输入域代码。返回文档，在第 1 个括号中输入域代码【{={S2}-{S1}}】，如图 13-83 所示。

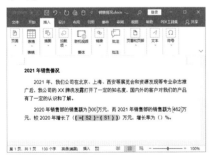

图 13-83

Step06 将域代码转换为域结果。将光标插入点定位在域代码中，按【F9】键，即可将域代码转换为域结果，如图 13-84 所示。

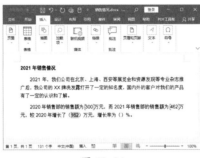

图 13-84

Step07 输入域代码。在第 2 个括号中输入域代码【{=({S2}-{S1})/{S1}*100\#0.00}】，如图 13-85 所示。

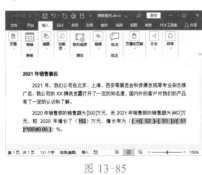

图 13-85

Step08 将域代码转换为域结果。将光标插入点定位在域代码中，按【F9】键，即可将域代码转换为域结果，如图 13-86 所示。

图 13-86

技巧 04：显示书签标记

默认情况下，在文档中创建书签后，文档中没有显示任何书签标记，只能打开【书签】对话框才能看到文档中是否有书签。如果想要清楚地知道文档中哪些地方插入了书签，可以通过设置将书签标记显示出来，具体操作步骤如下。

Step01 显示书签。打开【Word选项】对话框，❶选择【高级】选项卡；❷在【显示文档内容】栏中选中【显示书签】复选框；❸单击【确定】按钮，如图 13-87 所示。

图 13-87

Step02 查看书签标记。通过上述设置后，在有书签的文档中，如果是在光标插入点所在位置设置的书签，则书签标记会显示为"I"，如图 13-88 所示。

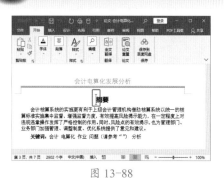

图 13-88

Step 03 再次查看书签标记。如果是为选中的内容设置的书签，则书签标记显示为"[　]"，如图 13-89 所示。

图 13-89

本章小结

本章主要介绍了长文档的一些处理方法，包括大纲视图的应用、主控文档的应用、在长文档中快速定位等内容。通过对本章内容的学习，希望读者能够得心应手地处理长文档。

第14章 自动化排版

- ➜ 题注是什么？如何使用？
- ➜ 如何在文档中添加脚注和尾注？
- ➜ 脚注和尾注能相互转换吗？

当文档中的图片、表格过多时，通常会为它们添加题注来让文档内容更清晰，那么应该如何添加呢？通过对本章内容的学习，相信读者很快会掌握添加题注的方法，以及添加脚注与尾注的方法。

14.1 题注的使用

复杂的文档往往包含了大量的图片和表格，而且在编辑与排版这些内容时，有时还需要为它们添加带有编号的说明性文字。如果手动添加编号，无疑是一项非常耗时的工作，尤其后期对图片和表格进行增加、删除，或者调整位置等操作，会导致之前添加的编号被打乱，这时不得不重新编号。Word提供的题注功能解决了这一问题，该功能不仅允许用户为图片、表格、图表等不同类型的对象添加自动编号，还允许为这些对象添加说明信息。当这些对象的数量或位置发生变化时，Word便会自动更新题注编号，避免了手动编号的烦琐操作。

14.1.1 题注的组成

题注可以位于图片、表格、图表等对象的上方或下方，由题注标签、题注编号和说明信息3部分组成。

- ➜ 题注标签：题注通常以"图""表""图表"等文字开始，这些字便是题注标签，用于指明题注的类别。Word提供了一些预置的题注标签供用户选择，用户也可以自行创建。
- ➜ 题注编号：在"图""表""图表"等文字的后面会包含一个数字，这个数字就是题注编号。题注编号由Word自动生成，是必不可少的部分，表示图片或表格等对

象在文档中的排列序号。

- ➜ 说明信息：题注编号之后通常会包含一些文字，即说明信息，用于对图片或表格等对象做简要说明。说明信息可有可无，如果需要使用说明信息，则由用户手动输入即可。

14.1.2 实战：为团购套餐的图片添加题注

实例门类	软件功能

了解了题注的作用后，相信读者已经迫不及待地想使用题注功能了，为图片添加题注的具体操作步骤如下。

Step01 执行插入题注操作。打开"素

材文件\第14章\婚纱摄影团购套餐.docx"文件，❶选中需要添加题注的图片；❷单击【引用】选项卡【题注】组中的【插入题注】按钮，如图14-1所示。

图 14-1

Step02 执行新建标签操作。打开【题注】对话框，在【标签】下拉列表框中可以选择Word预置的题注标签，若均不符合使用需求，则单击【新建标签】按钮，如图14-2所示。

图 14-2

Step**03** 设置图标签。打开【新建标签】对话框，❶在【标签】文本框中输入【图】；❷单击【确定】按钮，如图 14-3 所示。

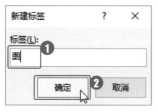

图 14-3

Step**04** 设置题注。返回【题注】对话框，刚才新建的标签【图】将自动设置为题注标签，同时题注标签后面自动生成了题注编号。❶如果需要对图片设置说明信息，则在【题注】文本框的题注编号后面输入图片的说明文字，最好在题注编号与说明文字之间输入一个空格，以便使它们之间产生一定的距离感；❷完成设置后单击【确定】按钮，如图 14-4 所示。

图 14-4

【题注】对话框的【位置】下拉列表框中提供的选项用于决定题注位于对象的上方还是下方。默认情况下，Word 自动选择的是【所选项目下方】选项，表示题注位于对象的下方。

Step**05** 查看题注效果。返回文档，即可看见所选图片的下方插入了一个题注，如图 14-5 所示。

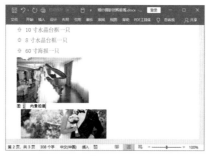

图 14-5

Step**06** 为其他图片添加题注。用同样的方法为文档中的其他图片添加题注，如图 14-6 所示。

图 14-6

14.1.3 实战：为公司简介的表格添加题注

实例门类	软件功能

为表格添加题注的方法与为图片添加题注基本相同，具体操作步骤如下。

Step**01** 打开"素材文件\第 14 章\公

司简介.docx"文件，❶选中需要添加题注的表格；❷单击【引用】选项卡【题注】组中的【插入题注】按钮，如图 14-7 所示。

图 14-7

Step**02** 执行新建标签操作。打开【题注】对话框，单击【新建标签】按钮，如图 14-8 所示。

图 14-8

Step**03** 输入标签。打开【新建标签】对话框，❶在【标签】文本框中输入【表】；❷单击【确定】按钮，如图 14-9 所示。

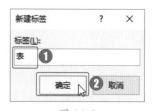

图 14-9

Step**04** 设置标签位置。返回【题注】对话框，刚才新建的标签【表】将自动设置为题注标签，同时，题注标签后面自动生成了题注编号。❶在【位置】下拉列表框中选择【所选项目上方】选项；❷单击【确定】按钮，如图14-10所示。

图 14-10

另外，若创建了错误标签，则可以在【标签】下拉列表中选择该标签，然后单击【删除标签】按钮将其删除。

技术看板

在【题注】对话框中，若选中【从题注中排除标签】复选框，则创建的题注中将不会包含"图""表"之类的文字。

Step❺ 查看题注。返回文档，即可看见所选表格的上方插入了题注，如图14-11所示。

图 14-11

Step❻ 为其他表格添加题注。用同样的方法为文档中的其他表格添加需要的题注，如图14-12所示。

图 14-12

★重点 14.1.4　实战：为书稿中的图片添加包含章节编号的题注

实例门类	软件功能

按照前面所讲的方法，创建的题注中的编号只包含一个数字，表示与题注关联的对象在文档中的序号。对于复杂文档而言，可能希望为对象创建包含章节号的题注，这种题注的编号包含两个数字，第1个数字表示对象在文档中所属章节的编号，第2个数字表示对象在文档中所属章节中的序号。例如，文档中第1章的第2张图片，可以表示为"图1-2"；又如，文档中第1.2节的第2张图片，可以表示为"图1.2-2"。

要在题注中显示章节编号，需要先为文档中的标题使用关联了多级列表的内置标题样式，其操作方法请参考本书10.1.6小节的内容。例如，在"书稿.docx"文档中，已经为标题应用了关联多级列表的内置标题样式，效果如图14-13所示。

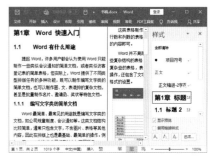

图 14-13

下面以为图片添加含章编号的题注为例，讲解具体的操作步骤。

Step❶ 执行插入题注操作。打开"素材文件\第14章\书稿.docx"文件，❶选中需要添加题注的图片；❷单击【引用】选项卡【题注】组中的【插入题注】按钮，如图14-14所示。

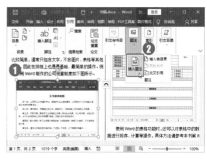

图 14-14

Step❷ 执行新建标签操作。打开【题注】对话框，单击【新建标签】按钮，如图14-15所示。

图 14-15

Step03 新建图标签。打开【新建标签】对话框，❶在【标签】文本框中输入【图】；❷单击【确定】按钮，如图 14-16 所示。

图 14-16

Step04 单击【编号】按钮。返回【题注】对话框，单击【编号】按钮，如图 14-17 所示。

图 14-17

Step05 设置题注编号。打开【题注编号】对话框，❶选中【包含章节号】复选框；❷在【章节起始样式】下拉列表框中选择要作为题注编号中的第 1 个数字的样式，本例中选择【标题 1】选项；❸在【使用分隔符】下拉列表框中选择分隔符的样式；❹单击【确定】按钮，如图 14-18 所示。

图 14-18

Step06 查看题注。返回【题注】对话框，可以看到题注编号由两个

数字组成，单击【确定】按钮，如图 14-19 所示。

图 14-19

Step07 查看添加的题注效果。返回文档，即可看见所选图片的下方插入了一个含章编号的题注，如图 14-20 所示。

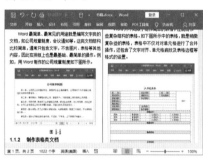

图 14-20

Step08 为其他图片添加题注。用同样的方法为文档中的其他图片添加题注，最终效果如图 14-21 所示。

图 14-21

★重点 14.1.5 实战：自动添加题注

实例门类	软件功能

前面所介绍的操作中，都是选中对象后再添加题注。那么有没有办法实现在文档中插入图片或表格等对象时自动添加题注呢，答案是肯定的。以表格为例，介绍如何实现在文档中插入表格时自动添加题注，具体操作步骤如下。

Step01 执行插入题注操作。在新建的空白文档中单击【引用】选项卡【题注】组中的【插入题注】按钮，如图 14-22 所示。

图 14-22

Step02 单击【自动插入题注】按钮。打开【题注】对话框，单击【自动插入题注】按钮，如图 14-23 所示。

图 14-23

Step03 设置自动插入题注。打开【自动插入题注】对话框，❶在【插入时添加题注】列表框中选择需要设

置自动题注功能的对象，如选择【Microsoft Word 表格】选项；❷此时，【选项】栏中的选项设置被激活，根据需要设置题注标签、位置等参数；❸完成设置后单击【确定】按钮，如图 14-24 所示。

图 14-24

Step 04 自动为表格添加题注。返回文档，即可看见插入了一个表格，且表格上方自动添加了一个题注，如图 14-25 所示。

图 14-25

Step 05 继续插入题注。插入第 2 张表格，表格上方同样自动添加了一个题注，效果如图 14-26 所示。

图 14-26

14.2　设置脚注和尾注

编辑文档时，若需要对某些内容进行补充说明，可通过设置脚注与尾注来实现。通常情况下，脚注位于页面底部，作为文档某处内容的注释；尾注位于文档末尾，列出引文的出处。一般来说，在编辑复杂的文档时，如论文，经常会使用脚注与尾注。

14.2.1　实战：为诗词鉴赏添加脚注

实例门类	软件功能

编辑文档时，若需要为某处内容添加注释信息，则可通过插入脚注的方法来实现。在一个页面中，可以添加多个脚注，且 Word 会根据脚注在文档中的位置自动调整顺序和编号。添加脚注的具体操作步骤如下。

Step 01 执行插入脚注操作。打开"素材文件\第 14 章\诗词鉴赏.docx"文件，❶将光标插入点定位在需要插入脚注的位置；❷单击【引用】选项卡【脚注】组中的【插入脚注】按钮，如图 14-27 所示。

图 14-27

Step 02 输入脚注内容。Word 将自动跳转到该页面的底端，直接输入脚注内容即可，如图 14-28 所示。

图 14-28

Step 03 查看脚注提示。输入完成后，将鼠标指针指向插入脚注的文本位置，将自动出现脚注文本提示，如图 14-29 所示。

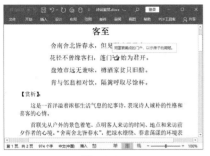

图 14-29

14.2.2 实战：为诗词鉴赏添加尾注

实例门类	软件功能

编辑文档时，若需要列出引文的出处，则需使用尾注。添加尾注的具体操作步骤如下。

Step01 执行插入尾注操作。❶在"诗词鉴赏.docx"文档中将光标插入点定位在需要插入尾注的位置；❷单击【引用】选项卡【脚注】组中的【插入尾注】按钮，如图 14-30 所示。

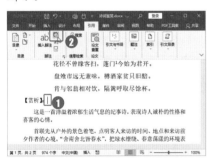

图 14-30

Step02 输入尾注内容。Word 将自动跳转到文档的末尾位置，直接输入尾注内容即可，如图 14-31 所示。

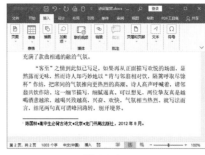

图 14-31

Step03 查看尾注。输入完成后，将鼠标指针指向插入尾注的文本位置，将自动出现尾注文本提示，如图 14-32 所示。

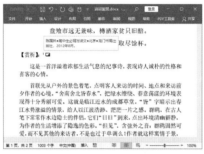

图 14-32

技能拓展——删除脚注和尾注

在文档中插入脚注或尾注后，若需要删除，只需在正文内容中将脚注或尾注的引用标记删除即可。删除引用标记的方法很简单，就像删除普通文字一样，先选中引用标记，再按【Delete】键即可。

★重点 14.2.3 实战：改变脚注和尾注的位置

实例门类	软件功能

默认情况下，脚注在当前页面的底端，尾注位于文档结尾，根据操作需要，可以调整脚注和尾注的位置。

➡ 脚注：当脚注所在页面的内容过少时，脚注位于页面底端可能会影响页面美观，此时，可以将其调整到文字的下方，即当前页面的内容结尾处。

➡ 尾注：若文档设置了分节，有时为了便于查看尾注，可以将其调整到该节内容的末尾。

调整脚注和尾注位置的具体操作步骤如下。

Step01 单击【功能扩展】按钮。在需要调整脚注和尾注位置的文档中单击【引用】选项卡【脚注】组中的【功能扩展】按钮，如图 14-33 所示。

图 14-33

Step02 设置脚注位置。打开【脚注和尾注】对话框，❶如果要调整脚注的位置，则在【位置】栏中选中【脚注】单选按钮；❷在右侧的下拉列表框中选择脚注的位置，如图 14-34 所示。

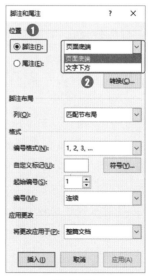

图 14-34

Step03 设置尾注位置。❶如果要调整尾注的位置，则在【位置】栏中选中【尾注】单选按钮；❷在右侧的下拉列表框中选择尾注的位置；❸设置完成后单击【应用】按钮即可，如图14-35所示。

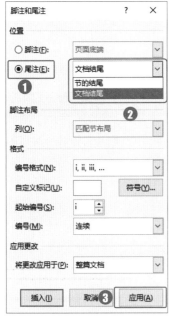

图 14-35

14.2.4 实战：设置脚注和尾注的编号格式

实例门类	软件功能

默认情况下，脚注的编号形式为"1,2,3..."，尾注的编号形式为"i,ii,iii..."，根据操作需要，可以更改脚注/尾注的编号形式。例如，要更改脚注的编号形式，具体操作步骤如下。

Step01 单击【功能扩展】按钮。在"诗词鉴赏.docx"文档中单击【引用】选项卡【脚注】组中的【功能扩展】按钮，如图14-36所示。

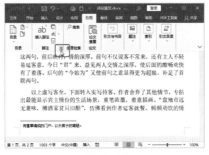

图 14-36

Step02 设置脚注编号格式。打开【脚注和尾注】对话框，❶在【位置】栏中选中【脚注】单选按钮；❷在【编号格式】下拉列表框中选择需要的编号样式；❸单击【应用】按钮，如图14-37所示。

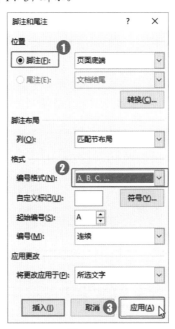

图 14-37

Step03 查看更改后的编号格式。返回文档，即可看到脚注的编号格式已更改为所选样式，如图14-38所示。

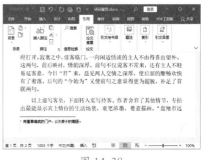

图 14-38

★重点 14.2.5 实战：脚注与尾注互相转换

实例门类	软件功能

在文档中插入脚注或尾注之后，还可随时在脚注与尾注之间转换，即将脚注转换为尾注，或者将尾注转换为脚注，具体操作步骤如下。

Step01 执行转换操作。在要编辑的文档中打开【脚注和尾注】对话框，单击【转换】按钮，如图14-39所示。

图 14-39

Step02 设置转换方式。打开【转换注释】对话框，❶根据需要选择转换方式；❷单击【确定】按钮，如图14-40所示。

图 14-40

技术看板

【转换注释】对话框中的可选项会根据文档中存在的脚注和尾注

的不同而变化。例如，文档中若只有尾注，则【转换注释】对话框中只有【尾注全部转换成脚注】选项可以使用。

Step**03** 查看转换后的效果。返回【脚注和尾注】对话框，单击【关闭】按钮关闭该对话框，返回文档，即可查看转换后的效果，如图 14-41 所示。

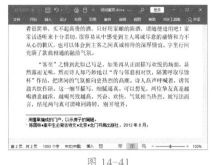

图 14-41

妙招技法

通过对前面知识的学习，相信读者已经认识了题注、脚注和尾注的作用，以及如何使用。下面结合本章内容，给大家介绍一些实用技巧。

技巧 01：如何让题注由"图—-1"变成"图 1-1"

当文档中的章标题使用了中文数字编号时，如"第 1 章""第 2 章"等，那么在文档中添加含章编号的题注时，就会得到"图—-1"这样的形式，如图 14-42 所示。

图 14-42

如果在不改变标题编号形式的前提下，又希望在文档中使用"图 1-1"形式的题注，则可以按下面的操作步骤解决问题。

Step**01** 执行定义多级列表操作。打开"素材文件\第 14 章\书稿 1.docx"文件，❶将光标插入点定位在章标题的编号中；❷在【开始】选项卡的【段落】组中单击【多级列表】按钮；❸在弹出的下拉列表中选择【定义新的多级列表】选项，如图 14-43 所示。

图 14-43

Step**02** 设置编号格式。打开【定义新多级列表】对话框，❶单击【此级别的编号样式】下拉按钮，从下拉列表中选择【1,2,3,...】选项；❷此时章编号将自动更正为阿拉伯数字形

式，单击【确定】按钮，如图 14-44 所示。

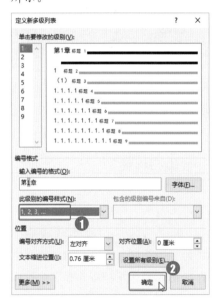

图 14-44

Step**03** 查看更改章编号后的效果。返回文档，即可看见章标题的编号显示为阿拉伯数字形式，如图 14-45 所示。

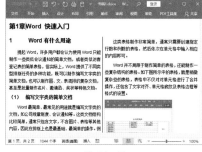

图 14-45

Step 04 更新域。按快捷键【Ctrl+A】选中全文，按【F9】键更新所有域，此时所有题注编号将显示为"图 1-1"这样的形式，如图 14-46 所示。

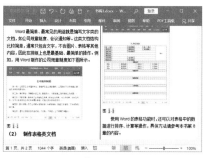

图 14-46

Step 05 执行定义多级列表操作。❶选择章标题中的编号；❷在【开始】选项卡的【段落】组中单击【多级列表】按钮；❸在弹出的下拉列表中选择【定义新的多级列表】选项，如图 14-47 所示。

图 14-47

Step 06 设置编号形式。打开【定义新多级列表】对话框，❶单击【此级别的编号样式】下拉按钮，从下拉列表中选择【一,二,三（简）...】选项；❷此时章编号恢复为之前的

编号形式，单击【确定】按钮，如图 14-48 所示。

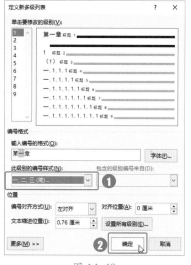

图 14-48

Step 07 查看章编号效果。返回文档，即可看见章标题的编号恢复为原始状态，题注编号仍然为"图 1-1"的形式，如图 14-49 所示。

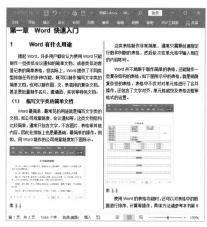

图 14-49

技术看板

上述操作方法适合不再对文档中的域进行更新的情况，如果以后再次对文档更新了所有域，则题注又会恢复到"图——1"这样的形式。

技巧 02：让题注与它的图或表不"分家"

在书籍排版中，图、表等对象与其对应的题注应该显示在同一页中，即它们是一个整体，不能分散在两页。在用 Word 排版时，Word 的自动分页功能会使它们"分家"，要解决这一问题，设置段落格式即可。方法为将光标插入点定位到图或表所在的段落，打开【段落】对话框，选择【换行和分页】选项卡，选中【分页】栏中的【与下段同页】复选框，如图 14-50 所示，然后单击【确定】按钮即可。

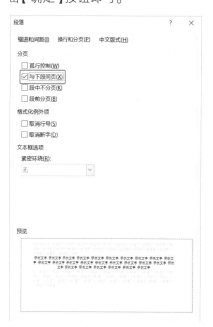

图 14-50

技巧 03：自定义脚注符号

默认情况下，脚注的编号形式为"1,2,3,..."，其实还可以使用各种各样的符号来替代脚注的编号，具体操作步骤如下。

Step 01 单击【功能扩展】按钮。打开"素材文件\第 14 章\诗词鉴赏 1.docx"文件，❶将光标插入点定位到需要插入脚注的位置；❷单击【引用】选项卡【脚注】组中的【功能扩展】按钮⏹，如图14-51所示。

图 14-51

Step02 单击【符号】按钮。打开【脚注和尾注】对话框，在【格式】栏中单击【符号】按钮，如图14-52所示。

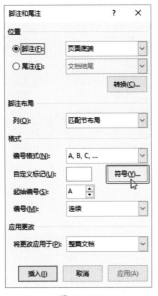

图 14-52

Step03 选择符号。打开【符号】对话框，❶选择需要的符号；❷单击【确定】按钮，如图14-53所示。

图 14-53

Step04 执行插入操作。返回【脚注和尾注】对话框，单击【插入】按钮，如图14-54所示。

Step05 输入脚注内容。Word将自动跳转到该页面的底端，脚注的引用编号显示的是之前所选的符号，直接输入脚注内容即可，如图14-55所示。

图 14-54

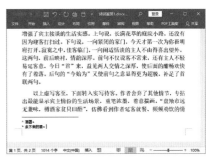

图 14-55

本章小结

本章主要介绍了题注、脚注和尾注在文档中的应用，尤其是题注的使用，为文档排版提供了非常大的便利。通过题注功能，用户可以为各种对象添加自动编号，不仅是本章中所提到的图片、表格，还可以是图表、公式、SmartArt图形等对象，读者可以参考本章所介绍的方法，尝试为这些对象添加自动编号，以提高排版效率。

第15章 目录与索引

- ➜ 如何为正文标题创建目录？
- ➜ 可以为指定范围内的内容创建目录吗？
- ➜ 将多个文档中的目录汇总起来，有什么好办法？
- ➜ 图表目录又该如何创建？
- ➜ 索引有何作用？如何创建？
- ➜ 如何创建交叉引用的索引？

对于长文档来说，目录和索引是非常重要的，要想快速为文档创建需要的目录和索引，就需要学习本章的内容。通过对本章内容的学习，不仅能掌握目录与索引的创建方法，同时还可以学会如何正确管理并合理使用目录和索引。

15.1 创建正文标题目录

在大型文档中，目录是重要的组成部分。目录是指文档中标题的列表，通过目录，用户可以浏览文档中的主题，从而大略了解整个文档的结构，同时也便于快速跳转到与指定标题对应的页面中。本节介绍创建正文标题目录的多种方法，这些方法适用于创建不同要求的目录。

15.1.1 了解 Word 创建目录的本质

如果为文档中的标题使用了标题 1、标题 2、标题 3 等内置样式，则 Word 会自动为这些标题生成目录，而且是具有不同层次结构的目录，如图 15-1 所示。

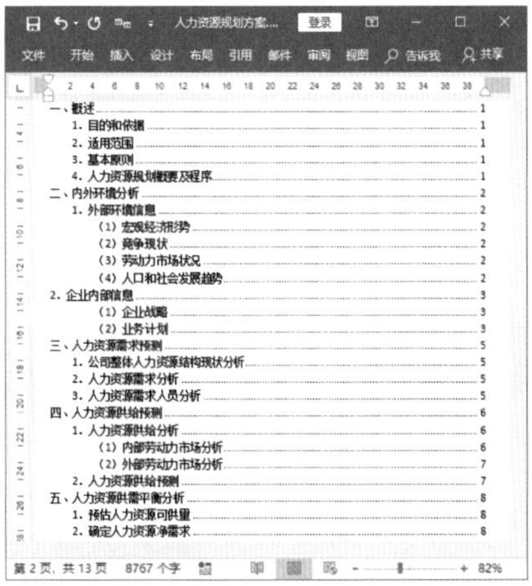

图 15-1

之所以 Word 会自动为这些标题生成目录，表面上看是因为这些标题使用了内置标题样式，但实质上是因为这些内置标题样式都设置了不同的大纲级别。Word 在创建目录时，会自动识别这些标题的大纲级别，并以此来判断各标题在目录中的层级。例如，内置"标题 1"样式的大纲级别为 1 级，那么对应的标题将作为目录中的顶级标题；内置"标题 2"样式的大纲级别为 2 级，那么对应的标题将作为目录的 2 级标题，以此类推。

因此，以下两种情况的内容不会被提取到目录中。

- ➜ 大纲级别为"正文文本"的内容。
- ➜ 大纲级别低于创建目录时要包含的大纲级别的内容。例如，在创建目录时，将要显示的级别设置为【2】，那么大纲级别为 3 级及以上的标题便不会被提取到目录中。

★重点 15.1.2 实战：在工资管理制度中使用 Word 预置样式创建目录

实例门类 软件功能

当文档中的段落应用的是内置的样式时，如标题 1、标题 2、标题 3，那么可运用 Word 内置的自动目录样式。如果要手动添加目录，则可以运用内置的手动目录样式。通过这些内置的样式，可以快速创建目录，具体操作步骤如下。

Step01 选择内置的目录样式。打开"素材文件\第 15 章\工资管理制度.docx"文件，将光标插入点定位在需要插入目录的位置【薪酬详情

261

目录】前，❶单击【引用】选项卡【目录】组中的【目录】按钮；❷在弹出的下拉列表中选择需要的目录样式，如选择【自动目录1】选项，如图15-2所示。

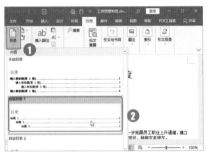

图 15-2

Step 02 查看目录效果。此时所选样式的目录即可插入光标插入点所在位置，如图15-3所示。

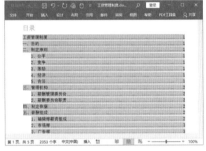

图 15-3

技术看板

在选择目录样式时，若选择【手动目录】选项，则会在光标插入点所在位置插入一个目录模板，此时需要用户手动设置目录中的内容，这种方式效率非常低，建议用户不要选择【手动目录】选项。

★重点 15.1.3 实战：为人事档案管理制度创建自定义目录

实例门类	软件功能

除了使用内置目录样式外，用户还可以通过自定义的方式创建目录。创建自定义目录具有很大的灵活性，用户可以根据实际需要设置目录中包含的标题级别、目录的页码显示方式，以及制表符前导符等。创建自定义目录的具体操作步骤如下。

Step 01 选择需要的目录选项。打开"素材文件\第15章\人事档案管理制度.docx"文件，❶将光标插入点定位在需要插入目录的位置；❷单击【引用】选项卡【目录】组中的【目录】按钮；❸在弹出的下拉列表中选择【自定义目录】选项，如图15-4所示。

图 15-4

Step 02 自定义目录。打开【目录】对话框，❶在【制表符前导符】下拉列表中选择需要的前导符样式；❷在【常规】栏的【格式】下拉列表中选择目录格式；❸在【显示级别】微调框中指定创建目录的级数；❹完成设置后单击【选项】按钮，如图15-5所示。

图 15-5

Step 03 自定义目录级别。打开【目录选项】对话框，❶在【目录级别】框中设置与样式对应的级别，如删除默认样式中的级别，在【章节】样式后输入【1】，表示1级，在【条款】后面输入【2】，表示2级；❷单击【确定】按钮，如图15-6所示。

图 15-6

Step 04 确认设置。返回【目录】对话框，单击【确定】按钮，如图15-7所示。

图 15-7

技术看板

在【目录】对话框中，【显示页码】和【使用超链接而不使用页码】复选框默认为选中状态。若取消选中【显示页码】复选框，则目录中不显示对应的页码；若取消选中【使用超链接而不使用页码】复选框，则目录不再以超链接的形式插入文档中。

Step05 查看插入的目录效果。返回文档，光标插入点所在位置即可插入目录，如图15-8所示。按【Ctrl】键，再单击某条目录，可快速跳转到对应的目标位置。

图 15-8

★重点 15.1.4　实战：为指定范围内的内容创建目录

实例门类	软件功能

在实际应用中，有时只想单独为文档中某个范围的内容创建目录，这时可以使用TOC域配合书签来实现，具体操作步骤如下。

Step01 单击【书签】按钮。继续15.1.2小节的案例进行操作，❶在打开的"工资管理制度.docx"文档中选中要创建目录的局部内容，如从【五、薪酬组成】开始选择，一直到文档结束；❷单击【插入】选项卡【链接】组中的【书签】按钮，如图15-9所示。

图 15-9

Step02 添加书签。打开【书签】对话框，❶在【书签名】文本框中输入书签的名称【薪酬】；❷单击【添加】按钮，如图15-10所示。

图 15-10

Step03 输入域代码。返回文档，将光标插入点定位到需要创建目录的位置，输入域代码【{TOC\b 薪酬}】，其中，域代码中的大括号"{}"通过按快捷键【Ctrl+F9】输入，"薪酬"就是之前创建的书签名，如图15-11所示。

图 15-11

Step04 将域代码转换为目录内容。将光标插入点定位在域内，按【F9】键更新域，即可显示为所选内容创建的目录，如图15-12所示。

图 15-12

在文档中创建目录时，其实已经自动插入了TOC域代码，图15-13列出了TOC域包含的开关及相应的说明。

开关	说明
\a	创建不包含标注标签和编号的图表目录
\b	使用书签指定文档中要创建目录的内容范围
\c	创建指定标签的图表目录
\d	指定序列号与页码之间的分隔符，其后输入需要的分隔符号，并用英文双引号括起来
\f	使用目录项域创建目录
\h	在目录中创建目录标题和页码之间的超链接
\l	指定出现在目录中的目录项的标题级别，其后输入表示级别的数字，并用英文双引号括起来
\n	创建不含页码的目录
\o	指定目录中包含的标题级别范围，其后输入表示标题级别范围的数字，并用英文双引号括起来
\p	指定目录标题与页码之间的分隔符，其后输入需要的分隔符，并用英文双引号括起来
\s	使用序列类型创建目录
\t	使用 Word 内置标题样式以外的其他样式创建目录
\u	使用应用的段落大纲级别创建目录
\w	保留目录项中的制表符
\x	保留目录项中的换行符
\z	切换到 Web 版式视图模式时隐藏目录中的页面

图 15-13

15.1.5　实战：汇总多个文档中的目录

实例门类	软件功能

如果想要为有关联的多个文档创建一个总目录，可以通过以下几种方法实现。

➥ 分别在各自独立的文档中创建目录，然后将这些目录复制、粘贴汇总到一起即可。

➥ 使用第13章的主控文档功能将这些分散的文档合并到一起，然后展开主控文档中的所有子文档，最后像编辑普通文档一样创建目录即可。

➥ 使用本章即将介绍的RD域来创建总目录。

为了便于操作，使用RD域为多个文档创建总目录前，需要做好以下几项准备工作。

→ 将关联的多个文档放在同一个文件夹中。

→ 在上面提到的文件夹中，新建一个空白文档，用于存放将要创建的总目录。

→ 一定要先安排好文档的次序，因为RD域所引用的文档顺序将直接影响最终创建的目录中的标题顺序。

汇总多个文档中的目录的具体操作步骤如下。

Step01 设置文件存放位置。将关联的多个文档，以及新建的"总目录"空白文档存放到一个文件夹内，如图 15-14 所示。

图 15-14

Step02 执行域操作。打开"素材文件\第 15 章\总目录.docx"文件，❶单击【插入】选项卡【文本】组中的【文档部件】按钮；❷在弹出的下拉列表中选择【域】选项，如图 15-15 所示。

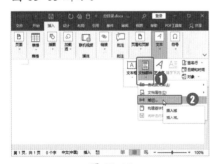

图 15-15

Step03 设置域。打开【域】对话框，❶在【类别】下拉列表中选择【(全部)】选项；❷在【域名】列表框中选择【RD】选项；❸在【域选项】栏中选中【路径相对于当前文档】复选框；❹在【域属性】栏的【文件名或URL】文本框中输入要创建总目录的第 1 个文档的文件名，如输入【培训权责划分.docx】；❺单击【确定】按钮，如图 15-16 所示。

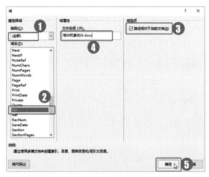

图 15-16

技术看板

输入文件名时，必须要输入包含扩展名在内的文件名的全称。

另外，如果没有选中【路径相对于当前文档】复选框，那么就需要手动输入文档的路径。完成输入后，返回文档，Word 会自动让文件夹名称之间以"\\"分隔。例如，在【文件名或URL】文本框中输入的是【G:\Word 2021 完全自学教程\同步学习文件\素材文件\第 15 章\目录\培训权责划分.docx】，返回文档后，这部分内容会自动变为【G:\\Word 2021 完全自学教程\\同步学习文件\\素材文件\\第 15 章\\目录\\培训权责划分.docx】。

Step04 查看域代码。返回文档，文档中将自动插入一个RD域代码，如图 15-17 所示。

图 15-17

Step05 插入其他域代码。用同样的方法，依次将其他需要创建总目录的文档设置为RD域代码，如图 15-18 所示。

图 15-18

技能拓展——快速设置域代码

将第 1 个文档的RD域代码设置好后，可以通过复制功能快速设置其他文档的域代码。复制并粘贴第 1 个文档的域代码后，直接修改其中的文档名称，便可快速得到下一个文档的RD域代码。

Step06 选择目录样式。将所有文档的RD域代码设置好后，将光标插入点定位在需要插入目录的位置，❶单击【引用】选项卡【目录】组中的【目录】按钮；❷在弹出的下拉列表中选择需要的目录样式，如图 15-19 所示。

图 15-19

Step 07 查看创建的目录。此时即可在光标插入点所在位置创建一个目录，效果如图 15-20 所示。

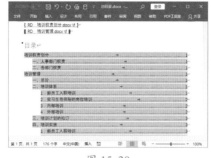

图 15-20

15.2 创建图表目录

除了为文档中的正文标题创建目录外，还可以为文档中的图片、表格等对象创建专属于它们的图表目录，以便用户从目录中快速浏览和定位指定的图片、表格。

★重点 15.2.1 实战：使用题注样式为旅游景点图片创建图表目录

实例门类	软件功能

如果为图片或表格添加了题注（关于题注的添加方法请参考第 14 章内容），则可以直接利用题注样式为它们创建图表目录。例如，要为文档中的图片创建一个图表目录，具体操作步骤如下。

Step 01 执行插入表目录操作。打开"素材文件\第 15 章\旅游景点.docx"文件，❶将光标插入点定位到需要插入图表目录的位置；❷单击【引用】选项卡【题注】组中的【插入表目录】按钮，如图 15-21 所示。

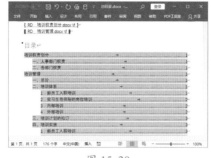

图 15-21

Step 02 设置图表目录。打开【图表目录】对话框，❶在【题注标签】的下拉列表中选择需要的题注标签，如【图】选项；❷单击【确定】按钮，如图 15-22 所示。

图 15-22

Step 03 查看创建的图表目录。返回文档，即可看见光标所在位置创建了一个图表目录，如图 15-23 所示。

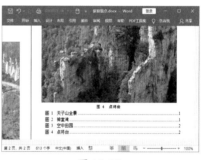

图 15-23

★重点 15.2.2 实战：利用样式为公司简介创建图表目录

实例门类	软件功能

除了使用题注样式外，还可以使用其他任意样式为图片或表格等对象创建图表目录，创建思路如图 15-24 所示。

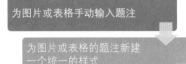

图 15-24

利用除了题注以外的其他样式为表格创建图表目录，具体操作步骤如下。

Step01 查看样式。打开"素材文件\第 15 章\公司简介.docx"文件，已经为表格手动输入了题注，并新建了一个名称为"表标签"的样式，如图 15-25 所示。

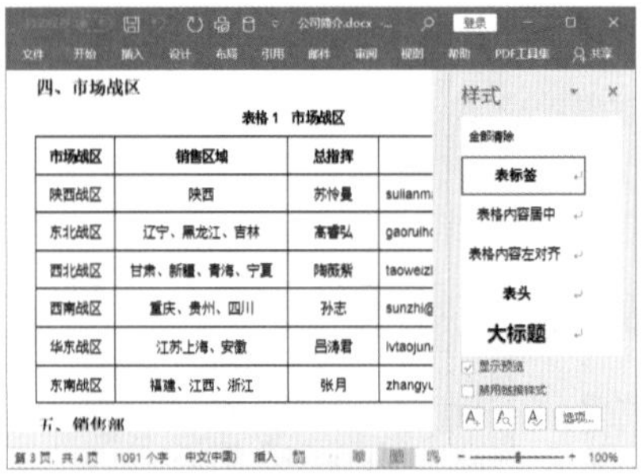

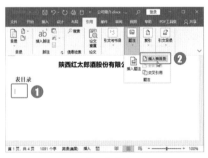

图 15-25

Step02 执行插入表目录操作。❶将光标插入点定位到需要插入图表目录的位置；❷单击【引用】选项卡【题注】组中的【插入表目录】按钮，如图 15-26 所示。

图 15-27

Step04 设置目录选项。打开【图表目录选项】对话框，❶选中【样式】复选框；❷在【样式】右侧的下拉列表中选择题注所使用的样式，如【表标签】；❸单击【确定】按钮，如图 15-28 所示。

图 15-28

Step05 确认设置。返回【图表目录】对话框，单击【确定】按钮，如图 15-29 所示。

图 15-29

Step06 查看图表目录效果。返回文档，即可看到在光标所在位置插入了一个图表目录，如图 15-30 所示。

图 15-30

> ⚙ **技能拓展——创建指定范围内的图表目录**
>
> 　　在操作过程中，有时并不想为文档中的所有图片或表格创建图表目录，而只想对某部分内容中包含的图片或表格创建图表目录，那么为这部分内容的图片或表格的题注单独新建一个样式，然后根据这个新建样式创建图表目录即可。

15.2.3 实战：使用目录项域为团购套餐创建图表目录

实例门类	软件功能

　　编辑文档时，如果是为图片或表格手动输入的题注，除了通过新建样式的方法来创建图表目录外，还可以使用目录项域创建图表目录。

　　使用目录项域为图片创建图表目录的具体操作步骤如下。

Step01 选择添加到图表目录中的内容。打开"素材文件\第 15 章\婚纱摄影团购套餐.docx"文件，按快捷键【Alt+Shift+O】打开【标记目录项】对话框，❶在【目录标识符】下拉列表中选择一个目录标识符；❷在文档中选择要添加到图表目录中的内容，如图 15-31 所示。

图 15-26

Step03 单击【选项】按钮。打开【图表目录】对话框，单击【选项】按钮，如图 15-27 所示。

图 15-31

Step② 标记目录内容。单击切换到【标记目录项】对话框，选择的内容自动添加到【目录项】文本框中，单击【标记】按钮，如图 15-32 所示。

图 15-32

Step③ 查看添加的域代码。此时，文档中所选内容的后面将自动添加一个域代码，如图 15-33 所示。

图 15-33

Step④ 为其他图片添加域代码。为目录中的内容进行标记，完成标记后单击【关闭】按钮关闭【标记目录项】对话框，如图 15-34 所示。

图 15-34

Step⑤ 执行插入表目录操作。❶将光标插入点定位到需要插入图表目录的位置；❷单击【引用】选项卡【题注】组中的【插入表目录】按钮，如图 15-35 所示。

图 15-35

Step⑥ 单击【选项】按钮。打开【图表目录】对话框，单击【选项】按钮，如图 15-36 所示。

图 15-36

Step⑦ 设置图表目录。打开【图表目录选项】对话框，❶选中【目录项域】复选框；❷在【目录标识符】下拉列表中选择之前设置的目录标识符，该标识符必须要与【标记目录项】对话框中设置的目录标识符保持一致；❸单击【确定】按钮，如图 15-37 所示。

图 15-37

Step⑧ 查看创建的图表目录。返回【图表目录】对话框，单击【确定】按钮，返回文档，即可看到在光标所在位置插入了一个图表目录，如图 15-38 所示。

图 15-38

技术看板

当文档中的标题没有设置大纲级别时，也可以参照本案例中的操作步骤，使用目录项域创建正文标题目录。如果要使用目录项域在同一文档中创建多个目录，如分别创建正文标题目录、图片的图表目录及表格的图表目录等，则要设置不同的目录标识符来区分。

15.3 目录的管理

在文档中创建目录后，后期还可以对其进行相应的管理操作。例如，当文档标题发生内容或位置变化时，便可以同步更新目录，使其自动匹配文档的变化；对于不再需要的目录，还可以将其删除。

★重点 15.3.1 实战：设置策划书目录格式

实例门类	软件功能

无论是创建目录前，还是创建目录后，都可以修改目录的外观。由于 Word 中的目录一共包含了 9 个级别，因此 Word 使用了"目录1"~"目录9"这 9 个样式来分别管理 9 个级别的目录标题的格式。

例如，要设置正文标题目录的格式，具体操作步骤如下。

Step01 查看目录原始效果。打开"素材文件\第 15 章\旅游景区项目策划书.docx"文件，目录的原始效果如图 15-39 所示。

图 15-39

Step02 选择【自定义目录】选项。❶单击【引用】选项卡【目录】组中的【目录】按钮；❷在弹出的下拉列表中选择【自定义目录】选项，如图 15-40 所示。

图 15-40

Step03 单击【修改】按钮。打开【目录】对话框，单击【修改】按钮，如图 15-41 所示。

图 15-41

Step04 选择修改的目录样式。打开【样式】对话框，在【样式】列表框中列出了每一级目录所使用的样式，❶选择需要修改的目录样式；❷单击【修改】按钮，如图 15-42 所示。

图 15-42

Step05 修改目录样式。打开【修改样式】对话框，设置需要的样式，其方法可参考第 10 章的内容，完成设置后单击【确定】按钮，如图 15-43 所示。

图 15-43

Step06 修改其他目录样式。返回【样式】对话框，参照上述方法，依次对其他目录样式进行修改。本例中的目录有4级，根据操作需要，可以对"目录1"~"目录4"这4个样式进行修改，完成修改后单击【确定】按钮，如图15-44所示。

图 15-44

Step07 确认设置。返回【目录】对话框，单击【确定】按钮，如图15-45所示。

图 15-45

Step08 打开提示框询问是否替换目录，单击【是】按钮，如图15-46所示。

图 15-46

技术看板

本案例只对目录的样式进行了修改，但目录的内容并没有变化，所以也可以单击【取消】按钮。

Step09 查看目录效果。返回文档，即可发现目录的外观发生了改变，如图15-47所示。

图 15-47

技能拓展——设置图表目录的格式

如果要设置图表目录的格式，则在【引用】选项卡的【题注】组中单击【插入表目录】按钮，弹出【图表目录】对话框，单击【修改】按钮，在打开的【样式】对话框中单击【修改】按钮，如图15-48所示，在弹出的【修改样式】对话框中设置需要的格式即可。

图 15-48

★重点 15.3.2 更新目录

当文档标题发生了改动，如更改了标题内容、改变了标题的位置、新增或删除了标题等，为了让目录与文档保持一致，只需对目录内容执行更新操作即可。更新目录的方法主要有以下几种。

➥ 将光标插入点定位在目录中并右击，在弹出的快捷菜单中选择【更新域】命令，如图15-49所示。

图 15-49

➥ 将光标插入点定位在目录中，单击【引用】选项卡【目录】组中的【更新目录】按钮，如图15-50所示。

图 15-50

→ 将光标插入点定位在目录内，按【F9】键。

无论使用哪种方法更新目录，都会打开【更新目录】对话框，如图 15-51 所示。

图 15-51

在【更新目录】对话框中，可以进行以下两种操作。

→ 如果只需要更新目录中的页码，则选中【只更新页码】单选按钮即可。

→ 如果需要更新目录中的标题和页码，则选中【更新整个目录】单选按钮即可。

技能拓展——预置样式目录的其他更新方法

如果是使用预置样式创建的目录，还可以按以下方式更新目录：将光标插入点定位在目录中，激活目录外边框，然后单击【更新目录】按钮即可，如图 15-52 所示。

图 15-52

15.3.3 实战：将策划书的目录转换为普通文本

实例门类	软件功能

只要不是手动创建的目录，一般都具有自动更新功能。在将光标插入点定位在目录中时，目录会自动显示灰色的域底纹。如果确定文档中的目录不会再做任何改动，还可以将目录转换为普通文本格式，从而避免目录被意外更新，或者出现一些错误提示。将目录转换为普通文本的具体操作步骤如下。

Step01 选择目录。在"旅游景区项目策划书.docx"文档中选中整个目录，如图 15-53 所示。

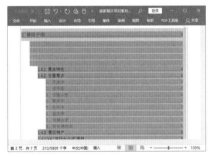

图 15-53

Step02 转换为普通文本。按快捷键【Ctrl+Shift+F9】，此时将光标插入点定位在目录中，目录不再显示灰色的域底纹，表示此时已经转换为普通文本。虽然内置的目录样式

框还在，但单击【更新目录】按钮，会打开提示对话框，提示没有要更新的目录，如图 15-54 所示。

图 15-54

技能拓展——快速选中整个目录

对于较长的目录，可将光标插入点定位到目录开始处，即第 1 个字符的左侧，按【Delete】键，即可自动选中整个目录。

15.3.4 删除目录

对于不再需要的目录，可以将其删除，方法有以下几种。

→ 将光标插入点定位在目录中，单击【引用】选项卡【目录】组中的【目录】按钮，在弹出的下拉列表中选择【删除目录】选项即可，如图 15-55 所示。

图 15-55

➡ 选中整个目录，按【Delete】键即可删除。

➡ 如果是使用预置样式创建的目录，将光标插入点定位在目录内，会激活目录外边框，单击【目录】按钮，在弹出的下拉列表中选择【删除目录】选项即可，如图 15-56 所示。

图 15-56

15.4 创建索引

通常情况下，在一些专业性较强的书籍的最后部分，会提供一份索引。索引是将书中重要的内容按照指定方式摘录下来并排列成列表形式，同时给出了每处重要内容在书中出现的位置所对应的页码。创建索引可以方便用户在书中快速找到某个重要内容的位置，这对于大型书籍或大型文档而言非常重要。

★重点 15.4.1 实战：手动标记索引项为分析报告创建索引

实例门类	软件功能

手动标记索引项是创建索引最简单、直观的方法，先在文档中把要出现在索引中的每个词语手动标记出来，以便 Word 在创建索引时能够识别这些标记过的内容。

通过手动标记索引项创建索引的具体操作步骤如下。

Step01 执行标记条目操作。打开"素材文件\第 15 章\污水处理分析报告.docx"文件，在【引用】选项卡【索引】组中单击【标记条目】按钮，如图 15-57 所示。

图 15-57

Step02 选择要添加索引的内容。打开【标记索引项】对话框，将光标插入点定位在文档中，选中要添加到索引中的内容，如图 15-58 所示。

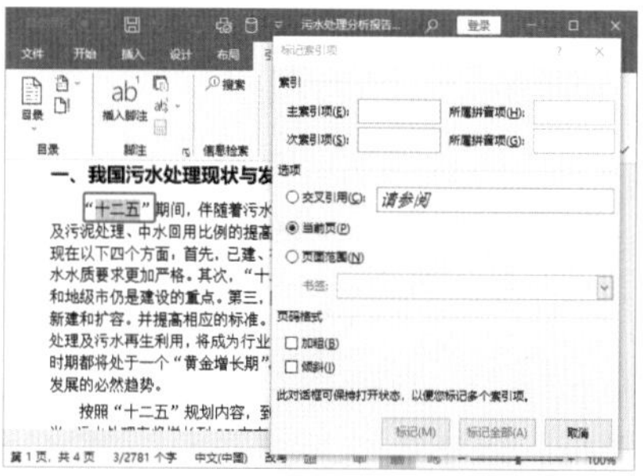

图 15-58

Step03 标记索引条目。单击切换到【标记索引项】对话框，刚才选中的内容会自动添加到【主索引项】文本框中，如果要将该词语在文档中的所有出现位置都标记出来，则单击【标记全部】按钮，如图 15-59 所示。

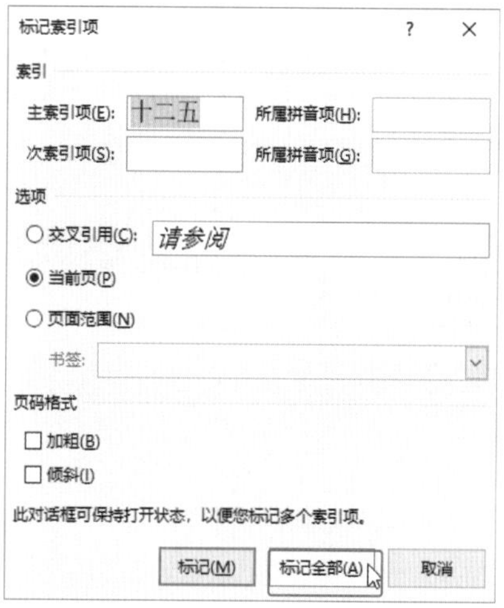

图 15-59

如果希望设置索引项的页码格式，则在【标记索引项】对话框的【页码格式】栏中选中某个复选框来实现对应的字符格式。

Step04 查看域代码。标记后，Word会在该词语的右侧显示XE域代码，如图15-60所示。

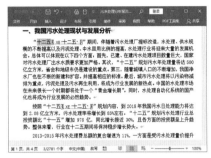

图 15-60

如果某个词语在同一段中出现多次，则只将这个词语在该段落中出现的第1个位置标记出来。

Step05 标记其他索引条目。用同样的方法为其他要添加到索引中的内容进行标记，完成标记后单击【关闭】按钮关闭【标记索引项】对话框，如图15-61所示。

图 15-61

当标记的词语中包含英文冒号时，需要在【主索引项】文本框中的冒号左侧手动输入一个反斜杠"\"，否则Word会将冒号之后的内容指定为次索引项。

Step06 执行插入索引操作。❶将光标插入点定位到需要插入索引的位置；❷单击【引用】选项卡【索引】组中的【插入索引】按钮，如图15-62所示。

图 15-62

Step07 设置索引目录格式。打开【索引】对话框，❶根据需要设置索引目录格式；❷完成设置后单击【确定】按钮，如图15-63所示。

图 15-63

Step08 查看索引目录。返回文档，即可看见当前位置插入了一个索引

目录，如图15-64所示。

图 15-64

只有对Word设置了显示编辑标记，才会在文档中显示XE域代码。在文档中显示XE域代码，可能会增加额外的页面，从而导致创建的索引中，有些词语对应的页码显示不正确。所以，建议用户在创建索引之前先隐藏XE域代码。

在【索引】对话框中设置索引目录格式时，可以进行以下设置。

➡ 在【类型】栏中设置索引的布局类型，用于选择多级索引的排列方式，【缩进式】类型的索引类似多级目录，不同级别的索引呈现缩进格式；【接排式】类型的索引则没有层次感，相关的索引在一行中连续排列。

➡ 在【栏数】微调框中，可以设置索引的分栏栏数。

➡ 在【排序依据】下拉列表中可以设置索引中词语的排序依据，有两种方式供用户选择，一种是按笔画多少排序，另一种是按每个词语第1个字的拼音首字母排序。

➡ 通过选择【页码右对齐】复选框，可以设置索引的页码显示方式。

★重点 15.4.2 实战：创建多级索引

实例门类	软件功能

与创建多级目录类似，也可以创建具有多个层次级别的索引。在多级索引中，主要包括主索引项和次索引项两个部分，它们是相对于索引级别而言的。主索引项是位于顶级的词语，次索引项是位于顶级索引项词语下一级或下n级的词语。

例如，要创建一个2级索引，具体操作步骤如下。

Step01 执行标记条目操作。打开"素材文件\第15章\VBA代码编辑器（VBE）.docx"文件，❶选中需要标记为次索引项的词语，按快捷键【Ctrl+C】复制；❷单击【引用】选项卡【索引】组中的【标记条目】按钮，如图15-65所示。

图 15-65

Step02 自动添加标注内容。打开【标记索引项】对话框，第1步中复制的词语将自动添加到【主索引项】文本框内，如图15-66所示。

图 15-66

Step03 设置索引项。❶删除【主索引项】文本框中的内容，手动输入主索引项的词语，这里输入【VBE窗口】；❷将光标插入点定位到【次索引项】文本框内，按快捷键【Ctrl+V】粘贴第1步中复制的次索引项词语；❸单击【标记全部】按钮进行标记，如图15-67所示。

图 15-67

Step04 查看域代码。标记后，Word会在所有第1步中复制的次索引项词语的右侧显示XE域代码，如

图 15-68 所示。

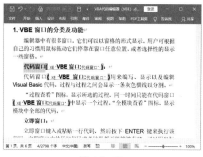

图 15-68

Step05 设置其他次索引项。单击【关闭】按钮关闭【标记索引项】对话框，参照第1~4步的操作，依次为主索引项【VBE窗口】设置其他次索引项词语。

Step06 设置其他索引项。参照第1~5步的操作，依次设置其他主索引项及对应的次索引项。

Step07 执行插入索引操作。完成标记后，就可以插入索引了。❶将光标插入点定位到需要插入索引的位置；❷单击【引用】选项卡【索引】组中的【插入索引】按钮，如图15-69所示。

图 15-69

Step08 设置索引目录格式。打开【索引】对话框，❶根据需要设置索引目录格式；❷完成设置后单击【确定】按钮，如图15-70所示。

图 15-70

Step09 查看添加的多级索引目录。返回文档，即可看见当前位置插入了一个多级索引目录，如图 15-71 所示。

图 15-71

★重点 15.4.3 实战：使用自动标记索引文件为建设方案创建索引

实例门类	软件功能

使用手动标记索引项的方法来创建索引虽然简单直观，但是在大型长篇文档中标记大量词语时，就会显得非常麻烦。这时，可以使用自动标记索引项的方法来创建索引。使用自动标记索引项的方法，可以非常方便地标记大量词语，以及创建多级索引。

要实现自动标记索引，就需要先准备好一个自动标记索引文件，

在其中以表格的形式来记录要标记的词语。索引的级别不同，其表格的制作方法也不同。

➡ 创建单级索引：如果是创建单级索引，即只设置主索引项，则需要创建一个单列的表格，并在各行放置要标记为主索引项的词语，如图 15-72 所示。

图 15-72

➡ 创建多级索引：如果要创建多级索引，则需要创建一个两列的表格，表格左列放置要标记为索引项的词语，表格右列放置词语之间的层级关系，即指明主索引项和次索引项的关系，各级之间使用英文冒号分隔。图 15-73 所示为在表格中设置的主次索引项及最终的效果图。

图 15-73

使用自动标记索引文件创建一个多级索引的具体操作步骤如下。

Step01 输入需要索引的内容。提前准备一个标记索引文件，并在其中输入需要索引的内容，如图 15-74 所示。

图 15-74

Step02 执行插入索引操作。打开"素材文件\第 15 章\企业信息化建设方案.docx"文件，单击【引用】选项卡【索引】组中的【插入索引】按钮，如图 15-75 所示。

图 15-75

Step03 执行自动标记操作。打开【索引】对话框，单击【自动标记】按钮，如图 15-76 所示。

图 15-76

Step04 选择索引文件。打开【打开索引自动标记文件】对话框，❶选择设置好的标记索引文件；❷单击

【打开】按钮，如图 15-77 所示。

图 15-77

Step05 查看添加的索引标记。返回文档，即可看到 Word 已经自动实现全文索引标记，如图 15-78 所示。

图 15-78

Step06 执行插入索引操作。❶将光标插入点定位到需要插入索引的位置；❷单击【引用】选项卡【索引】组中的【插入索引】按钮，如图 15-79 所示。

图 15-79

Step07 设置索引目录格式。打开【索引】对话框，❶根据需要设置索引目录格式；❷完成设置后单击【确定】按钮，如图 15-80 所示。

图 15-80

Step08 查看索引目录效果。返回文档，即可看见当前位置插入了一个多级索引目录，如图 15-81 所示。

图 15-81

★重点 15.4.4　实战：为建设方案创建表示页面范围的索引

实例门类	软件功能

　　当某些词语在文档的连续页面中频繁出现时，索引目录中会将该词语的所有页面都列出来，显得有些凌乱。此时，可以创建表示页面范围的索引来解决这一问题，首先为这个连续的页面范围创建一个书签，然后根据这个书签来标记索引项。

　　创建表示页面范围的索引的具体操作步骤如下。

Step01 执行书签操作。打开"素材文件\第 15 章\企业信息化建设方案 1.docx"文件，❶例如，要为第 4~8 页内容创建一个书签，则选中第 4~8 页的内容；❷单击【插入】选项卡【链接】组中的【书签】按钮，如图 15-82 所示。

图 15-82

Step02 添加书签。打开【书签】对话框，❶在【书签名】文本框中输入书签的名称；❷单击【添加】按钮，如图 15-83 所示，即可为第 4~8 页的内容创建一个书签。

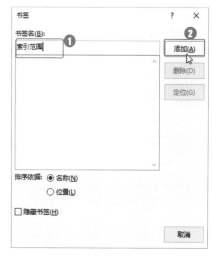

图 15-83

Step03 执行标记条目操作。返回文档，按照手动标记索引项的方法，设置需要标记的索引项即可。只是当要为第 4~8 页这个范围的词组标记索引时，需要根据书签来标记。例如，要将连续出现在第 4~8 页中的【路由协议】词语标记为索引项，❶在第4~8页这个页面范围内，选中任意一个【路由协议】词语；❷单击【引用】选项卡【索引】组中的【标记条目】按钮，如图15-84所示。

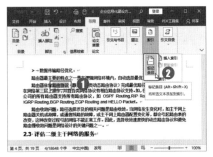

图 15-84

Step⑭ 设置标记页码范围。打开【标记索引项】对话框，所选词语自动显示在【主索引项】文本框内，❶在【选项】栏中选中【页面范围】单选按钮；❷在【书签】下拉列表中选择之前设置的书签；❸单击【标记】按钮，如图15-85所示。

图 15-85

Step⑮ 关闭对话框。单击【关闭】按钮，关闭【标记索引项】对话框，如图15-86所示。

图 15-86

Step⑯ 查看标记索引效果。返回文档，即可发现第4~8页这个范围中的【路由协议】词语只做了一个索引标记，图15-87所示为第4页和第5页的效果。

图 15-87

Step⑰ 执行插入索引操作。完成文档中所有词语的标记后，就可以开始插入索引目录了。❶将光标插入点定位到需要插入索引的位置；❷单击【引用】选项卡【索引】组中的【插入索引】按钮，如图15-88所示。

图 15-88

Step⑱ 设置索引目录格式。打开【索引】对话框，❶根据需要设置索引目录格式；❷完成设置后单击【确定】按钮，如图15-89所示。

图 15-89

Step⑲ 查看索引目录效果。返回文档，即可看见创建的索引目录，效果如图15-90所示。

图 15-90

★重点 15.4.5　实战：创建交叉引用的索引

实例门类　软件功能

根据操作需要，还可以创建交叉引用形式的索引。这类索引的创建方法非常简单，按照手动标记索引项的方法，设置需要标记的索引项，当遇到需要创建交叉引用形式的索引时，只需在【标记索引项】对话框中选中【交叉引用】单选按钮即可，具体操作步骤如下。

Step01 执行标记条目操作。打开"素材文件\第15章\工资管理制度1.docx"文件，❶选中需要创建交叉引用形式的索引词语；❷单击【引用】选项卡【索引】组中的【标记条目】按钮，如图15-91所示。

图 15-91

Step02 设置交叉引用。打开【标记索引项】对话框，所选词语自动显示在【主索引项】文本框内，❶在【选项】栏中选中【交叉引用】单选按钮；❷在右侧文本框中的【请参阅】右侧输入要交叉参考的文字；❸单击【标记】按钮，如图15-92所示。

图 15-92

Step03 关闭对话框。单击【关闭】按钮，关闭【标记索引项】对话框，如图15-93所示。

图 15-93

Step04 查看域代码。返回文档，所选词语的右侧显示了XE域代码，如图15-94所示。

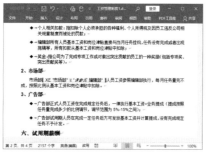

图 15-94

Step05 执行插入索引操作。完成文档中所有词语的标记后，就可以插入索引目录了。❶将光标插入点定位到需要插入索引的位置；❷单击【引用】选项卡【索引】组中的【插入索引】按钮，如图15-95所示。

图 15-95

Step06 设置索引目录格式。打开【索引】对话框，❶根据需要设置索引目录格式；❷完成设置后单击【确定】按钮，如图15-96所示。

图 15-96

Step07 查看创建的索引目录。返回文档，即可看见创建的索引目录，效果如图15-97所示。

图 15-97

15.5 管理索引

对于创建的索引，可以随时修改它的外观。当文档内容发生变化时，还可以更新索引，以保持与文档同步。

15.5.1 实战：设置索引的格式

实例门类	软件功能

与修改目录外观的方法相似，用户可以在创建索引之前或之后设置索引的外观。例如，要对已经创建好的索引设置外观，具体操作步骤如下。

Step01 执行插入索引操作。打开15.4.2小节中案例的效果"VBA代码编辑器（VBE）.docx"文档，单击【引用】选项卡【索引】组中的【插入索引】按钮，如图15-98所示。

图 15-98

Step02 单击【修改】按钮。打开【索引】对话框，单击【修改】按钮，如图15-99所示。

图 15-99

Step03 选择索引样式。打开【样式】对话框，【样式】列表框中列出了每一级索引所使用的样式，❶选择需要修改的索引样式；❷单击【修改】按钮，如图15-100所示。

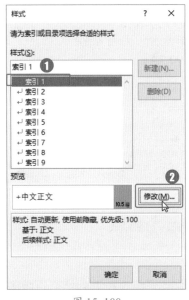

图 15-100

Step04 修改索引样式。打开【修改样式】对话框，设置需要的格式，其方法可参考第10章的内容，完成设置后单击【确定】按钮，如图15-101所示。

图 15-101

Step05 返回【样式】对话框，参照上述方法，依次对其他索引样式进行修改。本例中的索引有两级，根据操作需要，只需对"索引1"与"索引2"这两个样式进行修改，完成修改后单击【确定】按钮，如图15-102所示。

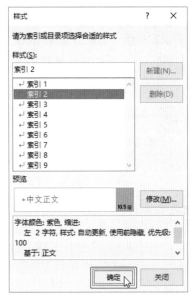

图 15-102

Step06 确认设置。返回【索引】对话框，单击【确定】按钮，如图15-103所示。

图 15-103

Step07 取消替换索引。打开提示框询问是否替换索引，因为本例只是对已有索引设置格式，所以单击【取消】按钮，如图15-104所示。

图 15-104

Step 08 查看更改后的索引效果。返回文档，即可发现索引的外观发生了改变，如图 15-105 所示。

图 15-105

15.5.2 更新索引

当文档中的内容发生变化时，为了使索引与文档保持一致，需要对索引进行更新，方法有以下几种。

➡ 将光标插入点定位在索引中并右击，在弹出的快捷菜单中选择【更新域】命令，如图 15-106 所示。

图 15-106

➡ 将光标插入点定位在索引中，切换到【引用】选项卡，单击【索引】组中的【更新索引】按钮，如图 15-107 所示。

图 15-107

➡ 将光标插入点定位在索引中，按【F9】键。

15.5.3 删除不需要的索引项

对于不再需要的索引项，可以将其删除，方法有以下几种。

➡ 删除单个索引项：在文档中选中需要删除的某个 XE 域代码，按【Delete】键即可。

➡ 删除所有索引项：如果文档中只有 XE 域代码，那么可以使用替换功能快速删除全部索引项。按快捷键【Ctrl+H】，在英文输入状态下，在【查找内容】文本框中输入【^d】，【替换为】文本框内不输入任何内容，然后单击【全部替换】按钮即可，如图 15-108 所示。

图 15-108

如果文档中除了 XE 域外还有其他域，则不建议用户使用全部替换功能进行删除，以免删除了不该删除的域。

妙招技法

通过对前面知识的学习，相信读者已经学会了如何创建与管理目录和索引。下面结合本章内容，给大家介绍一些实用技巧。

技巧 01：目录无法对齐怎么办

在文档中创建目录后，有时发现目录标题右侧的页码没有右对齐，如图 15-109 所示。

图 15-109

要解决这一问题，可直接打开【目录】对话框，确保选中【页码右对齐】复选框，然后单击【确定】按钮，在弹出的提示框中单击【是】按钮，使新建目录替换旧目录即可。

如果依然没有解决该问题，则打开【目录】对话框，在【常规】栏的【格式】下拉列表中选择【正式】选项，然后单击【确定】按钮即可，如图 15-110 所示。

图 15-110

技巧 02：分别为各个章节单独创建目录

在一些大型文档中，有时需要先插入一个总目录后，再为各个章节单独创建目录，这就需要配合书签为指定范围内的内容创建目录（可参阅 15.1.4 小节的内容），具体操作步骤如下。

Step01 插入总目录。打开"素材文件\第 15 章\公司规章制度.docx"文件，在文档开始处插入一个总目录，效果如图 15-111 所示。

图 15-111

Step02 添加书签。分别为各个要创建目录的章节设置一个书签。本例

中，分别为第 2 章、第 3 章、第 5 章的内容设置书签，书签名称依次为"第 2 章""第 3 章""第 5 章"，如图 15-112 所示。

图 15-112

Step03 输入域代码。完成书签的设置后，就可以为这些章节单独插入目录了。例如，要为第 2 章的内容插入目录，则将光标插入点定位到需要创建目录的位置，然后输入域代码【{TOC\b第 2 章}】，如图 15-113 所示。

图 15-113

Step04 将域代码转化为目录内容。将光标插入点定位在域内，按【F9】键更新域，即可显示第 2 章的章节目录，如图 15-114 所示。

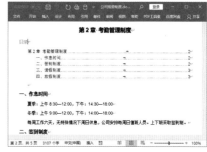

图 15-114

Step05 创建第 3 章的目录。参照第 3~4 步的操作，为第 3 章的内容单独创建目录，如图 15-115 所示。

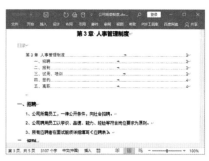

图 15-115

Step06 创建第 5 章的目录。参照第 3~4 步的操作，为第 5 章的内容单独创建目录，如图 15-116 所示。至此，完成了总目录及章节目录的创建。

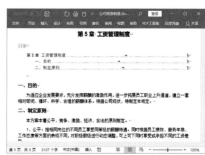

图 15-116

技巧 03：目录中出现"未找到目录项"时怎么办

在更新文档中的目录时，有时会出现"未找到目录项"这样的提

示，这是因为创建目录时的文档标题被意外删除了。此时，可以通过以下两种方式解决问题。

➡ 找回或重新输入原来的文档标题。

➡ 重新创建目录。

技巧04：已标记的索引项没有出现在索引中怎么办

在文档中标记索引项后，如果在创建索引时没有显示出来，那么需要进行以下几项内容的检查。

➡ 检查是否使用冒号将主索引项和次索引项分隔开了。

➡ 如果索引是基于书签创建的，则检查书签是否仍然存在并有效。

➡ 如果在主控文档中创建索引，必须确保所有子文档都已经展开。

➡ 在创建索引时，如果是手动输入的 Index 域代码及相关的一些开关，则检查这些开关的语法是否正确。

在 Word 文档中创建索引时，实际上是自动插入了 Index 域代码，图 15-117 中列出了 Index 域包含的开关及说明。

开关	说明
\b	使用书签指定文档中要创建索引的内容范围
\c	指定索引的栏数，其后输入表示栏数的数字，并用英文双引号括起来
\d	指定序列之间的分隔符，其后输入需要的分隔符号，并用英文双引号括起来
\e	指定索引项与页码之间的分隔符，其后输入需要的分隔符号，并用英文双引号括起来
\f	只使用指定的词条类型来创建索引
\g	指定在页码范围内使用的分隔符，其后输入需要的分隔符号，并用英文双引号括起来
\h	指定索引中各字母之间的距离
\k	指定交叉引用和其他条目之间的分隔符，其后输入需要的分隔符号，并用英文双引号括起来
\l	指定多页引用页码之间的分隔符，其后输入需要的分隔符号，并用英文双引号括起来
\p	将索引限制为指定的字母
\r	将次索引移入主索引项所在的行中
\s	包括用页码引用的序列号
\y	为多音索引项启用确定拼音功能
\z	指定 Word 创建索引的语言标识符

图 15-117

技术看板

本章中提到了域的一些简单使用方法，具体请参考第18章内容。

本章小结

本章介绍了目录与索引的使用，主要包括创建正文标题目录、创建图表目录、目录的管理、创建索引、管理索引等内容。通过对本章内容的学习，希望读者能够灵活运用这些功能，从而全面把控大型文档的目录与索引的操作。

第6篇 高级应用篇

灵活应用前面章节介绍的 Word 知识，可以快速制作出各类办公文档。但在制作某些特殊的办公文档时，可能还需要用到 Word 的一些高级技能。本篇将介绍一些 Word 的高级应用，让读者的技能得到进一步提升。

第16章 文档审阅与保护

- ➡ 如何快速统计文档中的页数与字数？
- ➡ 怎样才能在文档中显示修改痕迹？
- ➡ 批注有什么作用呢？
- ➡ 精确比较两个文档的不同之处，你还在手动进行吗？
- ➡ 对重要文档采取保护措施，你会怎么做？

一般来说，对于公司的各种规章制度，制作好后，还需要领导或负责人审阅，而且对于一些比较重要的文档，还需要做好保密工作。这时，就需要用到 Word 的审阅和保护功能。本章将带你学习统计文档的页数与字数，使用修订和批注功能审阅文档，以及保护重要的文档的方法。

16.1 文档的检查

完成了编辑文档的工作后，根据操作需要，可以进行有效的校对工作，如检查文档中的拼写和语法、统计文档的页数与字数等。

16.1.1 实战：检查公司简介的拼写和语法

实例门类	软件功能

在编辑文档的过程中，难免会产生拼写与语法错误，如果逐一进行检查，不仅枯燥乏味，还会影响工作质量与速度。此时，通过 Word 的【拼写和语法】功能，可快速完成对文档的检查，具体操作步骤如下。

Step 01 执行拼写和语法检查。打开"素材文件\第 16 章\公司简介.docx"文件，将光标插入点定位到文档的开始处，单击【审阅】选项卡【校对】组中的【拼写和语法】按钮，如图 16-1 所示。

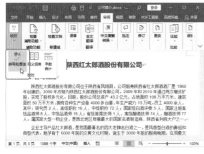

图 16-1

Step 02 忽略错误。Word将从文档开始处自动进行检查，当遇到拼写或语法错误时，会在自动打开的【校对】窗格中显示错误原因，同时会在文档中自动选中错误内容，如果认为内容没有错误，则选择【忽略】选项忽略当前的校对，如图 16-2 所示。

图 16-2

Step 03 更改错误。Word将继续进行检查，当遇到拼写或语法错误时，根据实际情况进行忽略操作，或者在Word文档中进行修改操作，❶将检查出来的错误【苏怜曼】更改为【苏玲曼】；❷完成更改后，单击【继续】按钮，如图 16-3 所示。

Step 04 不检查相同问题。Word将继续进行检查，当需要忽略同类错误检查时，可选择【不检查此问题】选项，将不会对相同的问题进行检查，如图 16-4 所示。

图 16-4

Step 05 提示检查完成。完成检查后，会弹出提示信息框，单击【确定】按钮即可，如图 16-5 所示。

图 16-5

技能拓展——开启校对功能

默认情况下，Word的拼写和语法校对功能是开启的，如果没有开启，那么在执行拼写和语法检查时，需要先开启校对功能。方法为：在【Word选项】对话框左侧选择【校对】选项卡，在右侧的【在Word中更正拼写和语法时】栏中选中相应的复选框，如图 16-6 所示，再单击【确定】按钮保存设置即可。

图 16-6

16.1.2 实战：统计公司简介的页数与字数

实例门类	软件功能

默认情况下，在编辑文档时，Word窗口的状态栏中会实时显示文档页码信息及总字数，如果需要了解更详细的字数信息，可通过字数统计功能进行查看，具体操作步骤如下。

Step 01 执行字数统计操作。在"公司简介.docx"文档中单击【审阅】选项卡【校对】组中的【字数统计】按钮，如图 16-7 所示。

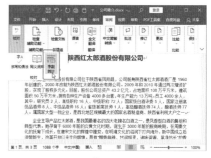

图 16-7

Step 02 查看字数统计结果。打开【字数统计】对话框，将显示当前文档的页数、字数、字符数等信息，查看完成后，单击【关闭】按钮即可，如图 16-8 所示。

图 16-8

若要统计文档中某部分内容的页码与字数信息，则可以先选中要统计字数信息的文本内容，再单击【字数统计】按钮，在打开的【字数统计】对话框中进行查看即可。

16.2 文档的修订

在编辑会议发言稿之类的文档时，文档由作者编辑完成后，一般还需要审阅者进行审阅，然后由作者根据审阅者提供的修改建议进行修改，通过这样的反复修改，最后才能定稿。下面介绍文档的修订方法。

★重点 16.2.1 实战：修订市场调查报告

实例门类	软件功能

审阅者在审阅文档时，如果需要对文档内容进行修改，则建议先打开修订功能。打开修订功能后，文档中将会显示所有修改痕迹，以便文档编辑者查看审阅者对文档所做的修改。修订文档的具体操作步骤如下。

Step01 选择【修订】选项。打开"素材文件\第16章\市场调查报告.docx"文件，❶在【审阅】选项卡【修订】组中单击【修订】按钮下方的下拉按钮；❷在弹出的下拉列表中选择【修订】选项，如图16-9所示。

图 16-9

Step02 查看修订效果。此时，【修订】按钮呈选中状态，表示文档呈修订状态。在修订状态下，对文档进行各种编辑后，会在文档中以红色文字加删除线的形式进行显示，并且

会在页面左侧显示灰色的竖条，表示修订的位置，如图16-10所示。

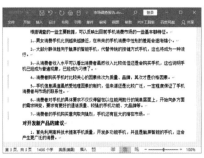
图 16-10

打开修订功能后，【修订】按钮呈选中状态。如果需要关闭修订功能，则单击【修订】按钮下方的下拉按钮，在弹出的下拉列表中选择【修订】选项即可。

★重点 16.2.2 实战：设置市场调查报告的修订显示状态

实例门类	软件功能

Word 2021为修订提供了4种显示状态，分别是简单标记、所有标记、无标记、原始版本，在不同的状态下，修订以不同的形式进行显示。

➡ 简单标记：文档中显示为修改后的状态，但会在编辑过的区域左边显示一条红线，这条红线表示

附近区域有修订。

➡ 所有标记：在文档中显示所有修改痕迹。

➡ 无标记：文档中隐藏所有的修订标记，并显示为修改后的状态。

➡ 原始版本：文档中没有任何修订标记，并显示为修改前的状态，即以原始形式显示文档。

默认情况下，Word以所有标记显示修订内容，根据操作需要，可以随时更改修订的显示状态。例如，要以简单标记状态显示文档中的修订，具体操作步骤如下。

Step01 选择修订显示状态。在"市场调查报告.docx"文档中，在【审阅】选项卡【修订】组的【显示以供审阅】下拉列表中选择【简单标记】选项，如图16-11所示。

图 16-11

Step02 查看修订显示状态。此时，文档中将只显示修订后的正确结果，不会显示修订的内容，且会在页面左侧显示红色的竖条，表示修订的位置，如图16-12所示。

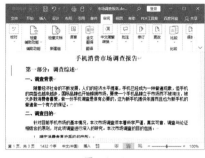

图 16-12

技术看板

单击修订位置处的红色竖条，可切换到所有标记状态，再次单击灰色的竖条，则会切换到简单标记状态。

16.2.3 实战：设置修订格式

| 实例门类 | 软件功能 |

文档处于修订状态时，对文档所做的编辑将以不同的标记或颜色进行区分显示，根据操作需要，还可以自定义设置这些标记或颜色，具体操作步骤如下。

Step01 单击功能扩展按钮。在【审阅】选项卡的【修订】组中单击【功能扩展】按钮，如图 16-13 所示。

图 16-13

Step02 单击【高级选项】按钮。打开【修订选项】对话框，单击【高级选项】按钮，如图 16-14 所示。

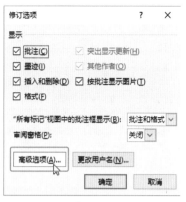

图 16-14

Step03 设置修订格式。打开【高级修订选项】对话框，❶在各个选项区域中进行相应的设置；❷完成设置后单击【确定】按钮，如图 16-15 所示。

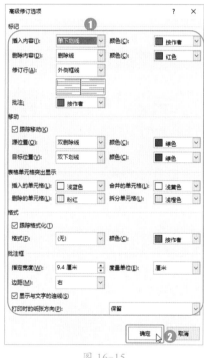

图 16-15

在【高级修订选项】对话框中，【跟踪移动】复选框针对段落的移动，当移动段落时，Word会进行跟踪显示；【跟踪格式化】复选框针对文字或段落格式的更改，当格式发生变化时，会在窗口右侧的标记区中显示格式变化的参数。

技术看板

对文档进行修订时，如果将已经带有插入标记的内容删除，则该文本会直接消失，而不被标记为删除状态。这是因为只有原始内容被删除时，才会出现修订标记。

★重点 16.2.4 实战：对策划书接受与拒绝修订

| 实例门类 | 软件功能 |

对文档进行修订后，文档编辑者可对修订做出接受或拒绝操作。若接受修订，则文档会保存为审阅者修改后的状态；若拒绝修订，则文档会保存为修改前的状态。

根据个人操作需要，可以逐条接受或拒绝修订，也可以直接一次性接受或拒绝所有修订。

1. 逐条接受或拒绝修订

如果要逐条接受或拒绝修订，可按下面的操作步骤实现。

Step01 拒绝修订。打开"素材文件\第16章\旅游景区项目策划书.docx"文件，❶将光标插入点定位在某条修订中；❷若要拒绝，则单击【审阅】选项卡【更改】组中的【拒绝】按钮下方的下拉按钮；❸在弹出的下拉列表中选择【拒绝更改】选项，如图 16-16 所示。

图 16-16

技术看板

在此下拉列表中，若选择【拒绝并移到下一处】选项，当前修订即会被拒绝，与此同时，光标插入点自动定位到下一处修订中。

Step02 切换到下一处修订。此时当前修订被拒绝，同时修订标记消失，在【审阅】选项卡【更改】组中单击【下一处】按钮，如图16-17所示。

图 16-17

技术看板

在【审阅】选项卡【更改】组中，若单击【上一处】按钮，则 Word 将查找并选中上一条修订。

Step03 接受修订。Word将查找并选中下一处修订，❶若要接受，则在【审阅】选项卡【更改】组中单击【接受】下拉按钮；❷在弹出的下拉列表中选择【接受此修订】选项，如图16-18所示。

图 16-18

技术看板

在此下拉列表中，若选择【接受并移到下一处】选项，当前修订即会被接受，与此同时，光标插入点自动定位到下一处修订中。

Step04 查看接受修订后的效果。当前修订即会被接受，同时修订标记消失，如图16-19所示。

图 16-19

Step05 拒绝或接受其他修订。参照上述操作方法，对文档中的修订进行接受或拒绝操作即可，完成所有修订的接受/拒绝操作后，会弹出提示框进行提示，单击【确定】按钮即可，如图16-20所示。

图 16-20

2.接受或拒绝全部修订

有时不需要逐一接受或拒绝修订，那么可以一次性接受或拒绝文档中的所有修订。

接受所有修订：如果需要接受审阅者的全部修订，则单击【接受】按钮下方的下拉按钮，在弹出的下拉列表中选择【接受所有修订】选项即可，如图16-21所示。

图 16-21

拒绝所有修订：如果需要拒绝审阅者的全部修订，则单击【拒绝】按钮下方的下拉按钮，在弹出的下拉列表中选择【拒绝所有修订】选项即可，如图16-22所示。

图 16-22

16.3　批注的应用

修订是跟踪文档变化最有效的手段，通过该功能，审阅者可以直接对文稿进行修改。但是，当需要对文稿提出建议时，就需要通过批注功能来实现。

★重点 16.3.1 实战：在市场调查报告中新建批注

实例门类	软件功能

批注是作者与审阅者的沟通渠道，审阅者在修改他人的文档时，通过插入批注，可以将自己的建议插入文档中，以供作者参考。插入批注的具体操作步骤如下。

Step01 执行新建批注操作。在"市场调查报告.docx"文档中，❶选中需要添加批注的文本；❷单击【审阅】选项卡【批注】组中的【新建批注】按钮，如图 16-23 所示。

图 16-23

Step02 输入批注内容。此时窗口右侧将出现一个批注框，在批注框中输入自己的见解或建议即可，如图 16-24 所示。

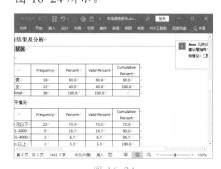

图 16-24

16.3.2 设置批注和修订的显示方式

Word 为批注和修订提供了 3 种显示方式，分别是在批注框中显示修订、以嵌入方式显示所有修订、仅在批注框中显示备注和格式设置。

➥ 在批注框中显示修订：选择此方式时，所有批注和修订将以批注框的形式显示在标记区中，如图 16-25 所示。

图 16-25

➥ 以嵌入方式显示所有修订：所有批注与修订将以嵌入的形式显示在文档中，如图 16-26 所示。

图 16-26

➥ 仅在批注框中显示备注和格式设置：标记区中将以批注框的形式显示批注和格式更改，而其他修订会以嵌入的形式显示在文档中，如图 16-27 所示。

图 16-27

默认情况下，Word 文档是以仅在批注框中显示备注和格式设置的方式显示批注和修订的，根据操作习惯，用户可自行更改。方法为：在【审阅】选项卡【修订】组中单击【显示标记】按钮，在弹出的下拉列表中选择【批注框】选项，在弹出的级联菜单中选择需要的方式即可，如图 16-28 所示。

图 16-28

★重点 16.3.3 实战：答复批注

实例门类	软件功能

当审阅者在文档中使用了批注时，作者还可以对批注做出答复，从而使审阅者与作者之间的沟通更加轻松。答复批注的具体操作步骤如下。

Step01 答复批注。在"市场调查报告.docx"文档中，将光标插入点定位到需要进行答复的批注内，单击【答复】按钮，如图 16-29 所示。

图 16-29

Step 02 输入答复内容。在出现的答复栏中直接输入答复内容即可，如图 16-30 所示。

图 16-30

技能拓展——解决批注

当某个批注中提出的问题已经得到解决时，可以在该批注中单击【解决】按钮，将其设置为已解决状态。将批注设置为已解决状态后，该批注将以灰色状态显示，且不可再对其进行编辑。若要激活该批注，单击【重新打开】按钮即可。

16.3.4 删除批注

如果不再需要批注内容，可通过下面的方法将其删除。

➡ 右击需要删除的批注，在弹出的快捷菜单中选择【删除批注】命令即可，如图 16-31 所示。

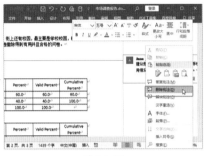

图 16-31

➡ 将光标插入点定位在要删除的批注中，单击【审阅】选项卡【批注】组中的【删除】按钮下方的下拉按钮 ˅ ，在弹出的下拉列表中选择【删除】选项，如图 16-32 所示。

图 16-32

技能拓展——删除文档中的所有批注

将光标插入点定位在要删除的批注中，单击【审阅】选项卡【批注】组中的【删除】按钮下方的下拉按钮 ˅ ，在弹出的下拉列表中选择【删除文档中的所有批注】选项，可以一次性删除文档中的所有批注。

16.4 合并与比较文档

通过 Word 提供的合并和比较功能，用户可以很方便地对两篇文档进行比较，从而快速找到差异之处。

★重点 16.4.1 实战：合并公司简介的多个修订文档

实例门类	软件功能

此处的合并文档并不是将几个不同的文档合并在一起，而是将多个审阅者对同一个文档所做的修订合并在一起。合并文档的具体操作步骤如下。

Step 01 执行合并操作。打开"素材文件\第 16 章\公司简介.docx"文件，❶单击【审阅】选项卡【比较】组中的【比较】按钮；❷在弹出的下拉列表中选择【合并】选项，如图 16-33 所示。

图 16-33

Step 02 单击【文件】按钮。打开【合并文档】对话框，在【原文档】栏中单击【文件】按钮 📁 ，如图 16-34 所示。

图 16-34

Step 03 选择原文件。打开【打开】对话框，❶选择原始文档；❷单击【打开】按钮，如图 16-35 所示。

图 16-35

Step 04 单击【文件】按钮。返回【合并文档】对话框，在【修订的文档】栏中单击【文件】按钮，如图 16-36 所示。

图 16-36

Step 05 选择修订的文档。打开【打开】对话框，❶选择第 1 份修订文档；❷单击【打开】按钮，如图 16-37 所示。

图 16-37

Step 06 单击【更多】按钮。返回【合并文档】对话框，单击【更多】按钮，如图 16-38 所示。

图 16-38

Step 07 修订显示设置。❶展开【合并文档】对话框，根据需要进行相应的设置，如在【修订的显示位置】栏中选中【原文档】单选按钮；❷设置完成后单击【确定】按钮，如图 16-39 所示。

图 16-39

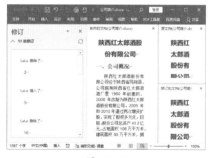

技术看板

在【合并文档】对话框的【修订的显示位置】栏中，若选中【原文档】单选按钮，则将把合并结果显示在原文档中；若选中【修订后文档】单选按钮，则会将合并结果显示在修订的文档中；若选中【新文档】单选按钮，则会自动新建一个空白文档，用来保存合并结果，并将这个保存的合并结果作为原始文档，再合并下一个审阅者的修订文档。

Step 08 查看合并后的效果。Word 将对原始文档和第 1 份修订文档进行合并操作，并在原文档窗口中显示合并效果，如图 16-40 所示。

图 16-40

Step 09 继续执行合并文档操作。按快捷键【Ctrl+S】保存文档，重复前面的操作，通过【合并文档】对话框依次将其他审阅者的修订文档进行合并。在合并第 2 份及之后的修订文档时，会弹出提示框询问用户

要保留的文档，用户根据需要进行选择，然后单击【继续合并】按钮进行合并即可，如图 16-41 所示。

图 16-41

Step 10 查看合并后的效果。在合并修订后的文档中，可以查看所有审阅者的修订，如图 16-42 所示。将鼠标指针指向某条修订时，还会显示审阅者的信息。

图 16-42

★重点 16.4.2 实战：比较文档

实例门类	软件功能

对于没有启动修订功能的文档，可以通过比较文档功能对原始文档与修改后的文档进行比较，从而自动生成一个修订文档，以实现文档作者与审阅者之间沟通的目的。比较文档的具体操作步骤如下。

Step 01 执行比较操作。❶在 Word 窗口中单击【审阅】选项卡【比较】组中的【比较】按钮；❷在弹出的下拉列表中选择【比较】选项，如图 16-43 所示。

图 16-43

Step 02 单击【文件】按钮。打开【比较文档】对话框，在【原文档】栏中单击【文件】按钮📂，如图 16-44 所示。

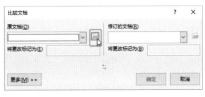

图 16-44

Step 03 选择原文件。打开【打开】对话框，❶选择原始文档；❷单击【打开】按钮，如图 16-45 所示。

图 16-45

Step 04 单击【文件】按钮。返回【比较文档】对话框，在【修订的文档】栏中单击【文件】按钮📂，如图 16-46 所示。

图 16-46

Step 05 选择审阅后的文件。打开【打开】对话框，❶选择修改后的文档；❷单击【打开】按钮，如图 16-47 所示。

图 16-47

Step 06 单击【更多】按钮。返回【比较文档】对话框，单击【更多】按钮，如图 16-48 所示。

图 16-48

Step 07 修订显示设置。❶展开【比较文档】对话框，根据需要进行相应的设置，如在【修订的显示位置】栏中选中【新文档】单选按钮；❷设置完成后单击【确定】按钮，如图 16-49 所示。

图 16-49

Step 08 查看比较结果。Word 将自动新建一个空白文档，并在新建的文档窗口中显示比较结果，如图 16-50 所示。

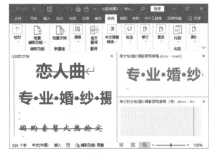

图 16-50

⚙️ **技能拓展——显示修订窗格**

在审阅和比较文档时，修订内容将在文档中显示，如果想让文档中的所有修订显示在一个窗格中，那么可显示出【修订】窗格，在该窗格中将显示文档中所有修订的数量及修订的内容，如图 16-51 所示。

图 16-51

在 Word 中显示【修订】窗格的操作为：单击【审阅】选项卡【修订】组中的【审阅窗格】按钮，即可在文档左侧显示【修订】导航窗格。

16.5 保护文档

为了防止他人随意查看或编辑重要的文档，可以对文档进行相应的保护设置，如设置格式修改权限、编辑权限，以及打开文档的密码。

16.5.1 实战：设置人事档案管理制度的格式修改权限

实例门类	软件功能

如果允许用户对文档的内容进行编辑，但是不允许修改格式，则可以设置格式修改权限，具体操作步骤如下。

Step01 执行限制编辑操作。打开"素材文件\第16章\人事档案管理制度.docx"文件，单击【审阅】选项卡【保护】组中的【限制编辑】按钮，如图16-52所示。

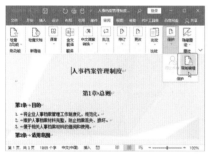

图16-52

Step02 启动强制保护。打开【限制编辑】窗格，❶在【格式化限制】栏中选中【限制对选定的样式设置格式】复选框；❷在【启动强制保护】栏中单击【是，启动强制保护】按钮，如图16-53所示。

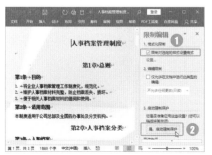

图16-53

Step03 设置保护密码。打开【启动强制保护】对话框，❶设置保护密码为【000】；❷单击【确定】按钮，如图16-54所示。

图16-54

Step04 查看设置限制编辑后的效果。返回文档，此时用户只能使用部分样式格式化文本，如在【开始】选项卡中可以看到大部分按钮都呈不可使用状态，如图16-55所示。

图16-55

技能拓展——取消格式修改权限

若要取消式修改权限，则打开【限制编辑】窗格，单击【停止保护】按钮，在打开的【取消保护文档】对话框中输入之前设置的密码，然后单击【确定】按钮即可。

★重点 16.5.2 实战：设置分析报告的编辑权限

实例门类	软件功能

如果只允许其他用户查看文档，但不允许对文档进行任何编辑操作，则可以设置编辑权限，具体操作步骤如下。

Step01 执行限制编辑操作。打开"素材文件\第16章\污水处理分析报告.docx"文件，单击【审阅】选项卡【保护】组中的【限制编辑】按钮，如图16-56所示。

图16-56

Step02 限制编辑权限。打开【限制编辑】窗格，❶在【编辑限制】栏中选中【仅允许在文档中进行此类型的编辑】复选框；❷在下面的下拉列表框中选择【不允许任何更改（只读）】选项；❸在【启动强制保护】栏中单击【是，启动强制保护】按钮，如图16-57所示。

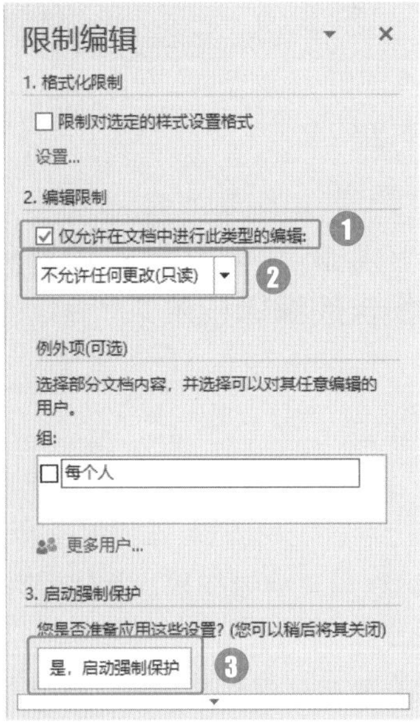

图 16-57

Step03 设置保护密码。打开【启动强制保护】对话框，❶设置保护密码为【000】；❷单击【确定】按钮，如图 16-58 所示。

图 16-58

Step04 验证限制编辑效果。返回文档，此时无论进行什么操作，状态栏都会出现【由于所选内容已被锁定，您无法进行此更改。】的提示信息，如图 16-59 所示。

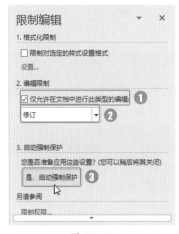

图 16-59

16.5.3 实战：设置建设方案的修订权限

实例门类	软件功能

如果允许其他用户对文档进行编辑操作，但是又希望查看编辑痕迹，则可以设置修订权限，具体操作步骤如下。

Step01 执行限制编辑操作。打开"素材文件\第 16 章\企业信息化建设方案.docx"文件，单击【审阅】选项卡【保护】组中的【限制编辑】按钮，如图 16-60 所示。

图 16-60

Step02 设置限制编辑类型。打开【限制编辑】窗格，❶在【编辑限制】栏中选中【仅允许在文档中进行此类型的编辑】复选框；❷在下面的下拉列表框中选择【修订】选项；❸在【启动强制保护】栏中单击【是，启动强制保护】按钮，如图 16-61 所示。

图 16-61

Step03 设置保护密码。打开【启动强制保护】对话框，❶设置保护密码为【000】；❷单击【确定】按钮，如图 16-62 所示。

图 16-62

Step04 限制编辑效果。返回文档，此后若对其进行编辑，文档会自动进入修订状态，即任何修改都会做出修订标记，如图 16-63 所示。

图 16-63

★重点 16.5.4 实战：设置修改公司规章制度的密码

实例门类	软件功能

对于比较重要的文档，在允许其他用户查阅的情况下，为了防止内容被编辑修改，可以设置一个修改密码。打开设置了修改密码的文档时，会弹出图 16-64 所示的【密码】对话框，提示输入密码，这时只有输入正确的密码才能打开文档并进行编辑，否则只能通过单击【只读】按钮以只读方式打开。

图 16-64

对文档设置修改密码的具体操作步骤如下。

Step01 选择【常规选项】选项。打开"素材文件\第16章\公司规章制度.docx"文件，按【F12】键打开【另存为】对话框，❶单击【工具】按钮；❷在弹出的列表中选择【常规选项】选项，如图16-65所示。

图 16-65

Step02 设置修改密码。打开【常规选项】对话框，❶在【修改文件时的密码】文本框中输入密码【000】；❷单击【确定】按钮，如图16-66所示。

图 16-66

技术看板

在【常规选项】对话框的【打开文件时的密码】文本框中输入密码，可设置打开文档时的密码，也就是要输入正确的密码后，才能打开该文档。

Step03 确认设置的密码。❶在弹出的【确认密码】对话框中再次输入密码【000】；❷单击【确定】按钮，如图16-67所示。

图 16-67

Step04 保存设置。返回【另存为】对话框，单击【保存】按钮即可，如图16-68所示。

图 16-68

技能拓展——取消修改密码

对文档设置修改密码后，若要取消这一密码保护，则打开上述操作中的【常规选项】对话框，将【修改文件时的密码】文本框中的密码删除，然后单击【确定】按钮即可。

★重点 16.5.5 实战：设置打开工资管理制度的密码

实例门类	软件功能

对于非常重要的文档，为了防止其他用户查看，可以设置打开文档时的密码，以达到保护文档的目的。

为文档设置打开密码后，再次打开该文档，会弹出图16-69所示的【密码】对话框，此时需要输入正确的密码才能将其打开。

图 16-69

对文档设置打开密码的具体操作步骤如下。

Step01 选择菜单命令。打开"素材文件\第16章\工资管理制度.docx"文件，打开【文件】菜单，在【信息】操作界面中，❶单击【保护文档】按钮；❷在弹出的下拉列表中选择【用密码进行加密】选项，如图16-70所示。

图 16-70

Step02 输入密码。打开【加密文档】对话框，❶在【密码】文本框中输入密码【000】；❷单击【确定】按钮，如图 16-71 所示。

图 16-71

Step03 确认密码设置。打开【确认密码】对话框，❶在【重新输入密码】文本框中再次输入密码【000】；❷单击【确定】按钮，如图 16-72 所示。

图 16-72

Step04 保存设置。此时【信息】界面中【保护文档】按钮右侧有提示，并以黄色底纹突出显示，如图 16-73 所示。按快捷键【Ctrl+S】进行保存即可。

图 16-73

技能拓展——取消打开密码

若要取消文档的打开密码，需要先打开该文档，然后打开【加密文档】对话框，将【密码】文本框中的密码删除，最后单击【确定】按钮即可。

妙招技法

通过对前面知识的学习，相信读者已经掌握了审阅与保护文档的方法。下面结合本章内容，给大家介绍一些实用技巧。

技巧 01：如何防止他人随意关闭修订

打开修订功能后，通过单击【修订】下拉按钮，在弹出的下拉列表中选择【修订】选项，可关闭修订功能。为防止他人随意关闭修订功能，可使用锁定修订功能，具体操作步骤如下。

Step01 选择锁定修订选项。在"市场调查报告.docx"文档中，❶在【审阅】选项卡【修订】组中单击【修订】下拉按钮 ∨；❷在弹出的下拉列表中选择【锁定修订】选项，如图 16-74 所示。

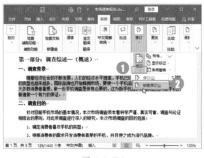

图 16-74

Step02 设置锁定密码。打开【锁定修订】对话框，❶设置锁定密码为【000】；❷单击【确定】按钮即可，如图 16-75 所示。

图 16-75

技能拓展——解除锁定

设置锁定修订后，此后若需要关闭修订，则需要先解除锁定。单击【修订】下拉按钮 ∨，在弹出的下拉列表中选择【锁定修订】选项，在打开的【解除锁定跟踪】对话框中输入正确的密码，然后单击【确定】按钮，即可解除锁定。

技巧 02：更改审阅者姓名

在文档中插入批注后，批注框中会显示审阅者的姓名。此外，对文档做出修订后，将鼠标指针指向某处修订，会在弹出的指示框中显示审阅者的姓名。

根据操作需要，可以修改审阅者的姓名。具体操作方法为：打开【Word选项】对话框，在【常规】选项卡的【对 Microsoft Office 进行个性化设置】栏中，设置用户名及缩写，然后单击【确定】按钮即可，如图 16-76 所示。

图 16-76

技巧 03：批量删除指定审阅者插入的批注

在审阅文档时，有时会有多个审阅者在文档中插入批注，如果只需要删除某个审阅者插入的批注，可按下面的操作步骤实现。

Step 01 选择特定人员。打开"素材文件\第 16 章\档案管理制度 .docx"文件，❶在【审阅】选项卡【修订】组中单击【显示标记】按钮；❷在弹出的下拉列表中选择【特定人员】选项；❸在弹出的级联菜单中设置需要显示的审阅者，本例中只需要删除"LAN"的批注，因此取消【yangxue】选项的选中状态，如图 16-77 所示。

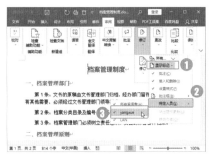

图 16-77

Step 02 删除特定人员添加的批注。此时文档中将只显示审阅者"LAN"的批注，❶在【审阅】选项卡【批注】组中单击【删除】下拉按钮 ；❷在弹出的下拉列表中选择【删除所有显示的批注】选项，如图 16-78 所示，即可删除审阅者"LAN"插入的所有批注。

图 16-78

技术看板

若文档被多个审阅者进行修订，还可参照上述操作方法，通过设置显示指定审阅者的修订，然后对显示的修订做出接受或拒绝操作。

技巧 04：删除 Word 文档的文档属性和个人信息

将文档编辑好后，有时需要发送给其他人查阅，若不想让别人知道文档的文档属性及个人信息，可将这些信息删除，具体操作步骤如下。

Step 01 单击按钮。在要删除文档属性和个人信息的文档中，打开【Word 选项】对话框，❶选择【信任中心】选项卡；❷单击【信任中心设置】按钮，如图 16-79 所示。

图 16-79

Step 02 执行文档检查操作。打开【信任中心】对话框，❶选择【隐私选项】选项卡；❷在【文档特定设置】栏中单击【文档检查器】按钮，如图 16-80 所示。

图 16-80

Step 03 设置要检查的内容。打开【文档检查器】对话框，❶取消选中其他复选框，只选中【文档属性和个人信息】复选框；❷单击【检查】按钮，如图 16-81 所示。

图 16-81

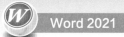

Step04 执行删除操作。检查完毕，单击【全部删除】按钮删除信息，如图 16-82 所示。

Step05 完成删除操作。将数据删除后，单击【关闭】按钮关闭【文档检查器】对话框，如图 16-83 所示。在返回的对话框中依次单击【确定】按钮，保存设置即可。

图 16-82

图 16-83

本章小结

　　本章介绍了如何审阅与保护文档，主要包括文档的检查、文档的修订、批注的应用、合并与比较文档、保护文档等内容。通过对本章内容的学习，读者不仅能够规范审阅、修订文档，还能保护自己的重要文档。

第17章 信封与邮件合并

➜ 如何通过 Word 制作信封？

➜ 邮件合并有何作用？

➜ 当需要批量制作主体内容相同的文档时，如何制作最快捷？

当需要批量制作某些文档时，可以通过 Word 提供的邮件功能来实现。本章将通过制作信封和使用邮件合并功能教会读者批量制作通知书、工资条及准考证等文件，从而提高工作效率。

17.1 制作信封

虽然现在许多办公室都配置了打印机，但大部分打印机都不能直接将邮政编码、收件人、寄件人打印至信封的正确位置。Word 提供了信封制作功能，可以帮助用户快速制作和打印信封。

17.1.1 实战：使用向导创建单个信封

实例门类	软件功能

虽然信封上的内容并不多，但是项目不少，主要分收件人信息和发件人信息，这些信息包括姓名、邮政编码和地址。如果手动制作信封，不仅费时费力，而且尺寸也不容易符合邮政规范。

通过 Word 提供的信封制作功能，可以轻松完成信封的制作，具体操作步骤如下。

Step 01 执行创建信封操作。在 Word 窗口中单击【邮件】选项卡【创建】组中的【中文信封】按钮，如图 17-1 所示。

图 17-1

Step 02 执行下一步操作。打开【信封制作向导】对话框，单击【下一步】按钮，如图 17-2 所示。

图 17-2

Step 03 选择信封样式。进入【选择信封样式】界面，❶在【信封样式】下拉列表框中选择一种信封样式；❷单击【下一步】按钮，如图 17-3 所示。

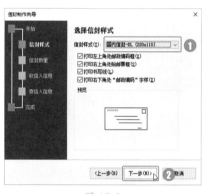

图 17-3

技术看板

【信封样式】下拉列表框中不仅提供了一些国内的信封样式，还提供了一些国外常用的信封样式，用户可根据需要进行选择。

Step 04 设置创建信封的数量。进入【选择生成信封的方式和数量】界面，❶选中【键入收信人信息，生成单个信封】单选按钮；❷单击【下一步】按钮，如图 17-4 所示。

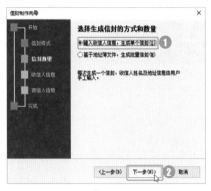

图 17-4

Step 05 输入收信人信息。进入【输入收信人信息】界面，❶输入收信人的姓名、称谓、单位、地址、邮编等信息；❷单击【下一步】按钮，如图 17-5 所示。

图 17-5

Step 06 输入寄信人信息。进入【输入寄信人信息】界面，❶输入寄信人的姓名、单位、地址、邮编等信息；❷单击【下一步】按钮，如图 17-6 所示。

图 17-6

技术看板

通过【信封制作向导】对话框制作信封时，并不一定要输入收件人信息和寄件人信息，也可以待信封制作好后，再在相应的位置输入对应的信息。

Step 07 完成信封制作。进入【信封制作向导】界面，单击【完成】按钮，如图 17-7 所示。

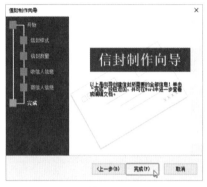

图 17-7

Step 08 查看创建的信封效果。将自动新建一个 Word 文档，并根据设置的信息创建一个信封，然后以"单个信封"为名进行保存，效果如图 17-8 所示。

图 17-8

★重点 17.1.2 实战：使用信封制作向导批量制作信封

实例门类	软件功能

通过信封制作向导，还可以导入通讯录中的联系人地址，批量制作出已经填写好各项信息的多个信封，从而提高工作效率。使用信封制作向导批量制作信封的具体操作步骤如下。

Step 01 制作通讯录。通过 Excel 制作一个通讯录，如图 17-9 所示。

图 17-9

Step 02 执行创建信封操作。在 Word 窗口中单击【邮件】选项卡【创建】组中的【中文信封】按钮，如图 17-10 所示。

图 17-10

Step 03 执行下一步操作。打开【信封制作向导】对话框，单击【下一步】按钮，如图 17-11 所示。

图 17-11

Step 04 选择信封样式。进入【选择信封样式】界面，❶在【信封样式】下拉列表框中选择一种信封样式；

❷单击【下一步】按钮，如图 17-12 所示。

图 17-12

Step05 设置创建信封的数量。进入【选择生成信封的方式和数量】界面，❶选中【基于地址簿文件，生成批量信封】单选按钮；❷单击【下一步】按钮，如图 17-13 所示。

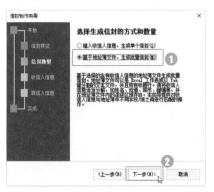

图 17-13

Step06 设置收信人信息。进入【从文件中获取并匹配收信人信息】界面，单击【选择地址簿】按钮，如图 17-14 所示。

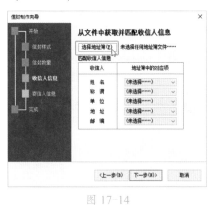

图 17-14

Step07 选择收信人信息文件。打开【打开】对话框，❶在【文件名】文本框后面的文件格式下拉列表中选择文件的格式，如选择【Excel】选项；❷在对话框中选择需要的文件；❸单击【打开】按钮，如图 17-15 所示。

图 17-15

技术看板

制作信封时，只支持两种收信人信息文件，一种是本例所用到的 Excel 文件，另一种是 Text 文件，即文本文件。

Step08 设置匹配信息。返回【从文件中获取并匹配收信人信息】界面，❶在【匹配收信人信息】栏中为收信人信息匹配收信人文件中对应的字段；❷单击【下一步】按钮，如图 17-16 所示。

图 17-16

Step09 输入寄信人信息。进入【输入寄信人信息】界面，❶输入寄信人的姓名、单位、地址、邮编等信息；❷单击【下一步】按钮，如图 17-17

所示。

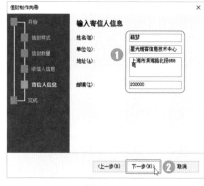

图 17-17

Step10 完成信封制作。进入【信封制作向导】界面，单击【完成】按钮，如图 17-18 所示。

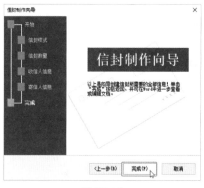

图 17-18

Step11 查看批量创建的信封效果。将自动新建一个 Word 文档，并根据设置的信息批量生成信封，图 17-19 所示为其中两份信封。

图 17-19

★重点 17.1.3 实战：制作自定义信封

实例门类	软件功能

根据操作需要，用户还可以制作自定义信封，具体操作步骤如下。

Step01 执行信封操作。❶新建一个名为"自定义信封"的空白文档；❷单击【邮件】选项卡【创建】组中的【信封】按钮，如图 17-20 所示。

图 17-20

Step02 输入收信人和寄信人信息。打开【信封和标签】对话框，❶在【信封】选项卡的【收信人地址】文本框中输入收信人的信息；❷在【寄信人地址】文本框中输入寄信人的信息；❸单击【选项】按钮，如图 17-21 所示。

图 17-21

Step03 设置信封选项。打开【信封选项】对话框，❶在【信封尺寸】下拉列表框中可以选择信封的尺寸大小；❷在【收信人地址】栏中可以设置收信人地址距页面左边和上边的距离；❸在【寄信人地址】栏中可以设置寄信人地址距页面左边和上边的距离；❹在【收信人地址】栏中单击【字体】按钮，如图 17-22 所示。

图 17-22

Step04 设置收信人文本字体格式。❶在打开的【收信人地址】对话框中可以设置收信人地址的字体格式；❷完成设置后单击【确定】按钮，如图 17-23 所示。

图 17-23

Step05 单击【字体】按钮。返回【信封选项】对话框，在【寄信人地址】栏中单击【字体】按钮，如图 17-24 所示。

图 17-24

Step06 设置寄信人文本字体格式。❶在打开的【寄信人地址】对话框中可以设置寄信人地址的字体格式；❷完成设置后单击【确定】按钮，如图 17-25 所示。

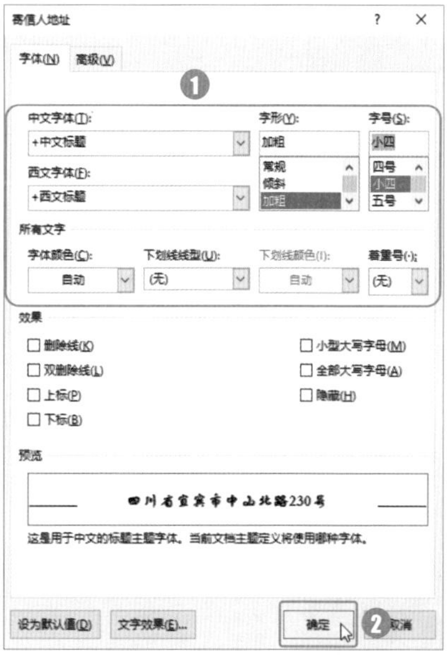

图 17-25

Step07 确认设置。返回【信封选项】对话框，单击【确定】按钮，如图 17-26 所示。

图 17-26

Step08 执行添加到文档操作。返回【信封和标签】对话框，单击【添加到文档】按钮，如图 17-27 所示。

图 17-27

Step09 是否保存寄信人地址。打开提示框询问是否要将新的寄信人地址保存为默认的寄信人地址，用户根据需要自行选择。本例中不需要保存，所以单击【否】按钮，如图 17-28 所示。

图 17-28

Step10 查看自定义的信封效果。返回文档，即可看见自定义创建的信封效果，如图 17-29 所示。

图 17-29

★重点 17.1.4　实战：制作标签

实例门类	软件功能

在日常工作中，标签是使用较多的元素。例如，当要用简单的几个关键词或一个简短的句子来表明物品的信息时，就需要使用标签。利用 Word，可以非常轻松地完成标签的批量制作，具体操作步骤如下。

Step01 单击【标签】按钮。在 Word 窗口中单击【邮件】选项卡【创建】组中的【标签】按钮，如图 17-30 所示。

图 17-30

Step02 输入标签内容。打开【信封和标签】对话框，默认定位到【标签】选项卡，❶在【地址】文本框中输入要创建的标签内容；❷单击【选项】按钮，如图 17-31 所示。

图 17-31

Step03 选择标签样式。打开【标签选项】对话框，❶在【标签供应商】下拉列表框中选择供应商；❷在【产品编号】列表框中选择一种标签样式；❸选择后在右侧的【标签信息】栏中可以查看当前标签的尺寸信息，确认无误后单击【确定】按钮，如图 17-32 所示。

图 17-32

🔧 技能拓展——自定义标签尺寸

在【标签选项】对话框中，单击【详细信息】按钮，在打开的对话框中，可以在所选标签的基础上修改指定参数来创建符合需要的新标签。

Step04 执行新建文档操作。返回【信封和标签】对话框，单击【新建文档】按钮，如图 17-33 所示。

图 17-33

Step05 查看标签效果。此时将新建一个 Word 文档，并根据所设置的信息创建标签，将其保存为【标签】，如图 17-34 所示。

图 17-34

Step06 美化标签。根据个人需要，对标签格式进行美化，效果如图 17-35 所示。

图 17-35

17.2　邮件合并

在日常办公中，通常会有许多数据表，如果要根据这些数据信息制作大量的文档，如名片、奖状、工资条、通知书、准考证等，可通过邮件合并功能轻松、准确、快速地完成这些重复性工作。

17.2.1　邮件合并的原理与通用流程

使用邮件合并功能可以批量制作多种类型的文档，如通知书、奖状、工资条等，这些文档有一个共同的特征，即它们都是由固定内容和可变内容组成的。

例如，录用通知书，在发给每一位应聘者的录用通知书中，姓名、性别等关于应聘者的个人信息是不同的，这就是可变内容；通知书中的其他内容是相同的，这就是固定内容。

使用邮件合并功能，无论创建哪种类型的文档，都要遵循以下流程，如图 17-36 所示。

创建主文档
创建数据源
建立主文档与数据源的关联
插入合并域
生成合并文档

图 17-36

17.2.2　邮件合并中的文档类型和数据源类型

Word 为邮件合并提供了信函、电子邮件、信封、标签、目录和普通 Word 文档 6 种文档类型，用户可根据需要自行选择，图 17-37 列出了各种类型文档的详细说明。

文档类型	视图类型	功能
信函	页面视图	创建具有不同用途的信函，合并后的每条记录独自占用一页
电子邮件	Web 版式视图	为每个收件人创建电子邮件
信封	页面视图	创建指定尺寸的信封
标签	页面视图	创建指定规格的标签，所有标签位于同一页中
目录	页面视图	合并后的多条记录位于同一页中
普通 Word 文档	页面视图	删除与主文档关联的数据源，使文档恢复为普通文档

图 17-37

在邮件合并中，可以使用多种文件类型的数据源，如 Word 文档、Excel 文件、文本文件、Access 数据、Outlook 联系人等。

Excel 文件是最常用的数据源，图 17-38 所示为使用 Excel 制作的数据源，第 1 行包含用于描述各列数据的标题，其下的每一行包含数据记录。

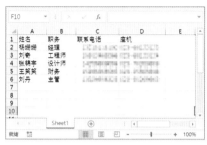

图 17-38

如果要使用 Word 文档作为邮件合并的数据源，则可以在 Word 文档中创建一个表格，表格的结构与 Excel 工作表类似。图 17-39 所示为使用 Word 制作的数据源。

图 17-39

技术看板

为了在邮件合并过程中能够将 Word 表格正确识别为数据源，Word 表格必须位于文档顶部，即表格上方不能含有任何内容。

如果要使用文本文件作为数据源，则要求各条记录之间及每条记录中的各项数据之间必须分别使用相同的符号分隔，图 17-40 所示为文本文件格式的数据源。

图 17-40

了解了邮件合并的流程及数据

源的类型等基础知识后，下面将通过具体的实例来介绍邮件合并功能。

★重点 17.2.3 实战：批量制作通知书

实例门类	软件功能

一般来说，当面试人员通过公司面试，公司确认录用后，就需要向被录用的人员发送录用通知书，这时就需要相关人员制作录用通知书。当被录用的人员较多时，就需要制作大量的录用通知书，此时可按下面的操作步骤实现。

Step 01 执行创建数据源操作。使用 Word 制作一个名为"录用通知书"的主文档，数据源是执行批量创建文档的关键，由于没有创建需要的数据源，因此本例要先创建数据源。❶单击【邮件】选项卡【开始邮件合并】组中的【选择收件人】按钮；❷在弹出的下拉列表中选择【键入新列表】选项，如图 17-41 所示。

图 17-41

技术看板

如果在【选择收件人】的下拉列表中选择【从 Outlook 联系人中选择】选项，则可选择 Outlook 中提供的联系人。

Step 02 删除字段名。❶打开【新建地址列表】对话框，单击【自定义列】按钮；❷打开【自定义地址列

表】对话框，在【字段名】列表框中选择需要删除的字段，如选择【称呼】选项；❸单击【删除】按钮，如图 17-42 所示。

图 17-42

Step 03 确认删除。在打开的提示对话框中单击【是】按钮，如图 17-43 所示。

图 17-43

Step 04 执行重命名操作。此时即可删除选择的字段，使用相同的方法将不需要的字段全部删除，❶在【自定义地址列表】对话框中的【字段名】列表框中选择需要重命名的字段，如选择【名字】选项；❷单击【重命名】按钮，如图 17-44 所示。

图 17-44

Step 05 重命名字段名。❶打开【重命名域】对话框，在【目标名称】

文本框中输入字段名称，如输入【姓名】；②单击【确定】按钮，如图 17-45 所示。

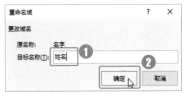

图 17-45

Step06 重命名其他字段名。使用相同的方法对需要重命名的字段进行重命名操作，完成后单击【确定】按钮，如图 17-46 所示。

图 17-46

技能拓展——移动字段

在【自定义地址列表】对话框的【字段名】列表框中，字段的先后顺序是可以调整的。调整方法为：在列表框中选择需要调整的字段，单击【下移】或【上移】按钮，即可向下或向上移动一个位置。

Step07 新建条目。①返回【新建地址列表】对话框，在对应的字段名下输入相应的内容；②单击【新建条目】按钮，如图 17-47 所示。

图 17-47

Step08 输入数据源条目内容。此时即可新建一个条目，再双击【新建条目】按钮新建多个条目，①在新建的条目中输入相应的信息；②完成后单击【确定】按钮，如图 17-48 所示。

图 17-48

技术看板

当新建的条目过多或有错误时，可选择该条目，单击【删除条目】按钮，将该条目删除。

Step09 保存数据源。①打开【保存通讯录】对话框，在地址栏中设置保存的位置；②在【文件名】文本框中输入保存的名称，如输入【录用人员名单】；③单击【保存】按钮，保存创建的数据源，如图 17-49 所示。

图 17-49

Step10 选择插入的合并域。此时，【邮件】选项卡【编写和插入域】组中的按钮将被激活，表示创建的数据源将与"录用通知书"文档关联在一起。①将光标插入点定位在需要插入合并域的位置；②单击【邮件】选项卡【编写和插入域】组中的【插入合并域】按钮右侧的下拉按钮ᐁ；③在弹出的下拉列表中选择需要的合并域，如选择【姓名】选项，如图 17-50 所示。

图 17-50

技术看板

【插入合并域】下拉列表中显示的域选项与数据源列表中的字段名是相同的，只有将文档中的特定文本与数据列表中的字段关联起来，才能批量创建文档。

Step11 查看合并域。此时，光标所在位置将插入选择的合并域，效果如图 17-51 所示。

图 17-51

Step⑫ 插入其他合并域。使用相同的方法在文档相应位置插入对应的合并域，效果如图 17-52 所示。

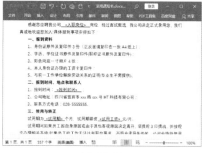

图 17-52

Step⑬ 执行合并操作。插入合并域后，就可以生成合并文档了。❶在【邮件】选项卡【完成】组中单击【完成并合并】按钮；❷在弹出的下拉列表中选择【编辑单个文档】选项，如图 17-53 所示。

图 17-53

Step⑭ 设置合并记录。打开【合并到新文档】对话框，❶选中【全部】单选按钮；❷单击【确定】按钮，如图 17-54 所示。

图 17-54

技术看板

在【合并到新文档】对话框中选中【全部】单选按钮，表示将创建包含所有字段的文档；若选中【当前记录】单选按钮，表示将只创建预览结果所显示的单个记录的文档；选中【从】单选按钮，则可自由设置包含从哪个记录到哪个记录的文档。

Step⑮ 查看合并效果。此时将新建一个 Word 文档显示合并记录，这些合并记录分别独自占用一页。图 17-55 所示为第 1 页的合并记录，显示了其中一位应聘者的录用通知书，图 17-56 所示为第 2 页的合并记录。

图 17-55

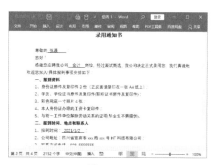

图 17-56

★重点 17.2.4 实战：批量制作工资条

实例门类	软件功能

很多人制作工资条都会选择 Excel 软件，其实，通过 Word 的邮件合并功能，也能批量生成工资条，具体操作步骤如下。

Step① 制作主文档。使用 Word 制作一个名为"工资条"的主文档，如图 17-57 所示。

图 17-57

Step② 创建数据源。使用 Excel 制作一个名为"2021 年 1 月工资表"的数据源，效果如图 17-58 所示。

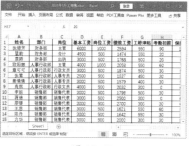

图 17-58

Step③ 设置邮件合并创建的文档类型。❶在主文档中单击【邮件】选项卡【开始邮件合并】组中的【开始邮件合并】按钮；❷在弹出的下拉列表中选择【目录】选项，如图 17-59 所示。

图 17-59

Step**04** 选择收件人列表。❶在主文档中单击【邮件】选项卡【开始邮件合并】组中的【选择收件人】按钮；❷在弹出的下拉列表中选择【使用现有列表】选项，如图 17-60 所示。

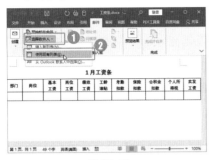

图 17-60

Step**05** 选择数据源。打开【选取数据源】对话框，❶选择需要的数据源文件，如选择【2021年1月工资表】；❷单击【打开】按钮，如图 17-61 所示。

图 17-61

Step**06** 选择数据源所在的工作表。打开【选择表格】对话框，❶选择数据源所在的工作表；❷单击【确定】按钮，如图 17-62 所示。

图 17-62

Step**07** 插入合并域。参照 17.2.3 小节的操作方法，在表格相应的单元格中插入对应的合并域，插入合并域后的效果如图 17-63 所示。

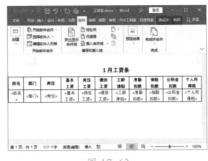

图 17-63

Step**08** 选择合并选项。❶在【邮件】选项卡【完成】组中单击【完成并合并】按钮；❷在弹出的下拉列表中选择【编辑单个文档】选项，如图 17-64 所示。

图 17-64

Step**09** 设置合并记录。打开【合并到新文档】对话框，❶选中【全部】单选按钮；❷单击【确定】按钮，如图 17-65 所示。

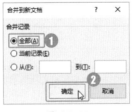

图 17-65

Step**10** 查看批量生成的工资条效果。此时新建的 Word 文档中显示了各员工的工资条，并将其以"1月工资条"为名进行保存，效果如图 17-66 所示。

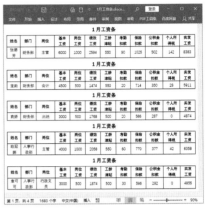

图 17-66

17.2.5 实战：批量制作名片

实例门类 软件功能

当公司需要制作统一风格的名片时，通过邮件合并功能可快速完成制作，具体操作步骤如下。

Step**01** 设置文档类型。打开"素材文件\第 17 章\名片 .docx"文档，将其作为邮件合并的主文档，❶单击【邮件】选项卡【开始邮件合并】组中的【开始邮件合并】按钮；❷在弹出的下拉列表中选择【信函】选项，如图 17-67 所示。

图 17-67

Step**02** 选择收件人列表。❶在主文档中单击【邮件】选项卡【开始邮件合并】组中的【选择收件人】按钮；❷在弹出的下拉列表中选择【使用现有列表】选项，如图 17-68 所示。

图 17-68

Step03 选择数据源。打开【选取数据源】对话框，❶选择需要的数据源文件，如选择【名片数据】；❷单击【打开】按钮，如图 17-69 所示。

图 17-69

Step04 选择数据源所在的工作表。打开【选择表格】对话框，❶选中数据源所在的工作表；❷单击【确定】按钮，如图 17-70 所示。

图 17-70

Step05 选择合并域。❶在文档中选择文本框中的【姓名】文本；❷在【邮件】选项卡【编写和插入域】组中单击【插入合并域】按钮右侧的下拉按钮 ；❸在弹出的下拉列表中选择【姓名】选项，如图 17-71 所示。

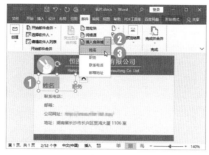

图 17-71

Step06 执行合并操作。插入姓名合并域，使用相同的方法插入其他合并域，❶在【邮件】选项卡【完成】组中单击【完成并合并】按钮；❷在弹出的下拉列表中选择【编辑单个文档】选项，如图 17-72 所示。

图 17-72

Step07 选择合并记录。打开【合并到新文档】对话框，❶选中【全部】单选按钮；❷单击【确定】按钮，如图 17-73 所示。

图 17-73

Step08 查看生成的批量名片。新建的 Word 文档中显示了各条合并记录，将其以"批量名片"为名进行保存，效果如图 17-74 所示。

图 17-74

17.2.6 实战：批量制作准考证

实例门类	软件功能

如果要批量制作带照片的准考证，通过 Word 的邮件合并功能可高效完成，具体操作步骤如下。

Step01 制作数据源。使用 Word 制作一个名称为"考生信息"的数据源文档，效果如图 17-75 所示。

图 17-75

Step02 设置文档类型。打开"素材文件\第 17 章\准考证.docx"文档，将其作为邮件合并的主文档，❶单击【邮件】选项卡【开始邮件合并】组中的【开始邮件合并】按钮；❷在弹出的下拉列表中选择【信函】选项，如图 17-76 所示。

图 17-76

图 17-78

图 17-80

Step03 选择收件人列表。❶在主文档中单击【邮件】选项卡【开始邮件合并】组中的【选择收件人】按钮；❷在弹出的下拉列表中选择【使用现有列表】选项，如图 17-77 所示。

Step05 插入合并域。在文档相应位置插入对应的合并域，效果如图 17-79 所示。

Step07 设置合并记录。打开【合并到新文档】对话框，❶选中【全部】单选按钮；❷单击【确定】按钮，如图 17-81 所示。

图 17-77

Step04 选择数据源。打开【选取数据源】对话框，❶选择需要的数据源文件，如选择【考生信息】；❷单击【打开】按钮，如图 17-78 所示。

图 17-79

Step06 执行合并操作。❶在【邮件】选项卡【完成】组中单击【完成并合并】按钮；❷在弹出的下拉列表中选择【编辑单个文档】选项，如图 17-80 所示。

图 17-81

Step08 查看合并效果。此时将新建一个 Word 文档显示合并记录，这些合并记录分别独自占用一页，图 17-82 所示为第 1 页的合并记录，显示了其中一位考生的准考证信息，将其保存为"批量准考证"文档。

图 17-82

妙招技法

通过对前面知识的学习，相信读者已经掌握了信封的制作技巧，以及批量制作各类特色文档的方法。下面结合本章内容，给大家介绍一些实用技巧。

技巧 01：设置默认的寄信人

在制作自定义信封时，如果始终使用同一寄信人，那么可以将其设置为默认寄信人，以便以后创建信封时自动填写寄信人信息。

设置默认的寄信人的方法为：

打开【Word选项】对话框，选择【高级】选项卡，在【常规】栏的【通讯地址】文本框中输入寄信人信息，然后单击【确定】按钮即可，如图17-83所示。

图 17-83

通过上述设置，以后在创建自定义信封时，在打开的【信封和标签】对话框中，【寄信人地址】文本框中将自动填写寄信人信息，如图17-84所示。

图 17-84

技巧 02：在邮件合并中预览结果

通过邮件合并功能批量制作各类特色文档时，可以在合并生成文档前先预览合并结果，具体操作步骤如下。

Step01 执行预览结果操作。在主文档中插入合并域后，在【邮件】选项卡【预览结果】组中单击【预览结果】按钮，如图17-85所示。

图 17-85

Step02 预览实际显示效果。插入的合并域将显示为实际内容，并显示第1条记录的效果，单击【邮件】选项卡【预览结果】组中的【下一记录】按钮▷，如图17-86所示。

图 17-86

Step03 预览下一条记录。此时即可切换到下一条记录的数据显示效果，如图17-87所示。完成预览后，再次单击【预览结果】按钮，可取消预览。

图 17-87

技巧 03：以电子邮件形式批量发送文档

对于面试通知、录用通知、邀请函等文档，如果需要将批量制作的文档发送给相应的联系人，那么通过Word提供的邮件合并功能就能实现。

例如，将17.2.5小节制作的"名片"主文档以邮件的形式发送给相应的联系人，具体操作步骤如下。

Step01 选择合并选项。打开17.2.5小节的"名片.docx"结果文件作为主文档，在【完成并合并】下拉列表中选择【发送电子邮件】选项，如图17-88所示。

图 17-88

Step02 设置邮件选项。打开【合并到电子邮件】对话框，❶在【收件人】下拉列表框中选择数据源中的【邮箱地址】选项；❷在【主题行】文本框中输入邮件主题；❸单击【确定】按钮，如图17-89所示。

图 17-89

【收件人】下拉列表框自动识别关联的数据源中的电子邮件地址字段，如果识别不正确，那么可在【收件人】下拉列表框中选择与邮件相关的字段。

Step03 发送邮件。启动Outlook 2021程序，【发件箱】中将显示所合并的邮件，并自动向关联的邮件地址发送邮件。

如果从未配置过Outlook 2021，那么在【合并到电子邮件】对话框中单击【确定】按钮后，将会打开启动Outlook 2021的对话框，根据提示就可对电子邮件账户进行配置。

技巧04：通过邮件合并分步向导批量制作文档

对于初学者来说，使用邮件合并功能批量制作文档时，可能不知道应该按照什么顺序来执行操作，这时就可以使用邮件合并分步向导功能，按照提示一步一步地进行操作。具体操作步骤如下。

Step01 选择开始邮件合并选项。打开"素材文件\第17章\准考证.docx"文件，❶单击【邮件】选项卡【开始邮件合并】组中的【开始邮件合并】按钮；❷在弹出的下拉列表中选择【邮件合并分步向导】选项，如图17-90所示。

图 17-90

Step02 选择文档类型。打开【邮件合并】窗格，❶在【正在使用的文档是什么类型？】栏中选中【信函】单选按钮；❷选择完成后，单击【下一步：开始文档】超链接，如图17-91所示。

图 17-91

Step03 选择开始文档。❶在【想要如何设置信函？】栏中选中【使用当前文档】单选按钮；❷选择完成后，单击【下一步：选择收件人】超链接，如图17-92所示。

图 17-92

Step04 选择收件人。❶在【选择收件人】栏中选中【使用现有列表】单选按钮；❷在【使用现有列表】栏中选中【浏览】超链接，如图17-93所示。

图 17-93

Step05 选择数据源。打开【选取数据源】对话框，❶选择需要的数据源文件，如选择【考生信息】；❷单击【打开】按钮，如图17-94所示。

图 17-94

Step06 确认邮件合并收信人。打开【邮件合并收件人】对话框，确认数据源，单击【确定】按钮，如图17-95所示。

图 17-95

单击【邮件】选项卡【开始邮件合并】组中的【编辑收件人列表】按钮，也可打开【邮件合并收件人】对话框，在其中可对收件人信息进行更改或删除等编辑操作。

Step07 执行下一步操作。返回文档中，单击【下一步：撰写信函】超链接，如图17-96所示。

图 17-96

Step08 单击按钮。❶将光标插入点定位到需要插入合并域的单元格中；❷在【邮件合并】窗格的【撰写信函】栏中单击【其他项目】超链接，如图 17-97 所示。

图 17-97

Step09 插入合并域。打开【插入合并域】对话框，❶在【域】列表框中选择对应的合并域选项，如选择【编号】选项；❷单击【插入】按钮，如图 17-98 所示。

图 17-98

Step10 查看插入的合并域。此时即可在光标插入点处插入合并域，❶将光标插入点定位到其他需要插

入合并域的单元格中；❷单击【其他项目】超链接，如图 17-99 所示。

图 17-99

Step11 执行下一步操作。再次打开【插入合并域】对话框，选择需要的合并域插入文档中，使用相同的方法继续插入其他合并域，插入完成后，单击【下一步：预览信函】超链接，如图 17-100 所示。

图 17-100

Step12 预览效果。此时文档中将显示具体的数据记录，单击【下一步：完成合并】超链接，如图 17-101 所示。

图 17-101

Step13 执行编辑单个信函操作。在【邮件合并】窗格的【合并】栏中单击【编辑单个信函】超链接，如图 17-102 所示。

Step14 设置合并记录。打开【合并到新文档】对话框，❶选中【从】单选按钮，在其后的文本框中输入【2】，在【到】文本框中输入【4】；❷单击【确定】按钮，如图 17-103 所示。

图 17-102

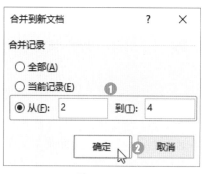

图 17-103

Step15 查看合并效果。此时将新建一个信函文档，其中将显示第 2~4 条记录，然后以"准考证部分人员"为名进行保存，效果如图 17-104 所示。

图 17-104

技巧 05：解决合并记录跨页断行的问题

通过邮件合并功能创建工资条、

成绩单等类型的文档时，当超过一页时，可能会发生断行问题，即标题行位于上一页，数据位于下一页，如图 17-105 所示。

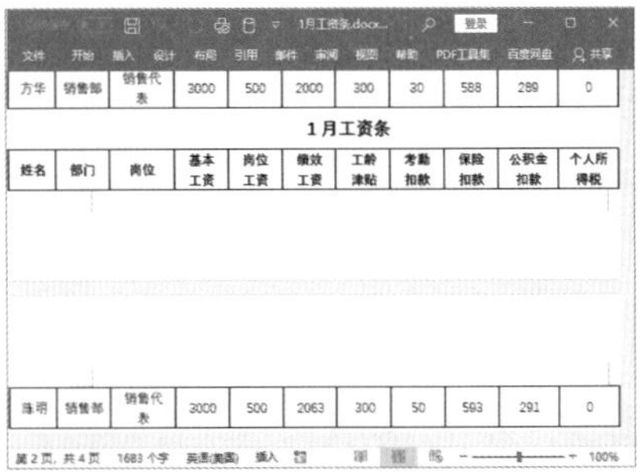

图 17-105

要解决这一问题，需要选择"信函"文档类型进行制作，并配合使用"下一记录"规则，具体操作步骤如下。

Step01 复制主文档内容。将 17.2.4 小节的结果文件"工资条.docx"文件作为主文档，将邮件合并的文档类型设置为"信函"。复制主文档中的内容并进行粘贴，占满一整页即可，如图 17-106 所示。

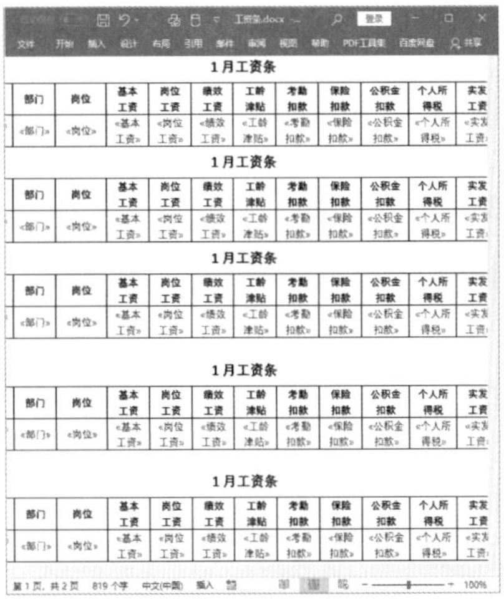

图 17-106

Step02 选择需要插入的规则。❶将光标插入点定位在第 1 条记录与第 2 条记录之间；❷在【邮件】选项卡【编写和插入域】组中单击【规则】按钮；❸在弹出的下拉列表中选择【下一记录】选项，如图 17-107 所示。

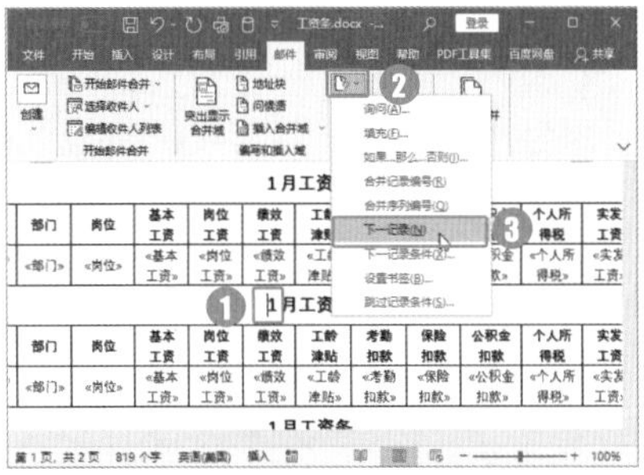

图 17-107

Step03 查看插入的规则代码。两条记录之间即可插入【《下一记录》】域代码，如图 17-108 所示。

图 17-108

Step04 插入其他域代码。用同样的方法，在之后的记录之间均插入一个【《下一记录》】域代码，如图 17-109 所示。

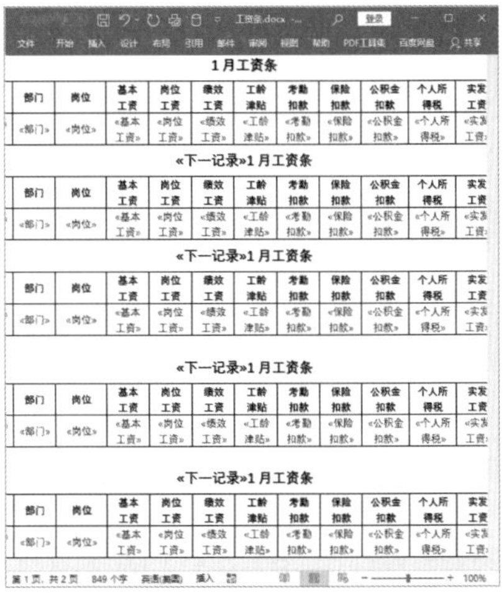

图 17-109

Step05 查看合并效果。在生成的合并文档中，各项记录以连续的形式在一页中显示，且不会再出现跨页断行的情况，如图 17-110 所示。

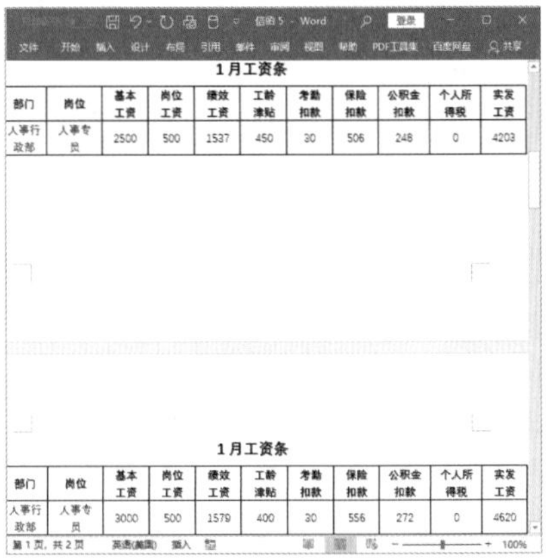

图 17-110

本章小结

本章主要介绍了信封与邮件合并的相关操作，并通过一些具体实例来讲解邮件合并功能在实际工作中的应用。希望读者在学习的过程中能够举一反三，从而高效、批量地制作出具有各种特色的文档。

第18章 宏、域与控件

➜ 如何录制宏?

➜ 如何将宏保存到文档中?

➜ 为何要设置宏的安全性?

➜ 域是什么? 如何创建?

在制作Word文档时,为了实现操作的自动化,可以通过Word提供的一些特殊功能来实现。本章将对宏、域和控件的相关知识进行介绍。通过对本章内容的学习,读者能够快速处理工作中涉及的一些重复性和特殊性的操作。

18.1 宏的使用

宏是指一系列操作命令的有序集合。在Word中,利用宏功能,可以将用户的操作录制下来,然后在相同的工作环境中播放录制好的代码,从而自动完成重复性的工作,以提高工作效率。

★重点 18.1.1 实战:为公司规章制度录制宏

实例门类	软件功能

录制宏是指使用Word提供的功能,将用户在文档中进行的操作完整地记录下来,以后播放录制的宏,可以自动重复执行操作。通过录制宏,可以让Word自动完成相同的排版任务,而无须用户重复手动操作。

录制宏时,不仅可以将其指定到按钮,还可以将其指定到键盘,下面分别进行介绍。

1. 指定到按钮

例如,要录制一个为文本设置格式的过程,并将这个过程指定为一个按钮,具体操作步骤如下。

Step01 执行录制宏操作。打开"素材文件\第18章\公司规章制度.docx"文件,❶选中文档中的某个段落,❷单击【开发工具】选项卡【代码】组中的【录制宏】按钮,如图18-1所示。

图 18-1

Step02 设置宏。打开【录制宏】对话框,❶在【宏名】文本框中输入要录制的宏的名称,这个名称最好可以体现出宏的功能或用途;❷在【说明】文本框中输入要录制的宏的解释或说明;❸在【将宏保存在】下拉列表框中选择保存位置,如选择【公司规章制度.docx(文档)】;❹设置完成后,在【将宏指定到】栏中单击【按钮】按钮,如图18-2所示。

图 18-2

Step03 选择宏命令。打开【Word选项】对话框,❶在左侧列表框中选择当前设置的按钮;❷单击【添加】按钮,如图18-3所示。

图 18-3

Step04 确认设置。此时所选按钮即可添加到右侧的列表框中，单击【确定】按钮，如图18-4所示。

图 18-4

Step05 查看添加效果。返回当前文档，即可看见宏按钮已经被添加到了快速访问工具栏中，并以图标显示，同时鼠标指针呈"🖱"形状，表示当前宏为录制状态，如图18-5所示。此时，对当前所选段落的任何操作都将被宏记录下来。

图 18-5

Step06 设置字体格式。❶打开【字体】对话框，在其中设置需要的字体格式；❷完成设置后单击【确定】按钮，如图18-6所示。

技能拓展——暂停录制宏

在录制宏的过程中，如果希望暂停宏的录制操作，可以在【开发工具】选项卡的【代码】组中单击【暂停录制】按钮 ◉‖ 进行暂停。当需要继续录制宏时，则单击【恢复录制】按钮 ◉‖ 即可。

图 18-6

Step07 单击功能扩展按钮。返回文档，在【开始】选项卡【段落】组中单击【功能扩展】按钮 ↘，如图18-7所示。

图 18-7

Step08 设置段落格式。❶打开【段落】对话框，在其中设置需要的段落格式；❷完成设置后单击【确定】按钮，如图18-8所示。

图 18-8

Step09 停止录制。返回文档，当不需要继续录制宏时，可单击【开发工具】选项卡【代码】组中的【停止录制】按钮 □，如图18-9所示。

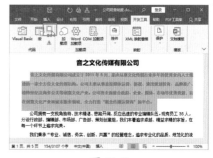

图 18-9

在【录制宏】对话框的【将宏保存在】下拉列表中，可能会有两个或3个选项，选项的数量取决于当前文档是否是基于用户自定义模板创建的。

➥ 所有文档（Normal.dotm）：将录制的宏保存到Normal模板中，以后在Word中打开的所有文档都可以使用该宏。

➥ 文档基于××模板：若当前文档

是基于用户自定义模板创建的，则会显示该项。将录制的宏保存到当前文档所基于的自定义模板中，此后基于该模板创建的其他文档都可以使用该宏。

➥ ××文档：将录制的宏保存到当前文档中，该宏只能在当前文档中使用。

技术看板

由于在录制宏的过程中，Word会完整地记录用户进行的所有操作，因此如果有错误操作，也会被录制下来。所以，在录制宏之前要先规划好需要进行的操作，以避免录制过程中出现错误操作。

2. 指定到键盘

指定到键盘与指定到按钮的操作方法相似。例如，要录制一个为文本内容设置字体格式、段落底纹的过程，并将这个过程指定为一个快捷键，具体操作步骤如下。

Step01 执行录制宏操作。❶在"公司规章制度.docx"文档中选中某个段落；❷单击【开发工具】选项卡【代码】组中的【录制宏】按钮，如图 18-10 所示。

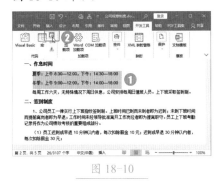

图 18-10

Step02 设置宏。打开【录制宏】对话框，❶在【宏名】文本框中输入要录制的宏的名称；❷在【说明】文本框中输入要录制的宏的解释或说明；❸在【将宏保存在】下拉列表中选择【公司规章制度.docx（文档）】选项；❹设置完成后，在【将宏指定到】栏中单击【键盘】按钮，如图 18-11 所示。

图 18-11

Step03 指定快捷键。打开【自定义键盘】对话框，❶将光标插入点定位到【请按新快捷键】文本框中，在键盘上按需要的快捷键，如按快捷键【Ctrl+W】，所按的快捷键将自动显示在文本框中；❷在【将更改保存在】下拉列表中选择【公司规章制度.docx】选项；❸单击【指定】按钮，如图 18-12 所示。

图 18-12

Step04 关闭对话框。设置的快捷键将自动显示在【当前快捷键】列表框中，单击【关闭】按钮关闭【自定义键盘】对话框，如图 18-13 所示。

图 18-13

Step05 选择边框选项。返回文档，❶在【开始】选项卡【段落】组中单击【边框】右侧的下拉按钮 ✓；❷在弹出的下拉列表中选择【边框和底纹】选项，如图 18-14 所示。

图 18-14

Step06 设置段落底纹。打开【边框和底纹】对话框，❶选择【底纹】选项卡；❷在【填充】下拉列表框中选择底纹颜色；❸单击【确定】按钮，如图 18-15 所示。

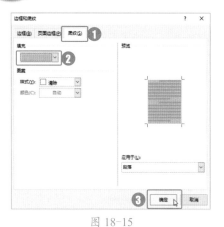

图 18-15

Step07 单击功能扩展按钮。返回文档，单击【开始】选项卡【字体】组中的【功能扩展】按钮 ，如图 18-16 所示。

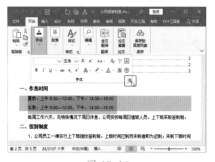

图 18-16

Step08 设置字体格式。❶在打开的【字体】对话框中设置需要的字体格式；❷完成设置后单击【确定】按钮，如图 18-17 所示。

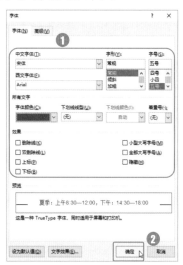

图 18-17

Step09 停止录制宏。返回文档，单击【开发工具】选项卡【代码】组中的【停止录制】按钮□停止录制宏，如图 18-18 所示。

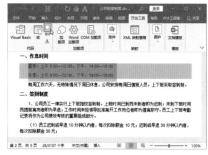

图 18-18

★重点 18.1.2 实战：保存公司规章制度中录制的宏

在 Word 2007 及以上的版本中，完成宏的录制后，不能直接将宏保存到文档中。这是因为 Word 2007 及以上的版本对文档中是否包含宏进行了严格区分，一类文档是包含普通内容而不包含宏的普通文档，这类文档扩展名为 .docx；另一类文档为启用宏的文档，可以同时包含普通内容和宏，这类文档的扩展名为 .docm。

要保存录制了宏的文档，可按下面的操作方法实现。

在"公司规章制度.docx"文档中完成所有宏的录制后，按【F12】键，打开【另存为】对话框，❶设置文档的保存位置；❷在【保存类型】下拉列表中选择【启用宏的 Word 文档（*.docm）】选项；❸单击【保存】按钮，如图 18-19 所示，即可生成"公司规章制度 .docm"文档。

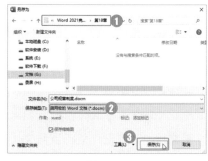

图 18-19

技术看板

只有将包含宏的文档保存为【启用宏的 Word 文档（*.docm）】文件类型，才能正确保存文档中录制的宏，并在下次打开文档时使用其中的宏。

18.1.3 实战：运行公司规章制度中的宏

实例门类	软件功能

录制宏是为了自动完成某项任务。因此完成了宏的录制后，便可开始运行宏了。

1. 通过【宏】对话框运行

无论是否将录制的宏指定到按钮或键盘，都可以通过【宏】对话框来运行宏，具体操作步骤如下。

Step01 执行宏操作。在之前保存的"公司规章制度.docm"文档中，❶选择宏需要应用的文本范围，❷单击【开发工具】选项卡【代码】组中的【宏】按钮，如图 18-20 所示。

技能拓展——快速打开【宏】对话框

在 Word 环境下，按快捷键【Alt+F8】，可快速打开【宏】对话框。

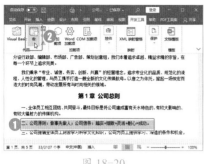

图 18-20

Step02 运行宏。打开【宏】对话框，①在【宏名】列表框中选择需要运行的宏；②单击【运行】按钮，如图 18-21 所示。

图 18-21

Step03 查看运行宏后的效果。返回文档，即可查看运行宏之后的效果，如图 18-22 所示。

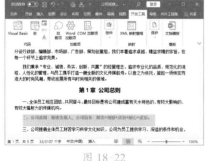

图 18-22

2. 通过按钮运行宏

如果将宏指定到按钮，还可以直接通过按钮运行宏。例如，要运行创建的【设置文本格式】宏，具体操作步骤如下。

Step01 单击宏按钮。在"公司规章制度 .docm"文档中，选择宏需要应用的文本范围，在快速访问工具栏中单击【设置文本格式】按钮，如图 18-23 所示。

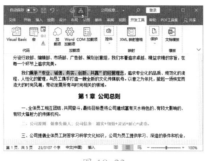

图 18-23

Step02 查看运行宏后的效果。运行该按钮对应的宏后，即可在文档中查看效果，如图 18-24 所示。

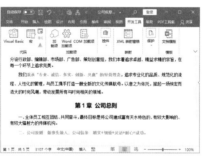

图 18-24

3. 通过键盘运行宏

如果将宏指定到键盘，还可以直接通过键盘运行。例如，要运行创建的【底纹】宏，具体操作步骤如下。

Step01 按快捷键运行宏。在"公司规章制度 .docm"文档中，选择宏需要应用的文本范围，然后按【底纹】宏对应的快捷键【Ctrl+W】，如图 18-25 所示。

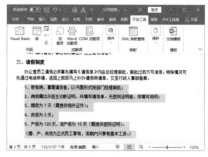

图 18-25

Step02 查看运行宏后的效果。运行该快捷键对应的宏后，即可在文档中查看效果，如图 18-26 所示。

图 18-26

18.1.4 实战：修改宏的代码

实例门类	软件功能

仅靠录制宏得到的代码并不一定完善，甚至可能存在以下几方面的问题。

→ 录制的宏会包含一些额外的、不必要的代码，从而降低代码的执行效率。

→ 录制的宏不包含任何参数，只能机械地执行录制的操作，无法实现更灵活的功能。

→ 录制的宏只能通过人为触发来运行，无法让其在特定的条件下自动运行。

为了增强宏的功能，可以对录制后的宏代码进行修改，从而使其更加简洁高效，并实现更加灵活的功能。修改宏代码的具体操作步骤如下。

Step01 执行宏操作。在"公司规章制度.docm"文档中单击【开发工具】选项卡【代码】组中的【宏】按钮，如图 18-27 所示。

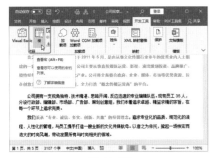

图 18-27

Step02 执行编辑宏操作。打开【宏】对话框，❶在【宏名】列表框中选中需要修改的宏；❷单击【编辑】按钮，如图 18-28 所示。

图 18-28

Step03 修改代码。打开VBA编辑器窗口，根据需要对其中的代码进行修改，完成修改后，直接单击【关闭】按钮 × 关闭VBA编辑器窗口即可，如图 18-29 所示。

图 18-29

技术看板

这里所说的宏代码，就是人们常说的VBA代码。VBA的全称是Visual Basic for Applications，是一种专门用于对应用程序进行二次开发的工具，通过编写VBA代码，可以增强或扩展应用程序的功能。如果需要学习更多VBA代码的知识，可以参考VBA代码方面的工具书。

18.1.5　实战：删除宏

实例门类	软件功能

对于不再需要的宏，可以随时将其删除，具体操作步骤如下。

Step01 执行宏操作。在含有宏的文档中单击【开发工具】选项卡【代码】组中的【宏】按钮，如图 18-30 所示。

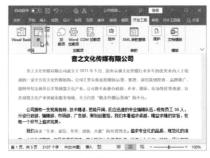

图 18-30

Step02 执行删除操作。打开【宏】对话框，❶在【宏名】列表框中选中需要删除的宏；❷单击【删除】按

钮，如图 18-31 所示。

图 18-31

技术看板

在【宏】对话框中单击【创建】按钮，可打开VBA编辑器窗口，在其中可输入宏需要的代码，以创建需要的宏。

Step03 确认删除宏。在打开的提示对话框中提示是否删除宏操作，单击【是】按钮确认删除，如图 18-32 所示。

图 18-32

★重点 18.1.6　实战：设置宏的安全性

实例门类	软件功能

默认情况下，宏是禁用的，当打开含有宏的文档时，会在功能区下方显示图 18-33 所示的提示信息。如果确认宏代码是安全的，直接单击【启用内容】按钮，就可以使用文档中的宏代码了。

图 18-33

如果需要经常打开包含宏代码的文档，为了避免每次打开文档时都显示安全提示信息，可以设置宏安全性的级别，具体操作步骤如下。

Step 01 执行信任中心设置操作。打开【Word 选项】对话框，❶选择【信任中心】选项卡；❷在【Microsoft Word 信任中心】栏中单击【信任中心设置】按钮，如图 18-34 所示。

图 18-34

Step 02 对宏进行设置。打开【信任中心】对话框，❶在【宏设置】选项卡的【宏设置】栏中选中【启用所有宏（不推荐；可能会运行有潜在危险的代码）】单选按钮；❷单击【确定】按钮，如图 18-35 所示，在返回的【Word 选项】对话框中单击【确定】

按钮即可。

图 18-35

> **技能拓展——快速打开【信任中心】对话框**
>
> 在【开发工具】选项卡中单击【代码】组中的【宏安全性】按钮，可直接打开【信任中心】对话框。

18.2 域的使用

域是 Word 自动化功能的底层技术，是文档中一切可变的对象。由 Word 界面功能插入的页码、书签、超链接、目录、索引等一切可能发生变化的内容，它们的本质都是域。掌握了域的基本操作，可以更加灵活地使用 Word 提供的自动化功能。

★重点 18.2.1 域的基础知识

在使用域之前，先来了解域的一些相关基础知识，如域的组成结构、输入域代码需要注意的事项等。

1. 域代码的组成结构

从本质上讲，通过 Word 界面命令插入的很多内容都是域。例如，在 Word 中插入日期和时间时，在【日期和时间】对话框中选中【自动更新】复选框，如图 18-36 所示。

图 18-36

插入 Word 中的日期和时间将随着当前系统的日期和时间的变化而自动更新，并且，将光标插入点定位到日期时，日期下方会显示灰色底纹，如图 18-37 所示。将光标插

入点定位到日期外时，灰色底纹便会自动消失，具有这种状态的底纹，便是域的标志。

图 18-37

域具有以下几个特点。

- 可以通过 Word 界面的操作来使用。
- 具有专属的动态灰色底纹。
- 具有自动更新的功能。

右击前面插入的日期，在弹出的快捷菜单中选择【切换域代码】命令，日期就会变成一组域代码，如图 18-38 所示。它显示了一个域代码的基本组成结构，各部分的含义介绍如下。

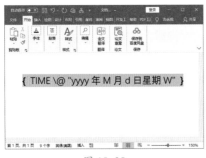

图 18-38

→ **域特征字符**：最外层的大括号（{}）是域专用的大括号，相当于在 Excel 中输入公式时必须先输入一个【=】。这个大括号不能手动输入，必须按快捷键【Ctrl+F9】输入。

→ **域名称**：图 18-38 中的"TIME"便是域名称，"TIME"被称为"TIME 域"。Word 提供了几十种域供用户选择使用。

→ **域的开关**：图 18-38 中的"\@"在域代码中称为域的开关，用于设置域的格式。Word 提供了 3 个通用开关，分别是"\@""*""\#"，其中"\@"开关用于设置日期和时间格式，"*"开关用于设置文本格式，"\#"开关用于设置数字格式。

→ **开关的选项参数**：双引号及双引号中的内容是针对开关设置的选项参数，其中的文字必须使用英文双引号引起来。图 18-38 所示的""yyyy 年 M 月 d 日星期 W""是针对域代码中的"\@"开关设置的选项，用于指定一种日期格式。

→ **域结果**：即域的显示结果，类似 Excel 中函数运算以后得到的值。在 Word 中，要将域代码转换成域结果，请参考 18.2.3 小节中的内容。

技术看板

通俗地讲，Word 中的域就像数学中的公式运算，域代码类似公式，域结果类似于公式产生的值。

2. 输入域代码的注意事项

如果用户非常熟悉域的语法规则，并对 Word 中提供的域的用途比较了解，那么可以直接在文档中手动输入域代码。手动输入域代码时，需要注意以下几点。

→ 域特征字符 {} 必须通过按快捷键【Ctrl+F9】输入。

→ 域名可以不区分大小写。

→ 在域特征字符的大括号的左右内侧各保留一个空格。

→ 域名与其开关或属性之间必须保留一个空格。

→ 域开关与选项参数之间必须保留一个空格。

→ 如果参数中包含空格，必须使用英文双引号将该参数括起来。

→ 如果参数中包含文字，须用英文单引号将文字括起来。

→ 输入路径时，必须使用双反斜线"\\"作为路径的分隔符。

→ 域代码中包含的逗号、括号、引号等符号，必须在英文状态下输入。

→ 无论域代码有多长，都不能强制换行。

3. 与域有关的快捷键汇总

在 Word 中手动插入域时，经常需要使用到的快捷键主要有以下几个。

→ 【Ctrl+F9】：插入域的特征字符 {}。

→ 【F9】：对选中范围的域进行更新。如果只是将光标插入点定位在某个域内，则只更新该域。

→ 【Shift+F9】：对选中范围内的域在域结果与域代码之间切换。如果将光标插入点定位在某个域内，则只将该域在域结果与域代码之间切换。

→ 【Alt+F9】：对所有的域在域结果与域代码之间切换。

→ 【Ctrl+Shift+F9】：将选中范围内的域结果转换为普通文本，转换后不再具有域的特征，也不能再更新。

→ 【Ctrl+F11】：锁定某个域，防止修改当前的域结果。

→ 【Ctrl+Shift+F11】：解除某个域的锁定，允许对该域进行更新。

★重点 18.2.2 实战：为成绩单创建域

实例门类	软件功能

虽然通过 Word 界面功能可以插入一些本质为域的内容，如自动更新的时间、页码、目录等，但 Word 界面功能仅能使用有限的几个域，当需要使用其他域提供的功能时，就需要手动创建域。其方法主要有两种，一种是使用【域】对话框插入域，另一种是手动输入域代码。

1. 使用【域】对话框插入域

如果对域不是很了解，或者不知道需要使用什么域来实现想要的功能，那么可以使用【域】对话框来插入域，具体操作步骤如下。

Step01 执行域操作。打开"素材文件\第18章\成绩单.docx"文件，❶将光标插入点定位到需要插入域的位置；❷单击【插入】选项卡【文本】组中的【文档部件】按钮；❸在弹出的下拉列表中选择【域】选项，如图18-39所示。

图 18-39

Step02 设置域。打开【域】对话框，❶在【类别】下拉列表中选择域的类别，如选择【(全部)】选项；❷在【域名】列表框中选择需要使用的域；❸在对话框的右侧将显示与该域有关的各项参数，用户可根据需要进行设置；❹完成设置后单击【确定】按钮，如图18-40所示。

图 18-40

技术看板

在【域名】列表框中选择某个域后，会在下方的【说明】栏中显示当前所选域的功能。

Step03 查看插入的域。此时即可在

文档中插入域，并自动转换为域结果，如图18-41所示。

图 18-41

2. 手动输入域代码

如果对域代码非常熟悉，可以手动输入，具体操作步骤如下。

Step01 输入域特征字符。在新建的空白文档中按快捷键【Ctrl+F9】输入【{}】，如图18-42所示。

图 18-42

Step02 输入域代码。在两个空格之间输入域代码，包括域的名称、开关及选项参数，如图18-43所示。

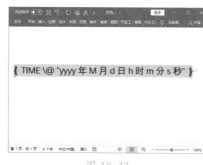

{ TIME \@ "yyyy年M月d日h时m分s秒" }

图 18-43

Step03 显示域结果。将光标插入点定位在域代码内，按【F9】键，即可更新域代码并显示域结果，如

图18-44所示。

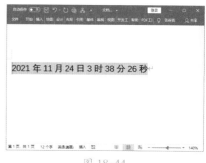

图 18-44

本操作中手动输入了"TIME"域，图18-45列出了"TIME"域中"\@"开关包含的部分参数及说明。

参数	说明	域代码示例
yy	以两位数显示年份，如2016显示为16	{ Time \@ "yy" }
yyyy	以四位数显示年份，如2016	{ Time \@ "yyyy" }
M	以实际的数字显示月份1~12，M必须为大写	{ Time \@ "M" }
MM	在只有一位数的月份左侧自动补0，01~12，M必须为大写	{ Time \@ "MM" }
MMM	以英文缩写形式表示月份，如Jul，M必须为大写	{ Time \@ "MMM" }
MMMM	以英文全拼形式显示月份，如July，M必须为大写	{ Time \@ "MMMM" }
d	以实际数字显示日期，1~31	{ Time \@ "d" }
dd	在只有一位数的日期左侧自动补0，01~31	{ Time \@ "dd" }
ddd	以英文缩写形式表示星期几，如Mon	{ Time \@ "ddd" }
dddd	以英文全拼形式表示星期几，如Monday	{ Time \@ "dddd" }
h	以12小时制显示小时数，1~12	{ Time \@ "h" }
hh	以12小时制显示小时数，在只有一位数的小时数左侧自动补0，01~12	{ Time \@ "hh" }
H	以24小时制显示小时数，0~23	{ Time \@ "H" }
HH	以24小时制显示小时数，在只有一位数的小时数左侧自动补0，00~23	{ Time \@ "HH" }
m	以实际的数字显示分钟数，0~59	{ Time \@ "m" }
mm	在只有一位数的分钟数左侧自动补0，01~59	{ Time \@ "mm" }
AM/PM	以12小时制显示时间，AM表示上午，PM表示下午	{ Time \@ "AM/PM" }
am/pm	以12小时制显示时间，am表示上午，pm表示下午	{ Time \@ "am/pm" }

图 18-45

18.2.3 在域结果与域代码之间切换

当需要对域代码进行修改时，需要先将文档中的域结果切换到域代码状态，其方法主要有以下几种。

➡ 按快捷键【Alt+F9】，将显示文档中所有域的域代码。

➡ 将光标插入点定位到需要显示域代码的域结果内，按快捷键【Shift+F9】，便会切换到域代码。

➡ 将光标插入点定位到需要显示域代码的域结果内并右击，在弹出的快捷菜单中选择【切换域代码】命令，如图18-46所示，即可切

换到域代码。

图 18-46

当需要将域代码切换到域结果时，有以下几种方法。

→ 按快捷键【Alt+F9】，将显示文档中所有域的域结果。

→ 将光标插入点定位到需要显示域结果的域代码内，按快捷键【Shift+F9】，便会切换到域结果。

→ 将光标插入点定位到需要显示域结果的域代码内并右击，在弹出的快捷菜单中选择【切换域代码】命令，即可切换到域结果。

18.2.4 实战：修改域代码

实例门类	软件功能

若要修改域代码，则按照18.2.3 小节的方法，将域结果切换到域代码状态，然后修改其中的代码，完成修改后按【F9】键更新域并显示域结果。

除了这一方法外，还可以通过【域】对话框修改域代码，具体操作步骤如下。

Step 01 选择菜单命令。❶右击需要修改域代码的域，❷在弹出的快捷菜单中选择【编辑域】命令，如图 18-47 所示。

图 18-47

Step 02 编辑域。❶打开【域】对话框，根据需要对域类别、域属性等进行设置；❷设置完成后单击【确定】按钮即可，如图 18-48 所示。

图 18-48

18.2.5 域的更新

域的最大优势就是可以更新，更新域是为了即时对文档中的可变内容进行反馈，从而得到最新的、正确的结果。有的域（如 AutoNum）可以自动更新，而绝大多数域（如 Seq）需要用户手动更新。要对域结果进行手动更新，有以下几种方法。

→ 将光标插入点定位到域内，按【F9】键，可更新当前域。

→ 右击需要更新的域，在弹出的快捷菜单中选择【更新域】命令，如图 18-49 所示，即可更新当前域。

图 18-49

18.2.6 禁止域的更新功能

为了避免某些域在不知情的情况下被意外更新，可以禁止这些域的更新功能。将光标插入点定位到需要禁止更新的域内，按快捷键【Ctrl+F11】，即可将该域锁定，从而无法再对其进行更新。

将某个域锁定后，对其右击，在弹出的快捷菜单中可发现【更新域】命令呈灰色状态，表示当前为禁用状态，如图 18-50 所示。

图 18-50

技能拓展——解除域的锁定状态

将域锁定后，如果希望重新恢复域的更新功能，可以将光标插入点定位在该域内，然后按快捷键【Ctrl+Shift+F11】解除锁定即可。

18.3　控件的使用

在使用Word制作合同、试卷、调查问卷等文档时，有时希望只允许用户进行选择或填空等操作，且不允许对文档中的其他内容进行编辑，则需要结合Word控件和保护文档功能来实现。

18.3.1　实战：利用文本框控件制作填空式合同

实例门类	软件功能

在制作了Word文档之后，有时有填空选项要给他人填写，而其他部分又不允许任意编辑，效果如图18-51所示。

图 18-51

要实现这样的效果，首先需要插入文本框控件，其次对文本框控件的属性进行设置，最后设置限制编辑，具体操作步骤如下。

Step01 选择需要的控件。打开"素材文件\第18章\商铺买卖合同.docx"文件，❶将光标插入点定位到需要插入控件的位置；❷单击【开发工具】选项卡【控件】组中的【旧式工具】按钮圓；❸在弹出的下拉列表中单击【ActiveX控件】栏中的【文本框（ActiveX控件）】按钮囲，如图18-52所示。

图 18-52

Step02 插入文本框控件。在光标插入点所在位置即可插入一个文本框控件，如图18-53所示。

图 18-53

Step03 继续插入文本框控件。用相同的方法，在其他相应位置插入文本框控件，如图18-54所示。

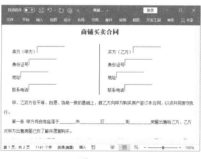

图 18-54

Step04 单击功能扩展按钮。❶选中添加文本框控件的段落；❷单击【开始】选项卡【段落】组中的【功能扩展】按钮囗，如图18-55所示。

图 18-55

Step05 设置文本对齐方式。打开【段落】对话框，❶选择【中文版式】选项卡；❷在【文本对齐方式】下拉列表框中选择【居中】选项；❸单击【确定】按钮，如图18-56所示。

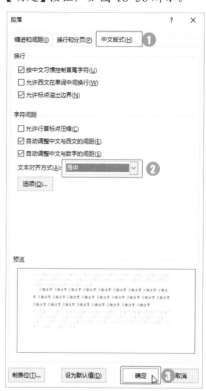

图 18-56

技术看板

本案例通过设置文本的对齐方式，可以让文本以文本框控件为参照物进行垂直居中对齐。

Step06 选择菜单命令。❶右击第1个文本框控件；❷在弹出的快捷菜单中选择【属性】命令，如图18-57所示。

图 18-57

图 18-59

图 18-61

Step07 设置文本框控件的属性。打开【属性】对话框，❶在【Height】属性框中设置文本框控件的高度；❷在【Width】属性框中设置文本框控件的宽度；❸在【SpecialEffect】下拉列表中可以设置文本框控件的外观形式；❹完成设置后单击【关闭】按钮×关闭【属性】对话框，如图 18-58 所示。

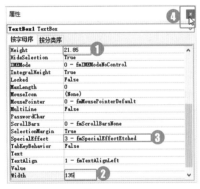

图 18-58

技能拓展——通过功能区打开【属性】对话框

选中某个控件，在【开发工具】选项卡的【控件】组中单击【属性】按钮，也可打开【属性】对话框。

Step08 查看文本框控件效果。返回文档，当前文本框控件的大小和外观形式发生了变化，如图 18-59 所示。

技能拓展——通过鼠标调整文本框控件的大小

选中文本框控件，四周会出现控制点，将鼠标指针指向控制点，待鼠标指针呈双向箭头形状时，按住鼠标左键不放并拖动，也可以调整文本框控件的大小。

Step09 设置其他文本框控件。用同样的方法设置另外 7 个文本框控件的大小和外观形式，设置后的效果如图 18-60 所示。

图 18-60

Step10 退出设计模式。单击【开发工具】选项卡【控件】组中的【设计模式】按钮，取消其灰色底纹显示状态，从而退出设计模式，如图 18-61 所示。

Step11 执行限制编辑操作。单击【审阅】选项卡【保护】组中的【限制编辑】按钮，如图 18-62 所示。

图 18-62

Step12 设置限制编辑权限。打开【限制编辑】窗格，❶在【编辑限制】栏中选中【仅允许在文档中进行此类型的编辑】复选框；❷在下面的下拉列表框中选择【填写窗体】选项；❸单击【是，启动强制保护】按钮，如图 18-63 所示。

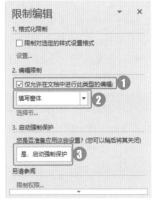

图 18-63

Step13 设置保护密码。打开【启动强制保护】对话框，❶设置保护密码，如设置为【000】；❷单击【确定】按钮,如图18-64所示。

图 18-64

Step14 查看文档效果。返回文档,此时用户仅可以在文本框内输入相应的内容,最终效果如图18-65所示。

图 18-65

18.3.2 实战:利用组合框窗体控件制作下拉列表

实例门类	软件功能

图18-66所示为一个所属部门的下拉列表,单击括号内的下拉按钮,会弹出一个下拉列表,列表中包含空格、"销售部""财务部""行政部""人力资源部""生产部""品控部"7个选项供用户选择。

图 18-66

要实现这样的效果,首先需要

插入组合框窗体控件,其次对组合框窗体控件的属性进行设置,最后设置限制编辑,具体操作步骤如下。

Step01 选择需要的窗体控件。打开"素材文件\第18章\培训需求调查表.docx"文件,❶将光标插入点定位到需要插入控件的位置;❷单击【开发工具】选项卡【控件】组中的【旧式工具】按钮;❸在弹出的下拉列表中单击【旧式窗体】栏中的【组合框(窗体控件)】按钮,如图18-67所示。

图 18-67

Step02 选择菜单命令。❶在光标插入点所在位置即可插入一个组合框窗体控件,右击该控件;❷在弹出的快捷菜单中选择【属性】命令,如图18-68所示。

图 18-68

Step03 添加空格下拉项。打开【下拉型窗体域选项】对话框,❶在【下拉项】文本框中输入多个空格;❷单击【添加】按钮,如图18-69所示。

图 18-69

技术看板

添加了组合框窗体控件的下拉列表项目后,默认会将第1个项目显示在下拉列表框中,这样会让人误以为已经填写,为了避免这种情况的发生,本案例添加的第1个项目为空格,这样添加的下拉列表框中就会显示为空白。另外,下拉列表框的宽度是根据项目字符的多少来决定的,所以,在添加空格项目时,可以多输入几个空格。

Step04 添加列表项目。此时在【下拉列表中的项目】列表框中即可添加一个空格列表选项,如图18-70所示。

图 18-70

Step05 添加其他下拉列表项目。❶用同样的方法，在【下拉列表中的项目】列表框中添加"销售部""财务部""行政部""人力资源部""生产部"和"品控部"6个列表选项；❷完成添加后单击【确定】按钮，如图18-71所示。

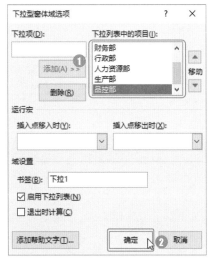

图18-71

Step06 查看组合框控件。返回文档，组合框窗体控件的大小自动发生了改变，如图18-72所示。

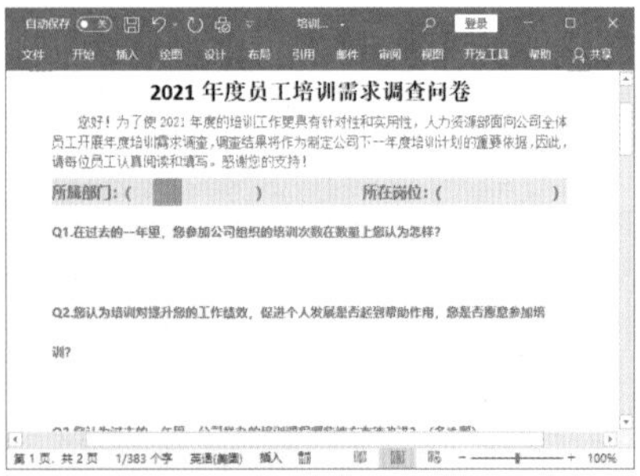

图18-72

Step07 查看下拉列表效果。参照18.3.1小节的第11~13步操作，对文档设置限制编辑，仅允许用户填写窗体部分。完成设置后，组合框窗体控件显示为▦▾，单击下拉按钮▾，便会弹出一个下拉列表，如图18-73所示。至此，完成了下拉列表的制作。

图18-73

技能拓展——删除下拉列表中的列表项

完成下拉列表的制作后，如果想删除其中的某个列表项，就需要先停止强制保护，再打开组合框窗体控件的【属性】对话框，在【下拉列表中的项目】列表框中选择需要删除的列表项，单击【删除】按钮即可删除该项。

★重点 18.3.3 实战：利用选项按钮控件制作单项选择

实例门类	软件功能

在制作调查问卷、试卷等文档时，经常需要执行单项选择操作，此时可利用Word提供的选项按钮控件进行制作。例如，继续上例操作，利用选项按钮控件制作单项选择。由于18.3.2小节设置了文档限制编辑操作，因此在进行操作之前，需要先取消限制编辑操作，具体操作步骤如下。

Step01 取消限制编辑保护。❶在打开的"培训需求调查表.docx"文档中的【限制编辑】窗格中单击【停止保护】按钮；❷打开【取消保护文档】对话框，在【密码】文本框中输入前面设置的限制编辑保护密码【000】；❸单击【确定】按钮，如图18-74所示。

图18-74

Step02 选择需要的选项按钮控件。取消限制编辑后，❶将光标插入点定位到需要插入选项按钮控件的位置；❷单击【开发工具】选项卡【控件】组中的【旧式工具】按钮；❸在弹出的下拉列表中单击【ActiveX控件】栏中的【选项按钮（ActiveX控件）】按钮⊙，如图18-75所示。

图18-75

Step03 单击【属性】按钮。在光标插入点所在位置即可插入一个选项按钮控件，单击【开发工具】选项卡【控件】组中的【属性】按钮，如图18-76所示。

图18-76

Step04 设置控件属性。打开【属性】

对话框，❶将【AutoSize】属性的值设置为【True】；❷在【Caption】文本框中将【OptionButton1】更改为【太多】；❸选择【Font】选项；❹单击文本框后面的…按钮，如图18-77所示。

图 18-77

Step 05 设置控件文本的字体格式。打开【字体】对话框，❶在【字体】列表框中选择【微软雅黑】选项；❷在【大小】列表框中选择【10】；❸单击【确定】按钮，如图18-78所示。

图 18-78

Step 06 复制选项按钮控件。返回【属性】对话框，单击【关闭】按钮 × 关闭对话框，保持选项按钮控件的选择状态，对其右击，在弹出的快捷菜单中选择【复制】命令复制控件，如图18-79所示。

图 18-79

Step 07 更改控件名称。将复制的控件粘贴到【太多】控件后面，选择粘贴的控件，打开【属性】对话框，将控件名称【太多】更改为【足够】，如图18-80所示。

图 18-80

Step 08 制作其他选项按钮控件。使用前面的方法插入其他选项按钮控件，并对其属性进行设置。完成后的效果如图18-81所示。

图 18-81

在本操作步骤中提到了"AutoSize""Caption"和"Font"3个参数，各参数介绍如下。

➥ AutoSize：默认值为False，表示控件的大小是固定的，不会随选

项内容的增多而自动增加宽度值，此时如果选项内容过多，超出部分将不再显示。若设置为True，则控件会自动扩展宽度以显示所有的选项内容。

➥ Caption：位于选项按钮表面的选项内容，即为选择题选项的内容。

➥ Font：用于设置选项内容的字体格式。

★重点 18.3.4 实战：利用复选框控件制作不定项选择

实例门类	软件功能

当需要在文档中制作不定项选择时，可以使用复选框控件来进行制作，其制作方法与选项按钮的制作方法基本相同。

例如，在"培训需求调查表"文档中利用复选框控件制作不定项选择，具体操作步骤如下。

Step 01 执行插入复选框控件操作。❶将光标插入点定位到需要插入复选框控件的位置；❷单击【开发工具】选项卡【控件】组中的【旧式工具】按钮 ；❸在弹出的下拉列表中单击【ActiveX控件】栏中的【复选框（ActiveX控件）】按钮 ，如图18-82所示。

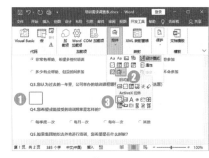

图 18-82

Step 02 选择菜单命令。在光标插入点所在位置即可插入一个复选框控件，右击该控件，在弹出的快捷菜

单中选择【属性】命令，如图18-83所示。

图 18-83

Step03 设置复选框控件属性。打开【属性】对话框，❶将【AutoSize】属性的值设置为【True】；❷将【Caption】属性的值设置为【理论知识不够丰富】；❸将【WordWrap】属性的值设置为【False】；❹选择【Font】属性；❺单击右侧出现的┄按钮，如图18-84所示。

图 18-84

技术看板

本操作步骤中提到了【WordWrap】属性，该属性用于设置选项内容是否自动换行。默认值为True，表示可以自动换行；若设置为False，则选项内容不能自动换行。此时，如果【AutoSize】属性的值为False，则选项内容超出控件宽度的部分不会显示。

Step04 设置字体格式。打开【字体】

对话框，❶设置选项内容的字体格式；❷单击【确定】按钮，如图18-85所示。

图 18-85

Step05 查看复选框控件效果。返回【属性】对话框，单击【关闭】按钮x关闭对话框，返回文档，即可查看设置的第1个复选框控件，效果如图18-86所示。

图 18-86

Step06 完成复选框控件的制作。使用相同的方法制作文档中需要的其他复选框控件，完成设置后的效果如图18-87所示。

图 18-87

Step07 限制编辑操作。参照18.3.1小节的第10~13步操作，先退出设计模式，再对文档设置限制编辑，仅允许用户填写窗体部分。至此，完成了不定项选择的制作。

技能拓展——选中与取消选中控件

对于文档中的选项按钮和复选框ActiveX控件，只需要单击单选按钮和复选框，就能将其选中，需要注意的是，每个问题下只能选中一个单选按钮，而复选框可以选中多个。

当需要取消选中复选框时，只需要在选中的复选框上单击即可。但单选按钮不能通过这种方式取消选中，需要打开【属性】对话框，将【Value】值更改为【False】后，才能取消单选按钮的选中状态。

★重点 18.3.5 实战：利用其他控件插入多媒体文件

实例门类	软件功能

根据文档主题及它的实际用途，可以在文档中插入不同形式的多媒体内容，如音频、视频等，这些多媒体内容都可以通过其他控件来插入Word文档中。

利用控件插入Word中的音频和视频文件，无论计算机中是否安装对应的播放器，都能自动播放。但如果音/视频文件的位置发生了改变，或者Word文档移动到了其他计算机中，那么Word文档中的音/视频文件将不能正常播放。在Word中利用其他控件插入音频和视频文件的方法基本相同，下面以在Word中插入视频文件为例，来进行详细介绍。

Step01 选择其他控件。打开"素材文件\第18章\公司出游安排.docx"文件，❶将光标插入点定位到需要插入其他控件的位置；❷单击【开发工具】选项卡【控件】组中的【旧式工具】按钮🗔▾；❸在弹出的下拉列表中单击【ActiveX控件】栏中的【其他控件】按钮🎛，如图18-88所示。

图 18-88

Step 02 选择控件选项。打开【其他控件】对话框，❶在列表框中选择【Windows Media Player】选项；❷单击【确定】按钮，如图18-89所示。

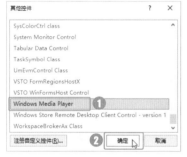

图 18-89

Step 03 选择菜单命令。❶文档中将自动插入一个Windows Media Player控件，对其右击；❷在弹出的快捷菜单中选择【属性】命令，如图18-90所示。

图 18-90

Step 04 自定义属性。打开【属性】对话框，❶选择【(自定义)】属性；❷单击右侧出现的🔳按钮，如图18-91所示。

图 18-91

Step 05 单击【浏览】按钮。打开【Windows Media Player属性】对话框，在【常规】选项卡的【源】栏中单击【浏览】按钮，如图18-92所示。

图 18-92

Step 06 选择视频文件。打开【打开】对话框，❶选择需要插入的音频或视频文件，这里选择视频文件；❷单击【打开】按钮，如图18-93所示。

图 18-93

Step 07 确认设置。返回【Windows Media Player属性】对话框，单击【确定】按钮，如图18-94所示。

图 18-94

Step 08 关闭对话框。返回【属性】对话框，单击【关闭】按钮🗙关闭【属性】对话框，如图18-95所示。

图 18-95

Step 09 退出设计模式。返回文档，在【开发工具】选项卡的【控件】组中单击【设计模式】按钮🗔，如图18-96所示。

图 18-96

Step⑩ 自动播放视频。此时，插入的视频将自动开始播放，效果如图 18-97 所示。

图 18-97

妙招技法

通过对前面知识的学习，相信读者已经了解了宏、域与控件的基本操作。下面结合本章内容，给大家介绍一些实用技巧。

技巧 01：让文档中的域清晰可见

在文档中插入域后，只有将光标插入点定位在域内，才能看到域的灰色底纹，否则很难区分文档中哪些内容是普通文本，哪些内容是域。

为了能够区分出文档中是域的内容，可以通过设置，在不将光标插入点定位到域内的情况下，也能让域的灰色底纹始终显示出来。具体操作方法为：打开【Word 选项】对话框，选择【高级】选项卡，在【显示文档内容】栏的【域底纹】下拉列表框中选择【始终显示】选项，然后单击【确定】按钮即可，如图 18-98 所示。

图 18-98

技巧 02：通过域在同一页插入两个不同的页码

在进行双栏排版时，有时希望同一页面的左、右两栏拥有各自的页码，即让每一栏都显示各自的页码。要想实现这样的效果，可以通过 Page 域来完成，具体操作步骤如下。

Step① 输入域代码。打开"素材文件\第 18 章\空调销售计划书.docx"文件，进入页脚编辑状态，在页脚左侧输入【第页】二字，然后在【第】与【页】之间输入域代码【{ ={ page }*2-1 }】，如图 18-99 所示。

图 18-99

Step② 显示域结果。将光标插入点定位在域代码内，按【F9】键即可更新域代码并显示域结果，如图 18-100 所示。

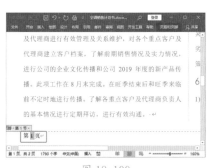

图 18-100

Step③ 输入域代码。通过按【Space】键，将光标插入点定位到页脚右侧。在页脚右侧输入【第页】二字，然后在【第】与【页】之间输入域代码【{ ={ page }*2 }】，如图 18-101 所示。

图 18-101

Step④ 显示域结果。将光标插入点定位在域代码内，按【F9】键即可更新域代码并显示域结果，如图 18-102 所示。

图 18-102

Step05 查看设置的页脚效果。选择页脚内容设置字符格式，完成设置后退出页脚编辑状态。图 18-103 所示为其中一页的页脚效果。

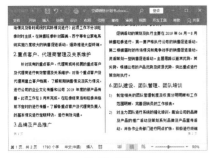

图 18-103

技巧03：自动编号变普通文本

对文档中的内容使用了自动编号后，若需要取消自动编号，并将自动编号变为普通文本，同时保留文档中所有文本内容的格式，可按下面的操作步骤实现。

Step01 查看素材效果。打开"素材文件\第18章\办公室文书岗位职责.docx"文件，因为文档内容添加了自动编号，所以选择文本内容时会发现自动编号部分无法选中，如图 18-104 所示。

图 18-104

Step02 执行录制宏操作。单击【开发工具】选项卡【代码】组中的【录制宏】按钮，如图 18-105 所示。

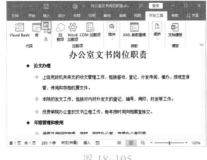

图 18-105

Step03 设置宏。打开【录制宏】对话框，❶在【宏名】文本框中输入要录制的宏的名称；❷在【将宏保存在】下拉列表框中选择【办公室文书岗位职责.docx（文档）】选项；❸在【将宏指定到】栏中单击【按钮】按钮，如图 18-106 所示。

图 18-106

Step04 添加命令。打开【Word选项】对话框，❶在左侧列表框中选择当前设置的按钮；❷通过单击【添加】

按钮将其添加到右侧的列表框中；❸单击【确定】按钮，如图 18-107 所示。

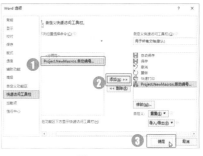

图 18-107

Step05 停止录制宏。返回文档，在【开发工具】选项卡的【代码】组中单击【停止录制】按钮□停止录制宏，如图 18-108 所示。

图 18-108

Step06 执行宏操作。停止录制宏后，单击【开发工具】选项卡【代码】组中的【宏】按钮，如图 18-109 所示。

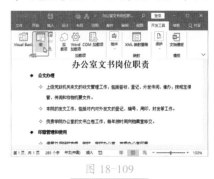

图 18-109

Step07 执行编辑宏操作。打开【宏】对话框，❶在【宏名】列表框中选择刚才创建的宏；❷单击【编辑】按钮，如图 18-110 所示。

图 18-110

Step08 输入代码。打开VBA编辑器窗口，❶在模块窗口中输入代码【ActiveDocument.Range.ListFormat.ConvertNumbersToText】；❷单击【关闭】按钮关闭窗口，如图 18-111 所示。

图 18-111

技能拓展——将局部内容的自动编号变为普通文本

在本操作的代码中，"ActiveDocument.Range"表示当前活动文档的所有内容，即运行宏后，会将当前文档中的所有自动编号变为普通文本。

如果需要将部分内容的自动编号变为普通文本，在创建宏时，需要输入宏代码【Selection.Range.ListFormat.ConvertNumbersToText】。

完成宏的创建后，选中需要将自动编号转换为普通文本的内容范围，再运行宏即可。

Step09 单击宏按钮。返回文档，在快速访问工具栏中单击刚才设置的宏按钮，如图 18-112 所示。

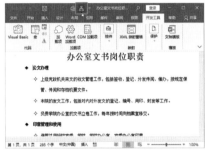

图 18-112

Step10 查看编号效果。此时，文档中的自动编号将变成普通文本，随意选中某文本，可发现编号也能够被选中了，如图 18-113 所示。

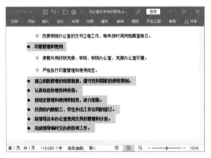

图 18-113

Step11 保存文档。因为文档中涉及宏，所以需要将文档保存为启用宏的 Word 文档。

技巧04：将所有表格批量设置成居中对齐

文档中插入了大量表格后，若逐一将表格的对齐方式设置为居中对齐会非常费时，此时可通过创建宏的方式将所有表格批量设置成居中对齐，具体操作步骤如下。

Step01 查看原文档效果。打开"素材文件\第18章\公司简介.docx"文件，初始效果如图 18-114 所示。

图 18-114

Step02 输入代码。参照技巧03中的操作方法，在当前文档中创建一个名为"将所有表格批量设置成居中对齐"的宏，❶打开VBA编辑器窗口，在模块窗口中输入如下代码；❷单击【关闭】按钮×关闭VBA编辑器窗口，如图 18-115 所示。

```
Dim Tbl As Table' 声明一个表格类型变量
For Each Tbl In ActiveDocument.Tables ' 循环当前活动文档中的每一个表格
Tbl.Rows.Alignment = wdAlignRowCenter' 设置居中对齐
Next Tbl
```

图 18-115

Step03 单击宏按钮。返回文档，在快速访问工具栏中单击之前设置的宏按钮，如图 18-116 所示。

图 18-116

Step04 查看表格效果。此时，文档中所有表格的对齐方式被设置为居中对齐，如图 18-117 所示。

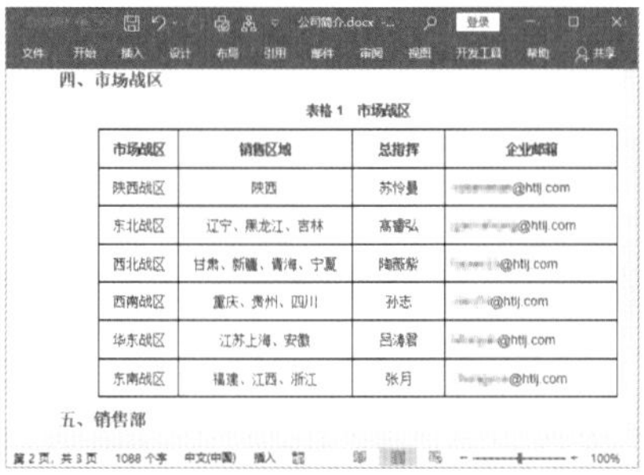

图 18-117

Step05 保存文档。因为文档中涉及了宏，所以需要将文档保存为启用宏的 Word 文档，即保存为"公司简介.docm"文档。

技巧05：批量取消表格边框线

根据操作需要，有时需要取消所有表格的边框线，通过创建宏的方式，可以快速实现，具体操作步骤如下。

Step01 输入代码。在"公司简介.docm"文档中创建一个名称为"批量取消表格边框线"的宏，❶打开 VBA 编辑器窗口，在模块窗口中输入如下代码；❷单击【关闭】按钮×关闭 VBA 编辑器窗口，如图 18-118 所示。

```
Dim Tbl As Table '声明表格
类型变量
For Each Tbl In Active
Document.Tables ' 循环当前活
动文档中的每一个表格
  With Tbl
    .Borders.InsideLineStyle =
False' 取消内边框线
    .Borders.InsideLineStyle =
False' 取消外边框线
  End With
Next
```

图 18-118

Step02 单击宏按钮。返回文档，在快速访问工具栏中单击之前设置的宏按钮，如图 18-119 所示。

图 18-119

Step03 查看表格效果。此时，取消了文档中所有表格的边框线，如图 18-120 所示。

图 18-120

本章小结

本章简单介绍了宏、域与控件的一些入门知识，主要包括宏、域、控件的使用等内容。通过对本章内容的学习，相信读者能对宏、域与控件有一些基础的认识与了解。如果希望更加深入地学习这 3 个功能，建议读者参考相关专业的工具书。

第19章 Word 与其他软件协作

➡ 如何在 Word 文档中插入 Excel 工作表？

➡ 怎样在 Word 文档中轻松实现表格行列的转换？

➡ 如何在 Word 文档中插入 PowerPoint 演示文稿？

➡ PowerPoint 演示文稿也能转换为 Word 文档吗？

由于 Word、Excel 和 PowerPoint 都是 Office 的组件，因此，这 3 个组件可以协同使用。本章将对 Word 与 Excel、Word 与 PowerPoint 之间的协同使用进行介绍，以提高文档的制作效率。

19.1 Word 与 Excel 协作

Word 与 Excel 之间的协作主要体现在表格、图表和数据上。如果需要在 Word 中插入已有的 Excel 表格，或者需要在 Word 中对大量的数据进行编辑，那么可以通过 Word 与 Excel 之间的协作来完成。

★重点 19.1.1 在 Word 文档中插入 Excel 工作表

实例门类	软件功能

在处理数据时，Excel 无疑比 Word 具有更好的表现力。用户在使用 Word 的同时，如果又想使用 Excel 的诸多功能，可以在 Word 中插入空白的 Excel 工作表，也可以插入已经创建好的 Excel 文件。例如，在 Word 空白文档中插入已经创建好的 Excel 文件，具体操作步骤如下。

Step⓪1 执行插入对象操作。新建一个名为"笔记本销售清单"的 Word 空白文档，在【插入】选项卡【文本】组中单击【对象】按钮，如图 19-1 所示。

图 19-1

Step⓪2 单击【浏览】按钮。打开【对象】对话框，❶选择【由文件创建】选项卡；❷单击【文件名】文本框右侧的【浏览】按钮，如图 19-2 所示。

> **技能拓展——在 Word 文档中插入空白的 Excel 工作表**
>
> 如果需要在 Word 文档中插入空白的 Excel 工作表，则打开【对象】对话框，直接在【新建】选项卡的【对象类型】列表框中选择【Microsoft Excel 工作表】选项，然后单击【确定】按钮即可。

图 19-2

Step⓪3 选择插入的文件。打开【浏览】对话框，❶选择需要插入的 Excel 文件；❷单击【插入】按钮，如图 19-3 所示。

图 19-3

Step04 确认插入。返回【对象】对话框，单击【确定】按钮，如图19-4所示。

图 19-4

Step05 查看文档效果。此时所选Excel文件将插入当前的Word文档中，并显示Excel文件中包含的数据，如图19-5所示。

图 19-5

19.1.2 实战：编辑 Excel 数据

实例门类	软件功能

在Word文档中插入Excel文件后，若要编辑Excel数据，可以按下面的操作步骤实现。

Step01 选择菜单命令。在Word文档中右击Excel文件，在弹出的快捷菜单中依次选择【"Worksheet"对象】→【打开】命令，如图19-6所示。

图 19-6

Step02 进入Excel程序窗口。系统将自动启动Excel程序，并在该程序中打开当前Excel文件，同时Excel窗口标题栏中会显示其所属的Word文档的名称，如图19-7所示。完成编辑后直接单击【关闭】按钮×，关闭Excel窗口即可。

图 19-7

除了上述操作方法外，还可以直接在Word窗口中编辑Excel数据。具体操作方法为：在Word文档中直接双击Excel文件，即可进入Excel数据编辑状态，且Word程序中的功能区被Excel功能区取代，如图19-8所示。此时，就像在Excel程序中操作一样，直接对工作表中的数据进行相应的编辑操作即可。完成编辑后，单击Excel文件以外的区域，便可退出Excel编辑状态。

图 19-8

19.1.3 实战：将 Excel 工作表转换为 Word 表格

实例门类	软件功能

如果希望将Excel工作表中的数据转换为Word表格，可通过复制功能轻松实现，具体操作步骤如下。

Step01 执行复制操作。打开"素材文件\第19章\销售订单.xlsx"文件，选中需要转换为Word表格的数据，按快捷键【Ctrl+C】进行复制操作，如图19-9所示。

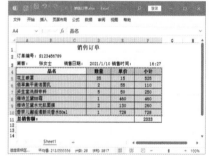

图 19-9

Step02 选择粘贴选项。新建一个名为"销售订单"的Word空白文档，❶在【开始】选项卡的【剪贴板】组中单击【粘贴】按钮下方的下拉按钮˅；❷在弹出的下拉列表中选择【使用目标样式】选项，如图19-10所示。

图 19-10

Step03 查看粘贴的数据。此时即可将复制的 Excel 数据以 Word 文档中的格式粘贴到 Word 中，如图 19-11 所示。

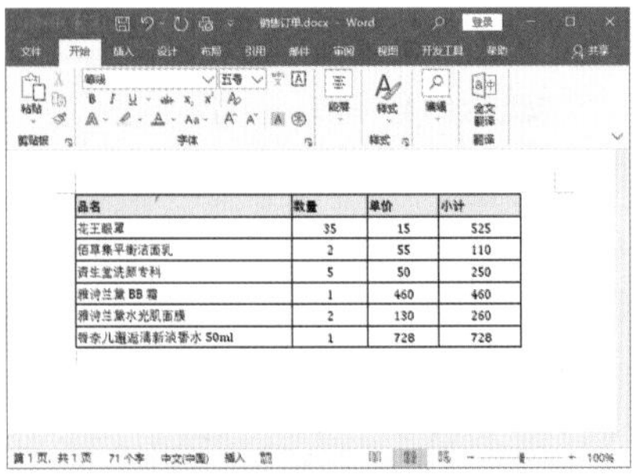

图 19-12

Step02 选择粘贴选项。启动 Excel 程序，新建一个空白工作簿，默认选中 A1 单元格，❶在【开始】选项卡的【剪贴板】组中单击【粘贴】按钮下方的下拉按钮，❷在弹出的下拉列表中选择【匹配目标格式】选项，如图 19-13 所示。

Step04 执行复制操作。此时表格数据的行列之间将发生转换，选中转换后的数据区域，按快捷键【Ctrl+C】进行复制操作，如图 19-15 所示。

图 19-15

Step05 选择粘贴样式。切换到之前的 Word 文档窗口，❶将光标插入点定位到需要插入表格的位置；❷在【开始】选项卡的【剪贴板】组中单击【粘贴】按钮下方的下拉按钮；❸在弹出的下拉列表中选择【使用目标样式】选项，如图 19-16 所示。

图 19-11

19.1.4 实战：轻松转换员工基本信息表的行与列

实例门类	软件功能

在 Word 中创建表格后，有时希望转换该表格的行列位置，即将原来的行变成列，将原来的列变成行，但这并不是一件容易的事。此时，借助 Excel 程序可以轻松实现行列之间的转换，具体操作步骤如下。

Step01 选择表格内容。打开"素材文件\第 19 章\员工基本信息表.docx"文件，选中表格内容，如图 19-12 所示，然后按快捷键【Ctrl+C】进行复制。

图 19-13

Step03 选择转置粘贴选项。Word 文档中的表格数据将粘贴到 Excel 工作表中，Excel 工作表中将选中整个数据区域，按快捷键【Ctrl+C】进行复制操作，选择要粘贴的目标单元格，❶在【开始】选项卡【剪贴板】组中单击【粘贴】按钮下方的下拉按钮；❷在弹出的下拉列表中选择【转置】选项，如图 19-14 所示。

图 19-16

Step06 查看转换行列后的效果。至此，完成 Word 文档中的表格数据的行列转换，如图 19-17 所示。

图 19-14

图 19-17

19.2 Word 与 PowerPoint 协作

随着 PowerPoint 应用范围的不断扩大，Word 与 PowerPoint 之间的协作也越来越紧密。学会 Word 与 PowerPoint 之间的协作，可以大大提高办公速度。

★重点 19.2.1 实战：在 Word 文档中插入 PowerPoint 演示文稿

实例门类	软件功能

与在 Word 文档中插入 Excel 文件类似，也可以在 Word 文档中插入已经存在的 PowerPoint 演示文稿，或者是空白演示文稿。例如，要在 Word 文档中插入已经存在的 PowerPoint 演示文稿，具体操作步骤如下。

Step01 执行插入对象操作。打开"素材文件\第 19 章\员工礼仪培训.docx"文件，❶将光标插入点定位到相应的位置；❷在【插入】选项卡【文本】组中单击【对象】按钮，如图 19-18 所示。

图 19-18

Step02 单击【浏览】按钮。打开【对象】对话框，❶选择【由文件创建】选项卡；❷单击【文件名】文本框右侧的【浏览】按钮，如图 19-19 所示。

图 19-19

技能拓展——在 Word 文档中插入空白的演示文稿

如果需要在 Word 文档中插入空白的 PowerPoint 演示文稿，则打开【对象】对话框后，直接在【新建】选项卡的【对象类型】列表框中选择【Microsoft PowerPoint 演示文稿】选项，然后单击【确定】按钮即可。

此外，若在【对象类型】列表框中选择【Microsoft PowerPoint 幻灯片】选项，则将在 Word 文档中插入一张幻灯片，且以后不能再创建新的幻灯片。

Step03 选择插入的文件。打开【浏览】对话框，❶选择需要插入的 PowerPoint 文件；❷单击【插入】按钮，如图 19-20 所示。

图 19-20

Step04 查看文档效果。返回【对象】对话框，单击【确定】按钮，所选的 PowerPoint 演示文稿将插入当前 Word 文档中，如图 19-21 所示。

图 19-21

在 Word 文档中插入 PowerPoint 演示文稿后，若要编辑该演示文稿，可以通过以下两种方法实现。

➡ 在 Word 文档中右击 PowerPoint 演示文稿，在弹出的快捷菜单中依次选择【"Presentation" 对象】→【打开】命令，如图 19-22 所示。系统将自动启动 PowerPoint 程序，并在该程序中打开当前演示文稿，此时根据需要进行相应的编辑即可。

图 19-22

技能拓展——在 Word 文档中放映演示文稿

在 Word 文档中插入 PowerPoint 演示文稿后，还可以直接在 Word

中放映演示文稿。方法为：在 Word 文档中直接双击 PowerPoint 演示文稿，或者右击 PowerPoint 演示文稿，在弹出的快捷菜单中依次选择【"Presentation"对象】→【显示】命令即可。

➥ 在 Word 文档中右击 PowerPoint 演示文稿，在弹出的快捷菜单中依次选择【"Presentation"对象】→【编辑】命令，即可进入演示文稿编辑状态，且 Word 程序中的功能区被 PowerPoint 功能区取代。此时，就像在 PowerPoint 程序中操作一样，直接对演示文稿中的幻灯片进行相应的编辑操作。完成编辑后，单击演示文稿以外的区域，便可退出演示文稿编辑状态。

19.2.2 实战：在 Word 中使用单张幻灯片

实例门类	软件功能

根据需求，有时需要在 Word 文档中使用单张幻灯片来增加文件的表现力，此时可以复制单张幻灯片到 Word 文档中，具体操作步骤如下。

Step01 复制幻灯片。打开"素材文件\第 19 章\礼仪培训.pptx"文件，❶右击需要复制的幻灯片；❷在弹出的快捷菜单中选择【复制】命令，如图 19-23 所示。

图 19-23

Step02 选择粘贴选项。新建一个名为"礼仪概述"的 Word 空白文档，❶在【开始】选项卡的【剪贴板】组中单击【粘贴】按钮下方的下拉按钮 ˅；❷在弹出的下拉列表中选择【选择性粘贴】选项，如图 19-24 所示。

图 19-24

Step03 选择粘贴格式。打开【选择性粘贴】对话框，❶在【形式】列表框中选择需要的粘贴格式，如选择【Microsoft PowerPoint 幻灯片对象】选项；❷单击【确定】按钮，如图 19-25 所示。

图 19-25

Step04 查看粘贴的幻灯片效果。复制的单张幻灯片已粘贴到 Word 文档中，如图 19-26 所示。

图 19-26

Step05 进入幻灯片编辑状态。双击幻灯片可进入幻灯片编辑状态，如图 19-27 所示。完成编辑后，单击幻灯片以外的区域，便可退出幻灯片编辑状态。

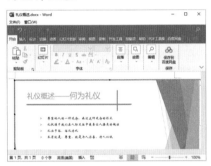

图 19-27

★重点 19.2.3 实战：将 Word 文档转换为 PowerPoint 演示文稿

实例门类	软件功能

当需要将 Word 文档内容以幻灯片的方式进行演示时，可以将 Word 文件导入 PowerPoint 演示文稿中，这样用户既能在 Word 中对文档进行编辑，又能在 PowerPoint 中设置播放效果。例如，将"员工礼仪培训内容.docx" Word 文档导入新建的演示文稿中，具体操作步骤如下。

Step01 查看 Word 文档效果。打开"素材文件\第 19 章\员工礼仪培训内容.docx"文件，进入大纲视图，对 Word 文档内容的级别进行查看和设置，如图19-28所示。完成后关闭Word文档。

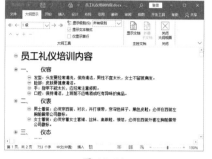

图 19-28

　　要想将Word文档中的内容成功导入PowerPoint演示文稿中，必须对Word文档段落的级别进行设置，这样才能将内容合理地分配到每页幻灯片中。

Step⑫ 选择新建幻灯片下的选项。启动PowerPoint 2021，新建一个空白演示文稿，❶单击【开始】选项卡【幻灯片】组中的【新建幻灯片】下拉按钮∨；❷在弹出的下拉列表中选择【幻灯片(从大纲)】选项，如图19-29所示。

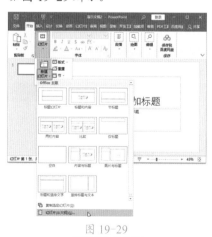

图 19-29

Step⑬ 选择Word文件。❶打开【插入大纲】对话框，在地址栏中选择

Word文档保存的位置；❷选择需要插入的文档，如选择【员工礼仪培训内容】；❸单击【插入】按钮，如图19-30所示。

图 19-30

Step⑭ 查看导入的效果。此时即可将Word文档中的内容导入幻灯片中，效果如图19-31所示。然后将其以"员工礼仪培训"为名进行保存。

图 19-31

19.2.4 实战：将PowerPoint演示文稿转换为Word文档

实例门类	软件功能

　　对于已经编辑好的PowerPoint演示文稿，根据操作需要，还可以将其转换成Word文档，具体操作步骤如下。

Step⑪ 创建讲义。打开"素材文件\第19章\婚纱摄影团购活动电子展板.pptx"文件，切换到【文件】菜单，❶选择【导出】命令；❷在中间选择【创建讲义】选项；❸在右侧打

开的界面中单击【创建讲义】按钮，如图19-32所示。

图 19-32

Step⑫ 选择需要的版式。打开【发送到Microsoft Word】对话框，❶根据需要选择版式；❷单击【确定】按钮，如图19-33所示。

图 19-33

Step⑬ 查看转换为Word文档的效果。系统自动新建Word文档，并在其中显示幻灯片内容，效果如图19-34所示。

图 19-34

妙招技法

通过对前面知识的学习，相信读者已经掌握了 Word 与其他软件进行协同办公的方法。下面结合本章内容，给大家介绍一些实用技巧。

技巧 01: 将 Word 文档嵌入 Excel 中

根据操作需要，可以将 Word 文档嵌入 Excel 中，具体操作步骤如下。

Step①① 打开"素材文件\第 19 章\付款通知单.xlsx"文件，❶选择需要放置嵌入对象的 A1 单元格；❷在【插入】选项卡【文本】组中单击【对象】按钮，如图 19-35 所示。

图 19-35

Step①② 单击【浏览】按钮。打开【对象】对话框，❶选择【由文件创建】选项卡；❷单击【文件名】文本框右侧的【浏览】按钮，如图 19-36 所示。

图 19-36

Step①③ 选择 Word 文件。打开【浏览】对话框，❶选择需要嵌入 Excel 中的 Word 文档；❷单击【插入】按钮，如图 19-37 所示。

图 19-37

Step①④ 确认设置。返回【对象】对话框，单击【确定】按钮，如图 19-38 所示。

图 19-38

Step①⑤ 查看文档效果。此时所选 Word 文档将插入当前 Excel 工作表中，如图 19-39 所示。

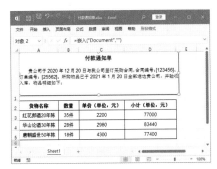

图 19-39

技术看板

在【对象】对话框中选中【链接到文件】复选框，双击插入 Excel 中的 Word 文档，将直接在 Word 程序中打开该文档。

Step①⑥ 进入文档编辑状态。双击文档可进入文档编辑状态，且 Excel 程序中的功能区被 Word 功能区取代，如图 19-40 所示。此时，就像在 Word 程序中操作一样，可以直接对文档内容进行相应的编辑操作。完成编辑后，单击文档以外的区域，便可退出文档编辑状态。

图 19-40

技术看板

如果计算机中安装了多个版本的 Word，那么在 Excel 程序中编辑嵌入的 Word 文档时，会显示其他版本的功能区界面。

技巧 02：在 Word 文档中巧用超链接调用 Excel 数据

在 Word 中使用超链接功能时，还可以链接到指定的 Excel 工作表，以方便调用 Excel 数据，具体操作步骤如下。

Step01 执行链接操作。打开"素材文件\第 19 章\市场调查报告.docx"文件，❶选中需要创建超链接的文本；❷单击【插入】选项卡【链接】组中的【链接】按钮，如图 19-41所示。

图 19-41

Step02 选择链接的文件。打开【插入超链接】对话框，❶在【链接到】列表框中选中【现有文件或网页】选项；❷在【当前文件夹】中将显示当前所打开文档的文件夹，选择需要链接的文件，如选择【智能手机销售情况】选项；❸单击【确定】按钮，如图 19-42 所示。

图 19-42

Step03 查看添加超链接的文本效果。

返回文档，即可发现选中的文本呈蓝色，并含有下划线，鼠标指针指向该文本时，会出现相应的提示信息，如图 19-43 所示。

图 19-43

Step04 跳转到链接的文件。此时，按【Ctrl】键，再单击创建了链接的文本，将启动 Excel 程序，并在该程序中显示链接文件的内容，如图 19-44 所示。

图 19-44

技巧 03：将 Excel 数据链接到 Word 文档

编辑 Word 文档时，有时直接复制 Excel 工作表中的数据到文档中，但是如果 Excel 工作表的数据发生改动时，那么 Word 文档中所有对应的数据也需要手动修改，既烦琐又容易出错。

针对这种情况，可以将 Excel 数据链接到 Word 文档中，具体操作步骤如下。

Step01 复制表格数据。打开"素材文件\第 19 章\6月工资表.xlsx"文件，

选择需要复制的数据区域，按快捷键【Ctrl+C】进行复制，如图 19-45所示。

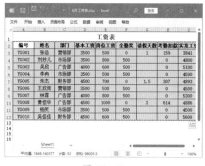

图 19-45

Step02 选择粘贴选项。新建一个名为"6月份工资统计表"的空白文档，❶在【开始】选项卡【剪贴板】组中单击【粘贴】按钮下方的下拉按钮∨；❷在弹出的下拉列表中选择【链接与使用目标格式】选项，如图 19-46 所示。

图 19-46

Step03 查看文档表格效果。复制的 Excel 数据将以链接的形式粘贴到 Word 文档中，将光标插入点定位到表格内，表格内的数据将自动显示灰色底纹，如图 19-47 所示。

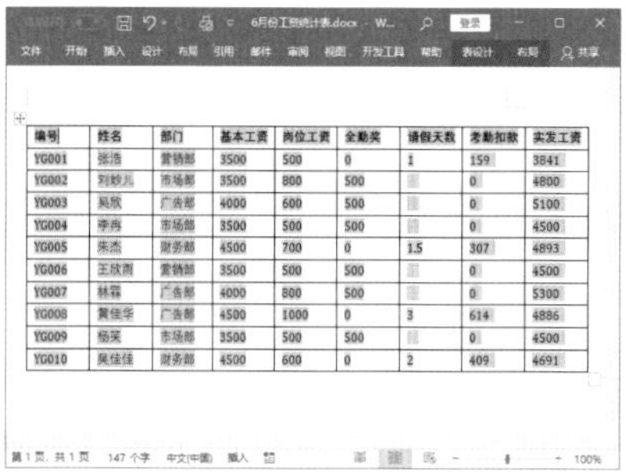

图 19-47

Step**04** 提示是否更新数据。通过上述操作后，只要Excel工作表中的数据发生更改并保存后，再次打开Word文档时，便会弹出图19-48所示的提示框，询问是否要更新数据，单击【是】按钮，Word文档中对应的数据便会自动更新。

图 19-48

技巧 04：让 Word 中插入的幻灯片显示为 PowerPoint 图标

在 Word 中插入幻灯片时，如果不想在 Word 中显示幻灯片，只想以 PowerPoint 图标进行显示，那么可按照以下步骤进行操作。

Step**01** 复制幻灯片。打开"素材文件\第 19 章\礼仪培训 .pptx"文件，①右击需要复制的幻灯片；②在弹出的快捷菜单中选择【复制】命令，如图 19-49 所示。

图 19-49

Step**02** 选择粘贴格式。在 Word 空白文档中打开【选择性粘贴】对话框，①在【形式】列表框中选择需要的粘贴格式，如选择【Microsoft PowerPoint 幻灯片对象】选项；②选中【显示为图标】复选框；③单击【确定】按钮，如图 19-50 所示。

图 19-50

Step**03** 查看效果。此时复制的单张幻灯片将粘贴到 Word 文档中，但不会显示幻灯片内容，而只显示 PowerPoint 图标。右击 PowerPoint 图标，在弹出的快捷菜单中选择【"Slide"对象】→【打开】命令，如图 19-51 所示。

图 19-51

Step**04** 进入幻灯片编辑状态。此时即可进入单张幻灯片的编辑状态，如图 19-52 所示，可根据需要对幻灯片进行编辑。

图 19-52

本章小结

本章主要介绍了 Word 分别与 Excel 和 PowerPoint 软件的协同办公操作，在协同办公过程中，灵活应用 Word 与 Office 的其他组件，能帮助用户完成很多工作，提高工作效率。

第7篇

实战应用篇

如果空有理论知识而无实战经验，就很难将前面学到的理论知识灵活应用到办公文档中，也就很难制作出让人满意的办公文档。为了让读者更好地理解和掌握学到的知识和技巧，本篇通过实战案例，将理论与实战经验相结合，不仅能帮助读者巩固学习过的理论知识，还能提升读者的办公实战技能。

第20章　实战应用：Word 在行政文秘中的应用

➥ 在行政文秘行业中，Word能做什么？

➥ 在设置文档内容的格式时，通过哪种方式设置会更快？

➥ 怎样为图形设置渐变填充效果？

➥ 复制图形的小妙招你知道吗？

本章将通过会议通知、员工手册、企业内部刊物及商务邀请函的制作，介绍Word在行政文秘中的应用。

20.1　制作会议通知

实例门类　输入内容＋文本格式＋段落格式

会议通知是上级对下级、组织对成员或平行单位之间部署工作、传达事情或召开会议等所使用的应用文。会议通知的结构通常由标题、发文字号、主送机关、正文和落款 5 部分组成。标题有完全式和省略式两种，其中完全式标题包括发文机关、事由、文种，省略式的标题可以表示为"关于××的通知"或"通知"。发文字号包括机关代字、年号、序号，没有正式行文的会议通知不需要发文字号。所有通知都必须有主送机关，即必须指定此通知的承办、执行和应当知晓的主要受文机关。正文一般由事由、主体和结尾 3 部分组成。落款包括署名和成文日期。本节将介绍会议通知的制作方法，制作完成后的效果如图 20-1 所示。

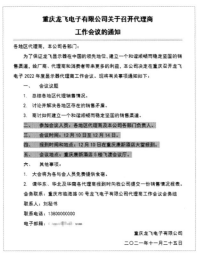

图 20-1

20.1.1 输入会议通知内容

会议通知包含的内容较少,其内容基本上都是手动输入的。所以,本例要制作会议通知文档,需要先创建一个空白 Word 文档,再在其中输入会议通知内容,具体操作步骤如下。

Step01 新建并保存文档。启动 Word 2021 程序,新建一个空白文档,并将其以"会议通知"为名进行保存,如图 20-2 所示。

图 20-2

Step02 输入会议通知内容。在文档中输入会议通知的内容,效果如图 20-3 所示。

图 20-3

Step03 执行插入日期操作。❶将光标插入点定位到文档中需要插入日期的位置;❷单击【插入】选项卡【文本】组中的【日期和时间】按钮,如图 20-4 所示。

图 20-4

Step04 设置日期格式。❶打开【日期和时间】对话框,在【可用格式】列表框中选择日期格式;❷单击【确定】按钮,如图 20-5 所示。

图 20-5

Step05 查看插入日期的效果。返回文档中,即可按所选择的日期格式插入当前系统显示的日期,效果如图 20-6 所示。

图 20-6

20.1.2 设置内容格式

在文档中输入会议通知的内容后,就可以设置内容格式了,主要包括文本格式、段落格式等,具体操作步骤如下。

Step01 设置字体和字号。❶按快捷键【Ctrl+A】选中全部内容;❷在【开始】选项卡【字体】组中将字体设置为【黑体】,字号设置为【小四】,如图 20-7 所示。

图 20-7

Step02 设置标题段落的格式。❶选择第 1 段和第 2 段文本;❷将字号设置为【三号】;❸单击【加粗】按钮 B 加粗文本;❹在【开始】选项卡【段落】组中单击【居中】按钮 三,使段落居中对齐于页面中,如图 20-8 所示。

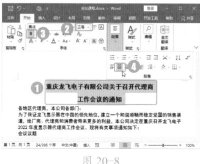

图 20-8

Step03 设置段落右对齐。❶选择最后两段文本；❷在【开始】选项卡【段落】组中单击【右对齐】按钮，使段落居于页面右侧对齐，如图 20-9 所示。

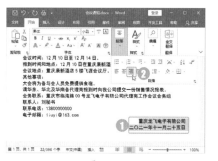

图 20-9

Step04 单击功能扩展按钮。❶选择需要设置为段落缩进的段落；❷在【开始】选项卡【段落】组中单击【功能扩展】按钮，如图 20-10 所示。

图 20-10

Step05 设置段落缩进。❶打开【段落】对话框，在【缩进】栏的【特殊】下拉列表框中选择【首行】选项；❷单击【确定】按钮，如图 20-11 所示。

图 20-11

Step06 设置段落行距。按快捷键【Ctrl+A】选中全部内容，❶单击【开始】选项卡【段落】组中的【行和段落间距】按钮；❷在弹出的下拉列表中选择【1.5】选项，如图 20-12 所示。

图 20-12

Step07 添加段落编号。选择需要添加编号的段落，❶单击【开始】选项卡【段落】组中的【编号】下拉按钮；❷在弹出的下拉列表中选择需要的编号，如图 20-13 所示。

图 20-13

Step08 设置突出显示的段落。使用相同的方法为其他段落添加需要的编号，❶选中需要突出显示的段落；❷单击【开始】选项卡【字体】组中的【文本突出显示颜色】下拉按钮；❸在弹出的下拉列表中选择【灰色-50%】选项，如图 20-14 所示。

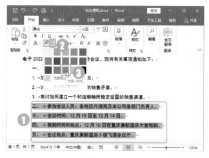

图 20-14

Step09 选择需要的边框。❶选中第 2 段文本；❷在【开始】选项卡【段落】组中单击【边框】右侧的下拉按钮；❸在弹出的下拉列表中选择【边框和底纹】选项，如图 20-15 所示。

图 20-15

Step10 自定义段落边框。打开【边框和底纹】对话框，❶在【设置】栏中选择【自定义】选项；❷在【样式】列表框中选择需要的样式；❸在【颜色】下拉列表框中选择边框颜色；❹在【预览】栏中设置需要的边框；❺单击【确定】按钮，如图 20-16 所示。

图 20-16

Step ⑪ 至此，完成了本例的制作。查看添加的边框效果。返回文档，即可查看添加边框后的效果，如图 20-17 所示。

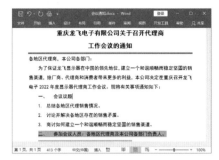

图 20-17

20.2 制作员工手册

实例门类 样式＋封面＋目录＋页眉页脚

员工手册是企业的规章制度，是企业形象宣传的工具，也是企业内部的"立法"。它不仅明确了员工的行为规范和员工的基本责任和权利，还对企业规范化、科学化管理起着至关重要的作用。同时，员工手册也是预防和解决劳动争议的重要依据，对新人认识企业、了解企业信息、尽快融入企业起着不可替代的作用。本节主要介绍员工手册的编辑方法，主要包括样式的应用与修改、封面的制作、目录的添加及页眉和页脚的设置等，设置后的效果如图 20-18 所示。

图 20-18

20.2.1 样式的应用与修改

本案例中，首先为需要提取作为目录的段落应用 Word 内置的样式，然后根据需要对样式进行更改，具体操作步骤如下。

Step ① 应用内置样式。打开"素材文件\第 20 章\员工手册.docx"文件，

❶将光标插入点定位到需要应用样式的段落中；❷在【开始】选项卡【样式】组中的列表框中选择【标题 1】选项，如图 20-19 所示。

图 20-19

Step02 选择菜单命令。使用相同的方法为其他需要应用【标题1】样式的段落应用该样式，在【标题1】样式上右击，在弹出的快捷菜单中选择【修改】命令，如图 20-20 所示。

图 20-20

Step03 设置样式格式。打开【修改样式】对话框，①在【格式】栏中将字号设置为【四号】；②单击【格式】按钮；③在弹出的下拉列表中选择【段落】选项，如图 20-21 所示。

图 20-21

Step04 设置段落格式。打开【段落】对话框，①在【常规】栏中将【对齐方式】设置为【居中】；②在【间距】栏中将【段前】和【段后】均设置为【6磅】；③将【行距】设置为【1.5倍行距】；④单击【确定】按钮，如图 20-22 所示。

图 20-22

Step05 查看修改样式后的效果。返回【修改样式】对话框，单击【确定】按钮返回文档，应用该样式的段落将自动更新，效果如图 20-23 所示。

图 20-23

20.2.2 为文档添加封面

由于员工手册文档比较正式，因此封面不需要复杂样式，Word 内置的封面样式即可满足需要，具体操作步骤如下。

Step01 选择封面样式。①单击【插入】选项卡【页面】组中的【封面】按钮；②在弹出的下拉列表中选择【丝状】选项，如图 20-24 所示。

图 20-24

Step02 在封面文本框中输入文本。在文档最前面插入封面页，删除封面页下方的文本框，在日期、标题和副标题文本框中分别输入相应的文本，效果如图 20-25 所示。

图 20-25

Step03 设置文本格式。对封面文本框中的文本格式进行设置，效果如图 20-26 所示，完成文档封面的制作。

图 20-26

20.2.3 为文档添加目录

对于员工手册来说，目录是必不可少的，通过目录可以快速跳转到对应的标题进行查看。本案例由于"标题1"样式设置了段落级别，因此可以直接使用内置的目录样式进行提取，具体操作步骤如下。

Step01 选择目录样式。将光标插入点定位到需要插入目录的位置，❶单击【引用】选项卡【目录】组中的【目录】按钮；❷在弹出的下拉列表中选择【自动目录1】选项，如图20-27所示。

图 20-27

Step02 生成目录。此时即可在光标定位处生成目录，效果如图20-28所示。

图 20-28

Step03 设置目录格式。对目录中文本的字体格式和段落格式进行相应的设置，效果如图20-29所示。

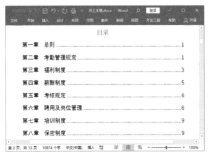

图 20-29

Step04 插入分页符。由于目录需要自成一页，因此需要添加分页符分隔目录和正文内容。❶将光标插入点定位到需要插入分页符的位置；❷单击【插入】选项卡【页面】组中的【分页】按钮，如图20-30所示。

图 20-30

Step05 查看效果。此时即可在目录末尾插入分页符，如图20-31所示，并且光标插入点后面的内容将自动分配到下一页。

图 20-31

20.2.4 为文档添加页眉页脚

由于封面页和目录页不需要插入页眉和页脚，因此在插入页眉和页脚之前，还需要添加分节符，将目录前的内容与正文内容分隔开，这样才可以只为正文内容添加页眉和页脚，具体操作步骤如下。

Step01 选择分隔符。❶将光标插入点定位到正文最前面；❷单击【布局】选项卡【页面设置】组中的【分隔符】按钮；❸在弹出的下拉列表中选择【下一页】选项，如图20-32所示。

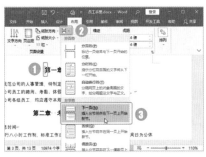

图 20-32

Step02 查看插入的分节符。此时即可在目录的分页符后面插入一个分节符，效果如图20-33所示。

图 20-33

Step03 断开页眉的链接。在页眉处双击，进入页眉和页脚编辑状态，❶将光标插入点定位到正文第1页页眉处，即第3页页眉处；❷单击【页眉和页脚】选项卡【导航】组中的【链接到前一节】按钮，如图20-34所示，断开与第1节页眉的链接，这样就可以单独设置第2节的页眉了。

图 20-34

Step04 选择页眉样式。①单击【页眉和页脚】选项卡【页眉和页脚】组中的【页眉】按钮；②在弹出的下拉列表中选择【怀旧】选项，如图 20-35 所示。

图 20-35

Step05 选择文本框。此时即可在页眉处插入选择的页眉样式，并自动根据文档标题获取页眉标题，选中【日期】文本框，如图 20-36 所示。

图 20-36

Step06 输入页眉内容。按【Delete】键删除选择的文本框，在页眉右侧的光标插入点处输入公司名称，如图 20-37 所示。

选择【积分】选项，如图 20-40 所示。

图 20-37

Step07 设置文本格式。在【页眉和页脚】选项卡【字体】组和【段落】组中分别对页眉文本的格式进行相应的设置，单击【页眉和页脚】选项卡【导航】组中的【转至页脚】按钮，如图 20-38 所示。

图 20-38

Step08 断开页脚链接。①将光标插入点定位到第 3 页的页脚处；②单击【页眉和页脚】选项卡【导航】组中的【链接到前一节】按钮，如图 20-39 所示。断开与第 1 节页脚的链接，这样就可以单独设置第 2 节的页脚了。

图 20-39

Step09 选择页脚样式。①单击【页眉和页脚】选项卡【页眉和页脚】组中的【页脚】按钮；②在弹出的下拉列表中

图 20-40

Step10 选择需要的选项。此时即可在页脚处插入选择的页脚样式，并自动获取软件用户名和页码，①选择页脚处的页码；②单击【页眉和页脚】选项卡【页眉和页脚】组中的【页码】按钮；③在弹出的下拉列表中选择【设置页码格式】选项，如图 20-41 所示。

图 20-41

Step11 设置页码格式。打开【页码格式】对话框，①在【页码编号】栏中选中【起始页码】单选按钮；②在其后的微调框中输入【1】；③单击【确定】按钮，如图 20-42 所示。

图 20-42

Step⑫ 退出页眉和页脚编辑状态。页码将从"1"开始编号，❶加粗显示页脚内容；❷单击【页眉和页脚】选项卡【关闭】组中的【关闭页眉和页脚】按钮，如图20-43所示。

图 20-43

Step⑬ 查看页眉和页脚效果。返回文档，即可查看设置的页眉和页脚效果，如图20-44所示。

图 20-44

20.2.5 更新文档目录

由于目录和正文内容已经分隔开，文档的页码也会增加，正文内容的页码也有可能发生变化。因此，添加页眉和页脚后，需要更新文档的目录，具体操作步骤如下。

Step① 执行更新目录操作。❶选择文档目录；❷单击目录上方出现的【更新目录】按钮，如图20-45所示。

图 20-45

Step② 选择目录更新选项。打开【更新目录】对话框，❶选中【只更新页码】单选按钮；❷单击【确定】按钮，如图20-46所示。

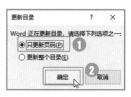

图 20-46

Step③ 查看目录更新后的效果。返回文档，即可查看目录页码更新后的效果，如图20-47所示。

图 20-47

20.3 制作企业内部刊物

企业内部刊物是企业进行员工教育、宣传推广的重要手段。本节将通过制作和编排企业内部刊物，让读者掌握图形、图像等元素在文档排版中的应用。本案例中企业内部刊物的制作效果如图20-48所示。

图 20-48

20.3.1 设计刊头

企业文件体现了一个企业的灵魂，在企业的发展建设中起着重要的作用。内部刊物不仅可以为员工提供一个良好的交流和发展平台，还能展现企业风采及竞争力。刊头是刊物整体形象的表现，下面介绍刊头的设计方法，主要由插入的形状、艺术字、文本框及图片等元素组成，具体操作步骤如下。

Step① 设置文档页面。新建一个名称为"企业内刊"的空白文档，并设置页边距大小，如图 20-49 所示。

图 20-49

Step02 选择形状工具。❶单击【插入】选项卡【插图】组中的【形状】按钮；❷在弹出的下拉列表中选择【矩形：圆角】选项，如图 20-50 所示。

图 20-50

Step03 调整圆角矩形大小。在文档中拖动鼠标，绘制一个大的圆角矩形，使其紧邻设置的页边距，将鼠标指针移动到圆角矩形左上角的黄色控制点上，按住鼠标左键不放进行拖动，以调整圆角矩形的大小，如图 20-51 所示。

图 20-51

Step04 设置形状填充色。❶选中绘制的圆角矩形；❷在【形状格式】选

项卡【形状样式】组中单击【形状填充】右侧的下拉按钮 ∨；❸在弹出的下拉列表中选择【紫色】选项；❹在【形状填充】下拉列表中选择【渐变】→【线性向下】选项，为圆角矩形设置渐变填充，如图 20-52 所示。

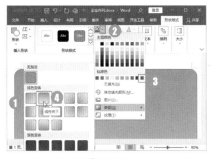

图 20-52

Step05 取消形状轮廓。保持圆角矩形的选中状态，❶在【形状格式】选项卡【形状样式】组中单击【形状轮廓】右侧的下拉按钮 ∨；❷在弹出的下拉列表中选择【无轮廓】选项，如图 20-53 所示。

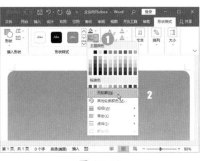

图 20-53

Step06 执行插入图片操作。❶单击【插入】选项卡【插图】组中的【图片】按钮；❷在弹出的下拉列表中选择【此设备】选项，如图 20-54 所示。

图 20-54

Step07 选择图片。打开【插入图片】对话框，❶选择需要插入的图片文件；❷单击【插入】按钮，如图 20-55 所示。

图 20-55

Step08 设置图片环绕方式。将插入的图片调整到合适的大小，选择图片，❶单击【图片格式】选项卡【排列】组中的【环绕文字】按钮；❷在弹出的下拉列表中选择【浮于文字上方】选项，如图 20-56 所示。

图 20-56

Step09 选择艺术字样式。❶单击【插入】选项卡【文本】组中的【艺术字】按钮；❷在弹出的下拉列表中选择【渐变填充：橙色，主题色 5；映像】选项，如图 20-57 所示。

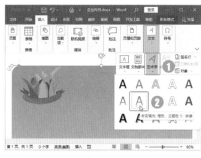

图 20-57

Step⑩ 设置艺术字。在插入的艺术字文本框中输入文本内容，并在【开始】选项卡【字体】组中对其字体格式进行设置，使用相同的方法添加需要的其他艺术字，效果如图 20-58 所示。

图 20-58

20.3.2 设计刊物内容

下面将借助形状和文本框对刊物内容进行排版，具体操作步骤如下。

Step① 复制文本。在艺术字下方绘制一个圆角矩形，将其填充色设置为【白色】，取消形状轮廓。打开"素材文件\第 20 章\小故事.docx"文件，按快捷键【Ctrl+A】全选文档中的文本，并执行复制操作，如图 20-59 所示。

图 20-59

Step② 设置文本格式。切换到"企业内刊.docx"文档窗口，将光标插入点定位到白色的圆角矩形中，按快捷键【Ctrl+V】粘贴之前复制的内容，并对其格式进行相应的设置，效果如图 20-60 所示。

图 20-60

Step③ 设置其他形状。在白色圆角矩形右上方绘制一个【对话气泡：椭圆形】形状，取消形状轮廓，将其填充为红色（红色：255，绿色：2，蓝色：69），如图 20-61 所示。

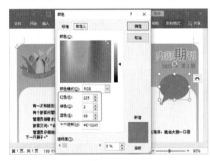

图 20-61

Step④ 设置文本框。在气泡形状上绘制一个文本框，取消文本框的轮廓和填充色，在其中输入需要的文本，并对其字体格式进行设置，效果如图 20-62 所示。

图 20-62

Step⑤ 设置形状。使用相同的方法在白色圆角矩形下方绘制一个【箭头：五边形】形状和一个文本框，在文本框中输入需要的文本，并对形状、文本框和文本格式进行设置，然后绘制一条直线，将直线

填充为红色，将线条粗细设置为【2.25 磅】，如图 20-63 所示。

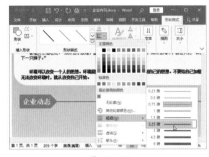

图 20-63

Step⑥ 设置线条类型。保持线条的选中状态，❶在【形状格式】选项卡【形状样式】组的【形状轮廓】下拉列表中选择【虚线】选项；❷在扩展列表框中选择【方点】选项，如图 20-64 所示。

图 20-64

Step⑦ 设置文本框。在直线形状下方绘制两个大小相同的文本框，并取消文本框的填充色和轮廓，效果如图 20-65 所示。

图 20-65

Step⑧ 复制文本。打开"素材文件\第 20 章\企业动态.docx"文件，按快捷键【Ctrl+A】全选文档中的文本，按快捷键【Ctrl+C】复制，如

图 20-66 所示。

图 20-66

Step 09 创建链接。切换到"企业内刊.docx"文档窗口中，❶将复制的文本粘贴到第 1 个文本框中，选择文本框；❷单击【形状格式】选项卡【文本】组中的【创建链接】按钮，如图 20-67 所示。

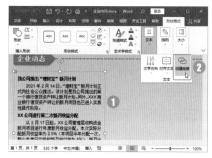

图 20-67

技术看板

由于取消了文本框的填充色和轮廓，当不选中文本框时，文档中就不会显示文本框；当选中文本框时，文档中就会出现文本框。

Step 10 链接文本框。将鼠标指针移动到右侧的文本框上，当指针变成 形状时单击，如图 20-68 所示。

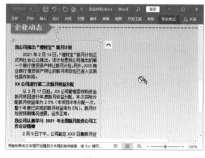

图 20-68

Step 11 查看链接效果。此时左侧文本框中未显示完的文本将自动在右侧的文本框中进行显示，效果如图 20-69 所示。至此，企业内部刊物制作完成。

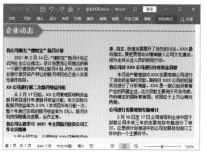

图 20-69

20.4　制作商务邀请函

实例门类　添加水印＋邮件合并＋打印文档

活动主办方为了郑重邀请合作伙伴参加其举办的商务活动，通常需要制作商务邀请函。本案例中将结合邮件合并功能来制作并打印邀请函，制作完成后的效果如图 20-70 所示。

图 20-70

20.4.1　邀请函的素材准备

制作邀请函前，需要先准备两个文档素材，一个是制作邀请函的主文档，另一个是通过 Excel 制作的联系人表格作为数据源，具体操作步骤如下。

Step 01 选择纸张大小。新建一个名称为"邀请函主控文档"的空白文档，❶单击【布局】选项卡【页面设置】组中的【纸张大小】按钮；❷在弹出的下拉列表中选择【16 开】选项，如图 20-71 所示。

图 20-71

Step 02 设置页边距和页面方向。打开【页面设置】对话框，❶设置页边距【上】【下】【左】【右】均为【2 厘米】；❷将纸张方向设置为【横向】；❸单击【确定】按钮，如图 20-72 所示。

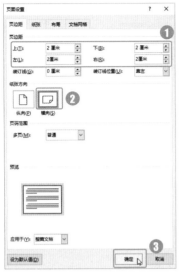

图 20-72

Step 03 输入文档内容。在文档中输入邀请函文本内容，效果如图 20-73 所示。

图 20-73

Step 04 设置文本格式。根据需要对文本内容的字体格式和段落格式进行相应的设置，如图 20-74 所示。

图 20-74

Step 05 设置分栏。❶选择需要分栏排版的段落；❷单击【布局】选项卡【页面设置】组中的【栏】按钮；❸在弹出的下拉列表中选择【两栏】选项，如图 20-75 所示。

图 20-75

Step 06 添加形状。在文档空白行的中间位置绘制一个【带形：上凹】形状，在形状中输入文本，并对文本的格式进行设置，为形状应用【透明，彩色轮廓-橙色，强调颜色 2】样式，如图 20-76 所示。

图 20-76

Step 07 执行添加水印操作。❶单击【设计】选项卡【页面背景】组中的【水印】按钮；❷在弹出的下拉列表中选择【自定义水印】选项，如图 20-77 所示。

图 20-77

Step 08 设置水印类型。打开【水印】对话框，❶选中【图片水印】单选按钮；❷单击【选择图片】按钮，如图 20-78 所示。

图 20-78

Step 09 选择插入图片的来源。打开【插入图片】页面，单击【浏览】按钮，如图 20-79 所示。

图 20-79

Step 10 选择水印图片。打开【插入图片】对话框，❶选择需要作为水印的图片；❷单击【插入】按钮，如图 20-80 所示。

图 20-80

Step 11 设置水印图片效果。返回【水印】对话框，❶取消选中【冲蚀】复选框；❷单击【确定】按钮，如

图 20-81 所示。

图 20-81

Step⑫ 清除页眉横线。添加水印后，页眉中会自动出现一条黑色横线，要去除该横线，则双击页眉进入页眉编辑区。将光标插入点定位到页眉中，单击【开始】选项卡【字体】组中的【清除所有格式】按钮 A₀，如图 20-82 所示。

图 20-82

Step⑬ 设置水印图片大小。选择水印图片，在【图片格式】选项卡【大小】组中设置图片的高度为【18.64 厘米】，宽度为【26.44 厘米】，使水印图片铺满整个页面，如图 20-83 所示。

图 20-83

Step⑭ 单击【页面边框】按钮。单击页眉和页脚外的区域，退出页眉和页脚编辑状态，单击【设计】选项卡【页面背景】组中的【页面边框】按钮，如图 20-84 所示。

图 20-84

Step⑮ 设置页面边框。❶打开【边框和底纹】对话框，在【页面边框】选项卡左侧选择【自定义】选项；❷在【艺术型】下拉列表框中选择所需的边框样式；❸在【颜色】下拉列表中选择边框颜色；❹单击【选项】按钮，如图 20-85 所示。

图 20-85

Step⑯ 设置边框边距。❶打开【边框和底纹选项】对话框，在【边距】栏中将【上】【下】【左】【右】均设置为【0 磅】；❷单击【确定】按钮，如图 20-86 所示。

图 20-86

Step⑰ 查看添加的页面边框效果。返回【边框和底纹】对话框中，单击【确定】按钮，返回文档中，即可查看添加的页面边框，如图 20-87 所示。

图 20-87

Step⑱ 制作数据源。使用 Excel 制作一个邀请名单表格作为数据源，邀请信息如图 20-88 所示。

图 20-88

20.4.2 制作并打印邀请函

邀请函一般分发给多个成员，所以需要制作出多张内容相同，但接收人不同的邀请函。使用 Word 的邮件合并功能，可以快速制作出多张邀请函,具体操作步骤如下。

Step01 选择文档类型。❶在"邀请函主控文档.docx"中选择【邮件】选项卡,单击【开始邮件合并】组中的【开始邮件合并】按钮;❷在弹出的下拉列表中选择文档类型,这里选择【信函】选项,如图 20-89 所示。

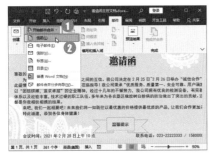

图 20-89

Step02 选择现有列表。❶单击【邮件】选项卡【开始邮件合并】组中的【选择收件人】按钮;❷在弹出的下拉列表中选择【使用现有列表】选项,如图 20-90 所示。

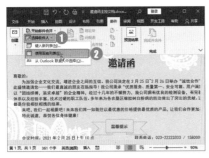

图 20-90

Step03 选择数据源。打开【选取数据源】对话框,❶选择数据源文件;❷单击【打开】按钮,如图 20-91 所示。

图 20-91

Step04 选择工作表。打开【选择表格】对话框,❶选中数据源所在的工作表;❷单击【确定】按钮,如图 20-92 所示。

图 20-92

Step05 选择插入合并域。❶将光标插入点定位到"尊敬的"文本后;❷在【邮件】选项卡【编写和插入域】组中单击【插入合并域】右侧的下拉按钮 ˅;❸在弹出的下拉列表中选择【姓名】选项,即可在文档中插入合并域【姓名】,如图 20-93 所示。

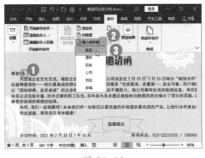

图 20-93

Step06 执行合并操作。使用相同的方法继续在【姓名】后插入【尊称】合并域,❶在【邮件】选项卡【完成】组中单击【完成并合并】按钮;❷在弹出的下拉列表中选择【编辑单个文档】选项,如图 20-94 所示。

图 20-94

Step07 设置合并记录。打开【合并到新文档】对话框,❶选中【全部】单选按钮;❷单击【确定】按钮,如图 20-95 所示。

图 20-95

Step08 查看文档效果。Word将新建一个文档显示合并记录,这些合并记录分别独自占用一页。图 20-96所示为第 1 页的合并记录,即第 1 张邀请函。

图 20-96

Step09 执行打印操作。将生成的合并文档以"邀请函"为名称进行保存,切换到【文件】菜单,❶选择【打印】命令;❷在【打印机】栏中选择与计算机相连的打印机;❸单击【打印】按钮进行打印,如图 20-97 所示。

图 20-97

本章小结

　　本章通过具体实例介绍了 Word 在行政文秘中的应用，主要涉及设置文本格式、段落格式、页面格式，以及分栏排版、图形图像对象的使用、邮件合并功能的使用等知识点。在行政文秘的行业工作中，读者将制作、处理各类文档，只要将所学知识融会贯通，就能轻而易举地应对它们。

第21章 实战应用：Word 在人力资源管理中的应用

➡ 嵌入型以外的图形对象也能设置对齐方式吗？

➡ 设置与首页不同的页眉和页脚时，如何设置起始页码？

➡ 如何使用制表位定位下划线的位置？

➡ 如何通过方向键微调图片位置？

本章将通过招聘简章、求职信息登记表、劳动合同及员工培训计划方案等文档的制作，介绍 Word 在人力资源管理中的应用。

21.1 制作招聘简章

实例门类	页面格式 + 图片 + 艺术字 + 图形 + 项目符号 + 项目编号

公司人力资源部门在招聘工作人员时，一般都需要编写招聘启事。因此，写好招聘简章，对于公司人力资源的管理者来说是必要的工作内容。下面就结合图片、艺术字、文本框等知识点，介绍制作招聘简章的方法，制作完成后的效果如图 21-1 所示。

图 21-1

21.1.1 设置页面格式

制作招聘简章前，需要先对页面格式进行设置，具体操作步骤如下。

Step01 设置页边距。新建一个名称为"招聘简章"的空白文档，❶单击【布局】选项卡【页面设置】组中的【页边距】按钮；❷在弹出的下拉列表中选择【中等】选项，如图 21-2 所示。

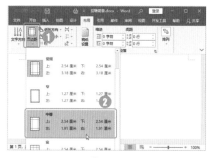

图 21-2

Step02 设置页面颜色。❶单击【设计】选项卡【页面背景】组中的【页面颜色】按钮；❷在弹出的下拉列表中选择一种颜色作为页面背景颜色，如图 21-3 所示。

图 21-3

21.1.2 为文档添加图形对象

本案例制作的招聘简章要求排版比较灵活，所以可以通过添加图形对象来进行排版，具体操作步骤如下。

Step01 执行插入图片操作。❶单击【插入】选项卡【插图】组中的【图片】按钮；❷在弹出的下拉列表中选择【此设备】选项，如图 21-4 所示。

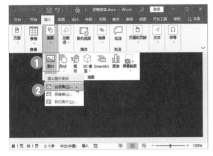

图 21-4

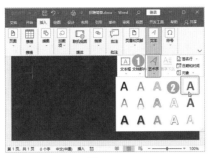

图 21-7

图 21-10

Step 02 选择图片文件。打开【插入图片】对话框，❶选择需要插入的图片；❷单击【插入】按钮，如图 21-5 所示。

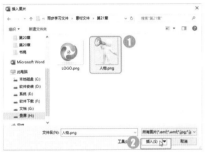

图 21-5

Step 03 设置图片环绕方式。❶选中图片；❷单击【图片格式】选项卡【排列】组中的【环绕文字】按钮；❸在弹出的下拉列表中选择【浮于文字上方】选项，如图 21-6 所示。

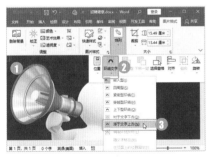

图 21-6

Step 04 选择艺术字样式。将图片调整到合适的大小和位置，❶单击【插入】选项卡【文本】组中的【艺术字】按钮；❷在弹出的下拉列表中选择【填充:金色,主题色 4;软棱台】选项，如图 21-7 所示。

Step 05 设置艺术字格式。❶在艺术字编辑框中输入【加入我们】；❷在【开始】选项卡【字体】组中将字体设置为【方正粗宋简体】，将字号设置为【80】，如图 21-8 所示。

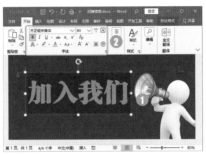

图 21-8

Step 06 旋转艺术字。将艺术字调整到合适的位置，将鼠标指针移动到艺术字文本框上方的 图标上，当鼠标指针变成 形状时，按住鼠标左键向右旋转，如图 21-9 所示。

图 21-9

Step 07 制作其他艺术字。使用相同的方法，在文档中插入需要的其他艺术字，并对其进行相应的编辑，完成后的效果如图 21-10 所示。

Step 08 选择需要绘制的形状。❶单击【插入】选项卡【插图】组中的【形状】按钮；❷在弹出的下拉列表中选择【矩形】选项，如图 21-11 所示。

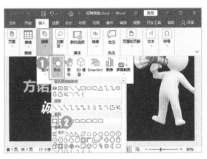

图 21-11

Step 09 设置形状的排列顺序。在文档中绘制一个文本框，❶选择绘制的文本框；❷单击【形状格式】选项卡【排列】组中的【下移一层】下拉按钮；❸在弹出的下拉列表中选择【置于底层】选项，如图 21-12 所示。

图 21-12

Step 10 更改形状填充色。将形状置于图片下方，保持形状的选择状态，❶单击【形状格式】选项卡【形状样式】组中的【形状填充】右侧的下拉按钮 ；❷在弹出的下拉列表中选择【白色,背景 1】选项，如

图 21-13 所示。

图 21-13

Step⑪ 选择文本框。❶单击【插入】选项卡【文本】组中的【文本框】下拉按钮 ∨ ；❷在弹出的下拉列表中选择【绘制横排文本框】选项，如图 21-14 所示。

图 21-14

Step⑫ 设置首行。拖动鼠标在矩形上绘制一个文本框，并在其中输入需要的文本。将鼠标指针移动到标尺上的【首行】图标 ▽ 上，按住鼠标左键不放向右拖动两个字符，使段落首行缩进两个字符，如图 21-15 所示。

图 21-15

Step⑬ 取消文本框轮廓。使用相同的方法将第2段首行缩进两个字符，

选择文本框，❶单击【形状格式】选项卡【形状样式】组中【形状轮廓】右侧的下拉按钮 ∨ ；❷在弹出的下拉列表中选择【无轮廓】选项，取消文本框的轮廓，如图 21-16 所示。

图 21-16

Step⑭ 设置形状阴影效果。在文本框下方绘制一个矩形，将其填充为【浅蓝】，❶单击【形状格式】选项卡【形状样式】组中的【形状效果】按钮 ⬛ ∨ ；❷在弹出的下拉列表中选择【阴影】选项；❸在弹出的扩展列表中选择【偏移：下】选项，如图 21-17 所示。

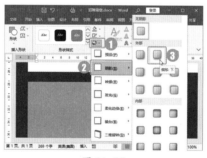

图 21-17

Step⑮ 选择项目符号。在形状中输入需要的文本，并对文本的字体格式进行相应的设置，将光标插入点定位到【土地规划技术员】文本前，❶单击【开始】选项卡【段落】组中【项目符号】右侧的下拉按钮 ∨ ；❷在弹出的下拉列表中选择需要的项目符号，如图 21-18 所示。

图 21-18

Step⑯ 为段落添加编号。选择形状中需要添加编号的段落，❶单击【开始】选项卡【段落】组中【编号】右侧的下拉按钮 ∨ ；❷在弹出的下拉列表中选择需要的编号样式，为段落添加编号，如图 21-19 所示。

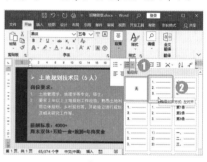

图 21-19

Step⑰ 制作其他矩形。使用相同的方法，在浅蓝矩形右侧绘制一个绿色的矩形，在其中输入需要的文本，并对文本的格式进行相应的设置，效果如图 21-20 所示。

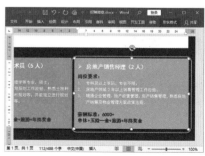

图 21-20

Step⑱ 复制矩形。选择白色的矩形，按住【Ctrl+Shift】组合键不放的同时，用鼠标左键将其向下拖动，即可在水平移动的同时复制一个矩形，如图 21-21 所示。

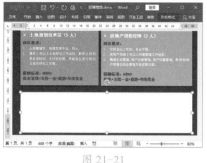

图 21-21

Step⑲ 添加项目符号。将复制的矩形填充为【蓝色，个性色1，淡色60%】，在矩形中输入需要的文本，并对文本的字体格式进行设置，将光标

插入点定位到【联系电话】文本前，❶单击【开始】选项卡【段落】组中的【项目符号】右侧的下拉按钮 ✓；❷在弹出的下拉列表中选择需要的项目符号，如图 21-22 所示。

图 21-22

Step⑳ 查看制作的文档效果。使用相同的方法为该矩形中的其他段落添加相同的项目符号。至此，招聘简章制作完成，效果如图 21-23 所示。

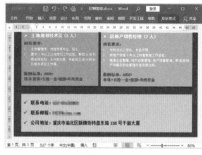

图 21-23

21.2 制作求职信息登记表

实例门类 | 页面格式＋输入与编辑内容＋使用表格＋打印文档

　　求职信息登记表是求职者将自己的个人信息经过分析整理并清晰简要地表述出来的书面求职资料。作为人力资源的招聘工作者，可以根据要了解的求职者的个人信息，制作求职信息登记表并将其打印出来，让求职者填写。本节介绍如何制作求职信息登记表，制作完成后的效果如图 21-24 所示。

图 21-24

21.2.1 设置页边距

　　如果制作的表格比较大，最好将版心设置得大一些，以便文档能够容纳更多的内容，具体操作步骤如下。

Step① 打开【页面设置】对话框。新建一个名称为"求职信息登记表"的空白文档，❶单击【布局】选项卡【页面设置】组中的【页边距】按钮；❷在弹出的下拉列表中选择【自定义页边距】选项，如图 21-25 所示。

图 21-25

Step② 自定义页边距。打开【页面设置】对话框，❶在【页边距】选项卡中将【上】【下】【左】【右】均设置为【1.5厘米】；❷单击【确定】按钮，

如图 21-26 所示。

图 21-26

21.2.2 创建与编辑表格

　　确定页面版心大小后，就可以

在文档中输入相应的内容，创建需要的表格，并根据需要对输入的内容和表格进行编辑，具体操作步骤如下。

Step01 添加下划线。在文档第 1 行和第 2 行中输入相应的内容，并对文本格式进行设置，❶选择需要添加下划线的区域；❷单击【开始】选项卡【字体】组中的【下划线】右侧的下拉按钮 ，；❸在弹出的下拉列表中选择【粗线】选项，如图 21-27 所示。

图 21-27

Step02 查看添加的下划线效果。此时即可为选择的空白区域添加下划线，效果如图 21-28 所示。

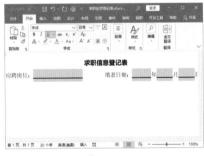

图 21-28

Step03 执行插入表格操作。❶将光标插入点定位到需要插入表格的位置；❷单击【插入】选项卡【表格】组中的【表格】按钮；❸在弹出的下拉列表中选择【插入表格】选项，如图 21-29 所示。

图 21-29

Step04 设置表格行列数。打开【插入表格】对话框，❶在【表格尺寸】栏中设置【列数】为【1】，【行数】为【25】；❷单击【确定】按钮，如图 21-30 所示。

图 21-30

Step05 执行拆分单元格操作。插入表格后，❶选中第 2~8 行；❷单击【布局】选项卡【合并】组中的【拆分单元格】按钮，如图 21-31 所示。

图 21-31

Step06 设置拆分行列数。打开【拆分单元格】对话框，❶设置【列数】为【7】，【行数】为【7】；❷单击【确

定】按钮，如图 21-32 所示。

图 21-32

Step07 查看表格效果。返回文档，即可查看拆分后的表格效果，如图 21-33 所示。

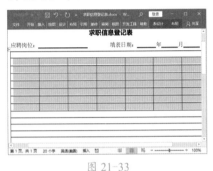

图 21-33

Step08 拆分其他单元格。使用相同的方法对表格中其他需要拆分的单元格执行拆分操作，完成后的效果如图 21-34 所示。

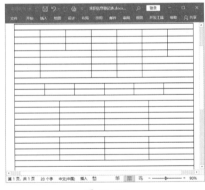

图 21-34

Step09 执行合并操作。❶选中第 7 列的 2~5 行单元格；❷单击【布局】选项卡【合并】组中的【合并单元格】按钮，如图 21-35 所示。

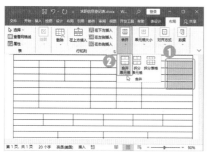

图 21-35

Step⑩ 合并其他单元格。此时所选单元格即可合并为一个单元格，使用相同的方法对其他需要合并的单元格执行合并操作，完成后的效果如图 21-36 所示。

图 21-36

Step⑪ 设置文本对齐方式。在表格中输入内容，并加粗显示部分内容，❶选中 1~23 行的单元格内容；❷在【布局】选项卡【对齐方式】组中单击【水平居中】按钮三，如图 21-37 所示。

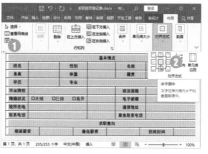

图 21-37

Step⑫ 调整表格行高和列宽。表格中的文本将居中对齐于单元格中，根据需要对表格的行高和列宽进行相应的调整，调整后的效果如图 21-38 所示。

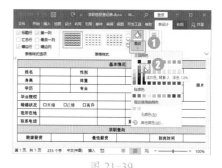

图 21-38

Step⑬ 用底纹填充单元格。选中【基本情况】【求职意向】【工作/实践经历】和【自我评价】内容所在的

行，❶在【表设计】选项卡【表格样式】组中单击【底纹】下方的下拉按钮✓；❷在弹出的下拉列表中选择需要的底纹颜色，如图 21-39 所示。

图 21-39

21.2.3 打印表格

求职信息登记表制作好后，即可将其打印出来。具体操作方法为：切换到【文件】菜单，选择【打印】命令，在右侧的【打印机】栏中选择与计算机相连的打印机，在【份数】微调框中设置打印份数，完成设置后单击【打印】按钮即可进行打印，如图 21-40 所示。

图 21-40

21.3 制作劳动合同

实例门类 页面格式 + 字符与段落格式 + 分页符 + 分栏排版 + 页眉和页脚

劳动合同是指劳动者与用人单位之间确立劳动关系、明确双方权利和义务的协议。所以，人力资源的工作人员需要制作劳动合同。一般情况下，企业可以采用劳动部门制作的格式文本，也可以在遵循劳动法律法规的前提下，根据公司情况，制定合理、合法、有效的劳动合同。下面结合相关知识，介绍劳动合同的制作过程，完成后的效果如图 21-41 所示。

图 21-41

21.3.1　编辑封面内容

一般的劳动合同包括封面和正文内容两部分，本案例首先制作劳动合同的封面，具体操作步骤如下。

Step01 设置字体格式。新建一个"劳动合同"文档，❶在光标插入点处输入劳动合同封面需要的内容；❷将字体设置为【黑体】，字号设置为【小四】，如图 21-42 所示。

图 21-42

Step02 设置行间距。选择【编号：】文本，❶单击【开始】选项卡【段落】组中的【行和段落间距】按钮；❷在弹出的下拉列表中选择【2.5】选项，如图 21-43 所示。

图 21-43

Step03 设置文本格式。❶选中第 2 段内容；❷在【开始】选项卡【字体】组中将字体设置为【方正大标宋简体】，字号设置为【小初】，加粗文本；❸在选中的内容上右击，在弹出的快捷菜单中选择【段落】命令，如图 21-44 所示。

图 21-44

Step04 设置段落格式。打开【段落】对话框，❶将【对齐方式】设置为【居中】；❷将【段前】设置为【8 行】，【段后】设置为【3 行】；❸单击【确定】按钮，如图 21-45 所示。

图 21-45

Step05 设置段落间距。❶选中最后 3 个段落；❷在【段落】对话框中将【段前】设置为【2 行】，【段后】设置为【2 行】，如图 21-46 所示。

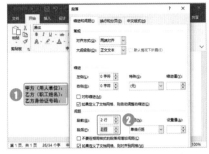

图 21-46

Step06 添加制表符。❶将光标插入点定位到【编号：】文本后，按【Tab】键增加一个制表符；❷在【段落】对话框中单击【制表符】按钮，打开【制表位】对话框，在【制表位位置】文本框中输入【16 字符】；❸在【引导符】栏中选中【4＿(4)】单选按钮；❹单击【确定】按钮，如图 21-47 所示。

图 21-47

Step07 查看设置的制表符。返回文档，即可查看制表符的位置，并为制表符添加下划线，如图 21-48 所示。

图 21-48

Step08 添加 36 字符。❶为最后 3 个

段落添加制表符，选中这3个段落；❷打开【制表位】对话框，在【制表位位置】文本框中输入【36字符】；❸在【引导符】栏中选中【4__(4)】单选按钮；❹单击【确定】按钮，如图21-49所示。

图 21-49

Step⑨ 查看设置的制表符。返回文档，即可查看为段落添加的制表符，效果如图21-50所示。

图 21-50

21.3.2 编辑劳动合同内容

下面将设置合同首页的内容，具体操作步骤如下。

Step① 选择分隔符。❶将光标插入点定位到劳动合同封面页内容后；❷单击【布局】选项卡【页面设置】组中的【分隔符】按钮 ；❸在弹出的下拉列表中选择【分页符】选项，如图21-51所示。

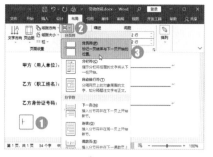

图 21-51

Step② 执行插入文件操作。❶此时即可增加一页空白页，并将光标插入点定位到该页中；❷单击【插入】选项卡【文本】组中的【对象】下拉按钮 ；❸在弹出的下拉列表中选择【文件中的文字】选项，如图21-52所示。

图 21-52

Step③ 选择插入的文件。打开【插入文件】对话框，❶选择需要插入的文件【劳动合同-内容】；❷单击【插入】按钮，如图21-53所示。

图 21-53

Step④ 查看插入的文档内容。此时即可将所选文件中的内容插入当前文档中，效果如图21-54所示。

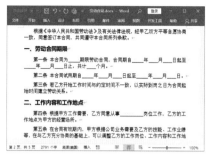

图 21-54

Step⑤ 选择分栏选项。❶在文档末尾选中目标段落；❷单击【布局】选项卡【页面设置】组中的【栏】按钮；❸在弹出的下拉列表中选择【两栏】选项，如图21-55所示。

图 21-55

Step⑥ 查看分栏效果。此时即可将所选的段落以两栏进行排列，效果如图21-56所示。

图 21-56

Step⑦ 设置页眉和页脚选项。在页眉和页脚处双击，进入页眉和页脚编辑状态，在【页眉和页脚】选项卡【选项】组中选中【首页不同】复选框，如图21-57所示。

第1篇 第2篇 第3篇 第4篇 第5篇 第6篇 第7篇

图 21-57

Step 08 设置页眉内容。将光标插入点定位到第 2 页的页眉处，输入公司名称，并在【开始】选项卡【字体】组中对公司名称的字体和字号进行设置，效果如图 21-58 所示。

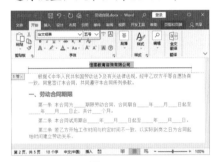

图 21-58

Step 09 定位光标插入点。单击【页眉和页脚】选项卡【导航】组中的【转至页脚】按钮，如图 21-59 所示。

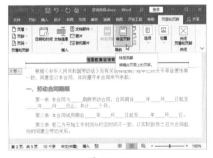

图 21-59

Step 10 选择页码样式。将光标插入点定位到第 2 页的页脚处，❶单击【页眉和页脚】选项卡【页眉和页脚】组中的【页码】按钮；❷在弹出的下拉列表中选择【页面底端】选项；❸在弹出的扩展列表中选择【普通数字 2】选项，如图 21-60

所示。

图 21-60

Step 11 选择页码相应选项。❶选择插入的页码；❷单击【页眉和页脚】选项卡【页眉和页脚】组中的【页码】按钮；❸在弹出的下拉列表中选择【设置页码格式】选项，如图 21-61 所示。

图 21-61

Step 12 设置页码格式。打开【页码格式】对话框，❶在【编号格式】下拉列表中选择编号格式；❷选中【起始页码】单选按钮；❸设置【起始页码】为【- 0 -】；❹单击【确定】按钮，如图 21-62 所示。

图 21-62

本案例中，虽然是设置与首页不同的页眉和页脚，但是页码依然从首页开始计算，如果希望第 2 页的页码显示为 "1"，就需要将起始页码设置为【0】，即表示首页的页码为 "0"。

Step 13 设置页码字体格式。保持页码的选中状态，在【开始】选项卡中对页码的字体和字号进行设置，效果如图 21-63 所示。

图 21-63

Step 14 设置页码距离页面的位置。保持页码的选中状态，在【页眉和页脚】选项卡【位置】组中将【页脚底端距离】设置为【1.2 厘米】，如图 21-64 所示。

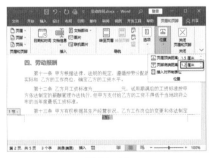

图 21-64

Step 15 查看设置的页眉和页脚效果。在文档其他位置双击，即可退出页眉和页脚编辑状态，对设置的页眉和页脚效果进行查看，效果如图 21-65 所示。至此，劳动合同内容制作完成。

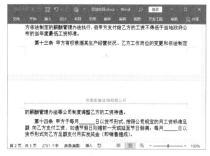

图 21-65

21.4 制作员工培训计划方案

实例门类 设计封面＋使用样式＋编辑页眉和页脚＋设置目录

　　员工是企业发展的重要因素。因此，企业为了更好地发展，一般都会要求人力资源部根据企业的现状，以及员工自身的情况，制订员工培训方案，然后根据培训方案对员工进行培训，以提高员工的综合素质，促进企业的发展，提高企业的市场竞争力。下面介绍员工培训方案的制作方法，制作完成后的效果如图 21-66 所示。

图 21-66

21.4.1 设计封面

　　本例首先为文档设计一个封面，具体操作方法如下。

Step 01 选择封面样式。打开"素材文件\第21章\员工培训计划方案.docx"文件，❶在【插入】选项卡【页面】组中单击【封面】按钮，❷在弹出的下拉列表中选择需要的封面样式，如图 21-67 所示。

图 21-67

Step 02 编辑封面内容。此时文档首页即可插入所选样式的封面，在封面上方的【年份】占位符中输入【2021】，【文档标题】占位符中输入【员工培训计划方案】，然后删除封面下方多余的占位符，效果如图 21-68 所示。

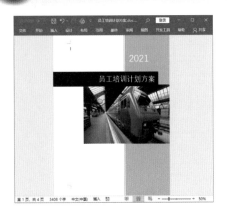

图 21-68

Step 03 执行更改图片操作。❶选中图片；❷单击【图片格式】选项卡【调整】组中的【更改图片】按钮🖾▾；❸在弹出的下拉列表中选择【来自在线来源】选项，如图 21-69 所示。

图 21-69

Step 04 输入搜索关键字。打开【联机图片】页面，在搜索框中输入图片搜索的关键字【员工培训】，如图 21-70 所示。

图 21-70

Step 05 插入需要的图片。按【Enter】

键显示搜索结果，❶取消选中【仅限 Creative Commons】复选框；❷选择需要的图片；❸单击【插入】按钮，如图 21-71 所示。

图 21-71

Step 06 查看图片效果。返回文档，即可看到选择的新图片替换了原有图片。因为图片大小不一样，所以将图片调整到合适位置，这里选中图片，通过方向键【→】向右进行微调，调整后的效果如图 21-72 所示。

图 21-72

21.4.2 使用样式排版文档

对于大型文档而言，手动设置内容格式是非常不明智的，此时可以使用样式来快速排版，具体操作步骤如下。

Step 01 应用内置样式。❶将光标插入点定位到要应用样式的段落中；❷在【样式】组的列表框中选择【标题 3】选项，将其应用到段落中，如图 21-73 所示。

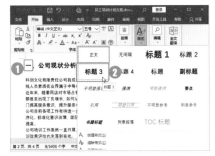

图 21-73

Step 02 执行创建样式操作。❶将光标插入点定位到需要应用样式的段落中；❷在【样式】组的列表框中选择【创建样式】选项，如图 21-74 所示。

图 21-74

Step 03 设置样式名称。打开【根据格式化创建新样式】对话框，❶在【名称】文本框中输入【编号样式】；❷单击【修改】按钮，如图 21-75 所示。

图 21-75

Step 04 选择【编号】选项。展开【根据格式化创建新样式】对话框，❶在【样式基准】下拉列表框中选择【（无样式）】选项；❷单击【格式】按钮；❸在弹出的下拉列表中选择【编号】选项，如图 21-76 所示。

图 21-76

Step05 选择编号样式。打开【编号和项目符号】对话框，❶在【编号库】列表框中选择需要的编号样式；❷单击【确定】按钮，如图 21-77 所示。

图 21-77

Step06 自动应用新建的样式。返回【根据格式化创建新样式】对话框，单击【确定】按钮，即可将新建的样式应用到光标插入点所在的段落，效果如图 21-78 所示。

图 21-78

Step07 更改编号起始值。将新建的【编号样式】应用到文档相应的段落中，虽然应用样式的段落不连续，但编号是连续的，所以还需要对编号进行设置。在需要更改的编号值上右击，在弹出的快捷菜单中选择【重新开始于1】命令，如图 21-79 所示。

图 21-79

技术看板

在段落中的编号值上右击，在弹出的快捷菜单中选择【继续编号】命令，将接着上一段落继续编号；选择【设置编号值】命令，将打开图 21-80 所示的对话框，在其中可自由设置编号的起始值。

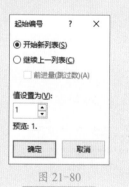

图 21-80

Step08 查看更改起始值后的效果。此时所选的编号将从"1"开始编号，效果如图 21-81 所示。

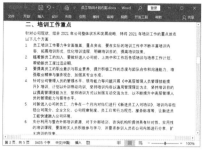

图 21-81

Step09 执行新建样式操作。使用相同的方法，为其他应用【编号样式】段落对应的编号起始值进行相应的设置，❶将光标插入点定位到【（一）公司领导与高管人员】段落中；❷在【样式】列表框中选择【创建样式】选项，如图 21-82 所示。

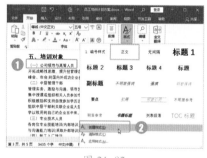

图 21-82

Step10 新建2级标题。打开【根据格式化创建新样式】对话框，❶在【属性】栏中将【名称】设置为【2级标题】，【样式基准】设置为【（无样式）】；❷在【格式】栏中将字号设置为【四号】，加粗文本；❸单击【格式】按钮；❹在弹出的下拉列表中选择【段落】选项，如图 21-83 所示。

图 21-83

图 21-85

图 21-87

Step⑪ 设置段落间距。打开【段落】对话框，①将【段前】和【段后】均设置为【0.5行】；②单击【确定】按钮，如图21-84所示。

Step⑬ 指定快捷键。打开【自定义键盘】对话框，①在【请按新快捷键】文本框中输入【Ctrl+2】；②在【将更改保存在】下拉列表框中选择【员工培训计划方案.docx】选项；③单击【指定】按钮，如图21-86所示。

Step⑮ 执行修改样式操作。将光标插入点定位到其他需要应用【2级标题】的段落中，直接按快捷键【Ctrl+2】，即可应用该样式，①将光标插入点定位到应用【正文】样式的段落中；②在【样式】列表框的【正文】样式上右击，在弹出的快捷菜单中选择【修改】命令，如图21-88所示。

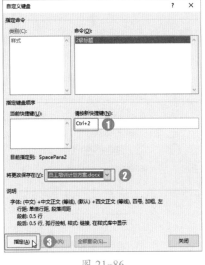

图 21-84

图 21-86

图 21-88

Step⑫ 选择菜单命令。返回【根据格式化创建新样式】对话框，①单击【格式】按钮；②在弹出的下拉列表中选择【快捷键】选项，如图21-85所示。

Step⑭ 自动应用样式。指定好快捷键后，关闭对话框，返回【根据格式化创建新样式】对话框，单击【确定】按钮，返回文档中，光标所在的段落将自动应用新建的样式，效果如图21-87所示。

Step⑯ 选择【段落】选项。打开【修改样式】对话框，①单击【格式】按钮；②在弹出的下拉列表中选择【段落】选项，如图21-89所示。

图 21-89

Step⑰ 设置首行。打开【段落】对话框，❶设置【特殊】为【首行】；❷单击【确定】按钮，如图 21-90 所示。

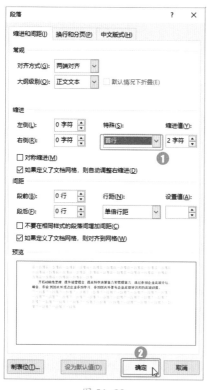

图 21-90

Step⑱ 查看文档效果。返回文档中，应用【正文】样式的段落将自动进行更新，效果如图 21-91 所示。

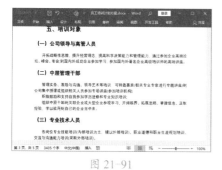

图 21-91

21.4.3 自定义页眉和页脚

为文档添加页眉和页脚时，可以根据需要自定义页眉和页脚显示的内容，具体操作步骤如下。

Step① 插入分隔符。在第 2 页的"一、公司现状分析"文本前插入一个"分页符"和"分节符(下一页)"，将目录所占的页面留出来，如图 21-92 所示。

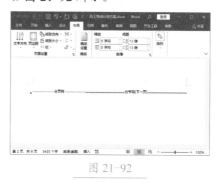

图 21-92

Step② 清除页眉横线。在页眉和页脚处双击，进入页眉和页脚编辑状态，❶将光标插入点定位到第 1 节的页眉中；❷单击【开始】选项卡中的【清除所有格式】按钮 Aₒ，如图 21-93 所示。

图 21-93

Step③ 设置形状效果。此时即可清除第 1 节页眉处的横线，使用相同的方法清除第 2 节页眉处的横线。将光标插入点定位到第 3 页的页眉处，断开与前一节页眉的链接，在页眉中绘制一个【箭头：五边形】形状，取消形状的轮廓，❶单击【形状格式】选项卡【形状样式】组中的【形状效果】按钮 ；❷在弹出的下拉列表中选择【阴影】选项；❸在弹出的扩展列表中选择【偏移：右下】选项，如图 21-94 所示。

图 21-94

Step④ 单击【图片】按钮。单击【页眉和页脚】选项卡【插入】组中的【图片】按钮，如图 21-95 所示。

图 21-95

Step⑤ 选择图片。打开【插入图片】对话框，❶选择需要插入的图片；❷单击【插入】按钮，如图 21-96 所示。

图 21-96

Step⑥ 图片和艺术字的编辑。将选择的图片插入文档中，将图片的环绕方式设置为【置于图片上方】，将图片调整到合适的大小和位置，再在图片后面插入公司名称的艺术字，并对艺术字效果进行编辑，完成后的效果如图 21-97 所示。

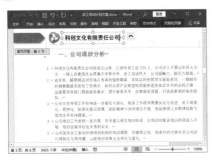

图 21-97

Step07 选择页脚样式。将光标插入点定位到第 3 页的页脚处，断开与前一节页眉的链接，❶单击【页眉和页脚】选项卡【页眉和页脚】组中的【页脚】按钮；❷在弹出的下拉列表中选择【怀旧】选项，如图 21-98 所示。

图 21-98

Step08 设置页脚内容。在页脚中输入相应的内容，并对页脚中文本的字体格式进行设置，选择页脚中的页码，❶单击【页眉和页脚】选项卡【页眉和页脚】组中的【页码】按钮；❷在弹出的下拉列表中选择【设置页码格式】选项，如图 21-99 所示。

图 21-99

Step09 设置页码格式。打开【页码格式】对话框，❶设置【起始页码】

为【1】；❷单击【确定】按钮，如图 21-100 所示。

图 21-100

Step10 设置页脚位置。在【页眉和页脚】选项卡【位置】组中将【页脚底端距离】设置为【0.8 厘米】，使页脚距离页面底端更近，如图 21-101 所示。

图 21-101

Step11 查看页眉和页脚效果。完成页眉和页脚的设置后退出页眉和页脚的编辑状态，即可查看设置的页眉和页脚效果，如图 21-102 所示。

图 21-102

21.4.4 制作目录

下面对文档的目录进行制作，

具体操作步骤如下。

Step01 选择目录选项。将光标插入点定位在需要插入目录的位置，❶单击【引用】选项卡【目录】组中的【目录】按钮；❷在弹出的下拉列表中选择【自定义目录】选项，如图 21-103 所示。

图 21-103

Step02 设置目录级别。打开【目录】对话框，❶单击【选项】按钮；❷打开【目录选项】对话框，将【目录级别】中原来设置的级别删除，将【标题3】设置为【1】，【2级标题】设置为【2】；❸单击【确定】按钮，如图 21-104 所示。

图 21-104

Step03 查看目录。返回【目录】对话框，单击【确定】按钮，返回文档，即可查看提取出来的目录，如图 21-105 所示。

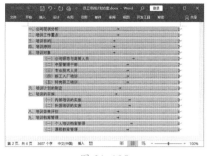

图 21-105

Step04 设置目录。在目录前面输入目录的标题，并对目录的整体格式进行设置，完成后的效果如图 21-106 所示。

图 21-106

本章小结

本章通过具体实例介绍了 Word 在人力资源管理中的应用，主要涉及设置页面格式、图形图像对象的使用、设置页眉和页脚及制表位、创建与编辑表格、制作目录等知识。在实际工作中，读者所遇到的工作可能比上述案例更加复杂，但只要有条不紊地将工作进行细化处理，即使再难的文档也会变得得心应手。

第22章 实战应用: Word 在市场营销中的应用

➥ 如何将图片设置为图形的填充效果？

➥ 自己制作封面太难怎么办？

➥ 如何在文档中使用命令按钮控件？

本章通过制作促销宣传海报、投标书、问卷调查表、商业计划书来介绍 Word 办公软件在市场营销中的应用。

22.1 制作促销宣传海报

实例门类	页面格式＋编辑图形图像＋编辑艺术字

促销海报用于宣传产品、服务或特定的信息，它主要以图片表达为主，文字表达为辅。制作一份突出产品特色的促销海报，可以吸引顾客前来购买。本节主要运用图形图像及艺术字等对象来制作促销海报，完成后的效果如图 22-1 所示。

图 22-1

22.1.1 设置页面格式

制作海报前，需要先进行页面颜色的设置，具体操作步骤如下。

Step01 自定义纸张大小。新建一个名称为"促销海报"的空白文档，打开【页面设置】对话框，❶选择【纸张】选项卡；❷在【纸张大小】下拉列表中选择【自定义大小】选项；❸将【宽度】设置为【40厘米】，【高度】设置为【21厘米】，如图 22-2 所示。

图 22-2

Step 02 选择填充选项。❶单击【设计】选项卡【页面背景】组中的【页面颜色】按钮；❷在弹出的下拉列表中选择【填充效果】选项，如图 22-3 所示。

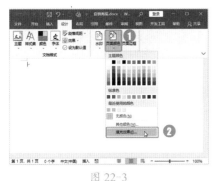

图 22-3

Step 03 设置渐变颜色。❶打开【填充效果】对话框，在【渐变】选项卡的【颜色】栏中选中【双色】单选按钮；❷在【颜色 1】下拉列表框中选择【金色，个性色 6，淡色 80%】选项；❸在【颜色 2】下拉列表框中选择【金色，个性色 6】选项；❹单击【确定】按钮，如图 22-4 所示。

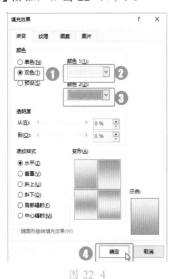

图 22-4

Step 04 查看页面效果。返回文档编辑区，即可查看设置页面颜色后的效果，如图 22-5 所示。

图 22-5

22.1.2 编辑海报版面

海报版面设计的好坏决定了是否能第一时间吸引他人的注意，下面就介绍如何设计海报版面，具体操作步骤如下。

Step 01 执行插入图片操作。❶单击【插入】选项卡【插图】组中的【图片】按钮；❷在【图片】下拉列表中选择【此设备】选项，如图 22-6 所示。

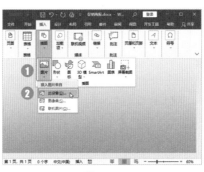

图 22-6

Step 02 选择图片插入。❶打开【插入图片】对话框，选择需要的图片；❷单击【插入】按钮，如图 22-7 所示。

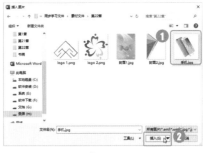

图 22-7

Step 03 执行删除背景操作。此时即可在文档中插入图片，❶选择图片；❷单击【图片格式】选项卡【调整】组中的【删除背景】按钮，如图 22-8 所示。

图 22-8

Step 04 单击【标记要保留的区域】按钮。此时，图片需要删除的部分呈紫色显示，由于图片中有部分呈紫色显示的区域不需要删除，因此单击【背景消除】选项卡【优化】组中的【标记要保留的区域】按钮，如图 22-9 所示。

图 22-9

Step 05 标记保留的区域。此时鼠标指针将变成 ∅ 形状，在图片中需要保留的区域拖动鼠标绘制线条，使要保留的区域变成正常的颜色，完成后单击【保留更改】按钮，如图 22-10 所示。

图 22-10

Step 06 查看效果。退出图片的编辑状态，在文档中即可查看将图片紫色区域删除后的效果，如图 22-11 所示。

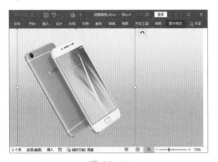

图 22-11

Step 07 旋转图片。将图片的环绕方式设置为【浮于文字上方】，选择图片，将鼠标指针移动到图片上方的控制点上，按住鼠标左键不放并向右旋转，旋转到合适角度后释放鼠标，如图 22-12 所示。

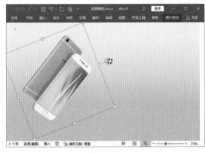

图 22-12

Step 08 选择艺术字样式。将图片调整到合适的大小和位置，❶单击【插入】选项卡【文本】组中的【艺术字】按钮；❷在弹出的下拉列表中选择需要的艺术字样式，如图 22-13 所示。

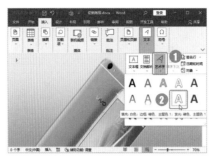

图 22-13

Step 09 设置艺术字。在插入的艺术字文本框中输入需要的文本，并在【开始】选项卡【字体】组中对艺术字的格式进行设置，如图 22-14 所示。

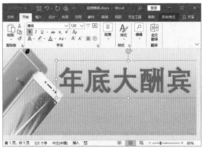

图 22-14

Step 10 选择形状工具。使用相同的方法在文档中插入需要的其他艺术字，❶单击【插入】选项卡【插图】组中的【形状】按钮；❷在弹出的下拉列表中选择【流程图：终止】选项，如图 22-15 所示。

图 22-15

Step 11 设置形状。在中间的艺术字上拖动鼠标绘制选择的形状，将形状颜色填充为【白色】，取消形状的轮廓，如图 22-16 所示。

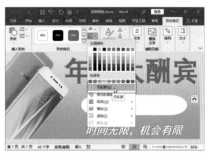

图 22-16

Step 12 调整形状的排列顺序。❶选择形状；❷单击【形状格式】选项卡【排列】组中的【下移一层】下拉按钮；❸在弹出的下拉列表中选择【衬于文字下方】选项，如图 22-17 所示。

图 22-17

Step 13 查看排列效果。此时所选形状将置于艺术字文本下方，效果如图 22-18 所示。

图 22-18

Step 14 绘制与编辑矩形。使用相同的方法在页面最底端绘制一个矩形，将其填充为【白色】，取消形状的轮廓，效果如图 22-19 所示，至此完成本案例的制作。

图 22-19

22.2　制作投标书

实例门类 制作封面＋运用样式＋设置页眉和页脚＋设置目录＋转换为 PDF 文档

投标书是指投标单位按照招标书的条件和要求，向招标单位提交报价并填具标单的文书。它要求密封后邮寄或派专人送到招标单位，故又称为标函，是投标单位在充分领会招标文件、进行现场实地考察和调查的基础上所编制的投标文书，是对招标公告所提要求的响应和承诺，并同时提出具体的标价及有关事项来竞争中标。本案例中将运用样式、设置页眉和页脚等知识点对投标书进行排版等美化操作，最后将文件转换为 PDF 文档，以便存放和传递，投标书制作完成后的效果如图 22-20 所示。

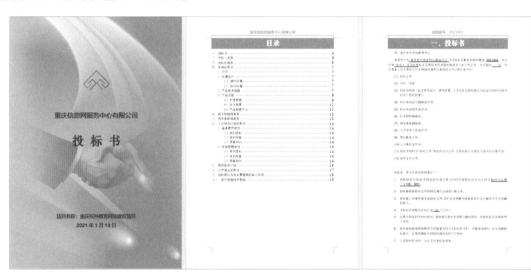

图 22-20

22.2.1　制作投标书封面

Word 虽然提供了内置样式的封面，但是样式数量毕竟有限，要想制作具有个性化的封面，还需自己手动制作。许多用户觉得自己制作封面非常难，其实通过对本小节内容的学习，会发现自己设计封面很简单，具体操作步骤如下。

Step 01 插入分页符。打开"素材文件 \ 第 22 章 \ 投标书 .docx"文件，❶将光标插入点定位到文档起始处；❷单击【布局】选项卡【页面设置】组中的【分隔符】按钮；❸在弹出的下拉列表中选择【分页符】选项，如图 22-21 所示。

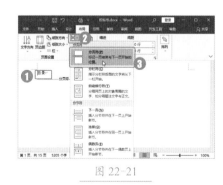

图 22-21

Step 02 设置公司名称文本格式。在光标插入点所在位置的前面将插入一个分页符，从而在当前页的前面插入一个新页，这个新的页面就成为文档的首页。❶在首页通过按【Enter】键输入多个空行，然后在合适位置输入公司的名称；❷在【开始】选项卡【字体】组中设置字体为【汉仪大黑简】，字号为【二号】，字体颜色为【紫色】，加粗文本；❸在【段落】组中设置【居中】对齐方式，如图22-22所示。

图 22-22

Step 03 设置文档标题文本格式。❶在合适位置输入【投标书】；❷在【开始】选项卡【字体】组中设置字体为【方正宋黑简体】，字号为【初号】，字体颜色为【紫色】，加粗文本；❸在【段落】组中设置【居中】对齐方式，如图22-23所示。

图 22-23

Step 04 设置其他文本的格式。❶在合适位置输入文本内容；❷在【开始】选项卡【字体】组中设置字体为【汉仪中圆简】，字号为【三号】，字体颜色为【紫色】，加粗文本；❸在【段落】组中设置【居中】对齐

方式，如图22-24所示。

图 22-24

Step 05 执行插入图片操作。❶定位光标插入点；❷单击【插入】选项卡【插图】组中的【图片】按钮；❸在【图片】下拉列表中选择【此设备】选项，如图22-25所示。

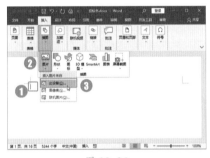

图 22-25

Step 06 选择图片文件。打开【插入图片】对话框，❶选择需要插入的图片；❷单击【插入】按钮，如图22-26所示。

图 22-26

Step 07 选择图片环绕方式。选中图片，❶在【图片格式】选项卡【排列】组中单击【环绕文字】按钮；❷在弹出的下拉列表中选择【浮于文字上方】选项，如图22-27所示。

图 22-27

Step 08 调整图片。选中图片，通过拖动鼠标的方式调整图片大小，并将其拖到合适的位置，效果如图22-28所示。

图 22-28

Step 09 查看封面效果。参照上述操作，将"素材文件\第22章\封面1.jpg"图片插入首页，并将其设置为【衬于文字下方】环绕方式，然后调整图片位置及大小，使其铺满首页页面，效果如图22-29所示。

图 22-29

22.2.2 使用样式设置文本格式

由于投标书的篇幅较长，需要使用样式来格式化文档内容，在设置过程中，对标题设置相应的大纲级别，方便用户通过【导航窗格】栏查阅文档内容。使用样式格式化文档的具体操作步骤如下。

Step01 执行新建样式操作。打开【样式】窗格，❶将光标插入点定位到需要应用样式的段落中；❷在【样式】窗格中单击【新建样式】按钮A₊，如图22-30所示。

图 22-30

Step02 设置样式格式。打开【根据格式化创建新样式】对话框，❶在【属性】栏中设置样式的名称、样式类型等参数；❷在【格式】栏中设置字符格式；❸单击【格式】按钮；❹在弹出的下拉列表中选择【段落】选项，如图22-31所示。

图 22-31

Step03 设置段落格式。打开【段落】对话框，❶在其中对段落对齐方式和段落缩进等进行相应的设置；❷单击【确定】按钮，如图22-32所示。

图 22-32

Step04 选择【边框】选项。返回【根据格式化创建新样式】对话框，❶单击【格式】按钮；❷在弹出的下拉列表中选择【边框】选项，如图22-33所示。

图 22-33

Step05 设置段落底纹。打开【边框和底纹】对话框，❶选择【底纹】选项卡；❷在【填充】下拉列表框中选择底纹颜色；❸单击【确定】按钮，如图22-34所示。

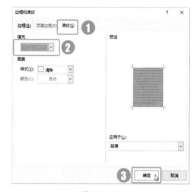

图 22-34

Step06 自动应用新建的样式。返回【根据格式化创建新样式】对话框，单击【确定】按钮，返回文档，即可看到当前段落应用了新建的样式，如图22-35所示。

图 22-35

Step07 参照上述方法，在当前文档中新建其他样式，并分别应用到相应的段落中，此处不再赘述。图22-36所示为应用了部分样式后的效果。

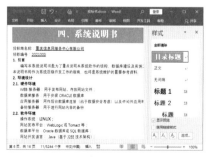

图 22-36

22.2.3 设置页眉和页脚

下面为投标书设计页眉和页脚，具体操作步骤如下。

Step01 设置页眉和页脚选项。在第2页双击页眉进入页眉编辑区，在【页眉和页脚】选项卡的【选项】组中选中【首页不同】和【奇偶页不同】复选框，如图22-37所示。

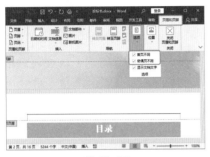

图 22-37

Step02 编辑偶数页页眉内容。在偶数页的页眉中输入公司名称，并对其内容的格式进行相应的设置，设置后的效果如图22-38所示。

图 22-38

Step03 编辑奇数页页眉内容。在奇数页的页眉中输入招商编号，并对内容的格式进行相应的设置，设置后的效果如图22-39所示。

图 22-39

Step04 选择页码样式。将光标插入点定位到偶数页的页脚，❶单击【页眉和页脚】选项卡【页眉和页脚】组中的【页码】按钮；❷在弹出的下拉列表中选择【当前位置】→【普通数字】选项，如图22-40所示。

图 22-40

Step05 设置页码文本格式。插入页码样式后，会自动插入页码。对页码的字体格式和对齐方式进行相应的设置，效果如图22-41所示。

图 22-41

Step06 退出页眉和页脚编辑状态。❶用同样的方法，在奇数页页脚插入页码并编辑页码内容格式；

❷单击【页眉和页脚】选项卡【关闭】组中的【关闭页眉和页脚】按钮，退出页眉和页脚编辑状态，如图22-42所示。

图 22-42

22.2.4 设置目录

下面设置投标书的目录，具体操作步骤如下。

Step01 执行自定义目录操作。将光标插入点定位在需要插入目录的位置，❶单击【引用】选项卡【目录】组中的【目录】按钮；❷在弹出的下拉列表中选择【自定义目录】选项，如图22-43所示。

图 22-43

Step02 目录设置。打开【目录】对话框，❶在【制表符前导符】下拉列表框中选择前导符样式；❷将【显示级别】设置为【3】；❸单击【确定】按钮，如图22-44所示。

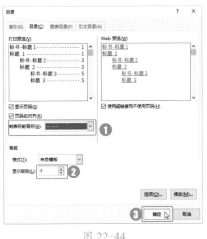

图 22-44

Step03 查看插入的目录。返回文档，在光标插入点所在位置即可插入目录，如图 22-45 所示。

图 22-45

22.2.5 转换为 PDF 文档

投标书制作好后，为了方便查阅，以及防止其他用户随意修改内容，可将其转换为 PDF 文档，具体操作步骤如下。

Step01 执行另存为操作。按【F12】键打开【另存为】对话框，❶在地址栏中设置保存位置；❷在【保存类型】下拉列表中选择【PDF（*.pdf）】选项；❸单击【保存】按钮，如图 22-46 所示。

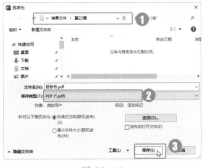

图 22-46

Step02 查看 PDF 文件效果。将其保存后，如果计算机中安装了 PDF 阅读器，那么将自动打开保存的 PDF 文件，在其中可对文档效果进行预览，如图 22-47 所示。

图 22-47

22.3 制作问卷调查表

实例门类 使用 ActiveX 控件 + 设置宏代码 + 限制编辑

在企业开发新产品或推出新服务时，为了使产品服务更好地适应市场的需求，通常需要事先对市场需求进行调查。本案例将使用 Word 制作一份问卷调查表，并利用 Word 中的 Visual Basic 脚本添加一些交互功能，使调查表更加人性化，让被调查者可以更快速、方便地填写问卷信息。下面以制作婴儿手推车问卷调查表为例，讲解问卷调查表的制作过程，制作完成后的效果如图 22-48 所示。

图 22-48

22.3.1 将文件另存为启用宏的 Word 文档

在问卷调查表中，需要使用 ActiveX 控件，并应用宏命令实现部分控件的特殊功能，所以需要将 Word 文档另存为启用宏的 Word 文档格式。操作步骤为：打开"素材文件\第 22 章\问卷调查表.docx"文件，按【F12】键，打开【另存为】对话框，在【保存类型】下拉列表中选择【启用宏的 Word 文档 (*.docm)】选项，然后设置存放位置、文件名等参数，最后单击【保存】按钮进行保存即可，如图 22-49 所示。完成保存后，将得到一个"问卷调查表.docm"文档。

图 22-49

22.3.2 在调查表中应用 ActiveX 控件

下面将结合使用文本框控件、选项按钮控件、复选框控件和命令按钮控件来制作问卷调查表，具体操作步骤如下。

Step01 选择需要的控件。在上面保存的"问卷调查表.docm"文档中，❶将光标插入点定位到需要插入控件的位置；❷单击【开发工具】选项卡【控件】组中的【旧式工具】按钮；❸在弹出的下拉列表中单击【ActiveX 控件】栏中的【选项按钮（ActiveX 控件）】按钮◉，如图 22-50 所示。

图 22-50

Step02 选择菜单命令。此时光标插入点所在位置即可插入一个选项按钮控件，右击该控件，在弹出的快捷菜单中选择【属性】命令，如图 22-51 所示。

图 22-51

Step03 设置控件属性。打开【属性】对话框，❶将【AutoSize】属性的值设置为【True】；❷【WordWrap】属性的值设置为【False】；❸【Caption】属性的值设置为【男】；❹【GroupName】属性的值设置为【问 1】；❺单击【Font】属性右侧的按钮，如图 22-52 所示。

图 22-52

Step04 设置字体格式。打开【字体】对话框，❶设置选项内容的字体格式；❷单击【确定】按钮，如图 22-53 所示。

图 22-53

Step05 关闭对话框。返回【属性】对话框，单击【关闭】按钮关闭【属性】对话框，如图 22-54 所示。

图 22-54

Step06 查看制作的控件。返回文档，即可看到完成了问题 1 的第 1 个选项的制作，如图 22-55 所示。

图 22-55

Step07 制作其他选项控件。通过插

入选项按钮控件，继续制作问题1的第2个选项和问题2~6及问题9~12的选项，最终效果如图22-56所示。

图 22-56

Step08 选择需要的控件。❶将光标插入点定位到问题7的下方；❷单击【开发工具】选项卡【控件】组中的【旧式工具】按钮；❸在弹出的下拉列表中单击【ActiveX控件】栏中的【复选框（ActiveX控件）】按钮，如图22-57所示。

图 22-57

Step09 选择菜单命令。在光标插入点所在位置即可插入一个复选框控件，右击该控件，在弹出的快捷菜单中选择【属性】命令，如图22-58所示。

图 22-58

Step10 设置控件属性。打开【属性】对话框，❶将【AutoSize】属性的值设置为【True】；❷【WordWrap】属性的值设置为【False】；❸【Caption】属性的值设置为【价格】；❹【GroupName】属性的值设置为【问7】；❺单击【Font】属性右侧的...按钮，如图22-59所示。

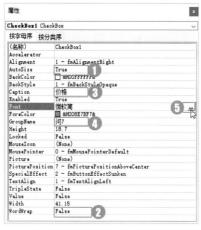

图 22-59

Step11 设置字体格式。打开【字体】对话框，❶设置选项内容的字体格式；❷单击【确定】按钮，如图22-60所示。

图 22-60

Step12 返回【属性】对话框，单击【关闭】按钮关闭【属性】对话框，即可完成问题7中第1个复选框选项的制作，如图22-61所示。

图 22-61

Step13 制作其他复选框。通过插入复选框控件，继续制作问题7和其他问题需要的复选框选项，完成后的效果如图22-62所示。

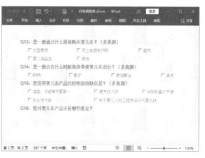

图 22-62

Step14 选择需要的控件。❶将光标插入点定位到问题16的下方；❷单击【开发工具】选项卡【控件】组中的【旧式工具】按钮；❸在弹出的下拉列表中单击【ActiveX控件】栏中的【文本框（ActiveX控件）】按钮，如图22-63所示。

图 22-63

Step15 调整文本框控件。此时在光标插入点所在位置即可插入一个文本框控件，通过文本框控件四周的控制点调整大小，效果如图22-64所示。

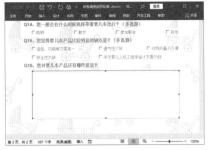

图 22-64

Step16 选择命令按钮控件。❶将光标插入点定位到文本框控件的下方；❷单击【开发工具】选项卡【控件】组中的【旧式工具】按钮；❸在弹出的下拉列表中单击【ActiveX 控件】栏中的【命令按钮（ActiveX 控件）】按钮，如图 22-65 所示。

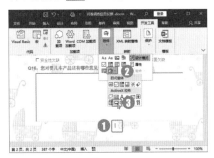

图 22-65

Step17 选择菜单命令。此时光标插入点所在位置即可插入一个命令按钮控件，右击该控件，在弹出的快捷菜单中选择【属性】命令，如图 22-66 所示。

图 22-66

Step18 设置命令按钮控件属性。打开【属性】对话框，❶将【AutoSize】属性的值设置为【True】；❷【WordWrap】

属性的值设置为【False】；❸【Caption】属性的值设置为【提交】；❹单击【Font】属性右侧的 ... 按钮，如图 22-67 所示。

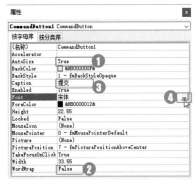

图 22-67

Step19 设置字体格式。打开【字体】对话框，❶设置命令按钮内容的字体格式；❷单击【确定】按钮，如图 22-68 所示。

图 22-68

Step20 查看制作的命令按钮。返回【属性】对话框，单击【关闭】按钮 关闭【属性】对话框，即可完成按钮的制作，如图 22-69 所示。

图 22-69

22.3.3 添加宏代码

在用户填写完调查表后，为了使用户更方便地将文档进行保存，并以邮件方式将文档发送至指定邮箱，可在上述制作的"提交"按钮上添加程序，使用户单击该按钮后自动保存文件并发送邮件，具体操作步骤如下。

Step01 打开代码窗口。双击文档中的【提交】按钮，打开代码窗口，光标插入点将自动定位到该按钮单击事件过程的代码处，如图 22-70 所示。

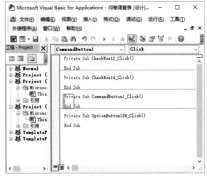

图 22-70

Step02 输入程序代码。在按钮单击事件过程中输入程序代码【ThisDocument.SaveAs2"问卷调查信息反馈"】，如图 22-71 所示。该代码的含义为：调用当前文档对象 ThisDocument 中的另存文件方法 SaveAs2，将文件另存到 Word 当前默认的路径，并将该文件命名为"问卷调查信息反馈"。

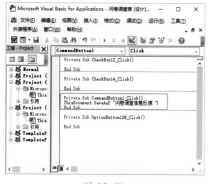

图 22-71

Step 03 输入邮件发送代码。❶在上述代码的下一行添加邮件发送代码"ThisDocument.SendForReview "http://123456789@qq.com"," 问卷调查信息反馈"";❷单击【关闭】按钮×关闭代码窗口，如图 22-72 所示。代码含义为：调用 ThisDocument 对象的 SendForReview 方法，设置邮件地址为"http://123456789@qq.com"，设置邮件主题为"问卷调查信息反馈"。

图 22-72

22.3.4 完成制作并测试调查表程序

为了保证调查表不被用户误修改，需要进行保护调查表的操作，使用户只能修改调查表中的控件值。同时，为了查看调查表的效果，还需要对整个调查表的程序功能进行测试，具体操作步骤如下。

Step 01 退出设计模式。在【开发工具】选项卡的【控件】组中单击【设计模式】按钮，取消其灰色底纹

显示状态，从而退出设计模式，如图 22-73 所示。

图 22-73

Step 02 执行限制编辑操作。单击【开发工具】选项卡【保护】组中的【限制编辑】按钮，如图 22-74 所示。

图 22-74

Step 03 限制编辑设置。打开【限制编辑】窗格，❶在【编辑限制】栏中选中【仅允许在文档中进行此类型的编辑】复选框；❷在下面的下拉列表中选择【填写窗体】选项；❸单击【是，启动强制保护】按钮，如图 22-75 所示。

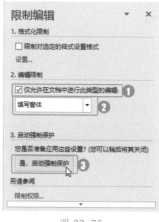

图 22-75

Step 04 设置保护密码。打开【启动强制保护】对话框，❶设置保护密码为【123】；❷单击【确定】按钮，如图 22-76 所示。至此，完成了问卷调查表的制作。

图 22-76

Step 05 测试提交。完成调查表的制作后，可以填写调查表进行测试。在调查表中填写相关信息，然后单击【提交】按钮，如图 22-77 所示。

图 22-77

Step 06 自动填写邮件内容。此时，Word 将自动调用 Outlook 程序，并自动填写收件人地址、主题和附件内容，单击【发送】按钮即可直接发送邮件。

22.4 制作商业计划书

实例门类 制作封面＋设置页眉和页脚＋设置目录＋设置密码

商业计划书是一份全方位的项目计划，其主要意图是递交给投资商，以便他们能对企业或项目做出评判，从而使企业获得融资。无论是生产型企业还是销售型企业，制作商业计划书都是不可或缺的，而一份好的商业计划书为企业发展带来的商机和利益也是无限的。本节介绍制作商业计划书的过程，制作完成后的效果如图 22-78 所示。

图 22-78

22.4.1 制作商业计划书封面

一份完整的长文档，必须有一个封面，这可以使制作的文档更加专业和美观。下面将对商业计划书的封面进行制作，具体操作步骤如下。

Step 01 执行插入图片操作。打开"素材文件\第 22 章\商业计划书.docx"文件，❶将光标插入点定位到第 1 页中；❷单击【插入】选项卡【插图】组中的【图片】按钮；❸在弹出的下拉列表中选择【此设备】选项，如图 22-79 所示。

图 22-79

Step 02 选择图片文件。打开【插入图片】对话框，❶选择需要插入的图片；❷单击【插入】按钮，如图 22-80 所示。

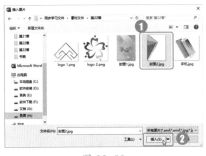

图 22-80

Step 03 设置图片环绕方式。❶选中图片；❷在【图片格式】选项卡【排列】组中单击【环绕文字】按钮；❸在弹出的下拉列表中选择【衬于文字下方】选项，如图 22-81 所示。

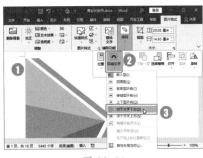

图 22-81

Step 04 选择需要的文本框。拖动鼠标调整图片位置及大小，使其铺满首页页面。❶单击【插入】选项卡【文本】组中的【文本框】按钮；❷在弹出的下拉列表中选择【简单文本框】选项，如图 22-82 所示。

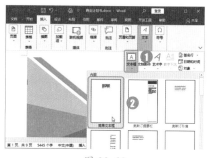

图 22-82

Step 05 设置文本格式。❶此时文档中将插入一个文本框，在其中输入文本内容；❷在【开始】选项卡【字体】组中设置中文字体为【方正胖娃简体】，英文字体为【Arial】，字号为【二号】，字体颜色为【蓝色，个性色 1，深色 50%】，加粗文本；❸在【段落】组中设置【居中】对齐方式，如图 22-83 所示。

图 22-83

Step 06 取消文本框填充色。❶选中文本框；❷在【形状格式】选项卡【形状样式】组中单击【形状填充】右侧的下拉按钮 ∨；❸在弹出的下拉列表中选择【无填充】选项，如图 22-84 所示。

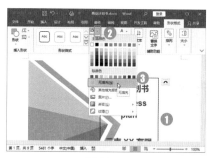

图 22-84

Step 07 取消文本框轮廓。保持文本

框的选中状态，❶在【形状格式】选项卡【形状样式】组中单击【形状轮廓】右侧的下拉按钮 ∨；❷在弹出的下拉列表中选择【无轮廓】选项，如图 22-85 所示。

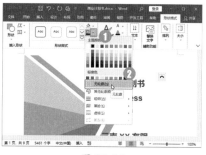

图 22-85

Step 08 选择需要绘制的形状。❶单击【插入】选项卡【插图】组中的【形状】按钮；❷在弹出的下拉列表中选择【直线】绘图工具，如图 22-86 所示。

图 22-86

Step 09 设置直线轮廓颜色。❶在公司名称上方绘制一条直线，选中该直线；❷在【形状格式】选项卡【形状样式】组中单击【形状轮廓】右侧的下拉按钮 ∨；❸在弹出的下拉列表中选中轮廓颜色，如图 22-87 所示。

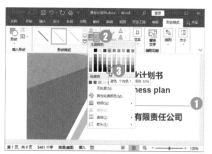

图 22-87

Step 10 设置直线粗细。保持直线的选中状态，❶在【形状格式】选项卡【形状样式】组中单击【形状轮廓】右侧的下拉按钮 ∨；❷在弹出的下拉列表中选择【粗细】→【2.25 磅】选项，如图 22-88 所示。

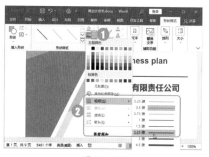

图 22-88

Step 11 插入公司 LOGO 图片。参照第 1~3 步操作，将"素材文件\第 22 章\logo2.png"图片插入首页，并将其设置为【浮于文字上方】环绕方式，调整其位置及大小，效果如图 22-89 所示。

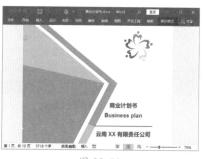

图 22-89

22.4.2 添加页眉页脚和目录

为商业计划书添加页眉和页脚，并添加相应的目录，具体操作步骤如下。

Step 01 设置首页不同。在第 2 页双击页眉进入页眉编辑区，在【页眉和页脚】选项卡的【选项】组中选中【首页不同】复选框，如图 22-90 所示。

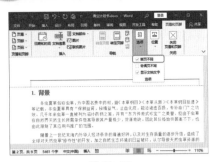

图 22-90

Step 02 添加页眉内容。在第2页的页眉中输入页眉内容，并对其进行编辑，如图22-91所示。

图 22-91

Step 03 选择页脚样式。将光标插入点定位到第2页的页脚，❶单击【页眉和页脚】选项卡【页眉和页脚】组中的【页码】按钮；❷在弹出的下拉列表中选择【页面底端】→【加粗显示的数字2】选项，如图22-92所示。

图 22-92

Step 04 查看页脚效果。在页脚处将插入选择的页码样式，单击【页眉和页脚】选项卡【关闭】组中的【关闭页眉和页脚】按钮，退出页眉和页脚的编辑状态，如图22-93所示。

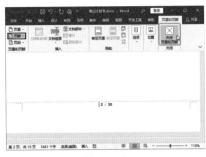

图 22-93

Step 05 选择自定义目录选项。将光标插入点定位到需要插入目录的位置，❶单击【引用】选项卡【目录】组中的【目录】按钮；❷在弹出的下拉列表中选择【自定义目录】选项，如图22-94所示。

图 22-94

Step 06 确认提取目录。打开【目录】对话框，保持默认设置，单击【确定】按钮，如图22-95所示。

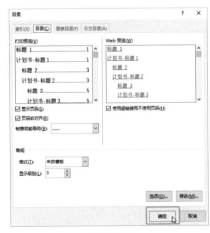

图 22-95

技术看板

虽然通过自动目录样式也能正确提取目录，但本案例通过自定义的方式来提取目录，主要是因为目录页中已经有【目录】标题，通过自动目录样式提取出来又会有【目录】，这样会显得重复，而通过自定义来提取，就不会再带有标题【目录】了。

Step 07 查看提取的目录。返回文档，光标插入点所在位置即可插入目录，如图22-96所示。

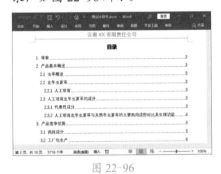

图 22-96

22.4.3　对商业计划书进行加密设置

商业计划书制作好后，为了防止泄密，最好对其进行加密设置，具体操作步骤如下。

Step 01 选择加密选项。切换到【文件】菜单，❶在【信息】操作界面中单击【保护文档】按钮；❷在弹出的下拉列表中选择【用密码进行加密】选项，如图22-97所示。

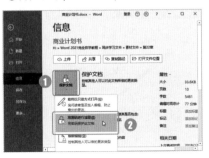

图 22-97

Step 02 设置加密密码。打开【加密文档】对话框，❶在【密码】文本框中输入【123】；❷单击【确定】按钮，如图 22-98 所示。

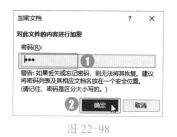

图 22-98

Step 03 确认设置的密码。打开【确认密码】对话框，❶在【重新输入密码】文本框中再次输入密码；❷单击【确定】按钮，如图 22-99 所示。

图 22-99

本章小结

　　本章通过具体实例介绍了 Word 在市场营销中的应用，主要涉及设置页面格式、制作封面、设置页眉和页脚、制作目录、插入 ActiveX 控件等知识点。

第23章 实战应用: Word 在财务会计中的应用

➡ 流程图不能通过 SmartArt 图形制作怎么办？

➡ 文本框中的内容不能居中对齐于文本框怎么办？

➡ 怎样快速将所有表格的单元格内容设置为水平居中对齐方式？

➡ 对于部分内容相同的图表，可以通过复制来完成吗？

本章通过制作借款单、盘点工作流程图、财务报表分析报告及企业年收入比较分析图表来介绍 Word 在财务会计中的应用。

23.1 制作借款单

实例门类	输入与编辑内容 + 编辑表格

借款单是借据的一种，是借贷双方借款行为的凭证，也是日后还款、收账的依据，同时还是解决纠纷的重要证据。个人向公司或公司向公司借款，填写的借款单中需包含借款单位、借款理由、借款数额等信息，并交由上级领导和财务审批。本案例将结合表格知识，为读者介绍如何制作借款单，制作完成后的效果如图 23-1 所示。

图 23-1

23.1.1 输入文档内容

要制作借款单，首先需要新建一个文档，然后输入文档标题及相关内容，具体操作步骤如下。

Step01 设置文档标题。新建一个名称为"借款单"的空白文档，❶输入文档标题【借款单】；❷在【开始】选项卡【字体】组中设置字体为【黑体】，字号为【小二】，加粗文本；

❸在【开始】选项卡【段落】组中设置【居中】对齐方式，如图 23-2 所示。

图 23-2

Step02 输入与设置文本内容。❶输入文档内容；❷在【开始】选项卡【字体】组中设置字体为【楷体_GB2312】，字号为【小四】，加粗文本，为【资金性质】后的空格设置下划线；❸在标尺栏中添加一个【右对齐】制表符"⏎"，并拖动鼠标调整其位置，如图 23-3 所示。

图 23-3

23.1.2 调整表格结构

下面在文档中插入表格，并调整好表格的整体结构，具体操作步骤如下。

Step01 拖动鼠标选择表格行列数。将光标插入点定位到需要插入表格的位置，❶单击【插入】选项卡【表格】组中的【表格】按钮；❷在弹出的下拉列表中选择表格大小，如【1×5 表格】，如图 23-4 所示。

图 23-4

Step02 执行拆分操作。插入表格后，❶选中第1~3行；❷单击【布局】选项卡【合并】组中的【拆分单元格】按钮，如图 23-5 所示。

图 23-5

Step03 设置拆分的行列数。打开【拆分单元格】对话框，❶设置【列数】为【2】，【行数】为【3】；❷单击【确定】按钮，如图 23-6 所示。

图 23-6

Step04 查看拆分后的效果。返回文档，即可查看拆分单元格后的效果，如图 23-7 所示。

图 23-7

Step05 拆分其他单元格。使用同样的方法，对表格中其他需要拆分的单元格进行拆分操作，拆分后的效果如图 23-8 所示。至此，就确定好了表格的结构。

图 23-8

23.1.3 编辑表格内容

确定表格结构后，就可以在表格中输入需要的内容，并对其进行编辑了，具体操作步骤如下。

Step01 设置表格内容格式。在表格中输入内容，并将字体设置为【黑体】，然后将表格的行高和列宽调整到合适的大小，效果如图 23-9 所示。

图 23-9

Step02 设置对齐方式。❶选中第1列的1~3行的单元格内容；❷在【布局】选项卡的【对齐方式】组中单击【水平居中】按钮，如图 23-10 所示。

图 23-10

Step03 执行设置边框操作。用同样的方法，对其他单元格内容设置相应的对齐方式。❶完成设置后，选中第3行最后一个单元格；❷在【表设计】选项卡的【边框】组中单击【边框】下方的下拉按钮；❸在弹出的下拉列表中选择【左框线】选项，取消所选单元格的左框线，如图 23-11 所示。

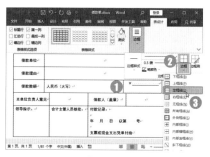

图 23-11

Step04 单击功能扩展按钮。❶选中目标内容；❷单击【开始】选项卡【段落】组中的【功能扩展】按钮，如图 23-12 所示。

图 23-12

Step05 设置段落格式。打开【段落】对话框，❶将【对齐方式】设置为【右对齐】；❷将【缩进】设置为【右侧：2字符】；❸单击【确定】按钮，如图 23-13 所示。至此，借款单制作完成。

图 23-13

23.2 制作盘点工作流程图

实例门类 编辑 SmartArt 图形＋插入形状＋编辑文本框

　　盘点是指定期或临时对库存商品的实际数量进行清查、清点的作业，其目的是通过对企业、团体的现存物料、原料、固定资产等进行点检以确保账面与实际相符合，以达到加强对企业、团体管理的目的。通过盘点，不仅可以控制存货，指导日常经营业务，还能够及时掌握损益情况，以便真实地把握经营绩效，并尽早采取防范措施。盘点流程大致可分为 3 个部分，即盘点前准备、盘点过程及盘点后工作。下面结合 SmartArt 图形、文本框等相关知识点来制作盘点工作流程图，制作完成后的效果如图 23-14 所示。

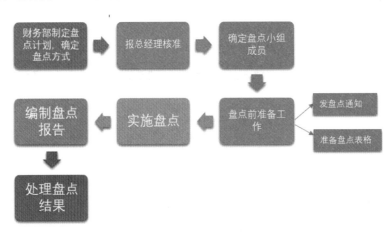

图 23-14

23.2.1 插入与编辑 SmartArt 图形

如果要使用SmartArt图形来制作流程图，首先需要根据流程图的整体结构选择对应的SmartArt图形，并根据需要对其进行编辑，使插入的SmartArt图形符合当前流程图，具体操作步骤如下。

Step 01 插入 SmartArt 图形。新建一个名称为"盘点工作流程图"的空白文档，输入文档标题，并对其字体格式和对齐方式进行设置，❶将光标插入点定位到要插入SmartArt图形的位置；❷单击【插入】选项卡【插图】组中的【SmartArt】按钮，如图 23-15 所示。

图 23-15

Step 02 选择需要的 SmartArt 图形。打开【选择SmartArt图形】对话框，❶在左侧列表框中选择【流程】选项；❷在右侧列表框中选择具体的图形布局；❸单击【确定】按钮，如图 23-16 所示。

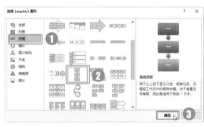

图 23-16

Step 03 在 SmartArt 图形中输入内容。所选样式的SmartArt图形将插入文档中，分别在各个形状内输入相应

的内容，如图 23-17 所示。

图 23-17

Step 04 添加形状。❶选中【确定盘点小组成员】形状；❷单击【SmartArt设计】选项卡【创建图形】组中【添加形状】右侧的下拉按钮；❸在弹出的下拉列表中选择【在后面添加形状】选项，如图 23-18 所示。

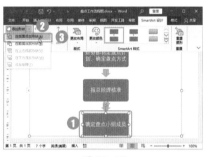

图 23-18

Step 05 查看添加的形状。此时即可在所选形状下方插入一个同级别的形状，在形状中输入需要的文本内容，效果如图 23-19 所示。

图 23-19

Step 06 添加其他形状。使用相同的方法继续添加需要的形状，并在形状中输入相应的文本，如图 23-20 所示。

图 23-20

Step 07 更改 SmartArt 图形的布局。选择SmartArt图形，❶单击【SmartArt设计】选项卡【版式】组中的【更改布局】按钮；❷在弹出的下拉列表中选择【基本蛇形流程】选项，如图 23-21 所示。

图 23-21

Step 08 查看布局效果。此时即可将SmartArt图形更改为选择的布局方式，但原SmartArt图形中的内容保持不变，效果如图 23-22 所示。

图 23-22

Step 09 调整SmartArt图形布局方式。选择SmartArt图形，❶单击【格式】选项卡【排列】组中的【环绕文字】按钮；❷在弹出的下拉列表中选择【浮于文字上方】选项，如图 23-23 所示。再使用鼠标拖动SmartArt图

形，使其稍向页面左侧移动。

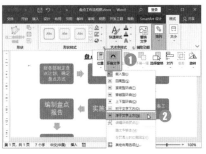

图 23-23

技术看板

本案例对 SmartArt 图形的环绕方式进行设置，主要是为了将 SmartArt 图形向左侧移动，方便在 SmartArt 图形右侧插入形状，这样插入的形状就不会显示在 Word 页面外了。

23.2.2　插入形状与文本框完善流程图

在编辑流程图时，有时需要在某个形状的左边或右边添加形状，但是本案例中的流程图无法通过添加形状功能实现。此时，就需要插入形状与文本框来完成流程图的结构，具体操作步骤如下。

Step01 选择形状工具。❶单击【插入】选项卡【插图】组中的【形状】按钮；❷在弹出的下拉列表中选择【直线箭头】绘图工具，如图 23-24 所示。

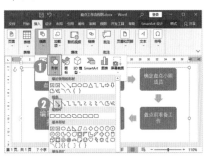

图 23-24

Step02 绘制形状。在文档中绘制一个直线箭头形状，将其调整至合适的大小和位置，如图 23-25 所示。

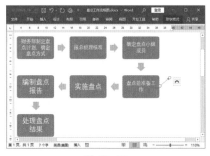

图 23-25

Step03 选择文本框选项。❶单击【插入】选项卡【文本】组中的【文本框】按钮；❷在弹出的下拉列表中选择【绘制横排文本框】选项，如图 23-26 所示。

图 23-26

Step04 绘制与编辑文本框。在文档中绘制一个文本框，在其中输入内容，并调整文本框的大小和位置，如图 23-27 所示。

图 23-27

Step05 绘制其他形状和文本框。用同样的方法在合适的位置继续绘

制直线箭头形状和文本框，如图 23-28 所示。

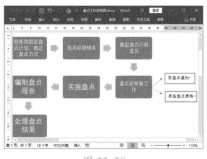

图 23-28

23.2.3　美化流程图

此时，流程图的结构已经确立了，接下来对其进行美化操作，使流程图看起来更加美观，具体操作步骤如下。

Step01 选择需要的 SmartArt 样式。选中 SmartArt 图形，在【SmartArt 设计】选项卡【SmartArt 样式】组中单击快速样式按钮▽，在弹出的下拉列表中选择【强烈效果】选项，如图 23-29 所示。

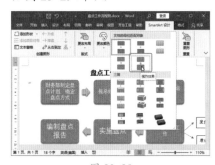

图 23-29

Step02 更改 SmartArt 配色方案。保持 SmartArt 图形的选中状态，❶在【SmartArt 设计】选项卡【SmartArt 样式】组中单击【更改颜色】按钮；❷在弹出的下拉列表中选择需要的图形颜色，如图 23-30 所示。

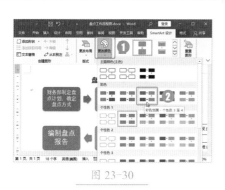

图 23-30

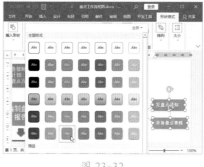

图 23-32

图 23-34

Step03 查看SmartArt效果。此时即可为SmartArt图形应用选择的配色方案，效果如图 23-31 所示。

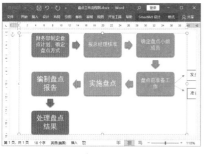

图 23-31

Step04 为文本框应用样式。选择流程图中的两个文本框，在【形状格式】选项卡【形状样式】组的列表框中选择【强烈效果-青色，强调颜色2】选项，如图 23-32 所示。

Step05 设置字体格式。保持文本框的选中状态，①在【开始】选项卡【字体】组中将字号设置为【11】，加粗显示文本；②在文本框上右击，在弹出的快捷菜单中选择【设置对象格式】命令，如图 23-33 所示。

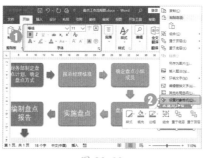

图 23-33

Step06 设置文本框垂直对齐方式。打开【设置形状格式】窗格，①切换到【文本选项】界面；②单击【布局属性】标签，切换到【布局属性】设置界面；③在【垂直对齐方式】下拉列表中选择文本内容在文本框中垂直的对齐方式，如选择【中部对齐】选项，如图 23-34 所示。

技术看板

文本框的垂直对齐方式主要包括顶端对齐、中部对齐和底端对齐3种，本案例中的中部对齐方式的显示效果可能不是特别明显。为了更好地理解文本框的垂直对齐方式，用户可以先将文本框的高度设置得更高一些，再查看设置各种对齐方式后的效果。

Step07 查看对齐效果。返回文档，即可发现文本框中的文字将以中部对齐方式进行显示，效果如图 23-35 所示。

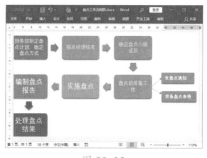

图 23-35

23.3 制作财务报表分析报告

实例门类 题注 + 宏的应用 + 制作目录

如果要很好地了解企业的财务状况、经营业绩和现金流量，以评价企业的偿债能力、盈利能力和营运能力，那么财务报表分析报告是不可或缺的文件。在公司运营中，财务报表报告对于帮助制订经济决策起着至关重要的作用。本案例将结合题注、宏等知识点来完善财务报表分析报告的排版工作，制作完成后的效果如图 23-36 所示。

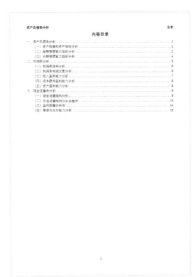

图 23-36

23.3.1 将文件另存为启用宏的 Word 文档

因为本案例中涉及宏的使用，所以需要将 Word 文档另存为启用宏的 Word 文档格式。操作方法为：打开"素材文件\第23章\财务报表分析报告 .docx"文件，按【F12】键，打开【另存为】对话框，在【保存类型】下拉列表中选中【启用宏的 Word 文档（*.docm）】选项，单击【保存】按钮进行保存，如图 23-37 所示。完成设置后，将得到一个"财务报表分析报告 .docm"文档。

图 23-37

23.3.2 为表格设置题注

在制作财务报表分析报告这类文档时，必然会使用很多表格数据，如果要对表格进行编号，最好使用题注功能来完成，具体操作步骤如下。

Step01 执行插入题注操作。❶在保存的"财务报表分析报告 .docm"文档中选中需要添加题注的表格；❷单击【引用】选项卡【题注】组中的【插入题注】按钮，如图 23-38 所示。

图 23-38

Step02 设置表格题注。打开【题注】对话框，❶在【标签】下拉列表框中选择【表格】选项；❷在【位置】下拉列表框中选择【所选项目上方】选项；❸在【题注】文本框的题注编号后面输入一个空格，再输入表格的说明文字；❹单击【确定】按钮，如图 23-39 所示。

图 23-39

Step03 设置题注格式。返回文档，所选表格的下方插入了一个题注。❶选中题注，在【开始】选项卡【字体】组中设置字体格式；❷在【段落】组中设置居中对齐方式，如图 23-40 所示。

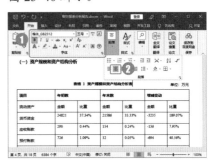

图 23-40

Step 04 为其他表格添加题注。用同样的方法为其他表格添加题注，完成设置后的效果如图 23-41 所示。

图 23-41

23.3.3 调整表格

下面需要对表格进行相应的调整，主要包括利用宏将所有表格的单元格内容设置为水平居中对齐方式，设置表格的表头跨页显示，具体操作步骤如下。

Step 01 执行录制宏操作。单击【开发工具】选项卡【代码】组中的【录制宏】按钮，如图 23-42 所示。

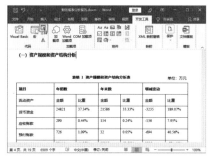

图 23-42

Step 02 设置宏。打开【录制宏】对话框，❶在【宏名】文本框内输入要录制的宏的名称；❷在【将宏保存在】下拉列表框中选择【财务报表分析报告.docm（文档）】选项；❸在【将宏指定到】栏中选择【按钮】按钮，如图 23-43 所示。

图 23-43

Step 03 添加宏按钮。打开【Word选项】对话框，❶在左侧列表框中选择当前设置的按钮；❷通过单击【添加】按钮将其添加到右侧的列表框中；❸单击【确定】按钮，如图 23-44 所示。

图 23-44

Step 04 停止宏录制。返回文档，在【开发工具】选项卡的【代码】组单击【停止录宏】按钮□停止录制宏，如图 23-45 所示。

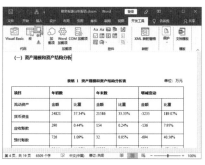

图 23-45

Step 05 执行宏操作。单击【开发工具】选项卡【代码】组中的【宏】按钮，如图 23-46 所示。

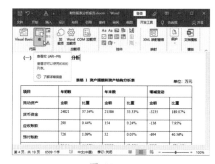

图 23-46

Step 06 执行编辑宏操作。打开【宏】对话框，❶在【宏名】列表框中选中创建的宏；❷单击【编辑】按钮，如图 23-47 所示。

图 23-47

Step 07 输入代码。❶打开VBA编辑器窗口，在模块窗口中输入如下代码；❷单击【关闭】按钮×关闭VBA编辑器窗口，如图 23-48 所示。

```
Dim n
    For n = 1 To This
Document.Tables.Count
        With ThisDocument.
Tables(n)
        .Range.Paragraph
Format.Alignment =
wdAlignParagraphCenter
        .Range.Cells.
VerticalAlignment =
wdCellAlignVerticalCenter
        End With
    Next n
```

图 23-48

Step⑧ 单击【宏】按钮。返回文档，在快速访问工具栏中单击之前设置的【宏】按钮，如图 23-49 所示。

图 23-49

Step⑨ 查看表格效果。此时，所有表格中的单元格内容以水平居中对齐方式进行显示，如图 23-50 所示。

图 23-50

Step⑩ 执行重复显示标题行操作。在跨页的表格中，❶选中标题行；❷单击【布局】选项卡【数据】组中的【重复标题行】按钮，如图 23-51 所示。

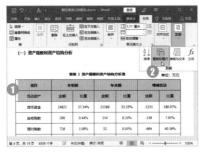

图 23-51

Step⑪ 设置其他跨页表格重复标题行。此时，即可看到标题行跨页重复显示，如图 23-52 所示。用同样的方法对其他跨页的表格设置重复标题行。

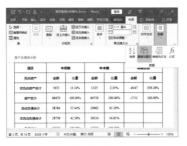

图 23-52

23.3.4 设置文档目录

下面在文档的相应位置创建正文标题目录与表格目录，具体操作步骤如下。

Step① 执行自定义目录操作。将光标插入点定位在需要插入目录的位置，❶单击【引用】选项卡【目录】组中的【目录】按钮；❷在弹出的下拉列表中选择【自定义目录】选项，如图 23-53 所示。

图 23-53

Step② 设置目录级别。打开【目录】对话框，❶将【显示级别】设置为【2】；❷单击【确定】按钮，如图 23-54 所示。

图 23-54

Step③ 查看提取的目录。返回文档，在光标插入点所在位置即可插入文档标题的目录，如图 23-55 所示。

图 23-55

Step④ 执行插入表目录操作。❶将光标插入点定位到需要插入表格目录的位置；❷单击【引用】选项卡【题注】组中的【插入表目录】按钮，如图 23-56 所示。

图 23-56

Step 05 表格目录设置。打开【图表目录】对话框，❶在【题注标签】下拉列表框中选择表格使用的题注标签；❷单击【确定】按钮，如图 23-57 所示。

图 23-57

Step 06 查看提取的表格目录。返回文档，即可看到光标所在位置创建了一个表格目录，如图 23-58 所示。至此，财务报表分析报告制作完成。

图 23-58

23.4 制作企业年收入比较分析图表

实例门类 | 使用图表

收入作为企业的重要资金来源，不仅是企业正常运作的保障，也是企业扩大规模、提高市场竞争力的资金储备。为了能够更加直观地查看各项收支，可以通过图表来实现。本案例将利用柱形图比较分析企业的各项收入情况，以及利用饼图直观地反映企业各项收入占总收入的比例，完成制作后的效果如图 23-59 所示。

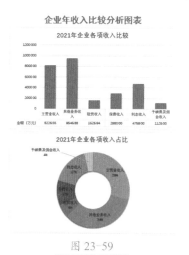

图 23-59

23.4.1 插入与编辑柱形图

对企业的各项年收入进行对比分析时，使用柱形图最合适，具体操作步骤如下。

Step 01 执行插入图表操作。新建一个名称为"企业年收入比较分析.docx"的空白文档，❶输入标题【企业年收入比较分析图表】，并对其格式进行设置；❷将光标插入点定位到需要插入图表的位置；❸单击【插入】选项卡【插图】组中的【图表】按钮，如图 23-60 所示。

图 23-60

Step 02 选择需要的图表。打开【插入图表】对话框，❶在左侧列表中选择【柱形图】选项；❷在右侧栏中选择需要的图表；❸单击【确定】按钮，如图 23-61 所示。

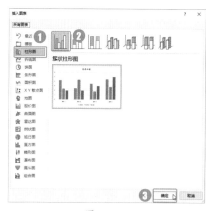

图 23-61

Step 03 输入图表需要的数据。文档中将插入所选样式的图表，同时自动打开一个 Excel 窗口，❶在 Excel 窗口中输入需要的行列名称和对应的数据内容，并通过右下角的蓝色标记■调整数据区域的范围；❷编辑完成后，单击【关闭】按钮关闭 Excel 窗口，如图 23-62 所示。

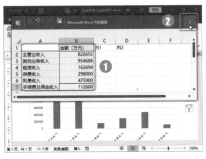

图 23-62

Step04 为图表应用样式。在图表标题编辑框中输入图表标题内容，选中图表，单击【图表设计】选项卡【图表样式】组中的【快速样式】按钮，在弹出的下拉列表中选择最后一个样式，如图 23-63 所示。

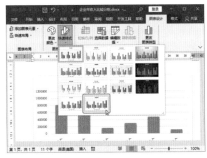

图 23-63

Step05 添加数据表元素。保持图表的选中状态，①在【图表设计】选项卡中单击【图表布局】组中的【添加图表元素】按钮；②在弹出的下拉列表中选择【数据表】→【无图例项标示】选项，如图 23-64 所示。

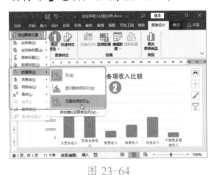

图 23-64

Step06 取消图例。①在【图表设计】

选项卡中单击【图表布局】组中的【添加图表元素】按钮；②在弹出的下拉列表中选择【图例】→【无】选项，如图 23-65 所示。

图 23-65

Step07 设置图表中文本的格式。选择图表，更改图表颜色，单击【开始】选项卡【字体】组中的【加粗】按钮 B，加粗显示图表中的所有文本和数据，效果如图 23-66 所示。

图 23-66

23.4.2 插入与编辑圆环图

要对各项收入的收益占比进行分析，使用饼图最合适，但饼图不宜展示太多数据项。若数据项较多，则可以使用圆环图进行展示，具体操作步骤如下。

Step01 执行更改图表类型操作。①复制柱形图，将其粘贴到原柱形图下方，选择该柱形图；②单击【更改图表类型】按钮，如图 23-67 所示。

图 23-67

本案例之所以通过复制柱形图来制作圆环图，是因为两张图表使用的数据是一样的，如果重新插入，需要重新输入数据，而通过复制的方法，只需对图表类型进行更改即可。

Step02 选择图表。打开【更改图表类型】对话框，①在左侧列表中选择【饼图】选项；②在右侧栏中选择【圆环图】选项；③单击【确定】按钮，如图 23-68 所示。

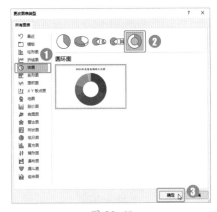

图 23-68

Step03 选择图表布局。此时即可将柱形图更改为圆环图，①将标题中的【比较】更改为【占比】；②单击【图表设计】选项卡【图表布局】组中的【快速布局】按钮；③在弹出的下拉列表中选择【布局1】选项，如图 23-69 所示。

图 23-69

Step04 调整图表区大小。此时即可在圆环图上添加数据标签和类别名称，选择图表中圆环图所在的图表区，将鼠标指针移动到图表区右下角，按住鼠标左键不放进行拖动，调整图表区的大小，如图 23-70 所示。

图 23-70

Step05 移动数据标签位置。当数据标签不能全部显示在圆环图对应的区域时，选中该数据标签，将鼠标指针移动到数据标签上，按住鼠标左键不放向左侧拖动，如图 23-71 所示。

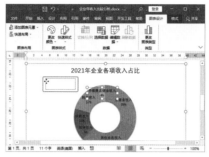

图 23-71

Step06 查看图表效果。移动到合适位置后释放鼠标，即可用引导线连接数据标签和数据系列，效果如图 23-72 所示。

图 23-72

至此，企业年收入比较分析图表制作完成。

本章小结

本章通过具体案例介绍了 Word 在财务会计中的应用，主要涉及表格、图表、SmartArt、题注、目录等知识点。在实际工作中，读者可能会遇到更为复杂的案例，但万变不离其宗，只要合理地综合运用前面所学的知识，一切操作都会变得简单明朗。

附录 1　Word 快捷键速查表

1. 文档基本操作的快捷键

执行操作	快捷键
新建文档	Ctrl+N
打开文档	Ctrl+O 或 Ctrl+F12 或 Ctrl+Alt+F2
保存文档	Ctrl+S 或 Shift+F12 或 Alt+Shift+F2
另存文档	F12
关闭文档	Ctrl+W
打印文档	Ctrl+P 或 Ctrl+Shift+F12
退出 Word 程序	Alt+F4
显示帮助	F1
隐藏或显示功能区	Ctrl+F1
关闭当前打开的对话框	Esc
显示或隐藏编辑标记	Ctrl+*
切换到页面视图	Alt+Ctrl+P
切换到大纲视图	Alt+Ctrl+O
切换到草稿视图	Alt+Ctrl+N
拆分文档窗口	Alt+Ctrl+S
取消拆分的文档窗口	Alt+Shift+C

2. 定位光标位置的快捷键

执行操作	快捷键
左移一个字符	←
右移一个字符	→
上移一行	↑
下移一行	↓
左移一个单词	Ctrl+←
右移一个单词	Ctrl+→
上移一段	Ctrl+↑
下移一段	Ctrl+↓
移至行尾	End
移至行首	Home
上移一屏	PageUp
下移一屏	PageDown
移至文档结尾	Ctrl+End
移至文档开头	Ctrl+Home
移至下页顶端	Ctrl+PageDown
移至上页顶端	Ctrl+PageUp
移至窗口顶端	Alt+Ctrl+PageUp

续表

执行操作	快捷键
移至窗口结尾	Alt+Ctrl+PageDown
移至上一次关闭时进行操作的位置	Shift+F5

3. 选择文本的快捷键

执行操作	快捷键
选择文档内所有内容	Ctrl+A
使用扩展模式选择	F8
关闭扩展模式	Esc
将所选内容向右扩展一个字符	Shift+→
将所选内容向左扩展一个字符	Shift+←
将所选内容向下扩展一行	Shift+↓
将所选内容向上扩展一行	Shift+↑
将所选内容扩展到字词的末尾	Ctrl+Shift+→
将所选内容扩展到字词的开头	Ctrl+Shift+←
将所选内容扩展到段落的末尾	Ctrl+Shift+↓
将所选内容扩展到段落的开头	Ctrl+Shift+↑
将所选内容扩展到一行的末尾	Shift+End
将所选内容扩展到一行的开头	Shift+Home
将所选内容扩展到文档的开头	Ctrl+Shift+Home
将所选内容扩展到文档的末尾	Ctrl+Shift+End
将所选内容向下扩展一屏	Shift+PageDown
将所选内容向上扩展一屏	Shift+PageUp
将所选内容扩展到窗口的末尾	Alt+Ctrl+Shift+PageDown
将所选内容扩展到窗口的开头	Alt+Ctrl+Shift+PageUp
纵向选择内容	按住 Alt 键拖动鼠标

4. 编辑文本的快捷键

执行操作	快捷键
复制选中的内容	Ctrl+C
剪切选中的内容	Ctrl+X
粘贴内容	Ctrl+V
从文本复制格式	Ctrl+Shift+C
将复制格式应用于文本	Ctrl+Shift+V
删除光标左侧的一个字符	Backspace
删除光标右侧的一个字符	Delete

续表

执行操作	快捷键
删除光标左侧的一个单词	Ctrl+Backspace
删除光标右侧的一个单词	Ctrl+Delete
打开【导航】窗格	Ctrl+F
打开【查找和替换】对话框，并自动定位在【替换】选项卡	Ctrl+H
打开【查找和替换】对话框，并自动定位在【定位】选项卡	Ctrl+G
撤销上一步操作	Ctrl+Z
恢复或重复上一步操作	Ctrl+Y
重复上一步操作	F4
选中内容后打开【新建构建基块】对话框	Alt+F3
在最后 4 个已编辑过的位置间切换	Shift+F5 或 Alt+Ctrl+Z

5. 插入特殊字符及分隔符的快捷键

特殊字符	快捷键
长破折号	Alt+Ctrl+ 减号（必须是数字键盘中的减号）
短破折号	Ctrl+ 减号（必须是数字键盘中的减号）
版权符号©	Ctrl+Alt+C
注册商标符号®	Ctrl+Alt+R
商标符号™	Ctrl+Alt+T
欧元符号€	Ctrl+Alt+E
可选连字符	Ctrl+ 连字符（-）
不间断连字符	Ctrl+Shift+ 连字符（-）
不间断空格	Ctrl+Shift+ 空格键
插入换行符	Shift+Enter
插入分页符	Ctrl+Enter
分栏符	Ctrl+Shift+Enter

6. 设置字符格式与段落格式的快捷键

执行操作	快捷键
打开【字体】对话框	Ctrl+D
增大字号	Ctrl+Shift+ >
减小字号	Ctrl+Shift+ <
逐磅增大字号	Ctrl+]
逐磅减小字号	Ctrl+[
使文字加粗	Ctrl+B

续表

执行操作	快捷键
使文字倾斜	Ctrl+I
对文字添加下划线	Ctrl+U
对文字添加双下划线	Ctrl+Shift+D
只给单词添加下划线，不给空格添加下划线	Ctrl+Shift+W
设置下标格式	Ctrl+=
设置上标格式	Ctrl+Shift+=
更改字母大小写	Shift+F3
将所有字母设置为大写	Ctrl+Shift+A
将所有字母设置为小型大写字母	Ctrl+Shift+K
左对齐	Ctrl+L
右对齐	Ctrl+R
居中对齐	Ctrl+E
两端对齐	Ctrl+J
分散对齐	Ctrl+Shift+J
单倍行距	Ctrl+1（主键盘区中的 1）
双倍行距	Ctrl+2（主键盘区中的 2）
1.5 倍行距	Ctrl+5（主键盘区中的 5）
在段前添加或删除一行间距	Ctrl+0（主键盘区中的 0）
左缩进	Ctrl+M
取消左缩进	Ctrl+Shift+M
悬挂缩进	Ctrl+T
减小悬挂缩进量	Ctrl+Shift+T
打开【样式】任务窗格	Alt+Ctrl+Shift+S
打开【应用样式】任务窗格	Ctrl+Shift+S
应用【正文】样式	Ctrl+Shift+N
应用【标题 1】样式	Alt+Ctrl+1（主键盘区中的 1）
应用【标题 2】样式	Alt+Ctrl+2（主键盘区中的 2）
应用【标题 3】样式	Alt+Ctrl+3（主键盘区中的 3）
提升段落级别	Alt+Shift+←
降低段落级别	Alt+Shift+ →
降级为正文	Ctrl+Shift+N
上移所选段落	Alt+Shift+ ↑
下移所选段落	Alt+Shift+ ↓
在大纲视图模式下，展开标题下的文本	Alt+Shift+ 加号（＋）

续表

执行操作	快捷键
在大纲视图模式下，折叠标题下的文本	Alt+Shift+减号（-）
在大纲视图模式下，展开或折叠所有文本或标题	Alt+Shift+A
在大纲视图模式下，显示首行正文或所有正文	Alt+Shift+L
在大纲视图模式下，显示所有具有【标题1】样式的标题	Alt+Shift+1（主键盘区中的1）

7. 操作表格的快捷键

执行操作	快捷键
定位到上一行	↑
定位到下一行	↓
定位到一行中的下一个单元格，或选择下一个单元格的内容	Tab
定位到一行中的上一个单元格，或选择上一个单元格的内容	Shift+Tab
定位到一行中的第一个单元格	Alt+Home
定位到一行中的最后一个单元格	Alt+End
定位到一列中的第一个单元格	Alt+PageUp
定位到一列中的最后一个单元格	Alt+PageDown
向上选择一行	Shift+↑
向下选择一行	Shift+↓

续表

执行操作	快捷键
从上到下选择光标所在的列	Alt+Shift+PageDown
从下到上选择光标所在的列	Alt+Shift+PageUp
将当前内容上移一行	Alt+Shift+↑
将当前内容下移一行	Alt+Shift+↓
在单元格中插入制表符	Ctrl+Tab

8. 域和宏的快捷键

执行操作	快捷键
插入空白域	Ctrl+F9
更新选定的域	F9
在当前选择的域代码及域结果间切换	Shift+F9
在文档内所有域代码及域结果间切换	Alt+F9
将选中的域结果转换为普通文本	Ctrl+Shift+F9
锁定域	Ctrl+F11
解除锁定域	Ctrl+Shift+F11
定位到上一个域	Shift+F11 或 Alt+Shift+F1
定位到下一个域	F11 或 Alt+F1
打开【宏】对话框	Alt+F8
VBA 编辑器窗口	Alt+F11
在 VBA 编辑器窗口中运行宏	F5

附录 2　**Word 查找和替换中的特殊字符**

【查找内容】文本框中可以使用的字符（选中【使用通配符】复选框）如下。

特殊字符	代码
任意字符	?
零个或多个字符	*
前 1 个或多个	@
非（即不包含、取反）	[!]
段落标记	^13
手动换行符	^l
图形	^g
1/4 全角空格	^q
长划线	^+
短划线	^=
制表符	^t
脱字号	^^
分栏符	^n
分页符 / 分节符	^m
脚注或尾注标记	^2
省略号	^i
全角省略号	^j
无宽非分隔符	^z
无宽可选分隔符	^x
不间断空格	^s
不间断连字符	^~
可选连字符	^-
表达式	()
单词开头	<
单词结尾	>
所有数字	[0-9]
所有小写字母和大写字母	[a-zA-Z]
指定范围外任意单个字符	[!x-z]
范围内的字符	[-]
出现次数范围	{,}
所有小写英文字母	[a-z]
所有大写英文字母	[A-Z]
所有西文字符	[^1-^127]
所有中文汉字和中文标点	[!^1-^127]
所有非数字字符	[!0-9]

【查找内容】文本框中可以使用的字符（不选中【使用通配符】复选框）如下。

特殊字符	代码
任意字符	^?
任意数字	^#
任意字母	^$
段落标记	^p
手动换行符	^l
图形	^g
1/4 全角空格	^q
长划线	^+
短划线	^=
制表符	^t
脱字号	^^
分节符	^b
分栏符	^n
省略号	^i
全角省略号	^j
无宽非分隔符	^z
无宽可选分隔符	^x
不间断空格	^s
不间断连字符	^~
¶ 段落符号	^v
§ 分节符	^%
脚注标记	^f
尾注标记	^e
可选连字符	^-
空白区域	^w
手动分页符	^m
域	^d

【替换为】文本框中可以使用的字符（选中【使用通配符】复选框）如下。

特殊字符	代码
要查找的表达式	\n（n 表示表达式的序号）
段落标记	^p
手动换行符	^l
查找内容	^&

续表

特殊字符	代码
"剪贴板"内容	^c
省略号	^i
全角省略号	^j
制表符	^t
长划线	^+
1/4 全角空格	^q
短划线	^=
脱字号	^^
手动分页符	^m
可选连字符	^-
不间断连字符	^~
不间断空格	^s
无宽非分隔符	^z
无宽可选分隔符	^x
分栏符	^n
§ 分节符	^%
¶ 段落符号	^v

【替换为】文本框中可以使用的字符（不选中【使用通配符】复选框）如下。

续表

特殊字符	代码
段落标记	^p
手动换行符	^l
查找内容	^&
"剪贴板"内容	^c
省略号	^i
全角省略号	^j
制表符	^t
长划线	^+
1/4 全角空格	^q
短划线	^=
脱字号	^^
手动分页符	^m
可选连字符	^-
不间断连字符	^~
不间断空格	^s
无宽非分隔符	^z
无宽可选分隔符	^x
分栏符	^n
§ 分节符	^%
¶ 段落符号	^v

附录 3 Word 实战案例索引表

一、软件功能学习类

实例名称	所在页
实战：设置 Microsoft 账户	8
实战：自定义快速访问工具栏	9
实战：设置功能区的显示方式	10
实战：自定义功能区	11
实战：设置文档的自动保存时间间隔	12
实战：在状态栏显示【插入/改写】状态	13
实战：创建空白文档	14
实战：使用模板创建文档	14
实战：保存文档	15
实战：将 Word 文档转换为 PDF 文件	15
实战：将 Word 文档转换为 OpenDocument 文件	16
实战：打开与关闭文档	17
实战：以只读方式打开文档	17
实战：以副本方式打开文档	18
实战：在受保护视图中打开文档	18
实战：恢复自动保存的文档	18
实战：只打印选中的内容	20
实战：不同 Word 版本之间的文件格式转换	21
实战：通过【帮助】选项卡获取帮助	22
实战：通过 Office 帮助网页获取帮助	23
实战：使用 Microsoft 搜寻来寻找需要的内容	24
实战：切换视图模式	28
实战：设置文档显示比例	29
实战：新建窗口	31
实战：全部重排	32
实战：拆分窗口	32
实战：并排查看窗口	33
实战：设置纸张样式	35
实战：设置员工薪酬方案开本大小	35
实战：设置员工薪酬方案纸张方向	36
实战：设置员工薪酬方案版心大小	36
实战：设置员工薪酬方案页眉和页脚的大小	37
实战：设置《出师表》的文字方向和字数	37
实战：为公司财产管理制度插入封面	38
实战：设置公司财产管理制度的水印效果	39
实战：设置公司财产管理制度的填充效果	39
实战：设置公司财产管理制度的页面边框	40
实战：输入放假通知文本内容	46

续表

实例名称	所在页
实战：在放假通知中插入符号	46
实战：在放假通知中插入日期和时间	47
实战：在付款通知单中输入大写中文数字	47
实战：输入繁体字	48
实战：输入生僻字	48
实战：从文件中导入文本	49
实战：输入内置公式	49
实战：输入自定义公式	50
实战：手写输入公式	51
实战：复制面试通知文本	54
实战：移动面试通知文本	55
实战：删除和修改面试通知文本	55
实战：选择性粘贴网页内容	56
实战：设置默认粘贴方式	57
实战：剪贴板的使用与设置	57
实战：设置会议纪要的字体	62
实战：设置会议纪要的字号	63
实战：设置会议纪要的字体颜色	63
实战：设置会议纪要的文本效果	64
实战：设置会议纪要的加粗效果	64
实战：设置会议纪要的倾斜效果	64
实战：设置会议纪要的下划线	65
实战：为数学试题设置下标和上标	65
实战：在会议纪要中使用删除线标识无用内容	66
实战：在英文文档中切换英文的大小写	66
实战：设置会议纪要的缩放大小	67
实战：设置会议纪要的字符间距	67
实战：设置会议纪要的字符位置	68
实战：设置会议纪要的突出显示	68
实战：设置邀请函的字符边框	69
实战：设置邀请函的字符底纹	70
实战：设置邀请函的带圈字符	70
实战：为文本标注拼音	70
实战：设置员工薪酬方案的段落对齐方式	76
实战：设置员工薪酬方案的段落缩进	77
实战：使用标尺在员工薪酬方案中设置段落缩进	78
实战：设置员工薪酬方案的段落间距	79

续表

实例名称	所在页
实战：设置员工薪酬方案的段落行距	79
实战：设置员工薪酬方案的段落边框	80
实战：设置员工薪酬方案的段落底纹	80
实战：为员工薪酬方案设置个性化项目符号	81
实战：为办公室文书岗位职责调整项目列表级别	82
实战：为办公室文书岗位职责设置项目符号格式	83
实战：为员工薪酬方案添加编号	84
实战：为办公室日常行为规范添加自定义编号列表	84
实战：为员工出差管理制度使用多级列表	85
实战：为行政管理规范目录自定义多级列表	86
实战：为招聘启事设置起始编号	87
实战：为招聘启事设置编号字体格式	88
实战：使用标尺设置员工通讯录中的制表位	89
实战：通过对话框在销售表中精确设置制表位	90
实战：在公司财产管理制度目录中制作前导符	91
实战：在公司财产管理制度目录中删除制表位	91
实战：设置企业宣言首字下沉	96
实战：设置集团简介首字悬挂	97
实战：在聘任通知中实现双行合一	97
实战：在通知文档中合并字符	98
实战：在公司简介中使用纵横混排	98
实战：为企业审计计划书设置分页	99
实战：为企业审计计划书设置分节	100
实战：为空调销售计划书创建分栏排版	101
实战：在空调销售计划书中显示分栏的分隔线	101
实战：为刊首寄语调整栏数和栏宽	102
实战：为刊首寄语设置分栏的位置	102
实战：为企业文化规范均衡分配左右栏的内容	103
实战：为公司财产管理制度设置页眉和页脚内容	103
实战：在员工薪酬方案中插入和设置页码	104
实战：为工作计划的首页创建不同的页眉和页脚	105
实战：为员工培训计划方案的奇、偶页创建不同的页眉和页脚	106
实战：在刊首寄语中插入计算机中的图片	111
实战：在办公室日常行为规范中插入图像集图片	112
实战：在感谢信中插入联机图片	112
实战：插入屏幕截图	113
实战：调整图片大小和角度	114
实战：裁剪图片	115
实战：在楼盘简介中删除图片背景	116
实战：在楼盘简介中调整图片色彩	117

续表

实例名称	所在页
实战：在楼盘简介中设置图片效果	117
实战：在旅游景点中设置图片边框	118
实战：在旅游景点中设置图片的艺术效果	119
实战：在旅游景点中应用图片样式	119
实战：在旅游景点中设置图片环绕方式	120
实战：在产品宣传文档中插入图标	121
实战：在产品宣传文档中更改图标	121
实战：对产品宣传中的图标进行编辑	122
实战：插入 3D 模型	123
实战：应用 3D 模型视图	123
实战：平移或缩放 3D 模型	123
实战：在感恩母亲节中插入形状	124
实战：在感恩母亲节中更改形状	125
实战：为感恩母亲节中的形状添加文字	125
实战：在感恩母亲节中插入文本框	126
实战：在感恩母亲节中插入艺术字	126
实战：在感恩母亲节中设置艺术字样式	127
实战：在感恩母亲节中设置图形的边框和填充效果	128
实战：链接文本框，让文本框中的内容随文本框的大小流动	128
实战：在早教机产品中将多个对象组合为一个整体	129
实战：使用绘图画布将多个零散图形组织到一起	130
实战：在公司概况中插入 SmartArt 图形	131
实战：调整公司概况中的 SmartArt 图形结构	132
实战：美化公司概况中的 SmartArt 图形	133
实战：将图片转换为 SmartArt 图形	134
实战：虚拟表格的使用	138
实战：使用【插入表格】对话框	139
实战：使用【快速表格】功能	140
实战：手动绘制表格	140
实战：在员工入职登记表中插入行或列	143
实战：在员工入职登记表中删除行或列	143
实战：合并员工入职登记表中的单元格	144
实战：拆分员工入职登记表中的单元格	145
实战：在员工入职登记表中同时拆分多个单元格	145
实战：在员工入职登记表中设置表格行高与列宽	146
实战：在成绩表中绘制斜线表头	148
实战：在付款通知单中设置表格对齐方式	148
实战：在付款通知单中设置表格文字对齐方式	149
实战：为办公用品采购单设置边框与底纹	149
实战：使用表样式美化新进员工考核表	151

续表

实例名称	所在页
实战：为产品销售清单设置标题行跨页	151
实战：防止利润表中的内容跨页断行	152
实战：将销售订单中的文字转换成表格	153
实战：将员工基本信息表转换成文本	154
实战：计算销售业绩表中的数据	154
实战：对员工培训成绩表中的数据进行排序	156
实战：筛选符合条件的数据记录	157
实战：创建销售图表	166
实战：在一个图表中使用多个图表类型	166
实战：编辑员工培训成绩的图表数据	168
实战：显示/隐藏员工培训成绩中的图表元素	170
实战：在员工培训成绩中设置图表元素的显示位置	171
实战：快速布局葡萄酒销量中的图表	171
实战：为葡萄酒销量中的图表添加趋势线	172
实战：精确选择图表元素	172
实战：设置葡萄酒销量的图表元素格式	173
实战：设置招聘渠道分析图表中的文本格式	174
实战：使用图表样式美化招聘费用分析图表	174
实战：更改招聘费用分析图表中的配色	175
实战：在工作总结中应用样式	180
实战：为工作总结新建样式	180
实战：创建表格样式	183
实战：通过样式来选择相同格式的文本	184
实战：在行政管理规范中将多级列表与样式关联	185
实战：修改工作总结中的样式	186
实战：为工作总结中的样式指定快捷键	188
实战：复制工作总结中的样式	189
实战：删除文档中多余样式	190
实战：显示或隐藏工作总结中的样式	190
实战：样式检查器的使用	191
实战：使用样式集设置公司简介格式	192
实战：使用主题改变公司简介外观	192
实战：自定义主题字体	193
实战：自定义主题颜色	194
实战：保存自定义主题	194
实战：查看文档使用的模板	199
实战：认识Normal模板与全局模板	200
实战：创建报告模板	201
实战：使用报告模板创建新文档	202
实战：将样式的修改结果保存到模板中	202
实战：将模板分类存放	203

续表

实例名称	所在页
实战：加密报告模板文件	204
实战：直接使用模板中的样式	205
实战：查找公司概况文本	208
实战：全部替换公司概况文本	210
实战：逐个替换文本	210
实战：批量更改英文大小写	211
实战：批量更改文本的全角、半角状态	212
实战：局部范围内的替换	213
实战：为指定内容设置字体格式	214
实战：替换字体格式	215
实战：替换工作报告样式	216
实战：将文本替换为图片	217
实战：将所有嵌入式图片设置为居中对齐	218
实战：批量删除所有嵌入式图片	219
实战：批量删除空白段落	222
实战：批量删除重复段落	223
实战：批量删除中文字符之间的空格	224
实战：一次性将英文直引号替换为中文引号	225
实战：将中文的括号替换成英文的括号	226
实战：批量在单元格中添加指定的符号	226
实战：在表格中两个字的姓名中间批量添加全角空格	227
实战：批量删除所有以英文字母开头的段落	227
实战：将中英文字符分行显示	228
实战：为广告策划方案标题指定大纲级别	234
实战：广告策划方案的大纲显示	235
实战：广告策划方案标题的折叠与展开	236
实战：移动与删除广告策划方案标题	237
实战：创建主控文档	238
实战：编辑子文档	240
实战：锁定公司规章制度的子文档	242
实战：将公司规章制度中的子文档还原为正文	242
实战：在论文中定位指定位置	243
实战：在论文中插入超链接快速定位	244
实战：使用书签在论文中定位	245
实战：使用交叉引用快速定位	246
实战：为团购套餐的图片添加题注	251
实战：为公司简介的表格添加题注	252
实战：为书稿中的图片添加包含章节编号的题注	253
实战：自动添加题注	254
实战：为诗词鉴赏添加脚注	255
实战：为诗词鉴赏添加尾注	256

续表

实例名称	所在页
实战：改变脚注和尾注的位置	256
实战：设置脚注和尾注的编号格式	257
实战：脚注与尾注互相转换	257
实战：在工资管理制度中使用 Word 预置样式创建目录	261
实战：为人事档案管理制度创建自定义目录	262
实战：为指定范围内的内容创建目录	263
实战：汇总多个文档中的目录	263
实战：使用题注样式为旅游景点图片创建图表目录	265
实战：利用样式为公司简介创建图表目录	265
实战：使用目录项域为团购套餐创建图表目录	266
实战：设置策划书目录格式	268
实战：将策划书的目录转换为普通文本	270
实战：手动标记索引项为分析报告创建索引	271
实战：创建多级索引	273
实战：使用自动标记索引文件为建设方案创建索引	274
实战：为建设方案创建表示页面范围的索引	275
实战：创建交叉引用的索引	276
实战：设置索引的格式	278
实战：检查公司简介的拼写和语法	282
实战：统计公司简介的页数与字数	283
实战：修订市场调查报告	284
实战：设置市场调查报告的修订显示状态	284
实战：设置修订格式	285
实战：对策划书接受与拒绝修订	285
实战：在市场调查报告中新建批注	287
实战：答复批注	287
实战：合并公司简介的多个修订文档	288
实战：比较文档	289
实战：设置人事档案管理制度的格式修改权限	291
实战：设置分析报告的编辑权限	291
实战：设置建设方案的修订权限	292
实战：设置修改公司规章制度的密码	292
实战：设置打开工资管理制度的密码	293
实战：使用向导创建单个信封	297
实战：使用信封制作向批量制作信封	298
实战：制作自定义信封	300
实战：制作标签	301
实战：批量制作通知书	303
实战：批量制作工资条	305
实战：批量制作名片	306

续表

实例名称	所在页
实战：批量制作准考证	307
实战：为公司规章制度录制宏	313
实战：保存公司规章制度中录制的宏	316
实战：运行公司规章制度中的宏	316
实战：修改宏的代码	317
实战：删除宏	318
实战：设置宏的安全性	318
实战：为成绩单创建域	320
实战：修改域代码	322
实战：利用文本框控件制作填空式合同	323
实战：利用组合框窗体控件制作下拉列表	325
实战：利用选项按钮控件制作单项选择	326
实战：利用复选框控件制作不定项选择	327
实战：利用其他控件插入多媒体文件	328
实战：编辑 Excel 数据	335
实战：将 Excel 工作表转换为 Word 表格	335
实战：轻松转换员工基本信息表的行与列	336
实战：在 Word 文档中插入 PowerPoint 演示文稿	337
实战：在 Word 中使用单张幻灯片	338
实战：将 Word 文档转换为 PowerPoint 演示文稿	338
实战：将 PowerPoint 演示文稿转换为 Word 文档	339

二、办公实战应用类

实例名称	所在页
制作会议通知	343
制作员工手册	346
制作企业内部刊物	350
制作商务邀请函	353
制作招聘简章	358
制作求职信息登记表	361
制作劳动合同	363
制作员工培训计划方案	367
制作促销宣传海报	374
制作投标书	377
制作问卷调查表	381
制作商业计划书	386
制作借款单	390
制作盘点工作流程图	392
制作财务报表分析报告	395
制作企业年收入比较分析图表	399

附录4　Word 功能及命令应用索引表

一、Word 软件自带菜单和选项卡

1. "文件" 菜单

命令	所在页
信息＞保护文档＞用密码进行加密	293
信息＞检查问题＞检查兼容性	21
新建＞空白文档	14
新建＞个人	202
打开＞浏览	17
另存为	15
打印＞打印	19
打印＞页数	19
打印＞打印机	19
导出＞创建PDF/XPS文档	15
关闭	17
账户	5
账户＞Office主题	5
选项	10

2. "开始" 选项卡

命令	所在页
↪ "剪贴板" 组	
粘贴	55
粘贴＞选择性粘贴	56
粘贴＞保留源格式	57
粘贴＞只保留文本	56
剪切	55
复制	54
格式刷	92
功能扩展按钮	57
↪ "字体" 组	
字体	62
字号	63
增大字号	63
减小字号	63
更改大小写	66
清除所有格式	73
拼音指南	70
字符边框	69
加粗	64
倾斜	64

续表

命令	所在页
下划线	65
删除线	66
下标	65
上标	65
文本效果和版式	64
文本突出显示颜色	68
文本突出显示颜色＞无颜色	69
字体颜色	63
字体颜色＞其他颜色	63
字体颜色＞渐变	63
字符底纹	70
带圈字符	70
功能扩展按钮	67
↪ "段落" 组	
项目符号	81
项目符号＞定义新项目符号	82
项目符号＞更改列表级别	82
编号	84
编号＞定义新编号格式	85
编号＞设置编号值	87
多级列表	85
多级列表＞更改列表级别	86
多级列表＞定义新的多级列表	86
各对齐方式按钮	76
行和段落间距	79
底纹	80
边框＞边框和底纹	80
中文版式＞纵横混排	98
中文版式＞合并字符	98
中文版式＞双行合一	97
中文版式＞字符缩放	67
显示/隐藏编辑标记	13
功能扩展按钮＞对齐方式	77
功能扩展按钮＞缩进	94
功能扩展按钮＞间距	79
↪ "样式" 组	
列表框	180
功能扩展按钮	180
↪ "编辑" 组	
查找＞高级查找	209

续表

命令	所在页
查找 > 转到	243
替换	210
选择 > 选择对象	130

3. "插入" 选项卡

命令	所在页
➥ "页面" 组	
封面	38
封面 > 将所选内容保存到封面库	44
分页	100
➥ "表格" 组	
表格	138
表格 > 插入表格	139
表格 > 绘制表格	140
表格 > 文本转换成表格	153
表格 > Excel 电子表格	139
表格 > 快速表格	140
➥ "插图" 组	
图片	111
图片 > 图像集	112
图片 > 联机图片	113
3D 模型	123
图标	121
形状	124
形状 > 新建画布	131
SmartArt	132
图表	162
屏幕截图 > 可用的视窗	113
屏幕截图 > 屏幕剪辑	113
➥ "链接" 组	
链接	244
书签	245
交叉引用	246
➥ "页眉和页脚" 组	
页眉	103
页码	104
➥ "文本" 组	
文本框 > 内置	126
文本框 > 绘制横排文本框	126
文本框 > 绘制竖排文本框	126
文档部件 > 域	264
艺术字	127
首字下沉 > 下沉	96
首字下沉 > 首字下沉选项	96

续表

命令	所在页
日期和时间	47
对象 > 对象	334
对象 > 文件中的文字	49
➥ "符号" 组	
公式 > 内置	49
公式 > 插入新公式	50
公式 > 墨迹公式	51
符号 > 其他符号	46
编号	47

4. "设计" 选项卡

命令	所在页
➥ "文档格式" 组	
主题	192
主题 > 保存当前主题	195
列表框	192
颜色	194
颜色 > 自定义颜色	194
字体	193
字体 > 自定义字体	193
效果	193
设为默认值	197
➥ "页面背景" 组	
水印	39
水印 > 自定义水印	39
水印 > 删除水印	39
页面颜色	40
页面颜色 > 填充效果	40
页面边框	41

5. "布局" 选项卡

命令	所在页
➥ "页面设置" 组	
纸张方向	36
纸张大小	36
栏	101
栏 > 更多栏	101
分隔符 > 分页符	99
分隔符 > 分栏符	100
分隔符 > 自动换行符	100
分隔符 > 下一页	100
分隔符 > 连续	100
分隔符 > 偶数页	100

续表

命令	所在页
分隔符 > 奇数页	100
功能扩展按钮 > "页边距"选项卡	36
功能扩展按钮 > "布局"选项卡	37
功能扩展按钮 > "文档网格"选项卡	38
➥ "稿纸"组	
稿纸设置	35
➥ "段落"组	
缩进	77
间距	79

6. "引用"选项卡

命令	所在页
➥ "目录"组	
目录 > 内置	261
目录 > 自定义目录	262
目录 > 删除目录	270
更新目录	269
➥ "脚注"组	
插入脚注	255
插入尾注	256
功能扩展按钮 > 位置	256
功能扩展按钮 > 编号格式	257
功能扩展按钮 > "转换"按钮	257
➥ "题注"组	
插入题注	251
插入表目录	265
➥ "索引"组	
标记条目	271
插入索引	272
更新索引	279

7. "邮件"选项卡

命令	所在页
➥ "创建"组	
中文信封	297
信封	300
标签	301
➥ "开始邮件合并"组	
开始邮件合并 > 信函	306
开始邮件合并 > 目录	305
选择收件人 > 使用现有列表	308

续表

命令	所在页
编辑收件人列表	310
➥ "编写和插入域"组	
插入合并域	304
➥ "预览结果"组	
预览结果	309
下一记录	309
➥ "完成"组	
完成并合并 > 编辑单个文档	305

8. "审阅"选项卡

命令	所在页
➥ "校对"组	
拼写和语法	282
字数统计	283
➥ "中文简繁转换"组	
简转繁	48
➥ "批注"组	
新建批注	287
删除 > 删除	288
删除 > 删除所有显示的批注	295
删除 > 删除文档中的所有批注	288
➥ "修订"组	
修订 > 修订	284
修订 > 锁定修订	294
"显示以供审阅"下拉列表	284
显示标记 > 批注框	287
显示标记 > 批注框 > 在批注框中显示修订	287
显示标记 > 批注框 > 以嵌入方式显示所有修订	287
显示标记 > 批注框 > 仅在批注框中显示备注和格式设置	287
显示标记 > 特定人员	295
➥ "更改"组	
接受 > 接受并移到下一处	286
接受 > 接受此修订	286
接受 > 接受所有修订	286
拒绝 > 拒绝更改	285
拒绝 > 拒绝所有修订	286
上一处	286
下一处	286
➥ "比较"组	
比较 > 比较	290
比较 > 合并	289

续表

命令	所在页
↪ "保护"组	
限制编辑	291

9. "视图"选项卡

命令	所在页
↪ "视图"组	
视图模式按钮	27
↪ "显示"组	
标尺	30
标尺 > 设置段落缩进	78
标尺 > 制表位	89
网格线	31
导航窗格	31
导航窗格 > 查找	209
导航窗格 > 替换	209
↪ "缩放"组	
缩放	29
↪ "窗口"组	
新建窗口	31
全部重排	32
拆分	32
并排查看	33
同步滚动	33
重设窗口位置	34
切换窗口	34

二、浮动选项卡

1. "图片格式"选项卡

命令	所在页
↪ "调整"组	
删除背景	116
校正 > 亮度/对比度	117
校正 > 图片校正选项	117
颜色 > 颜色饱和度	117
颜色 > 色调	117
颜色 > 重新着色	117
颜色 > 其他变体	117
艺术效果	119
更改图片 > 来自文件	135

续表

命令	所在页
重置图片 > 重置图片	119
重置图片 > 重置图片和大小	119
↪ "图片样式"组	
列表框	119
图片边框 > 边框颜色	118
图片边框 > 粗细	118
图片效果	118
图片版式	134
↪ "排列"组	
环绕文字	120
旋转	114
↪ "大小"组	
裁剪	115
裁剪 > 裁剪为形状	134
裁剪 > 纵横比	115
高度	114
宽度	114
功能扩展按钮	115

2. "表设计"选项卡

命令	所在页
↪ "表格样式"组	
列表框	151
底纹	151
↪ "边框"组	
边框	150
边框 > 斜下框线	148
功能扩展按钮	150

3. "布局"选项卡

命令	所在页
↪ "表"组	
选择	141
查看网格线	151
属性	148
↪ "行和列"组	
删除 > 删除单元格	144
删除 > 删除列	144
删除 > 删除行	144
删除 > 删除表格	144

续表

命令	所在页
在上方插入	143
在下方插入	143
在左侧插入	143
在右侧插入	143
↪ "合并"组	
合并单元格	144
拆分单元格	145
拆分表格	159
↪ "单元格大小"组	
高度	147
宽度	147
分布行	147
分布列	148
↪ "对齐方式"组	
对齐方式按钮	149
↪ "数据"组	
排序	156
重复标题行	152
转换为文本	154
公式	155

4. "图表设计"选项卡

命令	所在页
↪ "图表布局"组	
添加图表元素	170
添加图表元素 > 数据标签 > 数据标签外	171
添加图表元素 > 数据表 > 无图例项标示	400
快速布局	171
↪ "图表样式"组	
列表框	174
↪ "数据"组	
选择数据	177
编辑数据 > 编辑数据	168
↪ "类型"组	
更改图表类型	167

5. "格式"选项卡

命令	所在页
↪ "当前所选内容"组	
"图表元素"下拉列表	173
↪ "形状样式"组	
列表框	173
形状效果	173

续表

命令	所在页
↪ "大小"组	
高度	168
宽度	168
功能扩展按钮	168

6. "形状格式"选项卡

命令	所在页
↪ "插入形状"组	
编辑形状 > 更改形状	125
↪ "形状样式"组	
列表框	128
形状填充	128
形状轮廓	128
↪ "艺术字样式"组	
列表框	127
文本填充	127
文本轮廓	127
文本效果	127
文本效果 > 阴影	127
文本效果 > 转换	127
↪ "文本"组	
创建链接	128
↪ "排列"组	
上移一层	129
下移一层	129
下移一层 > 置于底层	129
选择窗格	130
组合 > 组合	130
旋转	125
↪ "大小"组	
高度	125
宽度	125
功能扩展按钮	125

7. "SmartArt设计"选项卡

命令	所在页
↪ "创建图形"组	
添加形状 > 在后面添加形状	133
添加形状 > 在前面添加形状	133

续表

命令	所在页
添加形状＞在上方添加形状	133
添加形状＞在下方添加形状	133
添加形状＞添加助理	133
升级	132
降级	132
从右到左	132
↳ "版式" 组	
列表框	132
列表框＞其他布局	132
↳ "SmartArt样式" 组	
更改颜色	133
列表框	133

8. "页眉和页脚" 选项卡

命令	所在页
↳ "页眉和页脚" 组	
页脚	104
页码＞当前位置	104
页码＞设置页码格式	105
↳ "导航" 组	
转至页眉	106
转至页脚	104
下一条	106
链接到前一节	108
↳ "选项" 组	
首页不同	105
奇偶页不同	106
显示文档文字	110
↳ "关闭" 组	
关闭页眉和页脚	106

9. "大纲显示" 选项卡

命令	所在页
↳ "大纲工具" 组	
下拉列表	235
升级	235
降级	235
提升至标题 1	235
降级为正文	235

续表

命令	所在页
上移	237
下移	237
展开	236
折叠	236
显示级别	235
仅显示首行	235
↳ "主控文档" 组	
显示文档	238
显示文档＞创建	239
显示文档＞插入	240
显示文档＞取消链接	242
显示文档＞合并	247
显示文档＞拆分	247
显示文档＞锁定文档	242
展开子文档	241
折叠子文档	239

三、自定义选项卡

"开发工具" 选项卡

命令	所在页
↳ "代码" 组	
宏	316
录制宏	313
暂停录制	314
停止录制	314
宏安全性	319
↳ "控件" 组	
旧式工具＞文本框（ActiveX 控件）	323
旧式工具＞组合框（窗体控件）	325
旧式工具＞选项按钮（ActiveX 控件）	326
旧式工具＞复选框（ActiveX 控件）	327
旧式工具＞其他控件	328
旧式工具＞命令按钮（ActiveX 控件）	384
设计模式	324
↳ "保护" 组	
限制编辑	385
↳ "模板" 组	
文档模板	199